普通高等教育材料类专业系列教材

机械工程材料

主　编　赵亚忠

副主编　朱　磊　罗晓东　马世榜

参　编　马春华

主　审　卢志文

西安电子科技大学出版社

内 容 简 介

本书为高等学校应用型本科"十三五"规划教材。全书着力满足应用型本科的材料知识及应用体系的教学需求,主要特点体现为:强化了零件的性能要求,以实现零件性能要求和材料所具有的性能之间的对接,强化了选材和用材的基础知识;从学生将来工作知识需求角度取舍和组织所有内容,强化了铁碳相图、C 曲线等主要知识,精简了部分其他知识,以突出主题;语言平实、深入浅出、图文并茂,而且引例、例题、习题较多,学生可边学边练边思考,提高了学习效果。

本书包括两大部分,一是材料科学及应用基础,二是常用工程材料。材料科学及应用基础主要包括工程材料性能指标及零件性能要求、晶体结构及结晶、钢的热处理和机械零件用材的选择等内容;常用工程材料主要介绍钢铁材料、有色金属材料、高分子材料、陶瓷材料和复合材料的组织性能及应用。

本书可作为应用型本科院校机械设计与制造、材料成形与控制工程、热加工等专业的教材,亦可供高职高专院校、成人教育、函授等职业教育院校选用。

图书在版编目(CIP)数据

机械工程材料/赵亚忠主编. —西安:西安电子科技大学出版社,2016.9(2025.8 重印)
ISBN 978 - 7 - 5606 - 4125 - 6

Ⅰ. ① 机… Ⅱ. ① 赵… Ⅲ. ① 机械制造材料 –高等学校–教材 Ⅳ. ① TH14

中国版本图书馆 CIP 数据核字(2016)第 176567 号

策   划 秦志峰 李惠萍
责任编辑 李惠萍 杨薇
出版发行 西安电子科技大学出版社(西安市太白南路 2 号)
电   话 (029)88202421 88201467   邮   编 710071
网   址 www.xduph.com   电子邮箱 xdupfxb001@163.com
经   销 新华书店
印刷单位 西安日报社印务中心
版   次 2016 年 9 月第 1 版 2025 年 8 月第 2 次印刷
开   本 787 毫米×1092 毫米 1/16 印张 17
字   数 397 千字
定   价 39.00 元
ISBN 978 - 7 - 5606 - 4125 - 6

XDUP 4417001 - 2

* * *如有印装问题可调换 * * *

西安电子科技大学出版社
高等学校应用技术型本科规划教材
编审专家委员会名单

主　任：鲍吉龙（宁波工程学院副院长、教授）

副主任：彭　军（重庆科技学院电气与信息工程学院院长、教授）

　　　　张国云（湖南理工学院信息与通信工程学院院长、教授）

　　　　刘黎明（南阳理工学院软件学院院长、教授）

　　　　庞兴华（南阳理工学院机械与汽车工程学院院长、教授）

电子与通信组

组　长：彭　军（兼）

　　　　张国云（兼）

成　员：（成员按姓氏笔画排列）

　　　　王天宝（成都信息工程学院通信学院院长、教授）

　　　　安　鹏（宁波工程学院电子与信息工程学院副院长、副教授）

　　　　朱清慧（南阳理工学院电子与电气工程学院副院长、教授）

　　　　沈汉鑫（厦门理工学院光电与通信工程学院副院长、副教授）

　　　　苏世栋（运城学院物理与电子工程系副主任、副教授）

　　　　杨光松（集美大学信息工程学院副院长、教授）

　　　　钮王杰（运城学院机电工程系副主任、副教授）

　　　　唐德东（重庆科技学院电气与信息工程学院副院长、教授）

　　　　谢　东（重庆科技学院电气与信息工程学院自动化系主任、教授）

　　　　楼建明（宁波工程学院电子与信息工程学院副院长、副教授）

　　　　湛腾西（湖南理工学院信息与通信工程学院、教授）

计算机大组

组　长：刘黎明（兼）

成　员：（成员按姓氏笔画排列）

　　　　刘克成（南阳理工学院计算机学院院长、教授）

　　　　毕如田（山西农业大学资源环境学院副院长、教授）

　　　　李富忠（山西农业大学软件学院院长教授）

　　　　向　毅（重庆科技学院电气与信息工程学院院长助理、教授）

　　　　张晓民（南阳理工学院软件学院副院长、副教授）

　　　　何明星（西华大学数学与计算机学院院长、教授）

范剑波（宁波工程学院理学院副院长、教授）

赵润林（山西运城学院计算机科学与技术系副主任、副教授）

黑新宏（西安理工大学副院长、副教授）

雷　亮（重庆科技学院电气与信息工程学院计算机系主任、副教授）

机电组

组　长：庞兴华（兼）

成　员：（成员按姓氏笔画排列）

王志奎（南阳理工学院机械与汽车工程学院系主任、教授）

刘振全（天津科技大学电子信息与自动化学院副院长、副教授）

何高法（重庆科技学院机械与动力工程学院院长助理、教授）

胡文金（重庆科技学院电气与信息工程学院、教授）

前　言

　　"机械工程材料"是高等院校机械类或近机类专业必修的专业基础课程。课程的主要任务是使学生在理解材料科学知识的基础上，了解常用工程材料的种类、成分、组织、性能等方面的知识，培养学生选材和制定零件加工工艺路线的能力，为学习其他专业课程以及从事机械设计和机械制造方面的工作奠定扎实的基础。

　　在多年的教学生涯中编者一直有一个愿望：编一本学生眼中重点突出、浅显易懂的材料书。借助它既能使学生掌握材料科学的主要知识，了解常用材料的性能及应用，而又不为各种各样的专业术语所累，更不为多样的零散知识和无穷的数据所包围。本书的编写，正是着力于实现上述目的。教材好坏不在于知识多深多难，而在于学生能从中获得多少。本书特点如下：

　　(1) 结合学生的知识结构和未来工作需求组织取舍本书内容。材料基础理论以工程应用需求为目的，重点突出基础性。实用工程材料以钢铁为主，以与工程需求相适应。绪论对全书进行了必要的铺垫，讲述了本书的主线；材料性能指标以及零件需要的性能是选材用材的基础，本书对此有所加强；材料的组织、性能、结晶以及热处理原理，均以金属材料为主；为便于学习，高分子材料的成分、组织、性能、成形工艺及应用等所有内容放在一起，陶瓷材料和复合材料亦是如此。有些内容被适当删减，如塑性变形理论和表面处理技术。

　　(2) 在内容安排上，本书可分为两大部分：第一部分讲述材料科学及应用基础，包括工程材料性能指标及零件性能要求、晶体结构及结晶、钢的热处理、机械零件用材的选择这四部分，每部分单独设章；第二部分讲述各种材料的性能、组织、热处理和应用，分为钢铁材料、有色金属材料、非金属材料(包括高分子材料、陶瓷材料和复合材料)三章。由于机械零件用材的选择涉及多种知识，故此章放在全书的最后。因此，本书主干清晰，条理分明。

　　(3) 本书注重引发学生思考，突出工程应用，书中引例、例题、习题以及实验指导齐全，目的是引导学生边学边练边思考。书中图表均与内容紧密相关，图文并茂，便于学生领会相关知识内容。本书有配套课件，需要者请发邮件至 zhaoyacn@126.com 索取。

　　参加本书编写的人员有：南阳理工学院赵亚忠(绪论、第1章、第2章、第3章)、朱磊(第4章、第6章第2节)；重庆科技学院罗晓东(第5章、附录)；南阳师范学院马世榜(第6章第1节、第7章)、马春华(第6章第3节)。本书由赵亚忠任主编并负责全书统稿，朱磊、马世榜、罗晓东担任副主编，马春华参编。本书由南阳师范学院卢志文教授主审。

　　本书的编写力求适应机械类专业的应用需要，并适应高等教育的改革和发展。但由于编者水平有限，书中不足之处在所难免，恳请读者批评指正，也请各位专家学者不吝赐教。

编　者

2016 年 5 月

目　录

绪　论

　　材料是组成所有物体的基本要素，狭义的材料仅指可供人类使用的，能够用于制造物品、产品的物质。材料是人类赖以生存和发展的物质基础，与国民经济建设、国防建设和人民生活密切相关，因此人们把信息、材料和能源称为当代文明的三大支柱。

0.1　工程材料的分类

　　人类生活在材料组成的世界里，无论是经济活动、生产制造、科学技术研究，还是人们的衣食住行都离不开材料。正是材料的研究、使用和发展，才使人类在与自然界的斗争中走出混沌蒙昧的时代，发展到科学技术高度发达的今天。可以认为，人类的文明史也是材料的发展史，因此以所使用的材料来划分人类社会的发展时期，如石器时期、青铜器时期和铁器时期等，在这些以新材料应用为主导的发展时期，人类的生产技术和生活水平都有了质的飞跃。

　　人类使用的材料可分为天然材料和人造材料。天然材料是所有材料的基础，今天仍在大量使用，如水、空气、土壤、石料、木材、生物、橡胶等。在漫长的人类社会初期，人们只会使用天然材料。随着社会的发展，人们开始对天然材料进行各种加工和处理，使它更适合于人们使用，这就是人造材料。经过加工和处理，人造材料具有了天然材料无法比拟的优越性能。从最初的木材、石器、陶器，到青铜器和铁器，直到现在具有各种优越性能的合金、高分子材料、复合材料等，人造材料已成为人类必不可少的重要材料。我们在生活、工作中所见的材料，人造材料占有相当大的比重。我们住的房子、用的工具、穿的衣服、开的汽车，各种设备和设施、各种先进的武器、各种精密的仪器等，几乎都是由人造材料制成的。

　　工程材料是指应用于机械、化工、能源、建筑、仪器仪表、交通工具、航空航天等工程领域中，用来制造工程结构、机器零件、元器件或其他制品的固体材料。将性能合格的材料加工成为具有一定形状和尺寸的制品，才能满足其在工程上的使用需要。材料与制品的关系如同布料与衣服之间的关系，虽然衣服各式各样，却都是由布料制作的，同时任何布料必须通过制作成衣服才能体现自己的价值。也就是说，制品必须用工程材料来制造，工程材料必须通过制品的应用来体现自己的价值。

　　工程材料按其性能特点分为结构材料和功能材料两大类。结构材料具有适当的力学性能，兼有一定的物理、化学性能，用于制造承受各种各样力的工程构件和装备零件，还用于制造加工工具。功能材料具有特殊的物理、化学性能，用于制造那些要求具有电、光、声、磁、热等功能和效应的元器件。本书中只讲述结构材料。

　　为了使制品能满足应用的需要，工程材料必须满足以下几个要求：

　　(1) 化学成分要求。化学成分即组成材料的各元素以及各元素之间的配比。材料主要成分对制品的力学性能、热性能、电性能、耐腐蚀性能等有决定性的影响。从生产角度来看，只有成分确定，才能进行制品的生产。

（2）使用性能要求。结构材料应具有承受各种各样应力而不该破坏的性能，功能材料应具有电、光、声、磁、热等方面的性能。

（3）满足需要的形状尺寸。制品在承受各种负荷下使用时，应具有保持既定形状，即变形微小不影响正常使用的能力。制品的形状尺寸是通过成形加工获得的，材料必须具备方便加工成所需形状的能力。

（4）环保要求。要求工程材料在原料生产、制品制造和使用过程中，不产生对人类和环境有害的物质，或者能对有害物质进行有效的处理，对维护人类健康、保护生态环境负责。生产过程中的废弃物或废弃的制品，如果能够回收和再生，不仅有经济价值，也能维护环境健康。

工程材料有各种不同的分类方法。一般按化学成分的不同，将工程材料分为金属材料、高分子材料、陶瓷材料和复合材料四大类，如图0-1所示。

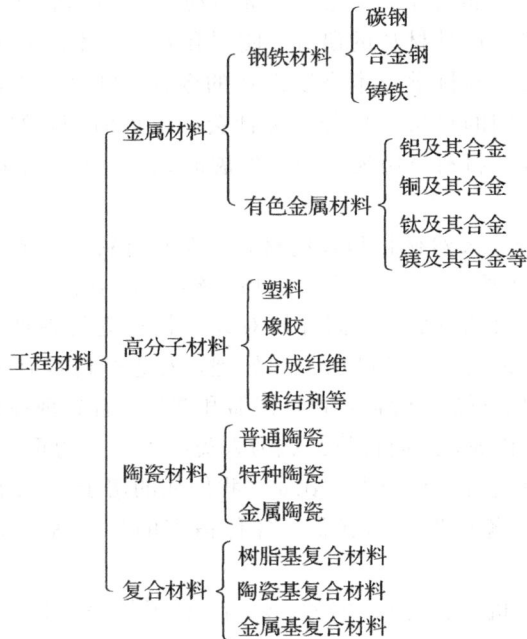

图0-1 工程材料的分类

金属材料是最重要的工程材料，包括金属和以金属为基的合金。自然界中大约有70种金属元素，常见的有铁、铝、铜、锌、铅等。合金是指由两种以上元素组成（金属为主要元素）的具有金属性质的材料。常见的合金如铁与碳所形成的碳钢、铜与锌所形成的黄铜等。

金属材料在固体状态下具有晶体结构，具有独特的金属光泽且不透明，是电和热的良导体，强度高。金属材料具有良好的力学性能、物理性能、化学性能，并能采用比较简单和经济的方法制成零件，是目前应用最广泛的工程材料。

工业上把金属材料分为两大类：

（1）钢铁材料：铁和碳等其他元素形成的以铁为基的合金。钢铁材料占整个结构材料和工具材料的90%以上。钢铁材料的使用性能和工艺性能优越，价格便宜，是最重要的工程材料。

（2）有色金属材料：又称为非铁金属材料，是指钢铁材料以外的所有纯金属和合金。

高分子材料指以高分子化合物为主要组分的材料，其单个分子的分子量通常在 5000 以上。高分子材料具有良好的塑性、优良的弹性、较强的耐腐蚀性能、良好的绝缘性和密度小等优良性能，是近年来发展最快的工程材料，在各个领域中得到了广泛应用。通常根据机械性能和使用状态将其分为三大类：塑料、橡胶和合成纤维。

陶瓷材料属于无机非金属材料，其不可燃，不老化，硬度高，耐压性能良好，耐热性和化学稳定性高，且原料丰富，在电力、建筑、机械等行业中有广泛的应用。

复合材料是由两种或两种以上不同材料组合而成的材料。其组成包括基体和增强材料两个部分，主要使用性能通常是基体材料所不具备的，复合材料能够使材料性能实现大的飞跃，可设计性大大增强。复合材料性能优异，品种多，应用范围广，发展前途广阔。

习惯上，将除金属材料以外的材料统称为非金属材料，包括高分子材料、陶瓷材料和不具有金属性质的复合材料。

0.2　材料在机械行业中的作用

机械行业为国民经济的发展提供机械产品和装备，发达国家的机械行业都非常先进。对于任何机械装备，都希望其功能优异、操作方便、安全可靠、价格低廉。要实现上述目标，在装备的设计和制造时，首先要考虑所选材料的性能是否能达到使用要求，其次也要考虑所选材料是否能经济而方便地加工成形。

所有机器都是由各种各样的零件组成的，每个零件除了有形状尺寸的要求外，还必须有材质上的要求，才能满足零件的使用要求。材料选择是机械设计必不可少的组成部分。不同材料的力学性能、物理性能、化学性能以及其他性能都是不同的，都会对零件的使用产生不同的影响。机械零件的制备过程与材料性能密切相关。有的材料适合机械加工，有的不适合；有的材料便于塑性成形，有的就不能通过塑性变形来制备。不了解材料的性能，零件的生产成本必会增大或者生产失败。

因此，机械行业技术人员必须具备材料方面的相关知识，明白材料性能与应用之间的对应关系，理解决定材料性能的成分、组织、加工工艺之间的关系，同时也需要熟悉常用材料的使用性能及其加工工艺性能。

材料的成分、加工工艺、组织、材料性能以及零件所需性能之间的关系见图 0-2。

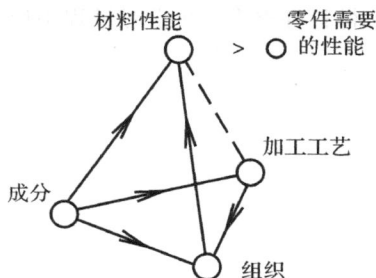

图 0-2　材料的成分、加工工艺、组织、性能之间的关系

图 0-2 是本课程的核心，也是学习的主线，其含义为：① 材料的成分、组织、加工工艺、性能是一个不可分割的整体；② 成分和组织两项决定了材料的性能；③ 加工工艺也能够影响材料的性能，不过其影响途径是通过改变材料组织来影响材料性能的；④ 成分对性能、组织、加工工艺有着决定性的作用；⑤ 材料具备的性能必须大于所需要的性能，才能满足使用要求。

尽管材料在机械设计与制造过程中处于被选用、被应用的地位，但从更广阔的视野来看，机械产品与装备使用性能的提高也依赖于材料的发展，二者呈现相辅相成的关系。大量的事实证明，材料往往成为制约机械产品与装备的功能和寿命的瓶颈。例如，耐热性能极高的特种陶瓷的问世，才能制造出比金属发动机热效率更高的陶瓷发动机；飞机性能的提高，材料贡献所占比例达 2/3 左右。又如，采用单晶合金熔模铸造叶片，再利用热覆涂层等新材料和新加工技术，在半个多世纪内，使航空发动机的涡轮进口温度从 730℃ 提高到 1650℃，推重比从大约 3 提高到 10 以上。实际上，没有半导体材料的工业化生产，就不可能有计算机技术；没有高温高强度的结构材料，就不可能有今天的航空工业和宇航工业；没有低能耗的光导纤维，也就没有现代的光纤通信。材料被誉为当代文明的支柱是当之无愧的。

"机械工程材料"是机械类专业必修的技术基础课程。本课程从工程材料应用的角度出发，阐明工程材料化学成分、组织结构、加工工艺与使用性能之间关系的基本理论，并介绍常用工程材料及其应用的基本知识。

本书的主要内容包括：① 工程材料的理论基础，介绍晶体结构、结晶、相图，以及材料的性能指标；② 钢的热处理原理和整体热处理的工艺及其应用；③ 常用工程材料（包括钢铁材料、有色金属材料、高分子材料、陶瓷材料、复合材料）的组成、特点及其应用；④ 介绍机械零件的失效分析方法及零件材料的选择方法。

通过学习本书内容，应达到以下目的：

（1）能让机械类和近机类各专业的学生掌握材料科学的内涵，获得工程材料的有关理论和知识；

（2）使学生初步认识材料的化学成分—组织结构—加工工艺—使用性能之间的关系，并了解材料的使用性能与工程应用之间的关系；

（3）掌握工程材料的类别、基本特征、应用范围和质量鉴别的常用方法；

（4）懂得材料性能与工程设计的关系，能合理地选用材料，制定正确的零件加工工序，设计出经久耐用又成本低廉的优质产品。

本课程理论性强，概念多，材料种类多，在学习过程中应时刻注意本学科的主线，才不至迷失方向。

第 1 章　工程材料的性能及使用性能要求

【引例】　总说"材料的性能要满足使用要求"，在零件使用过程中，材料的哪些"性能"要满足哪些"使用要求"呢？例如，图 1 - 1 中的发动机缸体、齿轮、消防带、汽车传动轴四个零件，它们的材料具有哪些性能才能满足实际应用呢？

图 1 - 1　几种工程零件

　　工程材料的性能可分为使用性能和工艺性能。材料的使用性能是指材料在服役条件下，为保证安全可靠地工作，材料必须具备的性能，包括力学性能、物理性能和化学性能等方面。工程材料使用性能的好坏，决定了零件使用寿命和材料应用范围。材料的工艺性能是指材料适应某种成形加工的能力，主要包括铸造性能、锻造性能、焊接性能、切削加工性能、热处理工艺性能等。材料的工艺性能好坏，直接影响零件的制造方法和制造成本。

　　工程材料是应用于各行各业的重要材料，是构成各种设备和设施的基础。因此，了解和掌握工程材料的使用性能和工艺性能，是各种零件的设计、生产及应用的基础。

1.1　工程材料的性能

1.1.1　工程材料的力学性能

　　工程材料在外力作用下表现出来的特性称为力学性能，包括强度、弹性、塑性、硬度、韧性、疲劳强度等。工程材料的力学性能可通过各种试验测出。常用的试验方法有拉伸试验、压缩试验、硬度试验和冲击试验等。

1. 拉伸试验及拉伸曲线

1) 拉伸试验及试样变形过程

静态拉伸试验是最常用的力学性能测定方法。按国家标准 GB/T228—2002 规定，标准拉伸试样可制成圆形试样和板形试样两种，如图 1-2 所示。若原材料为板材或者带状材料，应选用板形试样；其他情况下，由于圆形试样夹紧时容易对中，应优先使用。圆形试样有长试样和短试样之分，长试样 $L_0=10d$，短试样 $L_0=5d$。

将标准拉伸试样安装在拉伸试验机上，沿试样轴线缓慢施加拉力，使之发生轴向拉伸变形，直至断裂，如图 1-3 所示。随着载荷的增大，试样产生了变形，长度不断增大。连续测量拉力 F 和相应的伸长量 ΔL，再处理成试样所受的应力 $\sigma=F/S_0$ 与所发生的应变 $\varepsilon=\Delta L/L_0$。以拉伸过程每一时刻的 ε 为横坐标，σ 为纵坐标，将二者画在一张图上，得到表示材料拉伸性能的 $\sigma-\varepsilon$ 曲线，称为拉伸曲线。这一曲线通常由拉伸实验机上的自动记录仪绘出。

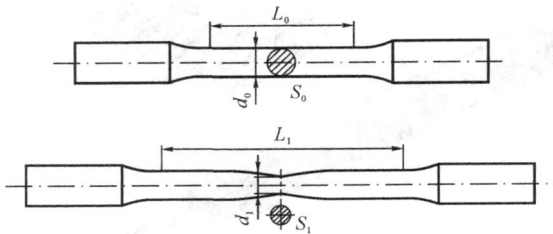

图 1-2 标准拉伸试样（圆形）　　　　　　图 1-3 拉伸试验示意图

不同材料的拉伸曲线不同。低碳钢和另一材料的拉伸曲线如图 1-4 所示。低碳钢的拉伸曲线可以分成 oe 段、es 段、sb 段和 bk 段，见图 1-4(a)。

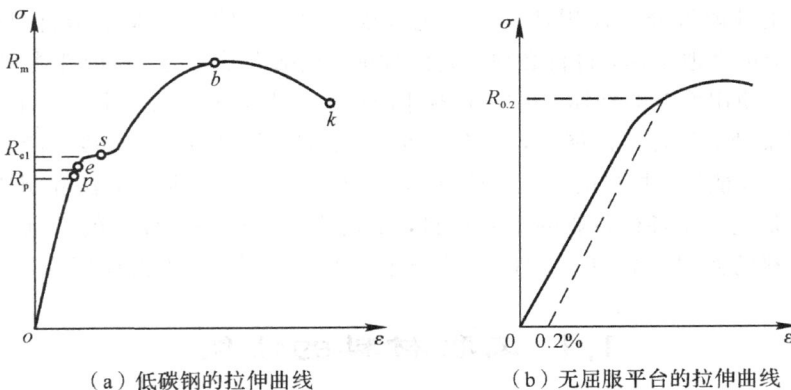

（a）低碳钢的拉伸曲线　　　　　　（b）无屈服平台的拉伸曲线

图 1-4 两种塑性材料的拉伸曲线示意图

oe（弹性变形阶段）：在 oe 段内发生变形，当载荷去除后试样能够恢复到初始的形状和尺寸，此阶段内只发生弹性变形。在 op 段内，变形量与外力成正比。

es（屈服阶段）：当载荷超过 R_{el}，拉伸曲线出现平台或锯齿，此时载荷不变或变化很小，试样却继续伸长，称为屈服；去除外力后，试样有部分残余变形不能恢复，称为塑性变形。

sb(强化阶段)：在此阶段，变形与硬化交替进行，变形的抗力随塑性变形增大而增大，此现象称为加工硬化。R_m 为拉伸试验时试样能承受的最大应力。

bk(缩颈阶段)：当应力超过最大应力 R_m 时，试样发生局部收缩，这种现象称为"缩颈"。由于变形主要发生在缩颈处，其所需的载荷也随之降低，直到试样断裂。

2) 弹性与刚度

材料受外力作用时产生变形，当外力去除时，变形随之消失，材料恢复到原来形状尺寸的性能称为弹性。这种随外力去除而消失的变形称为弹性变形。在零件工作时只发生弹性变形的情况下，在外力去除后，零件形状尺寸会恢复到原来的状态。

材料在弹性范围内变形，其应力与应变的比值称为弹性模量，即 $E=\sigma/\varepsilon$。E 表示材料抵抗弹性变形的能力，表征材料的刚度，单位为 MPa。弹性模量越大，材料越不容易产生弹性变形。

弹性模量的大小，主要取决于材料的本性，反映了材料内部原子结合键的强弱，当温度升高时，原子间距加大，金属材料的弹性模量会有所降低。

【例 1-1】 有相同直径、相同长度的纯铁棒和橡胶棒，$E_{纯铁}=196$ GPa，$E_{橡胶}=0.1$ GPa。在它们均受到 20 MPa 的拉应力时，它们的应变分别是多少？

解 由题可知，

$$\varepsilon_{橡胶}=\frac{\sigma}{E_{橡胶}}=\frac{20 \text{ MPa}}{0.1 \text{ GPa}}=0.2$$

$$\varepsilon_{纯铁}=\frac{\sigma}{E_{纯铁}}=\frac{20 \text{ MPa}}{196 \text{ GPa}}=0.000102$$

相同负荷的情况下，弹性模量高的材料产生的弹性变形量比较小。例 1-1 中纯铁的弹性应变为 0.01%，零件变形量极小，如换成橡胶零件，应变达 20%，则零件由于变形量过大而不能满足工作要求。因此，弹性模量低的材料不适宜制作承力的零件。

应该注意的是，零件的刚度不完全由材料的弹性模量决定，它还与受力形式及零件形状尺寸有关，因此材料力学中提出了拉压刚度 EA、抗扭刚度 GI_P、弯曲刚度 EI_Z 等来表示零件的刚度，以期从材料和零件形状尺寸两方面来保证刚度要求。

3) 常用强度指标

强度是指材料在外力作用下抵抗塑性变形和破坏的能力。材料的屈服强度和抗拉强度通过静态拉伸试验进行测定。

(1) 屈服强度。

材料在外力作用下开始产生塑性变形的最低应力值称为屈服强度(也称屈服极限)，用 R_{el} 表示(旧国标中用 σ_s 表示)。

屈服极限是具有屈服现象的材料特有的强度指标。对于低碳钢、中碳钢、铜、铝等少数金属，其拉伸曲线上有屈服平台，此时在应力没有增大的情况下，应变却继续大幅度地增加。如果此时取消外加载荷，试样的变形不能完全消失，仍会保留一部分残余变形，这种不能恢复的残余变形称为塑性变形。通常以屈服平台的下沿作为屈服强度 R_{el}。而大多数金属材料的 $\sigma-\varepsilon$ 曲线上没有屈服平台，无法确定其屈服强度 R_{el}。因此在工程上，把试样产生的残余塑性变形量为标距长度的 0.2% 时所对应的应力值规定为该材料的条件屈服强度，用 $R_{0.2}$ 表示(旧国标中用 $\sigma_{0.2}$ 表示)，如图 1-4(b)所示。

如果材料受到的应力大于屈服强度，就会发生较大量的塑性变形，使零件的形状尺寸改变，而且这种变形不能恢复。因此大多数情况下，材料在使用过程中不允许发生塑性变形，屈服强度成为零件设计和选材的重要依据。

（2）抗拉强度。

材料在拉断前所能承受的最大应力称为抗拉强度，以 R_m 表示（旧国标中用 σ_b 表示）。零件工作应力一旦超过其抗拉强度，就会使零件断裂。因此抗拉强度是设计零件和选材的重要依据。

4）常用塑性指标

塑性是表征材料在静载荷作用下，断裂前发生永久变形能力的指标，常用断后伸长率和断面收缩率表示。

（1）断后伸长率 A（旧国标中用 δ 表示）。

试样拉断后，标距的伸长量与原始标距长度的百分比称为断后伸长率（又称延伸率），用 A 表示，即

$$A = \frac{L_1 - L_0}{L_0} \times 100\%$$

式中：A 为断后伸长率（%）；L_0 为试样初始标距，单位为 mm；L_1 为试样拉断后标距，单位为 mm。

对于同种材料，用不同长度的试样所测得的断后伸长率的数值并不相同，它们之间是不能比较的。因为 L_1 包括试样的均匀伸长和缩颈处局部伸长的总和。相对来说，短试样中缩颈的伸长量占总伸长量的比例较大，断后伸长率数值也较大。

（2）断面收缩率 Z（旧国标中用 ψ 表示）。

试样拉断后缩颈处横截面积的最大缩减量与原始横截面积的百分比，称为断面收缩率，用 Z 表示，即

$$Z = \frac{S_0 - S_1}{S_0} \times 100\%$$

式中：Z 为断面收缩率（%）；S_0 为试样原始横截面积，单位为 mm²；S_1 为试样拉断处的最小横截面积，单位为 mm²。

断面收缩率与试样的尺寸因素无关。对于材料内部质量引起的塑性改变，断面收缩率比断后伸长率反应敏感。例如，在大型锻件表面和内部分别取样，往往断面收缩率相差悬殊，断后伸长率变化不大。断后伸长率和断面收缩率越大，材料的塑性越好。

材料的塑性好坏，对零件的加工和使用都具有重要的意义。塑性好的材料不仅能够顺利地进行锻压、轧制等成形加工，而且在使用过程中一旦超载，也能够先产生塑性变形，避免突然断裂。因此，大多数机械零件除了对强度有具体要求外，还要求具有一定的塑性。

2. 硬度

硬度是衡量材料软硬程度的性能指标，反映了材料表面抵抗局部塑性变形的能力。硬度的影响因素复杂，它是由材料的弹性、塑性、强度、韧性、形变强化能力等多种性能决定的一种综合性能。

刀具、模具、量具等工具和某些零件均要求具有高的硬度，以保证其使用过程中减少磨损、提高使用性能和使用寿命。由于同一合金的硬度与组织及性能有一定的相关性，而

硬度测量是非破坏性试验，在热处理、机械加工时经常用材料硬度来检验机械零件质量。

工程上常用的硬度指标有布氏硬度、洛氏硬度、维氏硬度、莫氏硬度、肖氏硬度等几种。

1）布氏硬度

布氏硬度试验（见图 1-5）是把规定直径 D 的淬火钢球或硬质合金球以一定的压力 F 压入材料表面，保持规定时间后，测量表面压痕直径 d，然后按如下公式计算硬度：

$$HB = \frac{F}{S} = \frac{2F}{\pi D(D - \sqrt{D^2 - d^2})}$$

式中：HB 为布氏硬度的符号，单位为 N/mm²；压力 F 的单位为 kgf（1 kgf＝9.8 N）；S 为压痕的面积；D 和 d 的单位均为 mm。习惯上布氏硬度不标出单位，只写出硬度数值。测量硬度是在已知 F 和 D 和条件下，测量 d 后通过查表得出硬度值。

图 1-5　布氏硬度试验原理

在硬度测量时，如何选用载荷 F 和球体直径 D 是重要的问题。在采用较大的载荷、较小的球体直径时，对软的被测试样，球体会陷入工件内部，对薄的试样可能压透。在采用较小的载荷、较大的球体直径时，有可能出现压痕太小，造成测量精度急剧下降的问题。

在进行布氏硬度试验时，可根据金属材料种类、试样硬度范围和试样厚度的不同，按照国家标准规定的布氏硬度试验规范进行试验，见表 1-1。国标规定了载荷与球体直径平方的比值（F/D^2），比值有 30、15、10、5、2.5、1.25、1 共七种，球体直径 D 有 10、5、2.5、2、1 mm 共五种，据此并结合表中内容来确定载荷 F、钢球直径 D、载荷保持时间。

表 1-1　布氏硬度试验规范

材料种类	布氏硬度范围	F/D^2	保持时间/s	位　置　要　求
钢、铸铁	≥140	30	10	压痕中心距试样边缘距离不小于压痕平均直径的 2.5 倍。相邻压痕中心距离不小于压痕平均直径的 4 倍。试样厚度至少是压痕深度的 10 倍。试样支承面在试验后无可见的变形痕迹。
钢、铸铁	<140	10	10～15	
非铁金属材料	≥130	30	30	
非铁金属材料	35～130	10	30	
非铁金属材料	<35	2.5	60	

淬火钢球压头适宜测量硬度小于 450HBS 的材料，测得的硬度值用符号 HBS 表示，国标规定淬火钢球的硬度必须大于工件的 2.7 倍。硬质合金球作压头适宜测量硬度在 450～650HBW 的材料，测得的硬度值用符号 HBW 表示。布氏硬度的标注示例：如 500HBW5/750，表示用直径为 5 mm 的硬质合金球在载荷力 750 kgf 作用下保持 10～15 s，测得的布氏硬度值为 500。

布氏硬度的压痕较大，测量结果准确，其主要用于经退火、正火或调质处理的钢材、铸铁和有色金属，但不宜测量成品及薄壁件。

2）洛氏硬度

洛氏硬度通过直接测量压痕深度来确定硬度值。它是用顶角为 120°的金刚石圆锥体或

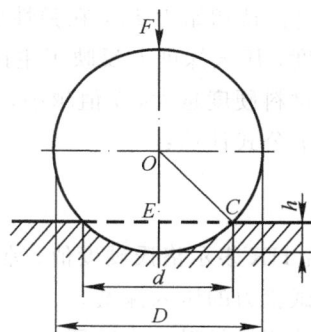

直径为 1/16 英寸(1.588 mm)的淬火钢球作压头。

其加载过程如图 1-6 所示。首先施加初始力 F_1(98 N),压痕深度为 h_1;然后施加主试验力 F_2,总试验力为 $F=F_1+F_2$,并保持一定时间,此时压痕深度为 h_2;卸除主试验力 F_2,仍保持初始力 F_1,在弹性变形作用下,压痕深度减小为 h。h 就是主试验力作用下的压入深度,压入深度 h 反映了主试验力下的塑性变形量。

材料硬度越大,h 值越小。为了符合人们数值越大硬度越高的表达习惯,规定洛氏硬度用以下公式计算:

$$HR=\frac{K-h}{0.002}$$

式中:HR 表示洛氏硬度值;常数 K 的取值为金刚石压头 $K=0.2$,钢球压头 $K=0.26$;h 为主试验力的压入深度。

被测量材料的洛氏硬度,在卸除主试验力 F_2 后,可直接在硬度计表盘上读出。洛氏硬度标注方法:在硬度符号之前用数字标注硬度值,如 52HRC、70HRA 等。

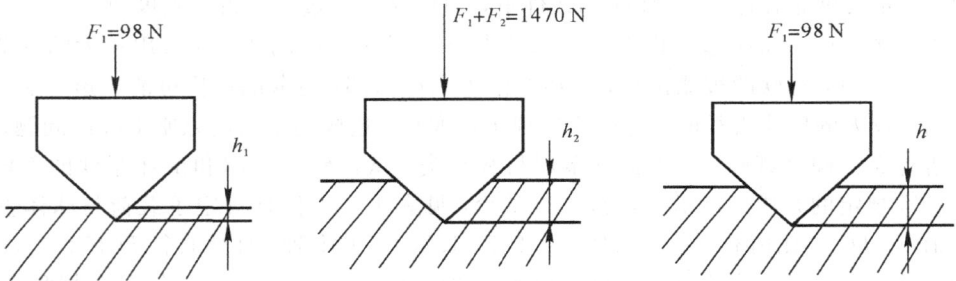

图 1-6 洛氏硬度试验原理示意图

为了适应不同材料的硬度测试,将采用不同压头和载荷的组合。国家标准规定有 15 种,然而常用的有 HRA、HRB、HRC 三种,见表 1-2。

表 1-2 洛氏硬度的试验条件及应用范围

硬度符号	压头类型	总试验力 F/kN	硬度范围	应用举例
HRA	120°金刚石圆锥体	0.5884	70~85HRA	硬质合金,表面淬硬层,渗碳层
HRB	Φ1.588 mm 钢球	0.9807	25~100HRB	非铁金属,退火、正火钢等
HRC	120°金刚石圆锥体	2.4711	20~67HRC	淬火钢、调质钢等

洛氏硬度测量范围广,操作简便,压痕小;可测量成品及较薄的工件。但因为压痕小,对组织不均匀的材料,硬度值大小受测点处局部合金相多少的影响较大,需要测量多个点,取平均值。

3) 维氏硬度

维氏硬度是用顶角为 136°的金刚石四棱锥体作为压头,在一定的载荷 F 作用下压入试样表面,保持一定时间后卸除载荷,在试样表面形成一底面为正方形的四方形锥形压痕,测量压痕二对角线的平均长度 d,根据 d 算出压痕的表面积 S,以 F/S 作为维氏硬度值,并以 HV 表示,如图 1-7 所示。其计算公式为

$$HV = \frac{F}{S} = \frac{F}{\dfrac{d^2}{2\sin 68°}} = 1.8544 \frac{F}{d^2}$$

式中，F 的单位为 kgf，d 的单位为 mm。

　　测出其对角线平均长度 d，再通过查表法求出相应的硬度值。维氏硬度的单位一般省略不写。

　　维氏硬度试验时常用载荷为 5、10、20、30、50 kgf，根据材料的硬度或试样的厚度而定。材料越软，试样厚度越小或试样表面硬化层越薄，载荷也越小。

　　维氏硬度适用于各种金属材料，用来测量表面硬化层的硬度、电镀层的硬度、

图 1－7　维氏硬度试验原理示意图

小件和薄片等的硬度，还广泛用于材料研究中合金相的硬度测量。维氏硬度压痕清晰，测量准确，但要求试样表面光洁，在显微镜下测量压痕长度，操作相对复杂。

　　4）莫氏硬度

　　莫氏硬度是一种划痕硬度，主要用于陶瓷和矿物材料的硬度测量。莫氏硬度选 10 种标准矿物，将其硬度从软到硬分为 10 级。用被测矿物在标准矿物上划痕，通过比较划痕的深浅来确定矿物的硬度。由于原 10 级分级中高硬度范围内的几级间硬度相差依然较大，后来改为 15 级，称为李德日维耶硬度。莫氏硬度分级标准见表 1－3。

表 1－3　莫氏硬度分级表

材料名称	莫氏硬度分级	李德日维耶硬度分级	材料名称	莫氏硬度分级	李德日维耶硬度分级
滑石	1	1	黄石	8	9
石膏	2	2	花岗石	—	10
方解石	3	3	氧化锆	—	11
萤石	4	4	刚玉	9	12
磷石灰	5	5	碳化硅	—	13
钠长石	6	6	碳化硼	—	14
焙炼石英	—	7	金刚石	10	15
结晶石英	7	8			

3. 冲击韧性

　　在实际应用中，许多零件会受到冲击载荷的作用，例如锻锤的锤头和锤杆、冲床的冲头、汽车齿轮、飞机起落架等。冲击载荷比静载荷的破坏能力大得多。所以，对承受冲击载荷的零件，必须考虑材料承受冲击载荷而不破坏的能力。

　　材料在冲击载荷作用下抵抗变形和断裂的能力称为冲击韧度，用 α_k 来表示。冲击韧度通过冲击试验来测定。冲击试样和摆锤冲击试验分别见图 1－8 和图 1－9。

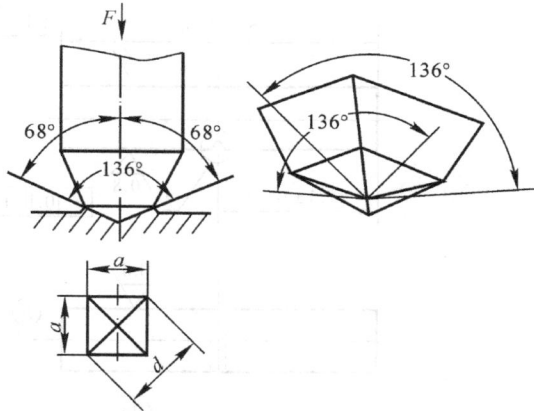

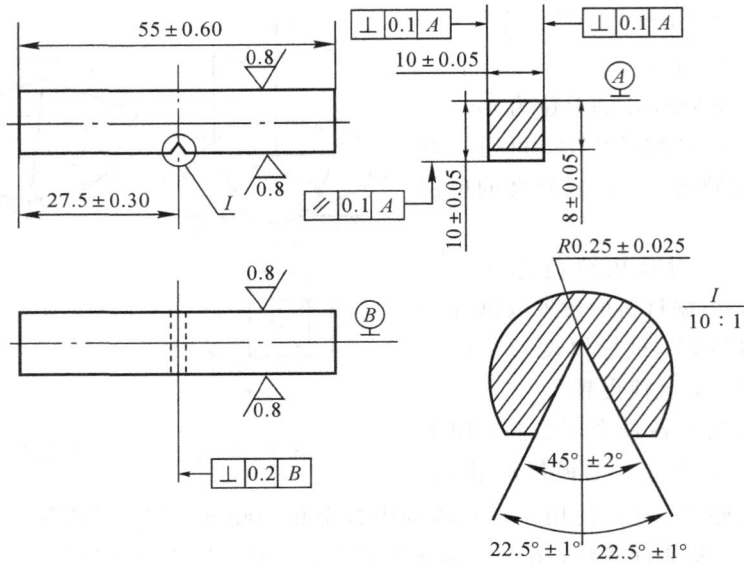

图 1-8　标准冲击试样

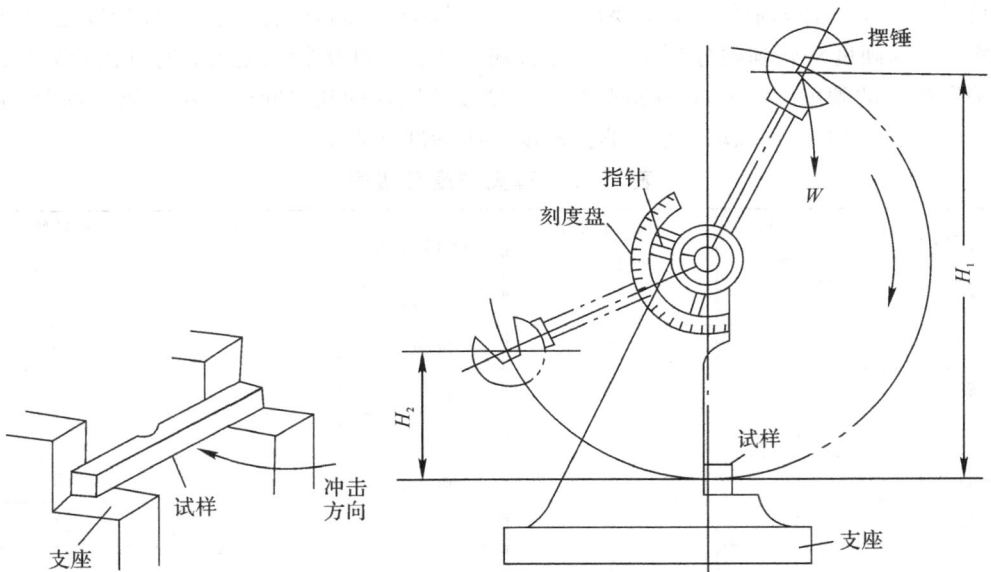

图 1-9　冲击试验示意图

　　将试样安放在试验机支座上，使试样缺口背向摆锤冲击方向；将具有一定重量 G 的摆锤举至一定高度 H_1，其具有的势能为 $G \cdot H_1$；然后放下摆锤，使其冲击试样；试样冲断后，摆锤经过支承点顺势升至高度 H_2，即摆锤冲断试样后剩余的能量为 $G \cdot H_2$。由于冲断试样所消耗的能量等于摆锤冲击前后的势能差，用 $A_k = G \cdot H_1 - G \cdot H_2$ 表示，称为冲击功，单位为 J。

　　由于冲击功的数值受试样尺寸的影响，一般用冲击功 A_k 除以试样的横截面积 S 来表示材料的抗冲击能力，称为冲击韧度，符号 α_k，单位为 J/cm^2，即

$$\alpha_k = \frac{A_k}{S}$$

材料的冲击韧度 α_k 越大，其韧性越好，表示冲断它所需要的能量越多。冲击韧度低的材料均为脆性材料。

对承受大能量冲击载荷的零件，要求材料具有一定的冲击韧度，以保证零件使用安全。在室温条件下，一般承受冲击的零件 $\alpha_k = 30 \sim 50 \ \text{J/cm}^2$ 就能满足要求，重要零件的 α_k 要高些，如对航空发动机轴 $\alpha_k = 80 \sim 100 \ \text{J/cm}^2$。

冲击韧度对显微组织敏感，同时受材料内部质量和环境温度的影响。试验表明，随着温度的下降，金属材料的韧性在某一温度范围内急剧下降，该温度范围称为韧脆转变温度（DBTT），如图 1-10 所示。材料在 DBTT 之上冲击破坏时，发生韧性断裂；在 DBTT 之下冲击破坏时，发生脆性断裂。

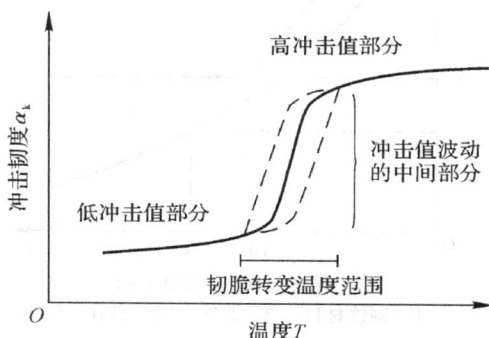

图 1-10　温度与冲击韧性关系图

从应用的角度来看，材料的使用温度应高于 DBTT，否则，材料脆性断裂会酿成事故。例如，倘若火车减振弹簧的韧脆转变温度为零摄氏度，那么，冬季火车从温暖的南方行驶到寒冷的北方时减振弹簧容易脆断。又如 1965 年英国北海油田，气温突然下降时海上钻井平台发生脆性断裂，造成重大事故。大型金属结构，如储气罐、船体、桥梁、输送管道等，以及处于低温和严寒地区工作的零部件，为确保其安全可靠，必须选用 DBTT 低于最低气温或最低水温的材料。

4. 疲劳强度

工程上有许多零件在交变应力作用下工作，如机床主轴、发动机曲轴、汽缸盖坚固螺钉、汽轮机叶片、齿轮、连杆、弹簧等。交变应力是指大小和方向随时间作周期性变化的应力。在交变应力作用下，很多零件在工作应力远小于屈服极限 R_{el} 时就发生了断裂，这种现象称为材料疲劳。

疲劳断裂是零件在交变应力下损伤累积的结果。从疲劳断口上能够看到疲劳源、裂纹扩展区和最后断裂区三个区域，如图 1-11 所示。

疲劳裂纹绝大多数起源于零件表面，极少数起源于零件内部缺陷处。在交变应力作用下，裂

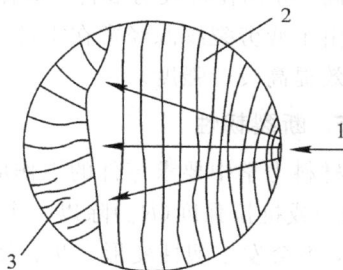

1—疲劳源；2—裂纹扩展区；3—最后断裂区

图 1-11　疲劳断裂宏观断口示意图

纹不断向截面深处扩展,使截面承载面积越来越小而承受应力增大。直到零件不能承受工作应力而发生断裂。不论是脆性材料还是塑性材料,最后断裂区都是在短时间内突然断裂的,由于在断裂前不产生明显的塑性变形,因而疲劳断裂具有很大的危险性,容易造成重大事故。

材料在无限次交变应力作用下而不发生疲劳断裂的最大应力,称为疲劳强度。可在疲劳试验机上进行疲劳强度的测定。试验时采用多组试样,在不同试样上承受不同大小的交变应力下分别进行试验,测出各试样发生断裂时的应力循环次数(N)。将试样承受的交变应力 σ 与测得的循环次数 N 画在同一张图上,σ-N 曲线称为疲劳曲线,如图 1-12 所示。

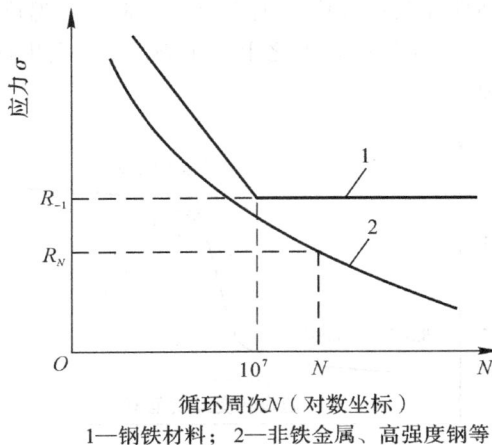

1—钢铁材料;2—非铁金属、高强度钢等

图 1-12　疲劳曲线

由 σ-N 曲线上可以看出:交变应力 σ 越大,断裂前的循环次数 N 越小;反之,σ 越小,则 N 越大。对钢铁材料,疲劳曲线有明显的水平部分,表示当应力低于某值时,试样经受无数次循环也不会发生疲劳断裂。此应力称为材料的疲劳强度,以 R_{-1} 表示,由于疲劳试验时交变应力循环周次不可能进行无限次,规定 $N=10^7$ 次时的最大应力为疲劳强度。

其他金属 σ-N 曲线上不出现水平线段,则规定循环次数到 $N=10^8$ 次对应的应力 σ,作为条件疲劳强度 R_N。对于重要零件,测定疲劳强度时 N 可取不同的数值,如汽车发动机曲轴:$N=12\times10^7$,汽轮机叶片:$N=25\times10^{10}$。

金属材料的疲劳强度较高,是抗疲劳零件的主要材料;纤维增强复合材料的疲劳强度也很高,亦用作抗疲劳零件。陶瓷和塑料的疲劳强度很低,不用作抗疲劳零件。

由于疲劳裂纹源经常在零件表面上产生,采用喷丸、渗碳、表面淬火等表面强化方法,可有效提高疲劳强度。

5. 断裂韧性

材料力学中要求零件的工作应力小于许用应力,即 $\sigma\leqslant[\sigma]$,一般许用应力是用屈服强度(R_{el})或抗拉强度(R_m)除以一个大于 1 的安全系数 n 得到的。即认为零件在许用应力以下工作,不会发生塑性变形,也不会断裂。然而,在工程应用中一些高强度材料的零件或是中低强度的大尺寸零件,在工作应力远远低于屈服强度的情况下,也发生了脆性断裂。此现象称为低应力脆性断裂。

实际工程材料与材料力学中对材料的均匀性、连续性、各向同性三条基本假设不符。

实际材料内部存在夹杂、气孔、缩松和微裂纹，这些缺陷相当于天然的裂纹。在材料受力时裂纹尖端产生应力集中，使此处应力大小远超过平均应力，导致在平均应力远小于屈服强度时，此处应力就已经大于屈服强度，甚至大于抗拉强度，从而造成裂纹尖端处失稳，出现裂纹快速扩展，甚至使零件断裂。

微裂纹的取向和应力方向的不同，使裂纹扩展具有不同的形式，分为张开型（Ⅰ型）、滑开型（Ⅱ型）和撕开型（Ⅲ型）三种，见图 1-13。其中张开型裂纹最容易引起脆性断裂，张开型裂纹尖端应力分布情况如图 1-14 所示。

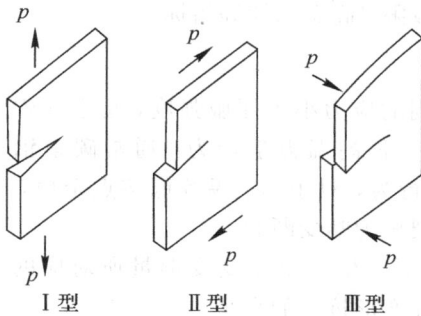

图 1-13　裂纹扩展产生不同的形式

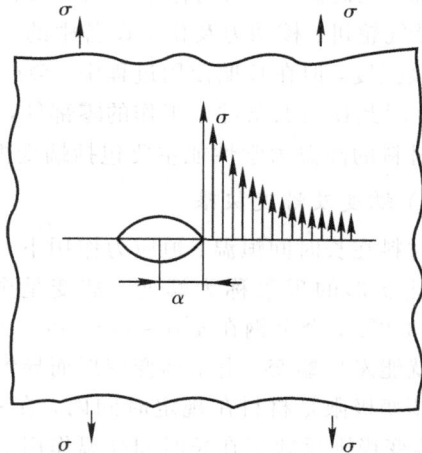

图 1-14　Ⅰ型裂纹应力分布示意图

断裂力学观点认为，只要裂纹很尖锐，裂纹尖端各点的应力就按一定规律分布，形成裂纹尖端应力场，并用应力场强度因子 K_I 来反映此应力场的强弱。K_I 越大，表明裂纹前端的应力场越强，应力集中越突出。K_I 的数学表达式为

$$K_I = Y\sigma\sqrt{\alpha}$$

式中：K_I 单位为 $MPa \cdot m^{1/2}$，下标 Ⅰ 表示 Ⅰ 型裂纹强度因子；Y 称为裂纹形状系数，无量纲，一般 $Y = 1 \sim 2$；σ 为外加拉应力（MPa）；α 为裂纹长度的一半（m）。

由该式可知，应力 σ 越大，或者裂纹长度 2α 增大，应力场强度因子 K_I 随之增大。如果应力 σ 不断增大或裂纹扩展导致 2α 增大，使 K_I 增大至某一临界值，裂纹突然地失稳扩展，导致脆性断裂，这个应力场强度因子 K_I 的临界值，用符号 K_{IC} 表示，称为材料的断裂韧性，它是材料本身的一种力学性能。

断裂韧性是反映材料抵抗裂纹失稳扩展能力的力学性能指标，即抵抗脆性断裂能力的指标。当 $K_I < K_{IC}$ 时，裂纹扩展很慢或不扩展；当 $K_I \geqslant K_{IC}$ 时，裂纹失稳，使零件发生脆断。

【例 1-2】　某零件材料为中碳钢，$K_{IC} = 51 \times 10^6 \ Nm^{-3/2}$，内部存在长为 2 cm 的裂纹，裂纹形状因子取 $Y = 1.5$。求该零件安全使用时的最大应力。

　　解　由题可知，裂纹不扩展的条件为 $K_I = Y\sigma\sqrt{\alpha} \leqslant K_{IC}$，则有

$$\sigma \leqslant \frac{K_{IC}}{Y\sqrt{\alpha}} = \frac{51 \times 10^6 \ Nm^{-3/2}}{1.5 \times \sqrt{2 \times 0.5 \times 10^{-2} \ m}} = 340 \ MPa$$

这意味着该零件所能承受的实际平均应力不能大于 340 MPa，也意味着，如果零件承

受 340 MPa 的应力，其内部长度小于 2 cm 的裂纹都不会扩展，零件就不会发生低应力脆断。

材料的断裂韧性与裂纹的大小、形状无关，也与外部应力 σ 大小无关，不随应力 σ 的大小而变化。它只是材料本身的固有的特性，只与材料的成分、热处理及加工工艺有关。

6. 金属材料的高温力学性能

温度是影响材料性能的重要外部因素。一般随温度升高，材料的强度、硬度降低而塑性增加。在高温下，载荷作用时间对材料的性能也会产生很大影响。例如，蒸汽锅炉、汽轮机、燃气轮机、核动力及化工设备中的一些高温高压管道，虽然工作应力小于工作温度下的屈服强度，但在长期使用过程中，会产生缓慢而连续的塑性变形，使管径增大，导致管道破裂。因此在高温条件下工作的零部件，需要认真考虑材料的高温力学性能。

材料的高温力学性能主要包括蠕变极限、持久极限、高温韧性等指标。

1) 蠕变及蠕变极限

材料在长时间恒温、恒应力作用下，即使所受到的应力小于屈服强度，也会缓慢地产生塑性变形的现象称为蠕变。蠕变是金属材料的一种高温力学行为，通常碳素钢超过 300～350℃，合金钢在 400～450℃以上时才有蠕变行为，对于铅、锡等低熔点金属，在室温下就能发生蠕变。由于蠕变变形而导致材料的断裂称为蠕变断裂。

蠕变极限是材料在规定时间内，在一定的温度下产生一定蠕变变形量所对应的应力值。蠕变极限反映了在长时间高温作用下材料的塑性变形抗力的大小。

2) 持久强度

持久强度（σ_τ^t）反映材料长期在高温应力作用下抵抗断裂的能力。持久强度用在一定温度下，达到规定的使用时间而不断裂的最大应力来表示。其表示方法为 σ_τ^t，其中：σ 表示应力，单位为 MPa，t 为温度，单位为℃；τ 为时间，单位为 h。如 $\sigma_{1000}^{700} = 30$ MPa 表示在 700℃下，零件使用 1000 h 而不破坏，其最大可承受 30 MPa 的应力。规定时间 τ 是以零件的设计寿命为依据的。飞机发动机的设计寿命为数百至数千小时，锅炉、燃气轮机和其他透平机械中，机组的设计寿命一般为数万小时。蠕变速度小的零件，达到持久极限的时间较长。锅炉管道对蠕变要求不严，但必须保证使用时不破坏，持久强度成为设计的主要依据。

3) 高温韧性

高温韧性是判定材料高温脆化倾向的重要指标。材料的高温韧性用高温冲击试验测定，即将试样加热，在高温下进行冲击试验。

材料在高温下承受载荷，其总应变保持不变而应力随时间的延长逐渐降低的现象称为应力松弛。例如，拧紧的螺母、过盈配合的叶轮、一定紧度的弹簧，在使用过程中都会产生应力松弛现象。有机高分子材料在室温下就会发生蠕变与应力松弛。

1.1.2　工程材料的物理和化学性能

材料的物理性能是指材料的密度、熔点、热膨胀性、导热性、导电性和磁性等性能，它们都是材料固有的属性，材料的化学性能是指材料与使用介质发生化学反应的能力。工程材料的部分物理和化学性能见表 1-4。

表1-4　工程材料部分物理和化学性能

序号	性能及含义	在工程材料中的应用
1	密度(ρ)，单位 kg/m³ 密度是指单位体积的质量。 计算公式为：$\rho=m/v$	一般将密度$\rho<5\times10^3$ kg/m³的金属称为轻金属，如铝、钛等；$\rho>5\times10^3$ kg/m³的金属称为重金属。在航空、航天、军工、汽车、仪表等领域，出于减重的需要，比弹性模量(E/ρ)和比强度(R_m/ρ)是材料的重要性能指标。
2	熔点(T_m)，单位 K 熔点是晶体由固态转变为液态的温度。一般来说晶体熔点从高到低为：原子晶体＞离子晶体＞金属晶体＞分子晶体。	晶体有固定的熔点，非晶体没有固定的熔点。 　　把熔点高的金属称为难熔金属(W、Mo等)，用来生产在火箭、导弹、燃气轮机等方面应用的高温零件；熔点低的金属称为易熔金属(Sn、Pb等)，常用来制造印刷铅字、保险丝和防火安全阀等零件。 　　金属的熔点对铸造、焊接和热处理工艺的制定非常重要。
3	热膨胀系数α，单位 K^{-1} 热膨胀系数α是衡量热膨胀性的指标。热膨胀性是指材料受热时体积发生胀大的现象。 α表示固体在温度每升高1 K时长度或体积发生的相对变化量。	对精密仪器或精密机械的零件，特别是高精度配合零件，热膨胀系数是一个尤为重要的性能参数，如发动机活塞与缸套就要求两种材料的膨胀量尽可能接近，否则将影响密封性。 　　一般情况下，陶瓷材料的热膨胀系数较低，金属次之，而高分子材料最大。工程上有时也利用不同材料膨胀系数的差异制造控制元件，如电热式仪表中的双金属片。 　　在热加工时零件在加热和冷却过程中，表面和中心，薄壁和厚壁之间会产生一定的温差，导致零件不同部分产生不同程度的膨胀或收缩，从而产生热应力，引起零件变形和破坏。
4	导热系数λ，单位为 W/(m·K) 材料传导热量的能力称作导热性，一般用导热系数λ表示。导热系数λ是指在稳定传热条件下，1 m厚的材料，两侧表面的温差为1℃，在1 s内，通过1 m²面积所传递的热量。λ越大，导热性能越好。	在所有固体中，金属是最好的导热体。纯金属的导热系数一般随温度升高而降低。而金属的纯度对导热系数影响很大，如含碳为1%的普通碳钢的导热系数为45 W/(m·K)，不锈钢的导热系数仅为16 W/(m·K)。合金钢的导热性比碳钢低，钢中合金元素越多，导热性就越差。 　　导热性对铸、锻、焊等热成形过程有相当大的影响。在生产过程中，材料导热性高时零件不同部位温度差值小，导热性差的材料零件不同部位温度差值大。对导热性差的材料必须采用预热、缓慢加热(或缓慢冷却)等措施，以防零件变形和开裂。
5	电阻率$\rho(\Omega mm^2/m)$ 导线长1 m，横截面积是1 mm²时的电阻，称为这种材料的电阻率。电阻率的计算公式为：$\rho=RS/L$	电阻率ρ是用来表示物质导电性能的物理量。电阻率低，材料的导电性能好。 　　金属的电阻率很低，是导体，大多数陶瓷和高分子材料都是绝缘体。常用金属材料中，电阻率最小的金属是银，其次是铜和铝，与纯金属相比，合金的电阻率稍高。

序号	性能及含义	在工程材料中的应用
6	磁性 磁性是物质的基本属性之一。磁性与各种形式的电荷运动相关联，由于物质内部的电子运动和自旋会产生一定大小的磁场，因而产生磁性。一切物质都具有磁性。	根据金属在磁场中的磁化程度不同，可分为铁磁性材料、顺磁性材料、抗磁性材料。 铁磁性材料在外磁场中能强烈地被磁化，具有较高的磁性，如 Fe、Co、Ni，用于制造变压器、电动机、测量仪器等。顺磁性材料在外磁场中只能微弱地被磁化，如 Mn、Cr 等。铁磁性材料的磁性也不是固定不变的，在温度升高到一定温度时，磁畴被破坏，变为顺磁性材料，如当温度大于 770℃时，纯铁的磁性就消失了。 抗磁性材料（Cu、Zn 等）抵抗外部磁场对材料本身的磁化作用，用于需要避免电磁场干扰的零件和结构。
7	耐腐蚀性 材料与环境组分发生化学或电化学反应而引起的表面破坏的过程，称为腐蚀。材料抵抗水蒸气、酸、碱等介质的腐蚀能力称为耐腐蚀性。	在工业上，一般用腐蚀速度表示材料的耐腐蚀性。腐蚀速度可用单位时间内材料的腐蚀深度来表示，常用的单位是 mm/a，即 mm/年。 常见的钢铁生锈、铜生铜绿等都是腐蚀现象。在腐蚀性介质中工作的零件，需要重点考虑材料的耐腐蚀性，特别是在石油、化工、生化等行业使用的零件。 金属材料的耐腐蚀性不佳，陶瓷材料和高分子材料的耐腐蚀性比较高。
8	抗氧化性 材料在高温下抵抗氧化介质氧化的能力称为抗氧化性。	在热加工过程中的零件，或在高温下工作的零件，其表面产生氧化、脱碳等缺陷，从而造成零件表面成分和组织不合格、表面性能下降等不足。因此要求材料具有一定的抗氧化性。
9	热稳定性 材料在高温作用下保持原有物理、化学性质或力学性能的能力。	工业中的锅炉、汽轮机、喷气发动机等在高温下工作的零件，要求材料具有良好的热稳定性，使材料在高温下具有良好的力学性能，较小的腐蚀或氧化速度。

1.2 工程材料的使用条件和性能要求

1.2.1 工程材料的使用条件

工程材料广泛应用于工程结构和机械零件中，需要满足零件的各方面性能要求，在国民建设中发挥着基础性作用。从使用角度，对工程材料的基本要求是：材料所具有的性能必须大于零件工作时所需要的性能。

从量化分析材料性能的角度来看，如果以 $\sigma_{材料}$ 表示材料所具有的某种性能，如某种力学性能（抗拉强度、抗压强度、屈服强度、硬度、耐冲击能力）、耐热性能、耐腐蚀性能、抗磨性能等；而以 $\sigma_{工作}$ 表示零件安全工作需要的某种性能，如某种力学性能、耐热性能、耐腐蚀性能、抗磨性能等。对材料某一方面性能的要求就可表达为：$\sigma_{工作} < \sigma_{材料}$。由于零件使用工况并不稳定，多个零件的材料性能有所波动，以及偶然的因素等情况，为保证工作安全

性，一般将材料性能除以一个大于 1 的系数 n，来规定材料的许用性能，即许用性能 $[\sigma_{材料}] = \sigma_{材料}/n$。那么对材料某一方面性能的要求就可表达为：$\sigma_{工作} \leqslant [\sigma_{材料}]$。

对材料多个方面性能的要求，就是满足每个单独方面性能要求的集合，可表示为：$f_{工作}(\sigma_1, \sigma_2, \sigma_3, \cdots, \sigma_n) < f_{材料}([\sigma_1], [\sigma_2], [\sigma_3], \cdots, [\sigma_n])$。如果机器中某零件不能胜任工作要求，不仅不能很好地完成工作，有时候会造成设备报废、人员伤亡的恶性事故。

这一点比较容易理解，就好比我们在工作时，要求我们的工作能力必须超过工作时所需要的能力一样。如果你的工作能力小于工作所需要的能力，就不能胜任工作，甚至可能出现严重的问题，造成比较大的损失。

为了达到 $\sigma_{工作} \leqslant [\sigma_{材料}]$ 的要求，只能有两条途径：① 提高材料所具有的性能 $\sigma_{材料}$。这是材料研究者的工作，他们采用多种研究方法，从事材料成分、组织，以及加工工艺等多方面的研究，来提高材料的性能。② 降低零件使用时所需要的性能 $\sigma_{工作}$，一般不主张为了降低它而采取改变工作需要的办法，但要求工作需要不能距离材料性能太远。根据材料力学方面的知识，在承受负荷时 $\sigma_{工作}$ 的降低可以通过改变零件的形状和结构来实现。比如拉力相同时，粗绳子承受的应力小于细绳子，又如在扭转变形时，如果外力不变，空心圆管上承受的切应力低于同样重量的实心圆棒。

工程材料有几十万种，每种材料又具有力学性能、物理化学性能、工艺性能等多方面的性能。材料所具有的性能通过大量的性能测量工作而获得，作为机械设计或机械加工人员，更多的是查阅《材料性能手册》获得所需要的材料性能。当然，了解常用材料所具有的基本性能也是非常必要的。

零件工作时所需要的性能怎样确定呢？

机械设计人员在确定材料所需要具有的性能及其指标时，主要从两个方面予以考虑：① 零件的负载情况；② 材料的使用环境。根据零件使用时的受力种类和受力大小、工作温度、介质情况等来确定对材料的性能要求。

大多数零件所需要的性能都有先例可循，能从相关《机械产品设计手册》中查到相关数据，少数零件的性能要求及性能指标需要专门的试验来测量。

机械设计工作的一般程序是：首先根据零件的工作条件选择材料，然后根据所选材料的力学性能确定零件的形状和截面尺寸，根据材料工艺性能确定零件的成形方法和加工工艺，从而设计出零件的图样和制定技术条件。正确选择材料是保证产品质量、产品使用寿命和生产成本的关键因素。

1.2.2 工程材料的使用性能要求

1. 力学性能要求

在使用过程中，机械零件担负着传递动力或承受载荷的任务，必然受到各种各样载荷的作用，受力状态是选择材料力学性能指标的主要依据。零件工作时所受外力的种类和大小，与机器或机构功能有关，也与零件在机构中的作用有关。一般要通过测量和计算来确定零件工作时所受的外力。

知道了零件所受的外力，利用材料力学知识确定零件危险点处所受的实际应力，然后利用强度理论，计算并确定材料所需要的力学性能数值。

常用的力学性能数据，大部分是在拉、压、弯、扭等简单受力条件下测得的，特别是拉伸试验测得的机械性能指标 R_m、R_{el}、A、Z 以及冲击载荷下所测得的 α_k，使用最为普遍。而零件工作部位受力情况要比拉伸试验复杂得多，例如零件中的台阶、键槽、螺纹、刀痕等部位常产生应力集中。它们的应力值比平均应力值高得多，容易产生变形和裂纹。因此，应用常规力学性能数据来设计零件和选材时，需要结合零件的实际条件加以修正，必要时须进行测量。

如果零件受到冲击载荷的作用，需要考虑冲击力的大小、方向和时间，通过试验确定需要的冲击韧度。如果零件承受交变载荷，根据零件疲劳的概念，由零件需要承受交变载荷的次数来确定需要的疲劳应力 R_N 或 R_{-1}。如果有低应力脆性断裂的危险，可根据零件的微缺陷尺寸及其工作应力，来确定材料所需要的性能。

知道了零件所需的力学性能，就可选择满足要求的材料。常见零件的受力情况及所要求的力学性能要求见表 1-5，部分材料所具有的力学性能见表 1-6，各种材料的力学性能可参考相关的性能手册。

表 1-5　几种常见零件的受力情况、失效形式及力学性能要求

零件	工作条件			常见失效形式	主要力学性能要求
	应力种类	载荷	其他		
普通紧固螺栓	拉应力 切应力	静载荷		过量变形、断裂	屈服强度、抗剪强度
传动轴	弯应力 扭应力	循环 冲击	轴颈处摩擦，振动	疲劳破坏、过量变形、轴颈处磨损	综合力学性能
传动齿轮	压应力 弯应力	循环 冲击	强烈摩擦，振动	磨损、麻点剥落、齿折断	表面：硬度及弯曲疲劳强度、接触疲劳抗力；心部：屈服强度、韧性
弹簧	扭应力 弯应力	循环 冲击	振动	弹性丧失、疲劳断裂	弹性极限、屈强比、疲劳强度
油泵柱塞副	压应力	循环 冲击	摩擦，油的腐蚀	磨损	硬度、抗压强度
冷作模具	复杂应力	循环 冲击	强烈摩擦	磨损、脆断	硬度，足够的强度、韧性
压铸模	复杂应力	循环 冲击	高温度、摩擦、金属液腐蚀	热疲劳、脆断、磨损	高温强度、热疲劳抗力、韧性与红硬性
滚动轴承	压应力	循环 冲击	强烈摩擦	疲劳断裂、磨损、麻点剥落	接触疲劳抗力、硬度、耐磨性
曲轴	弯应力 扭应力	循环 冲击	轴颈摩擦	脆断、疲劳断裂、咬蚀、磨损	疲劳强度、硬度、冲击疲劳抗力、综合力学性能
连杆	拉应力 压应力	循环 冲击		脆断	抗压疲劳强度、冲击疲劳抗力

表 1 - 6　部分常用材料的主要力学性能

性　能	金　属		塑　料		无机材料	
	钢铁	铝	聚丙烯	玻璃纤维增强尼纶	陶瓷	玻璃
密度/(g/cm³)	7.8	2.7	0.9	1.4	4.0	2.6
拉伸强度/MPa	460	80～280	35	150	120	90
拉伸强度/密度	59	30～104	39	107	30	35
拉伸模量/GPa	210	70	1.3	10	390	70
韧性	优	优	良	优	差	差

2. 使用温度的要求

大多数工程材料在常温下工作,常温随天气、地域和季节而不断变化。少数材料在高温或低温下使用,如各种工业炉用材在高温下使用;各种制冷设备用材在低温下使用;有些时候,还要求材料能耐剧烈的温度变化。

在设计零件时,可根据零件使用温度结合零件所需要的力学性能,选择合适的材料。各种材料在不同温度下的性能都是不一样的。知道了使用温度,通过查手册或通过测量可知在该温度下的材料性能,再对比材料工作时需要的性能,从而确定在该温度下适用的材料。

常温下使用的零件,根据力学性能和其他要求来选材。低温下使用的零件,为了避免低应力脆断的发生,应选用韧脆转折温度低于使用环境温度的材料。

在高温下,材料的强度、硬度严重降低,加之高温氧化或高温腐蚀等因素,使材料性能急剧下降。因此在高温下使用的零件,可根据材料的高温持久强度、蠕变强度或高温韧性,结合零件的承力要求来选材。

一般地,陶瓷材料的使用温度可达 1600℃ 之上;碳钢和铸铁的最高使用温度为 480℃,而合金钢为 1150℃;常用有色合金耐热性较差;普通塑料的最高使用温度为 60～120℃。

3. 耐腐蚀性能要求

腐蚀的危害是非常巨大的。据资料报道,全世界每年生产的钢铁材料零件约有 10% 因腐蚀而变为铁锈,大约 30% 的钢铁设备因此而损坏。这不仅浪费了材料,还往往会带来停产、人身安全和环境污染等事故。根据统计,发达国家由于金属的腐蚀造成的直接经济损失约占国民生产总值的 2%～4%,损失巨大。因此提高材料耐腐蚀性,以及对零件进行腐蚀防护是非常有价值的。

腐蚀是材料与环境相互作用而发生的。材料的使用介质有大气、淡水、海水、土壤、含泥砂的水、各种酸碱盐的溶液等。

绝大多数材料都是在大气环境中工作。大气是成分复杂的混合物,其中氮气和氧气占 98%,其他组分是水蒸气、二氧化碳、惰性气体、灰尘等,它们对材料腐蚀作用不大。工业大气中含有 SO_2、SO_3、Cl_2、HCl、NO、NO_2、NH_3、H_2S 等组分,对材料具有较强的腐蚀作用。碳钢在工业大气中的腐蚀速度为 0.001～0.06 mm/a,常在涂敷油漆等保护层后使用。

淡水一般指河水、地下水、湖水等含盐量低的天然水，其总固溶物含量小于 0.1%，pH 值在 6.5～8.5。淡水是主要的工业用水，它对工程材料具有一定的腐蚀作用。碳钢在淡水中的腐蚀速度与水中溶解氧的浓度有关，多数情况下钢铁在含有矿物质的水中腐蚀速度较慢。

海水中含有约 3.5% 的盐，其中大部分是 NaCl。海水对材料具有较强的腐蚀作用。海水中的泥砂、生物、溶解的气体等都对腐蚀产生影响。海水中有氯离子存在，铸铁、低合金钢和中合金钢在海水中不能钝化，腐蚀作用较明显。钢铁在海水中的腐蚀速度为 0.13 mm/a。

在化工行业，零件往往与各种酸碱盐溶液接触，金属材料在化工溶液中产生强烈的腐蚀。常用材料在化工溶液中的腐蚀速度可从相关手册中查阅。

由于腐蚀使零件表面损失，根据腐蚀速率和零件使用寿命，可以确定使用期间零件表面腐蚀深度。为保证零件的强度等其他性能，在腐蚀工况下一般采取在零件表面增加一层材料，来保证零件的正常使用寿命。这层增加材料的厚度称为腐蚀裕量，它是零件的最大允许腐蚀深度。

腐蚀裕量一般根据材料在介质中的均匀腐蚀速率和零件的设计寿命确定。对普通使用条件下的常用材料，有关设计手册中有详细的参考值。对于碳素钢和低合金钢，通常腐蚀裕量不小于 1 mm；对于不锈钢，当介质的腐蚀极微小时，可取腐蚀裕量为零。

4. 耐磨损性能要求

机构是由运动副组成的，运动副就是构件之间直接接触而又能产生某种相对运动的可动联接，如图 1-15 所示为常见的几种运动副。

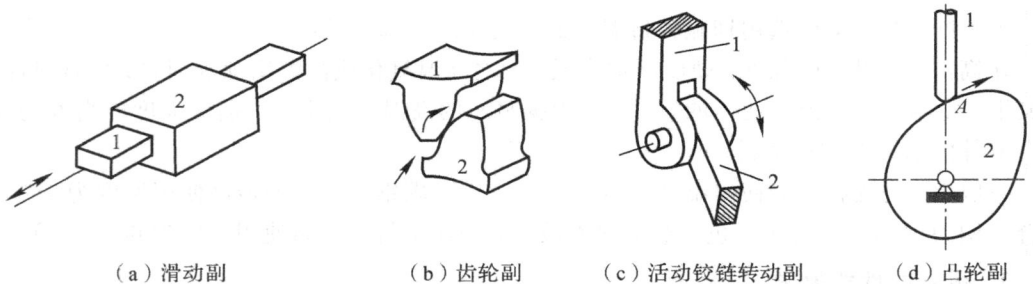

（a）滑动副　　　（b）齿轮副　　　（c）活动铰链转动副　　　（d）凸轮副

图 1-15　运动副

运动副中相互接触的两个构件之间存在相对运动时，会产生摩擦磨损。如果两构件之间的接触面是平面或圆柱面，它们之间产生滑动摩擦，并产生摩损；如果两构件之间是线接触或点接触，构件接触处单位面积上的压力较大，使构件产生剧烈的磨损。

磨损会造成零件尺寸减小、表层损耗。磨损会影响机器的运行精度，并降低零件的使用寿命；磨损会减少机器的可靠性，使工作安全性降低；磨损会降低机器的效率，增加能量消耗；磨损会造成大批机械零件失效报废。

此外，工程上亦有在磨损环境下工作的零件，也造成零件磨损，如输送砂浆的水泵，在土壤中工作的犁铧、水泥搅拌机叶片等。

一般的，硬度高的材料不易被物体刺入或犁入，耐磨性主要由材料硬度决定。

1.3 工程材料的工艺性能要求

材料与零件的差异在于：零件是具有所需形状和尺寸的材料，材料为零件提供所需要的各种性能。由材料到零件还需要一个成形过程，它就是零件的生产制造过程。为了能顺利地进行成形加工，材料应具备适应某种加工工艺的能力，称为材料的工艺性能。工艺性能的好坏，决定了材料能否进行加工和如何进行加工，还会影响零件性能和零件制造成本。

金属材料的工艺性能一般指铸造性能、锻造性能、焊接性能、热处理性能和切削加工性能等，见表 1-7。

表 1-7　工程材料的工艺性能

名称	加工或成形方法	工艺性能
铸造	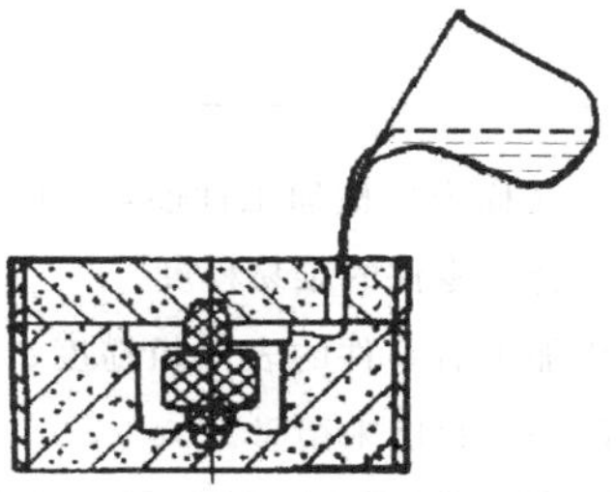 表图 1　砂型铸造示意图 将熔炼好的金属浇注到与零件形状尺寸相适应的铸型空腔中，冷却凝固后获得铸件的方法称为铸造。常用的铸造合金有铸铁、铸钢和铸造有色金属。	金属材料铸造成形时获得优良铸件的能力，即合金铸造时的工艺性能称为铸造性能。铸造性能主要包括以下三点。 ① 流动性：熔融金属的流动能力称为流动性。流动性好的金属容易充满铸型，从而获得外形完整、尺寸精确、轮廓清晰的铸件。 ② 收缩性：铸件在凝固和冷却过程中，其体积和尺寸减小的现象称为收缩性。液态降温和凝固时的收缩使铸件产生缩孔和缩松；固态降温引起的收缩使铸件尺寸减小，也是使铸件产生变形和开裂等缺陷的原因。 ③ 成分偏析：材料化学成分的不均匀现象称为偏析。偏析造成材料内部的化学成分不均匀，进而引起组织及性能的不均匀。
压力加工	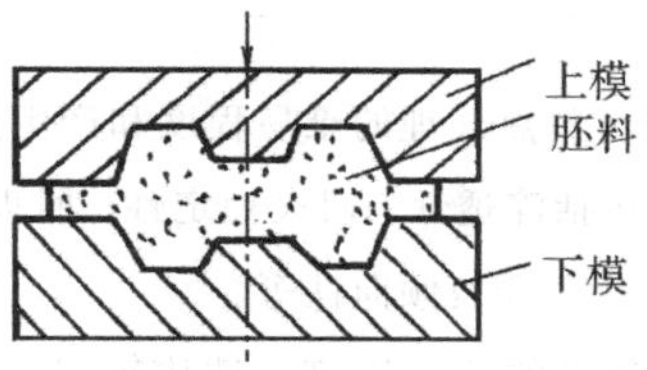 表图 2　开式模锻示意图 金属的压力加工，又称塑性变形，是指在外力的作用下，使金属坯料产生塑性变形，从而获得具有一定形状、尺寸和机械性能的型材、毛坯或零件的成形方法。	金属材料对压力加工成形的适应能力称压力加工性能。 压力加工性能主要取决于金属材料的塑性和变形抗力。塑性越好，变形抗力越小，金属的压力加工性能越好。影响金属锻造性能的因素为：① 变形温度应能保证金属在加工过程中具有良好的塑性变形能力；② 变形速度影响回复和再结晶进程，也影响加工后制品性能和加工效率。 铜合金和铝合金在高低温下均具有良好的塑性成形性能。碳钢在加热状态下塑性成形性能较好，其中低碳钢最好，中碳钢次之，高碳钢较差。低合金钢的塑性成形性能接近于中碳钢，高合金钢的较差。铸铁不能塑性成形。

名称	加工或成形方法	工 艺 性 能
焊接	表图3　电弧焊示意图 焊接是指通过物理化学过程，在加热或加压条件下，使相互分离的零件产生原子或分子间的结合，将它们连接起来的工艺方法。	材料对焊接加工的适应性称为焊接性能，其体现了在确定的焊接方法和焊接工艺下，获得优质焊接接头的难易程度。 　　焊接使合金局部熔化之后快速冷却凝固，容易使零件产生局部组织恶化、变形或开裂。焊接工艺性能优良才能够获得稳定而优质的焊接接头。 　　碳质量分数是钢材焊接性能好坏的主要因素。低碳钢和含碳量低于0.18%的合金具有较好的焊接性能，含碳量大于0.45%的碳钢和含碳量大于0.35%的合金钢的焊接性能较差。含碳量和合金元素含量越高，焊接性能越差。 　　铜合金和铝合金的焊接性能都较差。钛及钛合金焊接时易产生裂纹。
切削加工	表图4　车削加工示意图 切削加工是利用刀具切除金属毛坯上的多余材料，使零件获得符合技术要求规定的形状、尺寸和精度的加工方法。	材料的切削加工性能，又称为机械加工性能，是指金属材料被刀具切削加工后成为合格零件的难易程度。 　　切削加工性能好坏常用加工后零件的表面粗糙度、允许的最高切削速度以及刀具的磨损程度来衡量。 　　一般的，硬度高的材料难于进行切削，其切削加工性能差；但对于塑性韧性高的材料，硬度虽不高，切削时粘刀严重、切屑难于断开，也会造成切削困难。 　　一般有色金属材料比钢铁材料切削加工性好，铸铁比碳钢好。如切削铜、铝等有色金属时，切削力小，切削很轻快；切削不锈钢和耐热合金比切削碳钢困难大得多，刀具磨损也比较严重。
热处理	表图5　淬火示意图 热处理是指材料在固态下，通过加热、保温和冷却的手段，改变材料表面或内部组织，获得所需性能的一种金属热加工工艺。	热处理工艺性能反映材料热处理的难易程度和产生热处理缺陷的倾向大小，主要包括淬透性、回火稳定性、回火脆性、氧化脱碳倾向性和淬火变形开裂倾向性等。 　　含锰、铬、镍等合金元素的合金钢淬透性比较好，碳钢的淬透性较差。铝合金热处理要求较严，它进行固溶处理时加热温度离熔点很近，温度的波动必须保持在±5℃以内。只有少数几种铜合金能够热处理强化。 　　热处理工艺性能的好坏影响零件热处理工艺的制定及热处理的成本。

复习思考题

1. 名词解释：强度、硬度、弹性、塑性、韧性、韧脆转变温度。

2. 说明以下符号的含义及其单位。

① R_m；② $R_{el}(R_{0.2})$；③ R_{-1}；④ A；⑤ Z；⑥ α_k；⑦ K_I；⑧ K_{IC}；⑨ σ_τ^t。

3. 材料的弹性模量 E 的工程含义是什么？它和零件的刚度有何关系？

4. 现有标准圆柱形的长、短拉伸试样各一根，原始直径 $d_0 = 10$ mm，经拉伸试验测得其断后伸长率均为 25%，求两试样拉断后的标距长度。

5. 强度、塑性、冲击韧性指标在工程上各有哪些实际意义？

6. 比较布氏、洛氏、维氏硬度的测量原理及应用范围。

7. 在下列材料或零件上测量硬度，用何种硬度测试方法最适宜？

① 锉刀；② 黄铜；③ 弹簧；④ 硬质合金刀片；⑤ 淬火钢。

8. 在零件设计中必须考虑的力学性能指标有哪些？为什么？

9. 工程材料有哪些物理性能和化学性能？

10. 什么是材料的热膨胀性？

11. 材料的使用性能要求有哪些？谈谈怎样确定材料的使用性能要求。

12. 怎样评定材料的高温性能要求？

13. 工程材料为什么有耐腐蚀性能要求？

14. 什么是工艺性能？材料的工艺性能有哪些？

第2章　晶体结构、结晶与相图

【引例】　金刚石和石墨都是由碳原子组成，但它们的外表形状和力学性能却有天壤之别（图2-1）。金刚石无色、透明，外形为正八面体，石墨则为深灰色细鳞片状固体，有金属光泽；金刚石是目前最硬的物质，而石墨却是相当软的物质；金刚石不导电，而石墨导电。这是为什么呢？

图2-1　金刚石和石墨

要想知道为什么，必须了解金刚石和石墨中碳原子间的结合键以及碳原子的空间排列有什么差异，以及不同的原子排列方式是如何影响材料性能的。

本章主要介绍材料的组织结构、晶体的结晶过程、合金相图等知识，这部分内容是材料科学的基础。

2.1　晶体的结构

材料结构是指材料组成单元的空间排列方式。材料的结构从宏观到微观可分为不同的层次，即宏观组织结构、显微组织结构和微观结构。

宏观组织结构是指能够用肉眼或放大镜观察到的结构，如某些晶粒和合金相、气孔、缩松、夹杂等。显微组织结构是指能够借助光学显微镜或电子显微镜观察到的细微结构，其尺寸约为$0.1\sim100~\mu m$。微观结构是指材料原子（或分子）间的结合方式，及原子在空间的排列方式。首先讲述材料的微观结构。

2.1.1　原子间的结合键与结合能

材料性能一方面决定于组成原子的性质，另一方面决定于材料的微观结构。原子（离子或分子）间的结合键很大程度上决定了材料的微观结构。原子（离子或分子）间的结合键见表2-1。

表 2－1　原子间的结合键

类别	结合键的模型	结合键的特征	对材料性能的影响
金属键	 正离子　电子气　中性原子 表图 1　金属键示意图	金属原子最外层电子少于 4 个，它们与原子核结合力较弱，容易脱离原子核的束缚变成自由电子。失去外层电子的金属原子成为正离子。在固态金属中，正离子按一定的规律在空间排列，自由电子则在各离子之间自由地运动，形成所谓"电子气"，为整个金属共有。由于正离子和自由电子间的正负电荷产生吸引力，使多个金属原子结合成金属晶体。金属原子的这种结合方式称为金属键。	根据金属键的本质，可解释金属的某些特性。① 在外加电场作用下，自由电子能够沿着电场方向作定向运动，形成电流，使金属具有良好的导电性。② 当温度升高时，金属正离子的热振动加剧，妨碍了自由电子的流动，使金属的电阻增大，这是金属所固有的一种特性。③ 自由电子的运动和正离子本身的热振动，使金属具有较大的导热率。④ 由于金属键没有饱和性和方向性，所以在外力作用下金属的两部分发生相对移动时，正离子仍和自由电子保持着金属键结合，金属就能经受变形而不断裂，使其具有良好的塑性。
离子键	 表图 2 NaCl 的离子键示意图	电负性差别较大的两种原子，通过电子得失变成正离子或负离子，靠正、负离子间的库仑力作用而形成的化学键，称为离子键。	离子键的结合力很大，因此离子晶体的硬度高，强度大，热膨胀系数小，脆性大。离子键中很难产生可以自由运动的电子，离子晶体都是良好的绝缘体。如 NaCl、MgO、Al_2O_3 等都是以离子键结合的。
共价键	 表图 3 SiO_2 的共价键示意图	得失电子能力相近的原子通过共用价电子对产生的结合键称为共价键。 　　金刚石为共价晶体，它是由四个碳原子组成，每个碳原子贡献出 4 个价电子与周围的 4 个碳原子共有，形成 4 个共价键，构成正四面体。	共价键结合力很大，共价晶体强度高、硬度高、脆性大、熔点高，挥发性低，结构稳定。由于相邻原子所共有的电子不能自由运动，共价晶体的导电能力较差，是良好的绝缘体。 　　硅、锗、锡等元素也可构成共价晶体。H_2、N_2、O_2、Cl_2、HCl、NH_3、H_2O 等分子内原子的结合，以及高聚物长链内部均是以共价键结合。
分子键	 表图 4　冰的分子键模型	在原子结构上形成稳定电子壳层的元素，低温时可结合成固体。这些原子在结合的过程中，没有电子的得失、共有或公有化，价电子的分布几乎不变，原子或分子之间的结合力是很弱的范德瓦尔斯力，这样的结合键称为分子键。	由于范德瓦尔斯引力很弱，所以分子晶体的结合力很小，熔点很低，硬度也很低。这种引力也存在于其他化学键形成的晶体中，但常忽略不计。 　　固体甲烷就是依分子键结合起来的。大部分有机化合物的晶体和固体 CO_2、SO_2、HCl、H_2、N_2、O_2 等都是分子晶体。分子键没有方向性和饱和性。晶体结构主要取决于几何因素，并趋向于紧密排列。

下面以金属键为例，分析金属中两相邻原子间的距离。

先分析只有两个原子相互作用的情况，即双原子作用模型，见图 2-2。当两个原子 A 和 B 相距很远时，它们之间没有相互作用；但当它们相距很近时，作用力就显示出来。固态金属中两个原子之间的相互作用力包括：① 正离子与自由电子之间的引力；② 两原子电子层之间的斥力；③ 正离子之间的斥力。吸引力使两原子靠近，而排斥力使两原子分开。

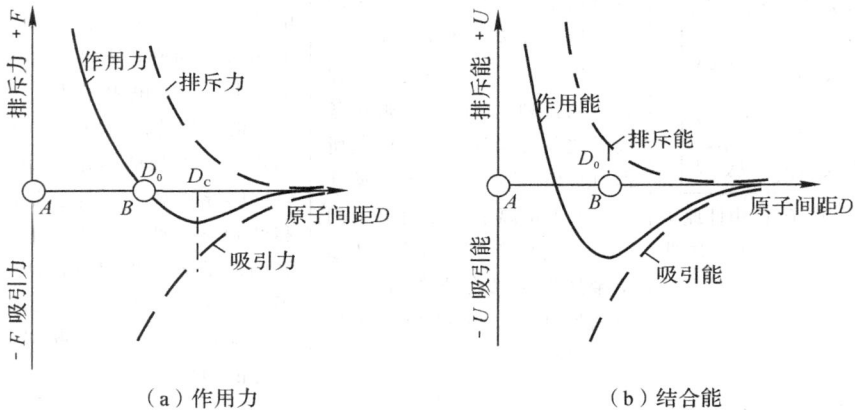

（a）作用力　　　　　　　　　　　（b）结合能

图 2-2　晶体中两个原子之间的相互作用力及结合能

A 原子对 B 原子的吸引力和排斥力曲线见图 2-2(a)。两原子的结合力为吸引力与排斥力的代数和。吸引力是长程力，排斥力是近程力，当两原子间距较大时吸引力大于排斥力，使两原子靠近。原子靠近到一定距离以后，排斥力急剧增长。当原子过分靠近时，排斥力大于吸引力，原子便相互排斥。当原子间距为 D_0 时，吸引力与排斥力恰好相等而达到平衡，两原子既不会自动靠近，也不会自动离开，恰好处于平衡位置。在固态金属中，绝大多数原子都处于这种平衡位置。如果原子偏离平衡位置，不论向哪个方向偏离，立刻会产生一个反方向的力，促使原子回到原来的位置。然而事实上，原子不会静止在平衡位置上，而是围绕平衡位置作无序的热振动。在平衡位置 D_0 附近，结合力与原子距离之间的关系接近于直线关系，体现了虎克定律。

吸引能和排斥能与原子间距的关系见图 2-2(b)，结合能是吸引能与排斥能的代数和。当原子处于平衡距离 D_0 时，其结合能达到最低值，此时原子的势能最低，状态最稳定。任何对 D_0 的偏离，都会使原子的势能增加，从而使原子处于不稳定状态，有恢复到平衡距离的倾向。

由上所述不难理解，当大量原子结合成固体时，为使固体具有最低的能量，以保持其稳定状态，原子之间必须保持一定的平衡距离，这就是固态金属中的原子趋于规则排列的原因。

当原子间以离子键或共价键结合时，原子达不到紧密排列状态，这是由于这两种结合方式对周围的原子数有一定限制的缘故。

2.1.2　晶体结构

从双原子作用模型可知，固体相邻原子间要保持固定的距离，另外原子的排列也要使整体能量处于最低状态。因此往往使得固体原子在空间的排列是有规律的，而不是杂乱无章的。我们把原子在三维空间中作有规律的周期性排列的固体称为晶体，如食盐、雪花、水晶，以及金属和合金等都是晶体；而把原子紊乱无规律分布的固体称为非晶体，如玻璃、松香、木材等是非晶体。

1. 晶体的特性

晶体中的原子按一定规律重复排列，使晶体与非晶体在性能上存在明显的不同。

首先，晶体具有一定的熔点，非晶体则没有。在熔点以上，晶体变成液体，处于非结晶状态；在熔点以下，液体变成晶体，处于结晶状态。从晶体至液体或从液体至晶体的转变是突变的。而非晶体没有固定的熔点，随着温度升高，固态非晶体将逐渐变软，最终成为具有显著流动性的液体；液体冷却时将逐渐稠化，最终变为固体。

其次，晶体的性能，如强度、弹性模量、导电性、热膨胀性等在不同方向上不同，即晶体具有各向异性，而非晶体则各向同性。

另外，许多天然晶体具有规则的几何外形，表面间保持一定的角度，具有一定的对称性，例如天然金刚石、结晶盐、水晶等，而非晶体则没有规则的几何外形。

2. 晶格与晶胞

晶体中原子(离子、分子)的排列方式可能有很多种。为了便于描述原子的排列规律，通常把原子设想为固定不动的刚性球体，简称刚球，晶体即由这些刚球在三维空间中按一定规律紧密堆积而成。图 2-3(a)即为这种原子堆垛模型。刚球模型的优点是立体感强，直观；缺点是刚球密密麻麻地堆积在一起，难以看清内部原子的排列规律和排列特点。

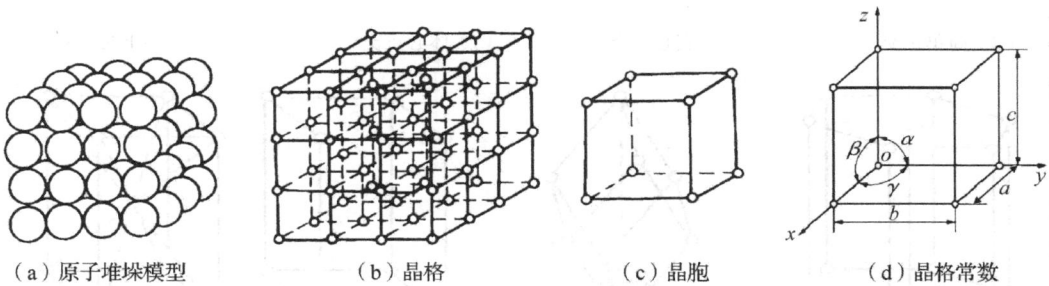

(a) 原子堆垛模型　　　　(b) 晶格　　　　(c) 晶胞　　　　(d) 晶格常数

图 2-3　晶体中原子排列示意图

如果将晶体中原子的大小忽略，即将刚球抽象为质点，质点所在位置称之为阵点(或结点)，就便于描述原子排列规律。为观察方便，可作许多平行的直线将这些阵点连接起来，构成一个三维的空间格架，如图 2-3(b)所示。这种用以描述晶体中原子排列规则的空间格架称为空间点阵，简称点阵或晶格。晶格中各阵点的周围环境均相同，其排列具有周期性和重复性。

人们把晶格中能代表原子排列规则的，由最少数目原子组成的几何单元称为晶胞，如图 2-3(c)所示。整个晶体都是由相同晶胞有规律、周期性地排列而成。

晶胞的大小和形状常以晶胞的棱边长度 a，b，c 及棱边夹角 α，β，γ 表示，如图 2-3(d)所示。晶胞的棱边长度 a、b、c 称为晶格常数(或点阵常数)，晶胞的棱边夹角 α、β、γ 称为晶轴间夹角。

3. 晶体结构

自然界中有成千上万种晶体，它们的晶体结构亦不相同。但根据"每个点阵周围具有相同环境"的要求，用数学的方法可推算出空间点阵共有 14 种，见图 2-4。在晶体学中，根据晶胞棱边长度 a、b、c 是否相等，晶轴间夹角 α、β、γ 是否相等，夹角是否为直角等因素，把这 14 种空间点阵归纳为七大晶系，即三斜晶系、单斜晶系、正交晶系、六方晶系、斜方晶系、正方晶系、立方晶系。

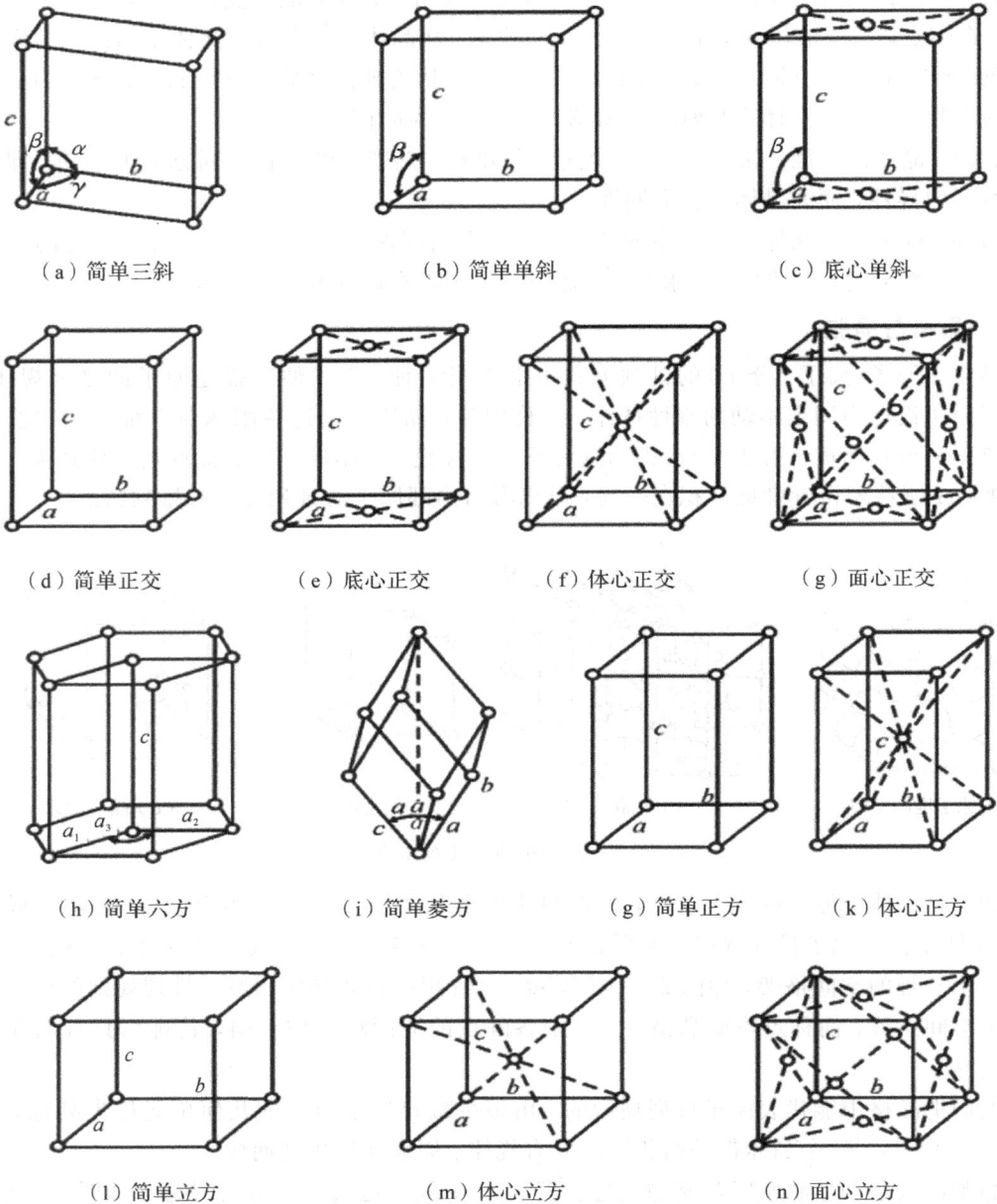

（a）简单三斜　　　　　　（b）简单单斜　　　　　　（c）底心单斜

（d）简单正交　　（e）底心正交　　（f）体心正交　　（g）面心正交

（h）简单六方　　（i）简单菱方　　（g）简单正方　　（k）体心正方

（l）简单立方　　　　　　（m）体心立方　　　　　　（n）面心立方

图 2-4　晶体的 14 种空间点阵

图中所有晶胞,都要求大家在脑中将其重复地周期地排列成相应的晶格点阵,以明白晶体中原子的排列方式。

2.1.3 三种常见的金属晶体结构

工业中应用的金属材料中,少数具有复杂的晶体结构,绝大多数都具有简单的晶体结构,最典型、最常见的金属晶体结构为体心立方、面心立方和密排六方结构,它们的晶胞如图 2-5 所示。

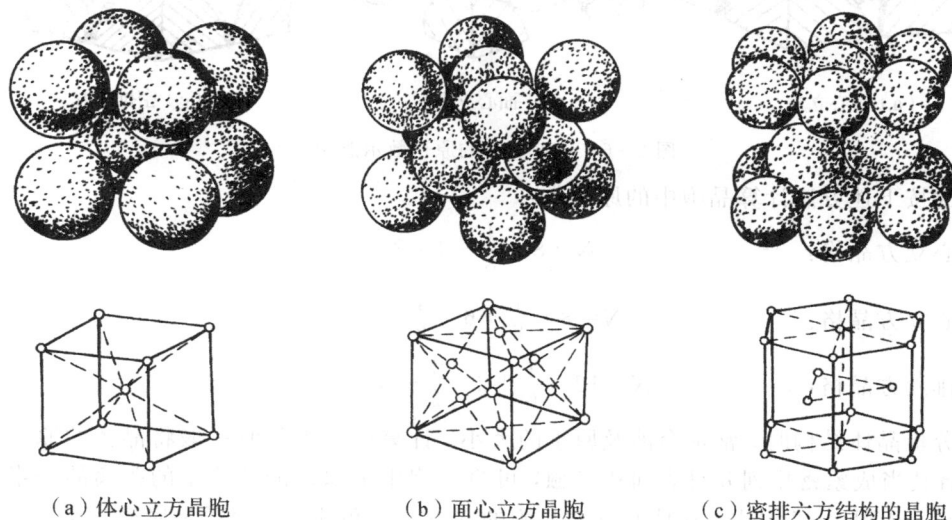

(a)体心立方晶胞   (b)面心立方晶胞   (c)密排六方结构的晶胞

图 2-5 三类晶格的晶胞

1. 三种晶格的晶胞

体心立方晶格的晶胞形状为立方体,三个棱边长度相等,因其 $a=b=c$,只用一个常数 a 表示;晶轴间夹角 $\alpha=\beta=\gamma=90°$。晶胞的八个角上各有一个原子,在立方体的中心还有一个原子。具有体心立方晶格的金属有 α-Fe、Cr、W、V、Mo 等。

面心立方晶格的晶胞形状为立方体,在晶胞的八个角上各有一个原子,立方体六个表面的中心也各有一个原子。晶胞的三个棱边长度相等,轴间夹角均为 90°。属于面心立方晶格的金属有 γ-Fe、Cu、Al、Ag、Ni 等。

密排六方结构的晶胞形状为六方柱体,柱体的 12 个角上各有一个原子,上下底面的中心各有一个原子,晶胞内还有 3 个原子。密排六方晶胞的晶格常数有两个:一是正六边形的边长 a,另一个是上下两底面之间的距离 c,c 与 a 之比称为轴比。此时原子半径为 $1/2a$。属于密排六方晶格的金属有 Zn、Mg、α-Ti 等。

2. 晶胞原子数(N)与原子半径(r)

晶胞原子数是指在一个晶胞中所包含的原子数目。晶体可看为是由晶胞堆砌而成,立方晶系中结点处的原子为 8 个晶胞所共有,面上的原子为 2 个晶胞所共有,只有心部的原子才完全为本晶胞所有。同理六方晶系结点处的晶胞为 6 个晶胞所共有。常见的三种晶胞原子数示意图见图 2-6。

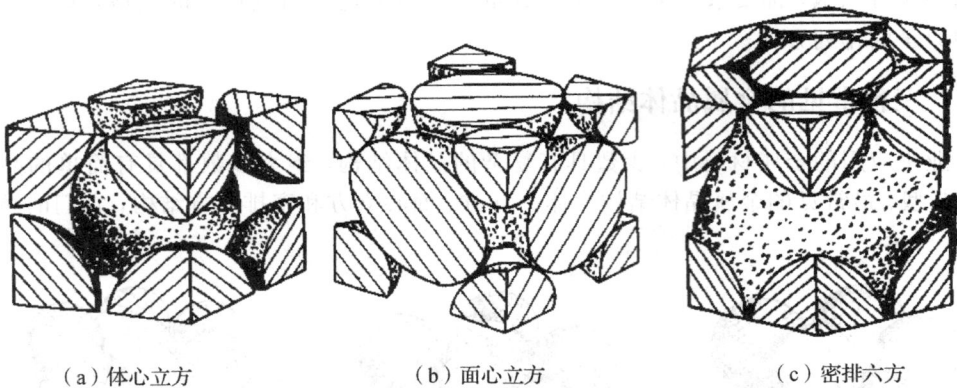

（a）体心立方   （b）面心立方   （c）密排六方

图 2-6 三种晶胞的原子数示意图

因此按下述方法计算晶胞中的原子数：

体心立方晶格：
$$N = 8 \times \frac{1}{8} + 1 = 2$$

面心立方晶格：
$$N = 8 \times \frac{1}{8} + 6 \times \frac{1}{2} = 4$$

密排六方晶格：
$$N = 12 \times \frac{1}{6} + 2 \times \frac{1}{2} + 3 = 6$$

在分析晶体结构时，常常会涉及原子的大小。计算原子半径时一般将晶体的原子看成刚球，将其当成紧密排列并且表面相接触，可将晶胞中最邻近的两原子的距离的一半作为原子半径。从图 2-7 看出，在体心立方晶胞的立方体对角线上，原子是紧密接触的；在面心立方晶胞的每个面的对角线上原子是紧密接触的；密排六方晶胞的底面上近邻原子是紧密接触的。因此三种晶胞的原子半径与晶格常数的关系为

体心立方晶格：
$$r = \frac{\sqrt{3}}{4}a$$

面心立方晶格：
$$r = \frac{\sqrt{2}}{4}a$$

密排六方晶格：
$$r = \frac{1}{2}a$$

3. 致密度 K 和配位数

若把原子看成刚性球体，即使是一个挨一个地最紧密排列，原子之间仍有空隙。致密度（K）就是指晶胞中原子所占体积与晶胞体积之比，即 $K = \dfrac{\text{晶胞原子数} \times \text{原子体积}}{\text{晶胞体积}}$。致密度不相同的晶体结构互相转变时，会造成晶体体积的变化，从而产生内应力。

三种晶胞的致密度计算如下：

体心立方晶格：
$$K = \frac{2 \times \frac{4}{3}\pi r^3}{a^3} = \frac{2 \times \frac{4}{3}\pi \times (\frac{\sqrt{3}}{4}a)^3}{a^3} \approx 0.68$$

面心立方晶格：
$$K = \frac{4 \times \frac{4}{3}\pi r^3}{a^3} = \frac{4 \times \frac{4}{3}\pi \times (\frac{\sqrt{2}}{4}a)^3}{a^3} \approx 0.74$$

密排六方晶格：　$K = \dfrac{6 \times \frac{4}{3}\pi r^3}{6 \times \frac{\sqrt{3}}{4}a \times a \times c} = \dfrac{6 \times \frac{4}{3}\pi(\frac{1}{2}a)^3}{6 \times \frac{\sqrt{3}}{4} \times 1.633 \times a^3} \approx 0.74$

由计算结果可知，体心立方晶格中原子占据 68% 的体积，其余为空隙；面心立方和密排六方晶格中，原子占据 74% 的体积，其余为空隙。

配位数是指晶体结构中与任一个原子最近邻、等距离的原子数目。配位数越大，原子排列便越紧密。三种晶格的配位数如图 2-7。在体心立方晶格中，以立方体中心的原子来看，与其最近邻且等距离的原子有 8 个，所以体心立方晶格的配位数为 8；面心立方晶格和密排六方晶格的配位数都是 12。

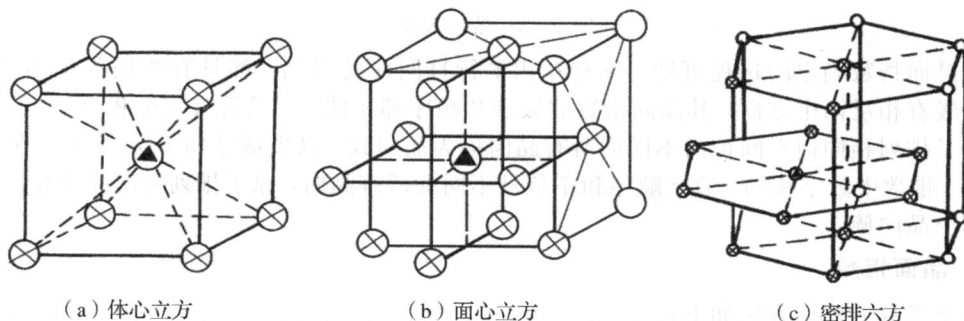

（a）体心立方　　　　　　（b）面心立方　　　　　　（c）密排六方

图 2-7　三种晶格的配位数

由上可见，密排六方结构的致密度和配位数与面心立方完全相同，两者都是最紧密的排列方式，所不同的是两种晶格中的最密排面的堆垛次序不同。

2.1.4　立方晶系中的晶向指数和晶面指数

在研究晶体的空间结构时，为了便于分析原子在某一平面或某一方向上的分布规律，我们把晶格中由一系列原子所在的平面，称为晶面；任何两个或多个原子所在直线所指的方向，称为晶向。晶体中晶面和晶向的空间位向分别用"晶面指数"和"晶向指数"来表示。

1. 晶向指数

晶向指数的标定方法如下：

（1）选晶胞的三条棱边建立 X、Y、Z 坐标轴，以晶格常数作为坐标轴的度量单位，从坐标轴的原点引一条有向直线，平行于待定晶向；

（2）在所引的有向直线上任取一点（为方便起见，通常取距原点最近的阵点），求出该点在三坐标轴的坐标值；

（3）将三个坐标值按比例化简为最小简单整数，并加上方括号，表示为 $[u\ v\ w]$，即为所求的晶向指数。整数之间不用标点分开。如果 u、v、w 中有某一数为负，则将负号用上划线的形式标注于该数之上。

【例 2-1】　计算图 2-8(a) 中的 AB 的晶向指数。

解　从坐标原点 O 引 AB 的平行线，交顶面于 C 点，C 点的坐标是 $1/2$，$1/2$，1，按比例化简为最小整数则为 1，1，2，所以 AB 的晶向指数为 $[1\ 1\ 2]$。

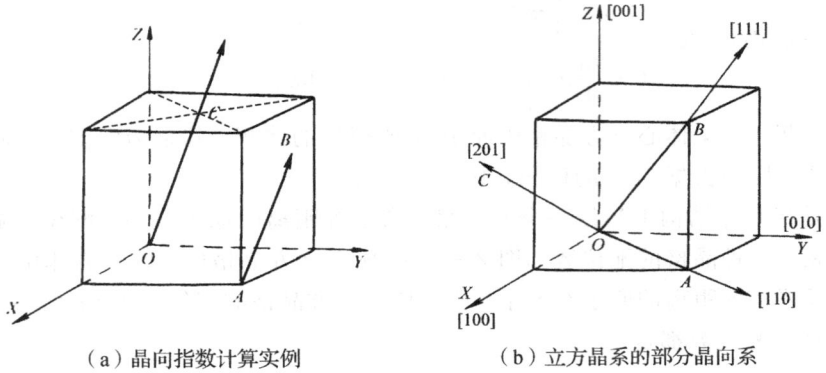

（a）晶向指数计算实例　　　　　　（b）立方晶系的部分晶向系

图 2-8　晶向指数

由晶向指数确定的过程可知，所有互相平行且同向的晶向，都具有相同的晶向指数。同一直线有相反两个方向，其晶向指数的数字和顺序都相同，只是符号完全相反。

原子排列相同但空间位向不同的所有晶向称为晶向族，以尖括号 $\langle uvw \rangle$ 表示。在立方晶系中，指数中数字相同，数字顺序和正负号不同的所有晶向，原子排列情况完全相同，属于同一个晶向族。

2. 晶面指数

晶面指数的标定方法如下：

（1）在晶格中任选一结点作为空间坐标系的原点，坐标原点不能选在待确定指数的晶面上，以晶格的三条棱边为坐标轴 OX、OY、OZ；

（2）以晶格常数 a、b、c 分别作为 OX、OY、OZ 轴上的长度度量单位，求出欲定晶面在此三个轴上的截距；

（3）分别取此三个截距的倒数；

（4）将三个截距的倒数按比例化简为三个最小整数；

（5）把化简后的三个整数写在圆括号内 (hkl)，整数之间不用标点分开。如果 h、k、l 中有某一数为负，则将负号用上划线的形式标注于该数之上。

【例 2-2】 计算图 2-9(a)中的晶面 ABC 的晶面指数。

解　该晶面在 X、Y、Z 轴上的截距分别为 1，2，1，取其倒数分别为 1，$1/2$，1，将此三个数按比例化简为最小整数为 2，1，2，故 ABC 的晶面指数是 (212)。

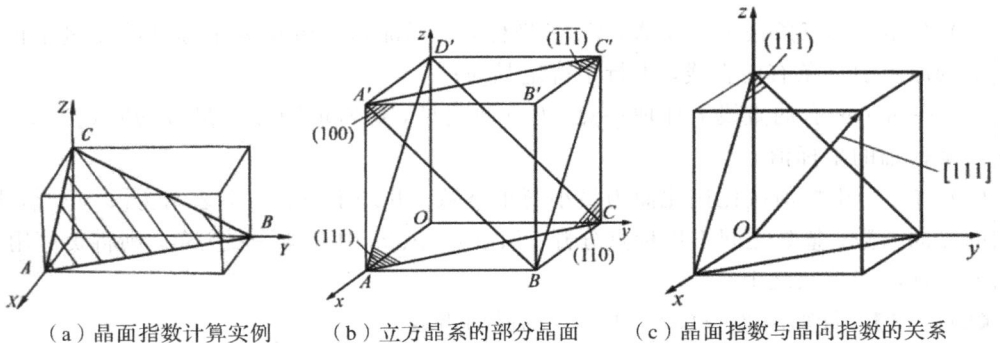

（a）晶面指数计算实例　　（b）立方晶系的部分晶面　　（c）晶面指数与晶向指数的关系

图 2-9　晶面指数

由晶面指数确定的过程可知，所有互相平行的晶面，都具有相同的晶面指数，或者晶面指数的数字和顺序完全相同而符号完全相反。因此，某一晶面指数并不只是代表某一具体晶面，而是代表相互平行的晶面。

在同一种晶体结构中，有些晶面虽然在空间的位向不同，但其原子排列情况完全相同，这些晶面均属于同一个晶面族，其指数用大括号{hkl}表示。例如在立方晶系中：

{100}＝(100)＋(010)＋(001)

{101}＝(110)＋(101)＋(011)＋($\bar{1}$10)＋($\bar{1}$01)＋(0$\bar{1}$1)

{111}＝(111)＋($\bar{1}$11)＋(1$\bar{1}$1)＋(11$\bar{1}$)

可见，在立方晶系中，{hkl}晶面族所包括的晶面可以用 h、k、l 数字的排列组合和改变符号的方法求出。

从图 2-9(c)可以看出，在立方晶系中，指数相同的晶向与晶面是互相垂直的。例如 [100]⊥(100)，[111]⊥(111)，[110]⊥(110)。

3. 晶面及晶向的原子密度

可以看出，不同晶向族上的原子紧密程度不同，不同晶面族上的原子紧密程度也不相同。在某一晶向上，单位长度上的原子数称为该晶向的原子密度；某一晶面上，单位面积的原子数称为该晶面的原子密度。例如，在体心立方晶格中原子密度最大的晶面是{110}，原子密度最大的晶向是〈111〉。

2.1.5　晶体的各向异性

由于不同晶向和不同晶面上的原子密度不同，所以在不同方向上，晶体具有不同的性能，这种现象称为各向异性。它是晶体区别于非晶体的重要特征。在单晶体中，各向异性非常突出。例如，体心立方晶格的 α-Fe 单晶体，在〈111〉方向上，$E＝284$ GPa，而在〈100〉方向，$E＝132$ GPa。单晶体的各向异性，是因为不同晶面和晶向上的原子排列情况不同，原子间距不同，原子间作用强弱也不同，不同方向的宏观性能就不同。

多晶体基本没有各向异性。例如，α-Fe 多晶体从各方向测出的弹性模量 E 几乎都是 206 GPa，看不出方向性，仿佛是各向同性。在多晶体中，各个晶粒的位向都是散乱无序的，虽然每个晶粒本身都是各向异性的，但是在每个方向上都有多个不同位向的晶粒，它们的各向异性相互抵消，使多晶体表现为宏观各向同性。

金刚石和石墨的晶体结构如图 2-10 所示。

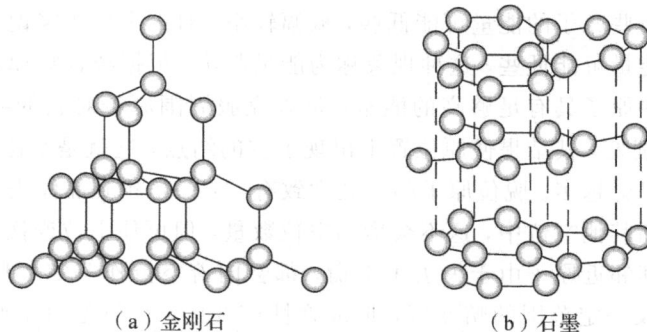

（a）金刚石　　　　　　　　（b）石墨

图 2-10　金刚石和石墨的晶体结构

金刚石内部的碳原子呈"骨架"状三维空间排列，一个碳原子周围有 4 个碳原子相连，碳原子间以共价键相结合，在三维空间形成了一个骨架，这种结构在各个方向上联结力均匀，且联结力很强，从而使金刚石硬度极高。

石墨内部的碳原子呈层状排列，一个碳原子周围只有 3 个碳原子与其相连，碳与碳组成了六边形的环状，无限多的六边形组成了一层。层与层之间以分子键结合，联结力非常弱，而层内以共价键结合的碳原子联结很牢，因此受力后层间容易滑动和破坏，使石墨强度硬度低。

2.1.6 实际金属的晶体结构

上一节所讲的晶体结构都是理想的结构，在实际晶体中，总是不可避免地存在着一些原子偏离规则排列的阵点，这就造成了晶体缺陷。虽然这些偏离阵点的原子数目很少，但它们对金属性能的影响很大。晶体缺陷有多种，按其几何形态不同，可以分为三大类：点缺陷、线缺陷和面缺陷。

1. 点缺陷

点缺陷是指在三维尺度上都很小，不超过几个原子直径的缺陷。常见的点缺陷是空位、间隙原子和置换原子，如图 2-11 所示。

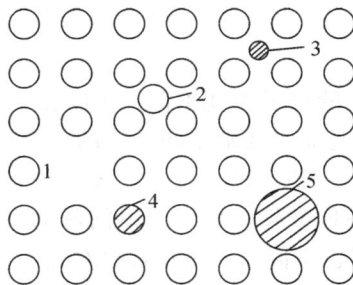

1—空位；2,3—间隙原子；4,5—置换原子

图 2-11 点缺陷

在任何温度下，晶体中的原子都是以其平衡位置为中心不间断地进行着热振动。在一定的温度下，每个原子的振动能量并不完全相同，在某一瞬间，某些原子的能量可能高些，其振幅大些；而另一些原子的能量可能低些，振幅较小。对一个原子来说，这一瞬间能量可能高些，另一瞬间能量可能低些，这种现象称为能量起伏。根据统计规律，在某一温度下的某一瞬间，总有一些原子具有足够高的能量，足以克服周围原子对它的约束，脱离开原来的平衡位置迁移到别处，其结果使原位置上出现了空的结点，这就是空位。显然，这种脱位的原子越多，空位也就越多。脱位原子的去处大致有三：一是跑到晶体表面去；二是跑到点阵间隙中；三是跑到其他空位中，这不会增加空位数量，但可使空位变换位置。

产生空位后，其邻近原子由于失去了平衡，都会向着空位作一定程度的松弛，从而在其周围出现一个波及一定范围的畸变区，形成弹性应变区。空位是由于原子被激活，跳离自己平衡位置而形成的。如果原子跳到晶格间隙处，同时就出现一个间隙原子。当异类原子溶入金属晶体时，如果占据在原来基本原子的平衡位置上，则形成置换原子。

　　无论是哪类点缺陷，都会造成晶格畸变，这将对金属的性能产生影响，如使屈服强度升高，电阻增大，体积膨胀等。此外，点缺陷的存在，将加速金属中原子的扩散过程，因而凡是与扩散有关的过程，如化学热处理、高温下的塑性变形和断裂等，都与空位和间隙原子的存在和运动有密切的关系。

2. 线缺陷

　　线缺陷是晶体内部呈线状分布的晶体缺陷，即在某一方向上的尺寸很大，而另两方向上的尺寸很小的缺陷，它指晶体中发生的长达几万个原子间距、宽约几个原子间距的原子偏离其平衡位置，产生晶格畸变。线缺陷主要是指各种类型的位错，位错中最简单、最基本的类型有两种：刃型位错和螺型位错。

　　1）**刃型位错**

　　刃型位错的模型如图 2-12 所示。设有一简单立方晶体，某一原子面在晶体内部中断，这个原子平面中断处的边缘就是一个刃型位错。

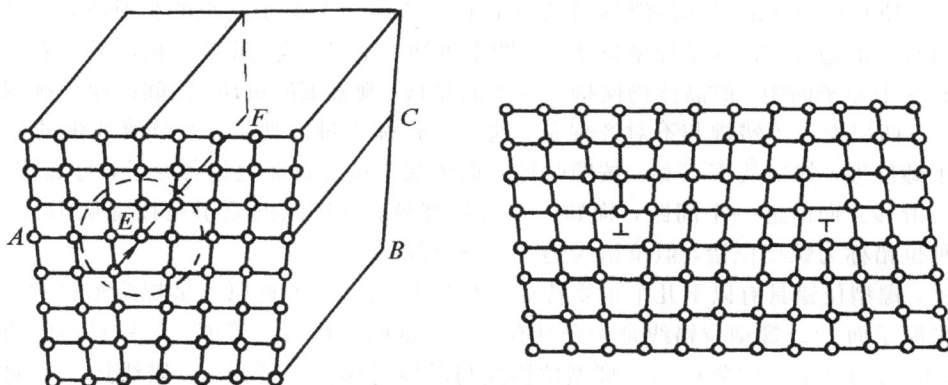

图 2-12　刃型位错示意图

　　从图 2-12 可以看出，刃型位错线很长，一般为数万个原子间距，位错宽度约为 3～5 个原子间距，相比之下，显得非常小，所以把位错看成是线缺陷，但事实上，位错是一条具有一定宽度的细长管道。位错线附近原子偏离了原来的平衡位置，即产生了晶格畸变，并且在额外半原子面左右两侧的畸变是对称的。可以把位错线周围的晶格畸变区看成是一个弹性应力场。就图中刃型位错 EF 而言，滑移面上方的原子间距很小，晶格受压应力；滑移面下方的原子间距很大，晶格受拉应力；而在滑移面上，晶格只受切应力。在位错中心，即额外半原子面的边缘处，晶格畸变最大，随着距位错中心间距的增加，畸变程度逐渐减小。

　　可见，刃型位错具有以下几个重要特征：① 刃型位错有一额外半原子面。② 位错线周围晶格畸变，在一定范围内存在应力。刃型位错线附近一侧原子受压应力，另一侧原子受拉应力。③ 刃型位错线与晶体滑移方向垂直，即位错线运动的方向垂直于位错线。

　　2）**螺型位错**

　　螺型位错的模型如图 2-13 所示。

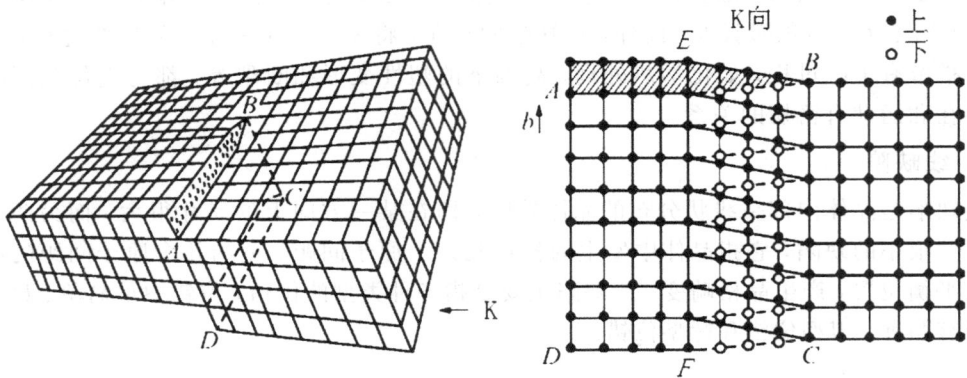

图 2-13　螺型位错示意图

设想在简单立方晶体上 $ABCD$ 平面的右前端施加一向下的切应力，$ABCD$ 平面的左端固定不动，使右端前面的局部沿滑移面 $ABCD$ 向下发生一个原子间距的相对滑移，已滑移区与未滑移区的边界 BC 就是螺型位错线。图中可知，在 EF 线的前方，虽然晶体右半部分向下移动一个原子间距，但晶体仍保持为完整的晶格。观察 EF 和 BC 线间的原子排列情况可知，上下两层发生了错排和不对齐现象，这一地带称为过渡地带，此过渡地带的原子被扭曲成了螺旋形。如果从 E 开始，按顺时针方向依次连接此过渡地带各原子，每旋转一周，原子就沿滑移方向前进一个间距，犹如一个右旋螺纹。位错线的原子是按螺旋形排列的，因此这种位错称为螺型位错，但位错线仍是一条直线。

可见，螺型位错具有以下几个重要特征：① 螺型位错线附近原子呈螺旋形排列，没有额外的半原子面。② 螺型位错线是一个具有一定宽度的晶格畸变管道，其只有切应变而无正应变，应力场呈轴对称分布。③ 螺型位错线与晶体滑移方向平行，位错线运动方向与位错线垂直。

3）混合位错

前面描述的刃型位错和螺型位错是特殊情况。在实际晶体中，位错线一般是刃型和螺型的混合类型，具有各种各样的形状，称为混合位错，如图 2-14 所示。

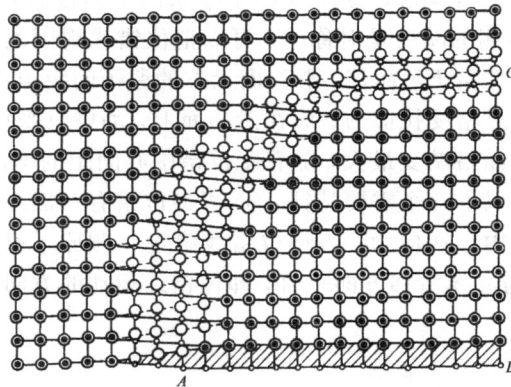

图 2-14　混合位错

4）位错的运动

位错最重要的性质之一是它可以在晶体中运动。刃型位错的运动形式有两种方式：一种是位错线在滑移面上移动，称为位错的滑移；另一种是位错线作垂直于滑移面的移动，称为位错的攀移。这里只讨论刃型位错的滑移。

图 2-15 表示含有一个刃型位错的晶体，实线表示半原子面为 PQ 的刃型位错的原来位置，虚线表示位错移动一个原子间距后的半原子面位置 $P'Q'$。也就是说，原来是原子 A 与原子 Q' 形成较强的金属键，在应力作用下，现在是原子 A 与原子 Q 形成金属键。只需要位错线附近的原子移动一个原子间距，就能使刃型位错移动一个原子间距，其余大部分原子并不移动。因此在很小的切应力作用下就可以使位错移动，这导致了实际晶体的强度远远低于理想晶体强度。从中也能看出位错的运动方向与位错线垂直。

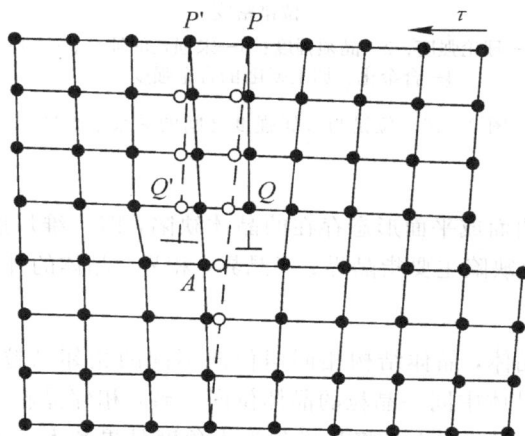

图 2-15　刃型位错的滑移

5）位错密度

位错密度是指在单位体积晶体中，所包含的位错线长度，用下式表示：

$$\rho = \frac{L}{V}$$

式中，ρ 为位错密度，单位为 $1/m^2$；L 为位错线的总长度；V 为晶体体积。

位错密度的另一个定义是：穿过单位横截面积的位错线数目，单位也是 $1/m^2$。可通过测量单位面积的位错线露头数求得。在充分退火的金属晶体中，位错密度一般为 10^{10} ～$10^{12}\ m^{-2}$，即每 μm^2 的面积上有 0.01～1 条位错，而经剧烈塑性变形的金属，位错密度高达 10^{15}～$10^{16}\ m^{-2}$，即每 μm^2 的面积上有 10^3～10^4 条位错。

位错对金属材料的力学性能、扩散及相变等有着重要的影响。位错与金属强度之间的关系如图 2-16 所示。金属中如果没有位错，那么它将具有极高的理论强度。目前采用一些特殊方法制造出几乎不含位错的小晶体，即直径约为 0.05～$2\ \mu m$、长度为 2～$10\ mm$ 的晶须，其抗拉强度高达 13400 MPa。而退火纯铁，抗拉强度则低于 300 MPa，两者相差 40 多倍。采用冷塑性变形、合金化、热处理等方法使金属的位错密度大大提高，使位错之间交互作用和相互制约，增加位错运动的阻力，也可以提高金属的强度。

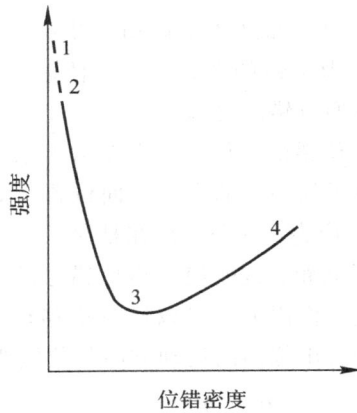

1—理论强度；2—晶须强度；3—未强化的纯金属强度；
4—合金化、加工硬化的合金强度

图 2-16 位错与金属强度之间的关系示意图

3. 面缺陷

面缺陷是指呈空间曲面或平面形态存在的晶体缺陷，即二维尺度很大而第三维尺度很小的晶体缺陷。晶体的面缺陷主要指晶界、亚晶界、相界、晶体的外表面等。

1）晶界

金属材料一般为多晶体，晶体结构相同但位向不同的相邻晶粒之间的边界称为晶界。如图 2-17(b)所示，多晶体中同一晶粒的晶体位向一致，相邻晶粒间的晶体位向有较大差异。根据相邻晶粒的晶格位向差大小将晶界分为小角度晶界和大角度晶界，如图 2-18(a) (b)所示。大角度晶界上原子排列比较紊乱，但也存在一些比较整齐的区域，如图中包括有不属于任一晶粒的原子 A，也含有同时属于两晶粒的原子 D；既包含有压缩区 B，也含有扩张区 C。纯金属中大角度晶界的厚度不超过三个原子间距。

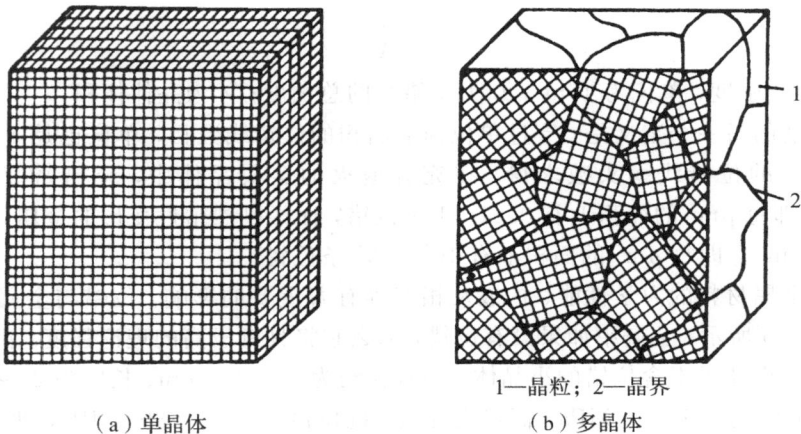

（a）单晶体

1—晶粒；2—晶界

（b）多晶体

图 2-17 单晶体与多晶体示意图

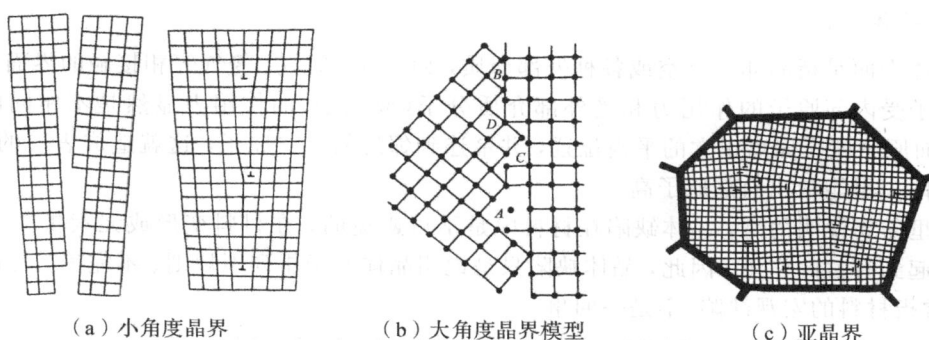

（a）小角度晶界　　　　　　（b）大角度晶界模型　　　　　　（c）亚晶界

图 2-18　晶界与亚晶界示意图

　　在多晶体中，每个晶粒内的原子排列并不完美，会出现位向差小于 1° 的亚结构，称为亚晶界，如图 2-18(c)所示。亚晶界在凝固、形变、回复再结晶或固态相变时形成。

　　晶界的结构与晶粒内部有所不同，晶界具有一系列不同于晶粒内部的特性。首先，晶界处存在界面能，使晶界处于不稳定状态，高的界面能具有向低的界面能转化的趋势，这就导致晶界的运动。晶粒长大和晶界的平直化都可减少晶界的总面积，从而降低晶界的总能量。其次，当金属中存在能够使界面能降低的异类原子时，这些原子将向晶界偏聚，使界面能升高的原子在晶粒内部存在。再次，原子沿晶界的扩散速度较快，在发生相变时，新相晶核往往首先在晶界形成。此外，晶界的熔点低于晶粒内部，且晶界易于腐蚀和氧化。晶粒越细，金属材料的强度和硬度越高。

　　2）相界

　　具有不同晶体结构的两相之间的分界面称为相界。相界的结构有三类，即共格界面、半共格界面和非共格界面，如图 2-19 所示。所谓共格界面是指界面上的原子同时位于两相晶格的结点上，为两种晶格所共有。界面上原子的排列规律既符合这个相原子排列的规律，又符合另一个相原子排列的规律。一般两相的晶体结构或多或少有所差异，它们形成半共格相界。当界面两边原子排列相差较大，使相界的畸变能高到不能维持共格关系时，则共格关系破坏，变成非共格相界。

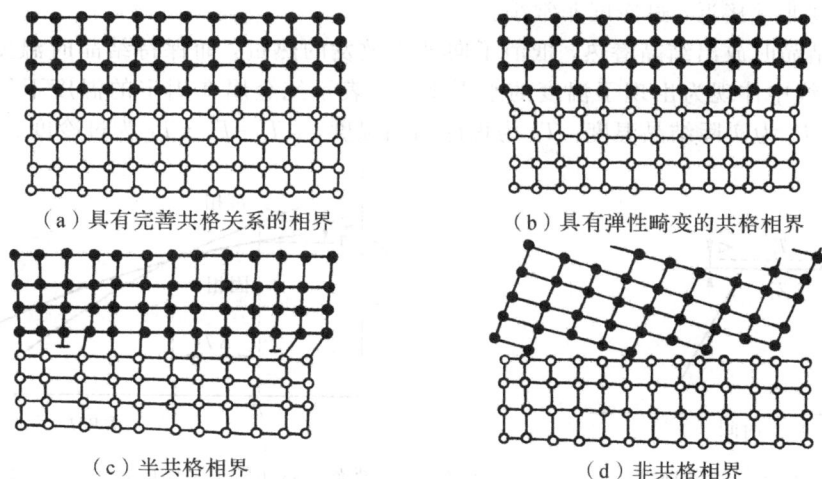

（a）具有完善共格关系的相界　　　　　　（b）具有弹性畸变的共格相界

（c）半共格相界　　　　　　（d）非共格相界

图 2-19　各种相界面结构示意图

3）晶体表面

晶体表面是指晶体与真空或各种外部介质，如空气、氢气、氮气等相接触的界面。表面上的原子受内部原子的作用力和受外部介质分子（或原子）的作用力显然是不相同的。这样，表面原子就会偏离正常的平衡位置，并牵连到邻近的几层原子，这就造成表层的畸变，造成晶体表层能量比内部原子高。

这里需要说明的是，晶体缺陷在材料中是不可避免的，在材料变形或元素扩散等过程中它们起到有益的作用。因此，晶体缺陷只是说明晶体原子排列不规则、不完美，与材料缺陷（通常指材料的宏观缺陷）不是一回事。

2.2 纯金属的结晶

物质从液态转变为固态的过程称为凝固，如果凝固后的固体是原子呈规则排列的晶体，则将这一过程称为结晶。金属材料经过熔炼后，浇注到模型中，液态金属转变为固态金属，获得所需形状的铸锭或铸件。结晶后材料的组织状态，会影响随后的锻压、热处理、切削等材料加工性能，也会影响零件的使用性能。结晶对金属材料的加工和应用有着重要的意义。此外金属在进行轧制、锻造、热处理等加工过程中，其晶体结构有时也会发生变化，习惯上将这种从一种晶体转变为另一种晶体的过程也称为结晶。

2.2.1 结晶的基本条件

金属从原子动态不规则排列的液态转变到原子规则排列的晶体过程中，都有一个平衡结晶温度，液体低于此温度时才能结晶，晶体高于此温度时便熔化，在平衡结晶温度液体与晶体共存。平衡结晶温度又称为理论结晶温度，它是指金属在无限缓慢的冷却速度下结晶时的温度，用 T_0 表示。

实际液体的结晶温度 T_1 总是低于理论结晶温度，这种现象称为过冷。实际结晶温度 T_1 与理论结晶温度 T_0 之差 $\Delta T = T_0 - T_1$，称为过冷度。过冷度与金属液体冷却速度有关，冷却速度越快，实际结晶温度越低，过冷度越大。当冷却速度极其缓慢时，实际结晶温度与平衡结晶温度非常接近，过冷度非常小。

纯金属结晶时放出结晶潜热，抵消了向外界散发的热量，而保持结晶时温度不变，在温度-时间曲线中体现为出现了温度的水平平台，表示纯金属在固定的温度下结晶，见图 2-20。图中 T_1 为实际结晶温度，T_0 为理论结晶温度，$\Delta T = T_0 - T_1$ 为过冷度。

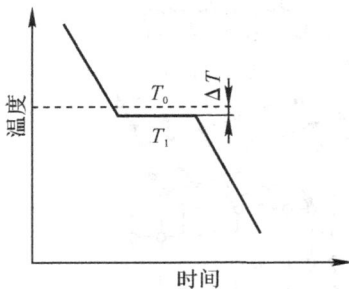

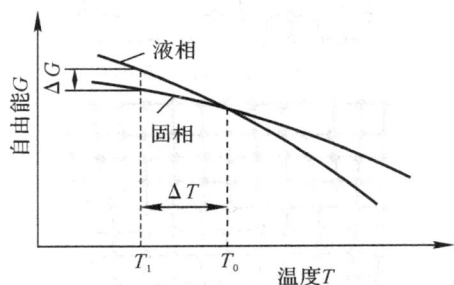

图 2-20 纯金属冷却曲线   图 2-21 液态金属和固态金属的自由能-温度关系曲线

金属结晶为什么必须在过冷条件下才能进行？这是由结晶时的能量条件决定的。液态金属和固态金属自由能随温度而变化的曲线如图 2-21 所示。两线交点所对应的温度即为理论结晶温度 T_0。温度高于 T_0 时，液态的自由能比固态的低，金属处于液态是稳定的；温度低于 T_0 时，固态的自由能比液态的低，金属处于固态是稳定的。当液态金属的温度 T_1 低于理论结晶温度 T_0 时，由液态转变为固态可使自由能降低，$\Delta G = G_液 - G_固$，ΔG 就是结晶的驱动力，液态金属能够进行结晶。过冷度 ΔT 越大，结晶驱动力 ΔG 越大。$\Delta T = 0$ 时，结晶驱动力 $\Delta G = 0$，液态金属就不能结晶。

与过冷相反，金属在加热熔化时，实际熔化温度将高于理论熔化温度，这种现象称为过热，二者温度之差称为过热度。

2.2.2 纯金属的结晶过程

纯金属的结晶是在一定过冷度下，液态原子不断排列到晶格点阵上的固定位置，从而形成大块晶体的过程。其结晶过程分为晶核形成和晶体长大两个过程，见图 2-22。

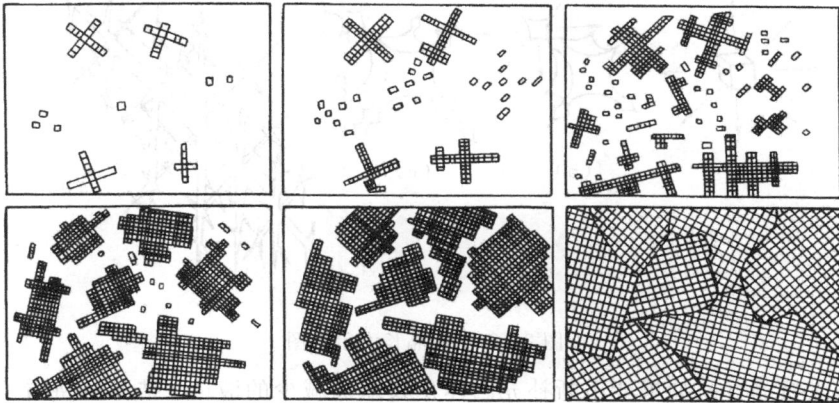

图 2-22　金属结晶过程示意图

1. 晶核的形成

液态金属并不是只由一个个可自由运动的单个原子组成，其中也存在着一些紧密且规则排列的原子集团。这些原子集团可看作尺寸微小的晶体，它们极不稳定，时而形成时而熔化，但原子集团并不影响液体的流动性。原子集团产生的原因在于原子运动的不均匀性。液体温度越低，尺寸越大的原子集团数量越多，存在时间也越长。这种不稳定的原子集团，是产生晶核的基础。当存在过冷度时，某些尺寸较大的原子集团变得稳定，能够自发地长大，成为结晶的晶核。过冷度越大，晶核数量越多。这种只依靠液体本身，在一定过冷度条件下形成晶核的过程，称为自发形核（也称为均匀形核）。

在液态金属中往往存在各种杂质微粒或人为加入的固体颗粒。结晶时金属原子依附于某些颗粒的表面形核比较容易。这种依附于颗粒表面而形成晶核的过程，称为非自发形核。非自发形核在生产中所起的作用更大。

2. 晶体长大

晶核形成后，周围的原子不断在晶核上沉积，使晶核长大。在晶核长大的同时，液体中又有许多新的晶核产生。晶核的形成和晶体长大两个过程不断进行，直到使相邻的晶体相互接触，全部液体金属转变为固体，结晶完毕。晶体内便形成了许多排列方向各不相同，外形不规则，大小不一的晶粒。

当过冷度较小时，晶体以平面方式长大，其不同方向的长大速度不同，在遵守表面能最小法则的前提下，晶体生长成总表面能趋于最小的规则形状。平面长大的结果，使晶格的原子密排面成为晶体表面。

当过冷度较大时，晶体主要以枝晶的方式长大，如图2-23所示。晶体长大过程中释放结晶潜热。晶体长大初期，其外形为规则的形状。但随着晶体棱角的形成，由于棱角的散热条件较好，使棱角处沿一定方位优先生长出空间骨架。这种骨架的形态如树干一样，称为一次晶轴，在一次晶轴增长的同时，在其侧面的一些晶向上又会生长出分枝，称为二次晶轴，随后又生长出三次晶轴，等等。如此不断生长和分枝下去，直到液体全部凝固而形成树枝状晶体。树枝晶的各次晶轴都具有相同的固定方向，每一个树枝晶都是一个单晶体。

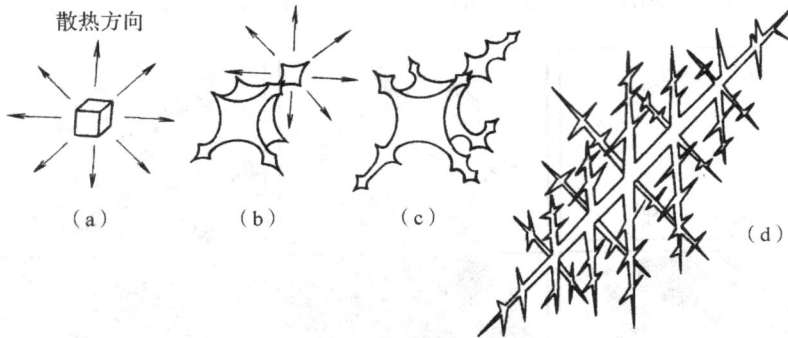

散热方向

（a）　　　　　（b）　　　　　（c）　　　　　（d）

图2-23　枝晶长大示意图

在结晶时枝晶臂间如果能不断补充因体积收缩而减少的液体，结晶后将看不到树枝状晶体的痕迹，而只能看到多边形的晶粒；反之，如果树枝晶间有空隙，将可以明显看到树枝状晶体的形态。在铸锭的表面和缩孔处可以看到树枝晶。

实际上，晶核长大的过程受冷却速度、散热条件及杂质的影响。控制上述影响因素，就可控制晶粒长大方式，从而改善材料的组织和性能。

3. 影响金属结晶后晶粒大小的因素

结晶后晶粒大小与形核和长大过程密切相关。如果结晶过程中形核量大，且晶体长大速度小，则合金结晶后的晶粒尺寸变小。

结晶过程中晶核产生的速度称为形核率，符号 N，以单位时间内单位体积液体中，所产生的晶核数目来表示（个数/（秒·毫米^3））。晶体生长的线速度（毫米/秒）称为长大速率 G。

随着过冷度的增大，形核率和长大率都增大，见图2-24。由于形核率增大比较快，故过冷度越大，结晶后金属的晶粒越细小。当过冷度进一步增大（曲线的虚线部分），由于金属结晶温度太低，原子扩散能力降低，形核率和长大率都降低。在工业生产中，受冷却条件限制，一般难以达到这样大的过冷度，通常在达到这样大的过冷度前，合金早已结晶。

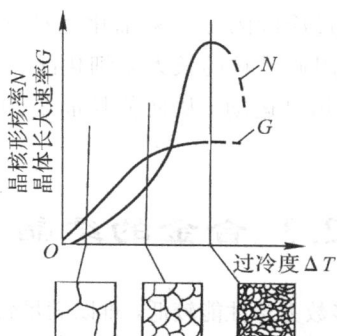

图 2-24　过冷度对形核率和长大率的影响

　　结晶后金属是由许多晶粒组成的多晶体，晶粒的大小，对金属的机械性能影响很大。晶粒大小对纯铁力学性能的影响见表 2-2。晶粒越细小，强度和硬度越高；塑性和韧性也越好。另外，细晶粒金属在热处理时变形、开裂倾向也比较小。因此细化晶粒是改善金属材料性能的重要措施。

表 2-2　晶粒大小对纯铁力学性能的影响

晶粒平均直径 d/mm	R_m/MPa	R_{e1}/MPa	A/%
9.7	165	40	28.8
7.0	180	38	30.6
2.5	211	44	39.5
0.2	263	57	48.8

　　金属晶粒的大小用单位体积内晶粒的数目表示。数目愈多，晶粒越小。为测量方便，常以单位截面积上晶粒数目或晶粒的平均直径表示。钢的晶粒度级别标准见图 2-25，本图中与晶粒度级别对应的单位面积为 10^{-4} 平方英寸。晶粒度为 1 级的合金，面积为 10^{-4} 平方英寸的截面上平均有 1 个晶粒，其后晶粒度每增长 1 级，单位面积上的晶粒数目翻倍。

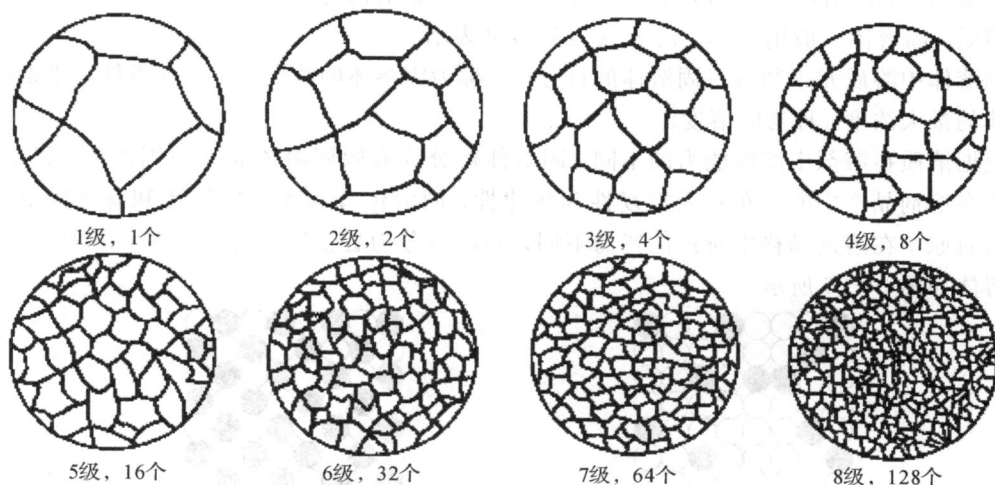

图 2-25　钢的晶粒度级别及单位面积上的晶粒个数

在工业生产中，除了用增大过冷度的方法来细化晶粒外，还采用在合金中加入孕育剂或变质剂，增加晶核的数量或者阻碍晶粒的长大来细化晶粒。采用机械振动、超声波振动、电磁振动等措施，使金属液产生相对运动，从而使枝晶受到冲击而破碎，也能增加晶核数目，细化晶粒。

2.3 合金的结晶

由于纯金属的种类有限，大多数力学性能较低，难以满足各种零件的使用性能要求，而且其冶炼困难，价格较高，因此在工程上应用较少。在机械工程中广泛使用的金属材料是合金。

合金是由一种金属元素与另外一种或多种元素组成的具有金属特性的材料。例如，碳素钢是由铁和碳等元素组成的合金，黄铜是由铜和锌组成的合金。

组元就是组成合金最基本的、能够独立存在的物质。例如，铁与碳都是铁碳合金的组元，铜和锌是黄铜的组元。在合金中组元一般指化学元素，少数情况下指稳定的化合物。按合金中所含元素的数量，将合金分为二元合金、三元合金、四元合金等。

金属或合金中具有相同化学成分，相同晶体结构并以界面相互分开的各个均匀的组成部分，称为相。

合金的结晶过程同样是形核和长大的过程，最后形成多晶体材料。但合金在结晶过程中会析出多种不同的合金相，其结晶过程比纯金属复杂。

2.3.1 合金的相结构

根据相的晶格是否与某一组元的晶格相同，合金相分为固溶体、金属化合物。

1. 固溶体

固溶体是指合金的组元在固态下相互溶解，形成一种组元的晶格中含有其他组元原子的新晶体。合金中晶格形式被保留的组元称为溶剂，溶入固溶体中失去其原有晶格类型的组元是溶质。如碳溶解入 α-Fe 中形成的固溶体，其晶格仍与 α-Fe 相同，α-Fe 为溶剂，碳为溶质。固溶体一般用 α、β、γ、δ、ε 等符号来表示。

固溶体中溶质元素数量占固溶体的百分比，称为固溶体的浓度。在一定条件下平衡时，固溶体的最大浓度，称为固溶度。

根据溶质在溶剂中溶解能力的不同，固溶体可分为有限固溶体和无限固溶体；根据溶质原子在溶剂晶格中的分布有无重复性和规律性，固溶体分为无序固溶体和有序固溶体；根据溶质原子在溶剂晶格中所占位置的不同，固溶体分为置换固溶体和间隙固溶体。常见的固溶体如图 2-26 所示。

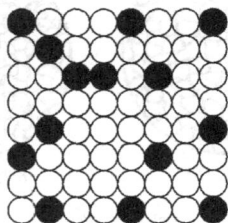

（a）无序的置换固溶体　　　　　　　　（b）有序的置换固溶体

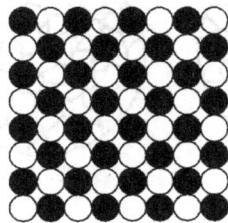

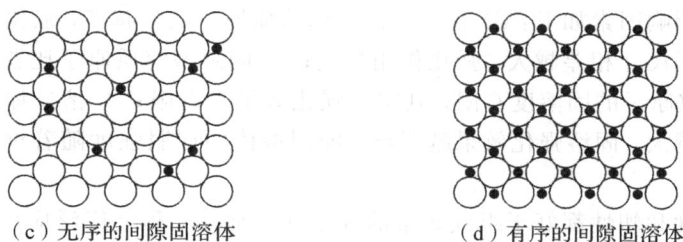

（c）无序的间隙固溶体　　　　　　　（d）有序的间隙固溶体

图 2-26　固溶体示意图

1）置换固溶体

溶质原子占据溶剂晶格的结点位置，取代部分溶剂原子而形成的固溶体，称为置换固溶体，见图 2-26（a）、（b）。置换固溶体通常是无序固溶体，少数情况下是有序固溶体；置换固溶体可以是有限固溶体，也可以是无限固溶体，无限固溶体的形成过程如图 2-27 所示。例如，锌溶解于铜中形成置换固溶体，当黄铜中的含锌量小于 39% 时，锌能全部溶解于铜中；当含锌量大于 39% 时，组织中将出现铜和锌的化合物。因此锌在铜中的溶解度有限，是有限固溶体。对铜镍合金，因为铜与镍晶格类型相同，且二者原子半径相差很小，二者按任意比例溶合均能形成单相固溶体，这种固溶体就是无限固溶体。

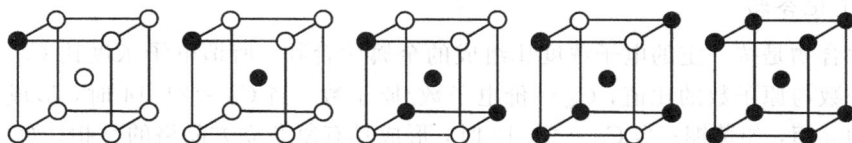

图 2-27　无限固溶体的形成过程

2）间隙固溶体

溶质原子分布于溶剂晶格的间隙之中而形成的固溶体，称为间隙固溶体，见图 2-26（c）（d）。晶格间隙都很小，只有原子半径较小的元素，如 C、N、O、H、B 等才能进入晶格间隙形成间隙固溶体。一般在溶质与溶剂原子半径之比小于 0.59 时，才形成间隙固溶体。例如，铁碳合金中的碳原子溶于铁的间隙中而形成间隙固溶体。由于晶格间隙是有限的，间隙固溶体均是有限固溶体，最大溶解度都很小。同样间隙固溶体可以是无序固溶体，也可以是有序固溶体。

固溶体的晶格类型虽与溶剂的相同，但其晶格常数发生了变化。固溶体中溶入的溶质元素可多可少，但最大不超过固溶度。

溶入固溶体中的溶质原子造成晶格畸变（见图 2-28），晶格畸变使位错运动的阻力增大，滑移难以进行，使固溶体的强度与硬度增加。这种通过溶入合金元素形成固溶体来使合金强化的现象，称为固溶强化。在溶质原子浓度适当时，可提高材料的强度和硬度，而其韧性和塑性却有所下降。

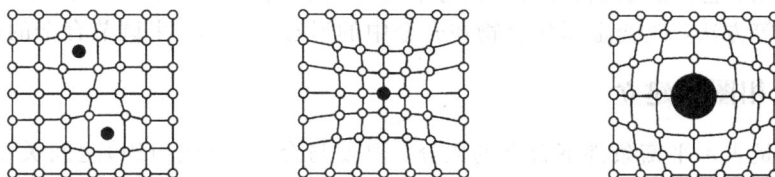

图 2-28　固溶体的晶格畸变示意图

固溶强化的影响因素如下：① 在一定范围内溶质原子数量越多，强化作用越大；② 溶质原子与溶剂原子尺寸相差越大，强化作用越大；③ 间隙型溶质原子比置换原子的固溶强化效果大，但间隙原子的固溶度有限，其实际强化效果也有限；④ 溶质原子与基体金属的价电子数目相差越大，固溶强化效果越明显，即固溶体的屈服强度随着价电子浓度的增加而提高。

固溶体的强度和塑性都好于组成元素的纯金属，所以工程上广泛应用固溶体。绝大多数合金以固溶体作为基体，固溶体对金属材料的性能起着决定性的作用。

2. 金属化合物

金属化合物是由不同原子形成的具有金属性质的一种新相，其晶格类型不同于任一组元，其组成一般可用分子式来表示。根据金属化合物的性质和特点，可分为正常价化合物、电子化合物及间隙化合物三类。

1）正常价化合物

正常价化合物符合正常原子价规律，成分固定，可用分子式 AB、A_2B（或 AB_2）来表示。通常金属性强的元素与非金属或类金属都能形成这种类型化合物，例如 Mg_2Sn、Mg_2Si、MnS、SiC、$PbSn_2$、CaF_2 等。

2）电子化合物

电子化合物是按一定的电子浓度比组成的金属化合物。所谓电子浓度比 $C_电$ 是指化合物中价电子数与原子数的比值，$C_电 = 价电子数/原子数$。当 $C_电 = 21/14$ 时，形成具有体心立方晶格的 β 相，如黄铜；当 $C_电 = 21/13$ 时，形成具有复杂立方晶格的 γ 相，如 Cu_5Zn_3 化合物；当 $C_电 = 21/12$ 时，形成具有密排六方晶格的 ε 相，如 $CuZn_3$ 化合物。电子化合物虽然可以用化学分子式表示，但不符合化合价规律，而且其成分和电子浓度在一定范围内变化，可视其为以化合物为基的固溶体。

3）间隙化合物

间隙化合物由原子半径较大的过渡族元素和原子半径较小的非金属元素组成。过渡族元素的原子占据新晶格的结点位置，半径较小的非金属原子则有规律地嵌入到晶格间隙中。

间隙化合物的晶格类型受原子尺寸因素控制。当原子半径比小于 0.59 时，产生简单晶格的间隙化合物，其十分稳定。例如，面心立方的有 TaC、TiC、VC、Mo_2N 和 Fe_4N 等，密排六方的有 Fe_2N、Cr_2N、W_2C 和 Nb_2C 等，体心立方的有 VN 和 TiN 等。当原子半径比大于 0.59 时，产生复杂晶格的间隙化合物，如 Fe_3C、Cr_7C_3、$Cr_{23}C_6$ 和 Mn_3C 等。复杂晶格的间隙化合物的熔点，硬度和稳定性均比简单晶格的间隙化合物低。

金属化合物具有高熔点，高硬度，而塑性及韧性极差，可利用它来提高合金的强度、硬度和耐磨性。金属化合物硬而脆，不作为金属材料的基体，而是以硬质点的形式分布于合金中起强化作用。它们的数量、形状、尺寸和分布对合金性能有明显影响。生产中通过压力加工和热处理等方法，改变金属化合物在合金中的形态和分布，来调节合金的性能。

2.3.2 合金相图的建立

合金相图是表示平衡条件下合金的成分、温度与合金相（或组织）之间关系的图形。具体地说，合金相图表示合金在极其缓慢的冷却或加热条件下，合金相（或组织）随温度和成分的变化规律，合金相图又称为平衡状态图。

合金相图可通过试验方法得到。下面以热分析法建立 Cu-Ni 合金相图为例，介绍相图的具体建立步骤。

(1) 配制不同成分的 Cu-Ni 合金样品，其中 Ni 质量分数分别为 0%、20%、40%、60%、80%、100%，其余为 Cu。

(2) 将配制好的合金放入炉中加热至熔化，然后以极其缓慢的速度冷却，并记录温度 t 与时间 τ 的关系，根据 t 和 τ 数据绘出各个合金的冷却曲线(t-τ 图)。在凝固时合金放出凝固潜热，使冷却曲线发生明显的转折，因此结晶开始温度和结晶终了温度可从冷却曲线上观察到。

(3) 以温度为纵坐标，以合金成分为横坐标建立坐标系，从左到右表示 Ni 含量逐渐增加。在温度-成分坐标图上，依次分别画出并连接不同成分合金的结晶开始点和结晶终了点，这样就形成了 Cu-Ni 相图，如图 2-29 所示。

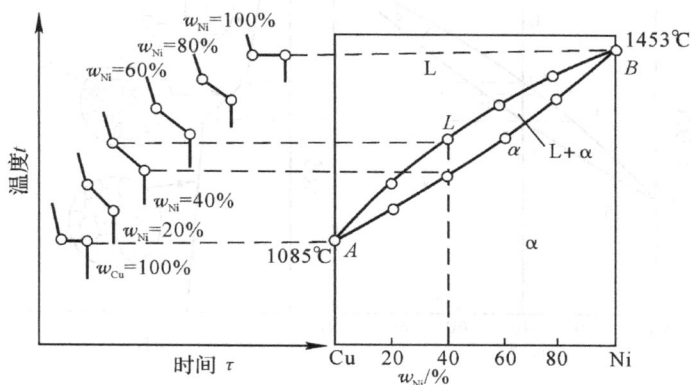

图 2-29　Cu-Ni 相图的建立过程示意图

显然，试验的合金成分个数越多，冷却速度越慢，测得的相图就越准确。

由于组元之间相互作用的不同，不同合金的相图是不同的。有的比较简单，有的相当复杂。但是无论何种相图，都是由匀晶、共晶、包晶等几种基本的相图所组成。

2.3.3　二元合金相图

1. 匀晶相图及杠杆定律

在二元合金系中，两组元在液态下能相互溶解，在固态下形成无限固溶体的合金相图，称作匀晶相图。这种从液相中析出固溶体的结晶过程，也称为匀晶转变。具有这类相图的合金系有 Cu-Ni、Fe-Ni、Cr-Mo、Au-Ag 等。

1) 相图分析

以 Cu-Ni 相图(图 2-29)为例进行匀晶相图分析。铜的熔点为 1085℃，镍的熔点为 1453℃，ALB 为液相线，$A\alpha B$ 为固相线。液相线之上的区域是液相区，用 L 表示；固相线之下的区域是固相区，以 α 表示；液相线与固相线之间的区域是液相与固相两相共存区，称作凝固区，以 L+α 表示。

合金系中任一成分的合金在结晶时，都会发生匀晶转变，从液相中析出单相的固溶体，并可用反应式表示：L→α。

2）合金的平衡结晶过程

Cu-Ni合金的冷却曲线和结晶过程如图2-30所示。对含镍量为40%的合金，在液相线温度t_1之上，为液相。当液态合金缓慢冷却到t_1温度时，开始析出成分为α_1的固溶体，此时液相成分为L_1，α_1的含镍量要比液相L_1的多。继续冷却到t_2温度时，析出的固相成分为α_2，而液相成分为L_2，这时已结晶的α_1固溶体通过扩散转变为α_2，液相成分变为L_2。在温度不断下降过程中，析出的α固溶体成分沿着固相线变化，与之平衡共存的剩余液相成分相应沿液相线变化。随温度下降，α固溶体的数量不断增加，而液相的数量逐渐减少。当冷却到t_3温度时，结晶完成，得到与原合金成分相同的单相固溶体。

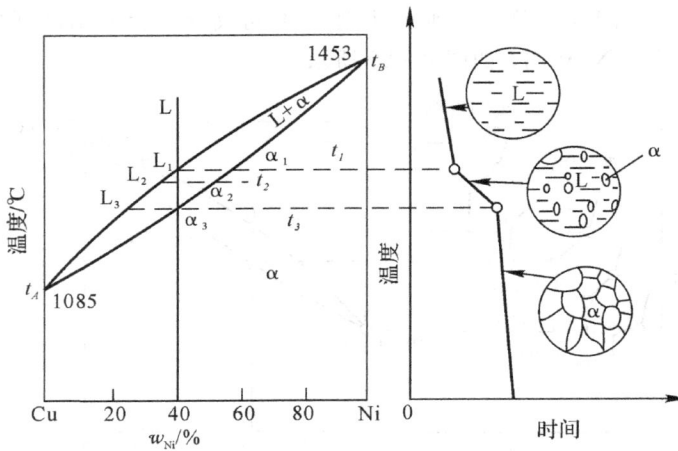

图2-30　Cu-Ni合金结晶过程示意图

3）枝晶偏析

在实际结晶过程中，冷却速度较快，扩散过程远远跟不上结晶过程，再加上固体中原子扩散困难，因此按枝晶方式结晶长大的固溶体，成分是不均匀的。对含镍量为40%的合金，如2-30所示，开始结晶出来的合金成分为α_1的固溶体，随着温度下降，在它的外面又形成成分为α_2的固溶体，之后依次形成α_3成分的固溶体。可以得知，α_1的含镍量和熔点均高于α_2，α_2的含镍量和熔点均高于α_3。由于α_1、α_2、α_3之间来不及进行充分扩散，成分不均匀一直保持到室温。导致先结晶出的树枝晶晶轴含有较多的高熔点组分，后结晶出的树枝晶分枝及其枝晶间空隙则含有较多的低熔点组分。树枝状晶体中的这种成分不均匀现象，称为枝晶偏析。冷却速度越大偏析程度越严重。

枝晶偏析会使晶粒内外性能不一致，使合金的塑性和韧性降低，使合金抗腐蚀性和工艺性能下降。在生产上一般采用扩散退火或均匀化退火来消除枝晶偏析。

4）杠杆定律

合金在平衡结晶过程中，各相的成分及其相对含量都在不断地发生变化。下面以含Ni量为C的Cu-Ni合金I为例介绍什么是杠杆定律。合金I在相图中的位置见图2-31，在温度为T_1时，我们来计算合金中液相和固相的相对数量。

在 T_1 时发生 L→α 匀晶转变，此时合金为液相 L 与 α 相共存区。为了确定液相 L 与 α相的成分，在相图上以 T_1 温度作一水平线段 arb，与液相线相交于 a 点，与固相线相交于 b点，与合金 I 的成分线交于 r 点。由于结晶过程中析出的 α 固溶体成分沿着固相线变化，液相成分沿液相线变化，可知 T_1 时液相的成分是 C_L，固溶体 α 的成分是 $C_α$，C_L 和 $C_α$ 可从相图中测量得到，是已知量。

设合金 I 总质量为 M（M＝液相质量＋α 相质量），T_1 时液相质量分数为 Q_L＝液相质量/M，α 固溶体的质量分数为 $Q_α$＝α 相质量/M，则有

$$Q_L + Q_α = 1$$

另外，合金 I 中镍的总质量，应该等于液相中镍的质量与固溶体中镍的质量和。即

$$M× Q_L× C_L + M× Q_α× C_α = M× C，即\ Q_L× C_L + Q_α× C_α = C$$

将上面两式联立为方程组，解得

$$Q_L = \frac{C_α - C}{C_α - C_L} = \frac{rb}{ab}$$

$$Q_α = \frac{C - C_L}{C_α - C_L} = \frac{ar}{ab}$$

可用上式来计算液相 L 与 α 相的含量。为了便于理解，可将上面两式左右两边分别相除，可得

$$\frac{Q_L}{Q_α} = \frac{rb/ab}{ar/ab} = \frac{rb}{ar}，\quad 即 \quad Q_L× ar = Q_α× rb$$

上式表明，当成分为 C 的合金 I 冷至 T_1 温度时，有液相和 α 相同时存在。此时，液相质量分数乘以液相成分与合金成分之差（$Q_L× ar$），等于固相质量分数乘以固相成分与合金成分之差（$Q_α× rb$）。如图 2 - 31 所示，如果用 r 作支点，把 Q_L 当成作用于杠杆左端的力，把相应成分差当成力臂 ar；把 $Q_α$ 当成作用于杠杆右端的力，把成分差当成力臂 rb，它们的关系如同力学中的杠杆定理，因此把平衡结晶时合金相成分与其质量分数之间的关系式 $Q_L× ar = Q_α× rb$，称为杠杆定理。

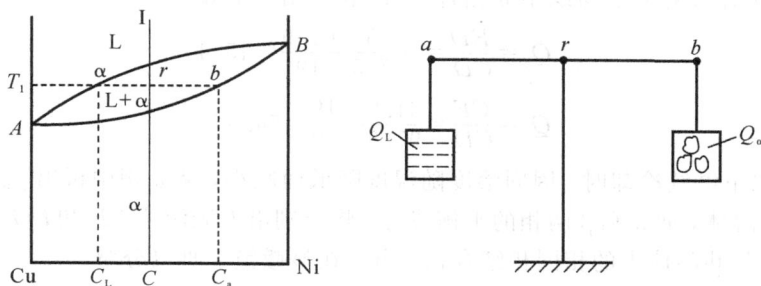

图 2 - 31　杠杆定律的证明及力学比喻

利用杠杆定理可以计算不同成分的合金在不同温度下合金中各相的相对数量，杠杆定理是研究合金组织的重要工具。

2. 共晶相图

图 2 - 32 为 Pb - Sn 二元相图。从图中可知，纯 Pb 的熔点为 327.5℃；纯 Sn 的熔点231.9℃。α 为 Sn 溶于 Pb 中的有限固溶体，固态时其最大溶解度沿着 CF 线变化。类似地，

β 为 Pb 溶于 Sn 中的有限固溶体，固态时最大溶解度沿着 DG 线变化。成分为 E 点的液体，在 183℃时结晶，生成了两种固溶体，这种由液相转变为两种固相的转变，称为共晶转变。

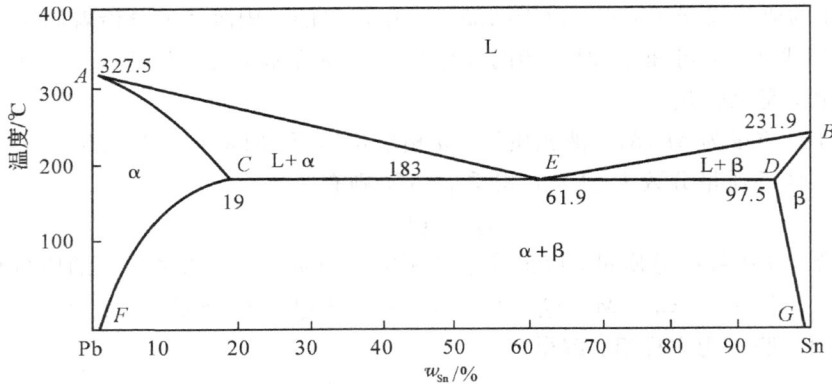

图 2 - 32　Pb - Sn 二元相图

在二元合金系中，两组元在液态下完全互溶，在固态下只能形成有限固溶体或化合物，并且有共晶转变的相图，称为共晶相图。Pb - Sn、Pb - Sb、Ag - Cu、Al - Si 等二元合金相图均属于共晶相图。

1）共晶转变

含 61.9%Sn 的液态合金，缓慢冷却到温度为 183℃时，随即发生共晶转变：

$$L_E \xleftrightarrow{\quad 183℃\quad} \alpha_C + \beta_D$$

在 183℃时，成分为 E 的液相同时结晶出含锡量为 C 的固溶体 α（用 α_C 来表示）和含锡量为 D 的固溶体 β（用 β_D 来表示）。这种结晶过程称为共晶转变，在恒温下这一过程一直进行到结晶完毕。共晶转变产物是两种固溶体的机械混合物，称为共晶组织，又称为共晶体，用符号（α＋β）表示。共晶组织的显微组织特征是两相交替分布，其形态与合金的特性及冷却速度有关，一般为片层状、树枝状、针状等。

下用杠杆定律计算共晶组织中 α 相含量 Q_α 和 β 相含量 Q_β。

$$Q_\alpha = \frac{ED}{CD} = \frac{97.5 - 61.9}{97.5 - 19} = 45.4\%$$

$$Q_\beta = \frac{CE}{CD} = \frac{61.9 - 19}{97.5 - 19} = 54.6\%$$

在 183℃以下继续冷却时，因固溶度随温度降低而减小，从 α 相中析出 β_{II} 固溶体，从 β 相中析出 α_{II} 固溶体，而 α 和 β 两相的平衡成分，将分别沿着固溶线 CF 和 DG 变化。二次固溶体 α_{II}、β_{II} 常与共晶体中的相同相结合在一起，在显微镜下难以分辨。

2）相图分析

相图上有三个单相区：L、α、β。三个两相区：L＋α、L＋β、α＋β。AEB 为液相线；ACEDB 为固相线。CF、DG 分别为 α、β 固溶体在某一温度下的最大溶解度曲线。

E 为共晶点，共晶温度为 183℃，CED 为共晶线，也是三相平衡线；C、D 分别表示固态下 Sn 溶于 Pb 中的 α 固溶体和 Pb 溶于 Sn 中的 β 固溶体的最大溶解度。

图 2 - 33 为不同成分合金的室温组织。共晶成分合金组织为 α 相与 β 相呈层片状交替分布，其中黑色为 α 相，白色为 β 相，用符号（α_C＋β_D）或（α＋β）表示。

(a)亚共晶合金　　　　　　(b)共晶合金　　　　　　(c)过共晶合金

图 2-33　Pb-Sn 合金室温平衡组织

3）Pb-Sn 合金平衡结晶过程

典型的 Pb-Sn 合金平衡结晶过程见图 2-34。

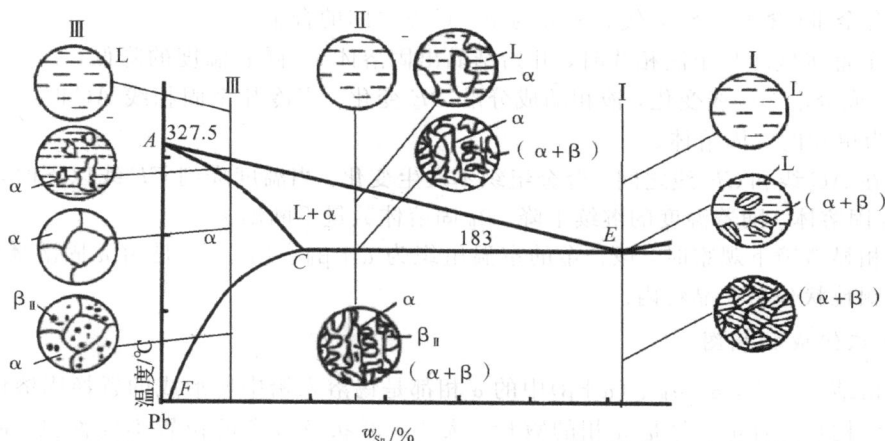

图 2-34　Pb-Sn 合金平衡结晶过程示意图

（1）合金 I（含 61.9%Sn，共晶成分合金）。

液相线 AE 之上为液体，在共晶温度 183℃时发生共晶转变，生成（α+β）共晶体，直到结晶完毕，之后随温度降低合金组织不变，这里忽略 $α_{II}$ 和 $β_{II}$ 的析出。

（2）合金 II（含 27%Sn，代表成分为 C~E 点间的合金）。

凡成分位于状态图上 C~E 之间的合金均为亚共晶合金。该合金在液相线之上合金呈液相，温度在液相线至 183℃之间，不断从液相中析出 α 固溶体，称为先共晶固溶体，剩余液相成分沿液相线 AE 变化，α 相的成分沿固相线 AC 变化。

当温度下降到 183℃时，剩余的液相成分达到共晶成分 E，发生共晶转变，由液相生成共晶体（α+β）。一直进行到液体全部转变完结。此时合金由先共晶固溶体 $α_{先}$ 和共晶体（α+β）所组成。

下面用杠杆定律计算共晶转变刚结束时，共晶体的质量分数 $Q_{(α+β)}$ 和合金中先共晶相 $Q_{α先}$ 的质量分数。

$$Q_{(α+β)}=\frac{27-19}{61.9-19}=18.6\%$$

$$Q_{α先}=1-Q_{(α+β)}=1-18.6\%=81.4\%$$

从计算结果可知，如果合金成分中含 Sn 越多，即成分越靠近共晶点，共晶组织（α＋β）数量会越多，而先共晶相 $\alpha_{先}$ 越少。

合金中所有的 α 相和 β 相的质量分数 Q_α 和 Q_β 也可用杠杆定律求出

$$Q_\alpha = \frac{97.5-27}{97.5-19} = 89.8\%$$

$$Q_\beta = 1 - Q_\alpha = 1 - 89.8\% = 10.2\%$$

温度降到 183℃ 以下，由于溶解度的减小，从 α 固溶体中不断析出 β_{II}，直至室温为止。二次析出相不多，共晶组织的特征不变。亚共晶合金的室温组织是：暗黑色树枝状晶体为固相 α，其中的小白色为 β_{II} 相，黑白相间组织是共晶体（α＋β）。

在状态图中，凡位于 $E\sim D$ 之间成分的合金，均称为过共晶合金。这个合金的结晶过程与亚共晶合金相似，不同的是初生相为 β 固溶体，二次相为 α_{II} 相。其平衡结晶过程留作读者自己练习。

（3）合金Ⅲ（含 10％Sn，代表成分为 $F\sim C$ 点之间的合金）。

当合金Ⅲ缓慢冷却至液相线时，开始结晶出固溶体 α。随着温度的降低，α 固溶体不断增多。α 的成分沿 AC 线变化，液相的成分沿 AE 变化。当冷却至固相线 AC 时，合金结晶完毕，成为单相的 α 固溶体。

温度在 AC 线和 CF 线之间，合金组织不发生变化。当温度降到 CF 线以下时，从 α 相中析出 β_{II} 固溶体。随着温度的继续下降，β_{II} 固溶体数量不断增多。

在金相显微镜下观察时，该合金的室温组织为 α＋β_{II}。由于 β_{II} 是由 α 固溶体中析出，常常呈小颗粒状分布在晶粒内。

4）组织组成物相图

从晶格结构来说，α、α_{II}、（α＋β）中的 α 相都是锡溶入铅中所形成的置换固溶体，即它们的晶体结构是一样的，只是 α 相的数量、大小、形状及分布的位置不同而已。同理，β、β_{II}、（α＋β）中的 β 相都是铅溶入锡中所形成的置换固溶体，其结构也是相同的。可以说 Pb - Sn 合金室温下只有 α 和 β 两种合金相。

Pb - Sn 合金室温时具有 α、β、α_{II}、β_{II} 和（α＋β）等单个相或相的组合。它们分别具有自己的结构、不同的形成机制、特殊的分布形态，在显微镜下能观察到明显的不同。这种同时表示相的组成、相的形态和分布的合金组成部分，称之为组织，组织对合金性能的影响更直接。

Pb - Sn 合金组织组成物相图见图 2 - 35。从图中可以方便地确定各种成分的合金在室温下所具有的组织。如 $w_{Sn}\%$ 在 FC 间，合金室温组织为 α＋β_{II}；$w_{Sn}\%$ 在 CE 间组织为 α＋β_{II}＋（α＋β）；$w_{Sn}\%$ 在 E 点时的组织为（α＋β）；$w_{Sn}\%$ 在 ED 间组织为 β＋α_{II}＋（α＋β）等。

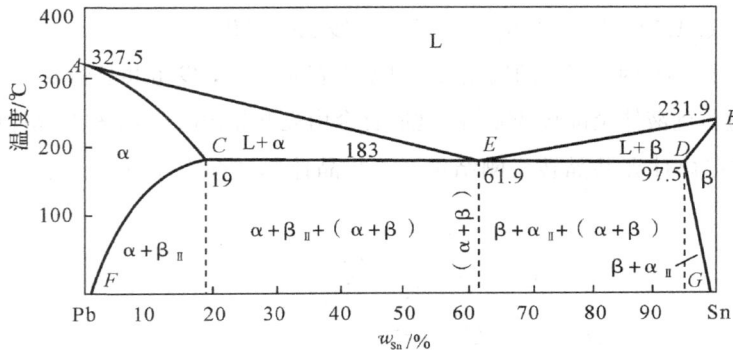

图 2 - 35　Pb - Sn 合金组织组成物相图

3. 包晶相图

图 2 - 36 为 Pt - Ag 包晶相图，具有这种相图的二元合金系还有 Ag - Sn、Al - Pt、Fe - C、Fe - Ni、Fe - Mn 等。

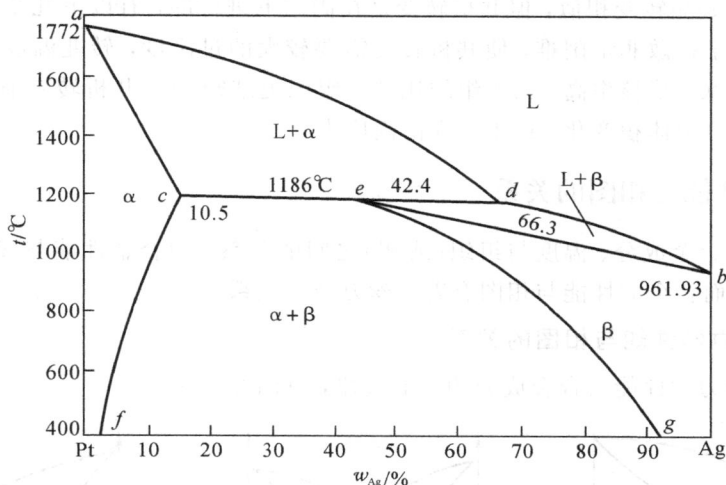

图 2 - 36　Pt - Ag 包晶相图

1186℃时，成分为 c 的 α 固溶体与成分为 d 的液相发生反应，生成成分为 e 的 β 相，即

$$L_d + \alpha_c \xrightarrow{\quad 1186℃ \quad} \beta_e$$

由于新生成的 β 相包在先析出的 α 相的外表面上，因此将这种在一定温度下、一定成分的液相和固相形成另一成分固相的结晶过程，称为包晶反应，又称为包晶转变。

4. 具有共析转变的二元相图

具有共析转变的二元相图，如图 2 - 37 所示。共析转变指由固相在一定温度下同时析出两个成分、结构与母相不同的新固相的转变。

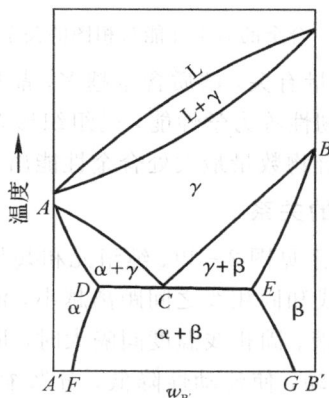

图 2 - 37　具有共析转变的二元合金相图

图中成分为 C 的合金自液态冷却，结晶后得到单相 γ 固溶体；冷却到 C 点时发生共析

转变，由 γ 相中同时析出 α 固溶体和 β 固溶体，这种混合物称为共析组织或共析体，可表示为(α+β)。共析转变可以表示为

$$\gamma_C \xrightarrow[\text{共析温度下}]{} (\alpha_D + \beta_E)$$

C 点为共析点，DCE 线被称为共析线，发生共析转变的温度为共析温度。

共析转变与共晶转变相似，但共析转变是在固态下进行的，有以下几个特点：① 共析转变过程中，原子扩散非常困难，使共析转变需要较大的过冷度，转变温度较低；② 由于共析转变过冷度大，形核率高，共析组织比共晶组织更细密；③ 共析转变前后晶体结构不同，转变时引起合金体积变化，产生较大的内应力。

2.3.4 合金性能与相图的关系

相图反映了合金成分、温度与组织（或相）之间的关系，而合金性能与成分、组织有着密切的关系，因而合金的性能与相图有着千丝万缕的联系。

1. 合金的力学性能与相图的关系

二元合金的力学性能与合金成分的一般规律，见图 2-38。

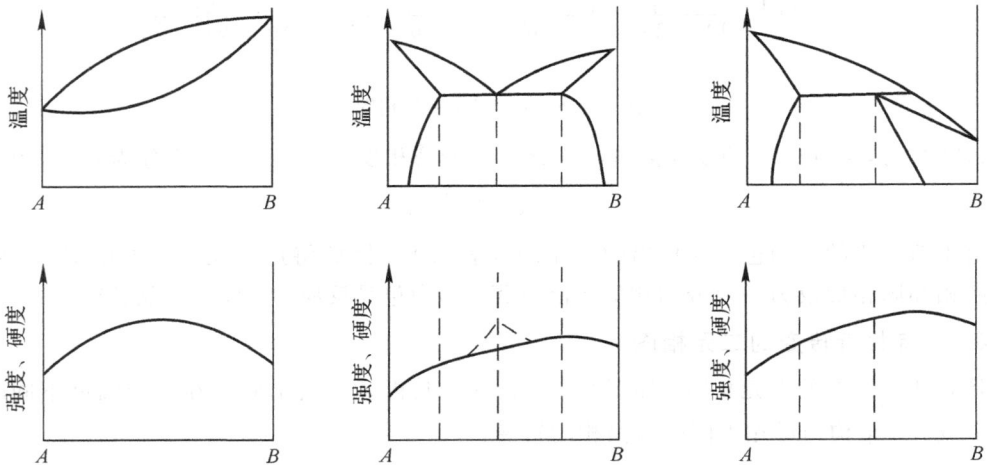

图 2-38　合金的力学性能与相图的关系示意图

固溶体的性能与溶质元素含量有关，溶质含量越多，晶格畸变越大，合金的强度、硬度越高。对组织敏感的强度、冲击韧性等力学性能，受组织形态的影响，组织越细密则合金性能越好。当形成化合物时，在化合物数量最大处合金性能出现极大值或极小值。

2. 合金的铸造性能与相图的关系

合金的铸造性能与相图的关系见图 2-39。纯组元和共晶成分合金的流动性最好，缩孔集中，铸造性能好。相图中液相线和固相线之间距离越小，液体合金结晶的温度范围越窄，对提高铸造质量越有利。合金的液、固相线温度间隔大时，形成枝晶偏析的倾向性大；同时先结晶出的树枝晶阻碍液体的流动，使流动性降低，分散缩孔增多。因此铸造合金常选共晶或接近共晶成分的合金。

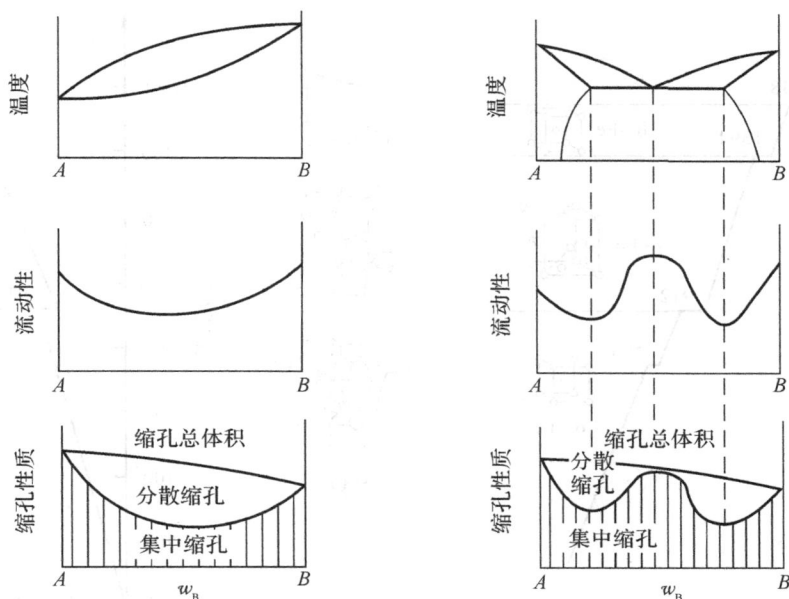

图 2 - 39 合金的铸造性能与相图的关系

2.4 铁碳合金相图

钢铁材料在工程中承担负荷最大、用量最大，那么钢铁材料的内部组织是什么，为什么它的作用如此之大呢？

根据铁碳相图能够确定不同含碳量的合金，在不同温度下，具有哪些相（或组织），并能确定各相（或各组织）的含量。铁碳相图是研究钢铁材料的组织和性能，以及制定生产工艺的基础。通过对铁碳相图的学习，可以明白钢铁材料是由哪些组织组成的，以及这些组织如何影响钢铁材料的性能。

2.4.1 铁碳合金的组元与基本相

铁为元素周期表上第 26 号元素，原子量 55.85，属于过渡族元素，常压下熔点为 1538℃，沸点为 2738℃，室温密度为 7.87g/cm³。

1. 纯铁的同素异构转变

在固态下，同一元素的晶体由一种晶格转变为另一种晶格的过程，称为同素异构转变。纯铁的冷却曲线见图 2-40(a)，从曲线上可清楚地看到同素异构转变过程。

从曲线上可知，纯铁在 1538℃ 时由液态结晶为体心立方晶格的 δ-Fe。继续冷却至 1394℃ 时，发生同素异构转变，δ-Fe 转变为面心立方晶格的 γ-Fe。当继续冷却到 912℃ 时，由面心立方晶格的 γ-Fe 转变为体心立方晶格的 α-Fe。再继续冷却，纯铁的晶格类型不再发生变化。δ-Fe、γ-Fe、α-Fe 是铁的同素异构体。α-Fe 在 770℃ 时还会发生磁性的转变，由高温的顺磁性材料转变为低温的铁磁性材料。

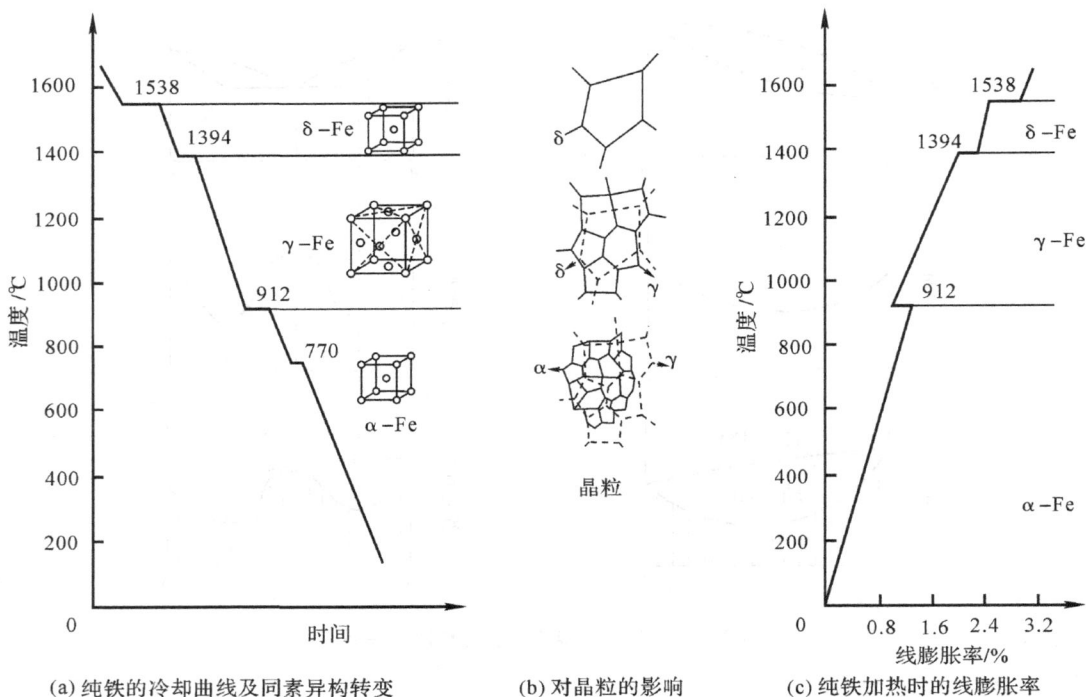

(a) 纯铁的冷却曲线及同素异构转变　　(b) 对晶粒的影响　　(c) 纯铁加热时的线膨胀率

图 2-40　纯铁的同素异构转变及其作用

　　固态下的同素异构转变与液态结晶过程类似，亦遵循结晶的一般规律：有一定的平衡转变温度；需要一定的过冷度；经历形核、长大的过程。但这种转变是在固态下进行的，原子的扩散比在液态下困难得多，这使得同素异构转变还具有如下特点：

　　(1) 需要较大的过冷度。

　　(2) 纯铁的热膨胀以及其在同素异构转变时的线膨胀率见图 2-40(c)。同素异构转变引起晶体体积变化，并产生内应力。例如 $\gamma-Fe$ 转变成 $\alpha-Fe$ 时，体积增大 9%，产生较大的内应力。

　　(3) 在降温时，同素异构转变使晶粒细化，如图 2-40(b) 所示。

　　纯铁的同素异构转变使钢铁材料可以通过热处理来改变组织，从而提高性能。纯铁的室温力学性能为：抗拉强度 $R_m=180\sim230$ MPa，断后伸长率 $A=30\%\sim50\%$，断面收缩率 $Z=70\%\sim80\%$，冲击韧性 $\alpha_k=160\sim200$ J/cm²，硬度为 $50\sim80$ HB。

2. 铁碳合金的基本相及其性能

　　在铁碳合金中，铁和碳是它的两个基本组元，在固态下，铁和碳有两种结合方式：一是碳溶于铁中形成固溶体；二是铁与碳化合形成渗碳体。此外，碳还能以石墨形式存在。铁碳合金在固态下的基本组织有铁素体、奥氏体、渗碳体三个基本相和珠光体、莱氏体两种机械混合物。

　　1) 铁素体和奥氏体

　　铁素体为碳固溶于 $\alpha-Fe$ 中形成的间隙固溶体，用 F 或 α 表示；其晶格结构为体心立方，碳原子半径较小，位于晶格间隙处。碳在 $\alpha-Fe$ 中的固溶度很低，727℃时最大，为 0.0218%，室温时为 0.0008%。铁素体的力学性能接近于纯铁，其强度和硬度很低，具有良好的塑性和韧性。铁素体用 4% 的硝酸酒精溶液浸蚀后，呈明亮白色多边形晶粒。

奥氏体为碳固溶于 $\gamma-Fe$ 中形成的间隙固溶体，用 A 或 γ 表示；其晶格结构为面心立方，碳原子位于 $\gamma-Fe$ 晶格的间隙中。碳在 $\gamma-Fe$ 中的固溶度比在 $\alpha-Fe$ 的大，1148℃时最大，为 2.11％，随着温度下降，溶解碳能力下降，至 727℃时，碳的最大溶解度为 0.77％。

据测算，950℃时 $\gamma-Fe$ 晶格的八面体间隙半径为 0.535 nm，和碳原子半径 0.77 nm 比较接近；20℃时 $\alpha-Fe$ 的八面体晶格间隙只有 0.0182 nm，远小于碳原子半径。因此，虽然面心立方的 $\gamma-Fe$ 原子排列紧密，但间隙较集中，可溶解比铁素体更多的碳原子。

奥氏体的力学性能大约为：抗拉强度 $R_m=400\sim800$ MPa，断后伸长率 $A=40\%\sim50\%$。奥氏体硬度不高，易于塑性变形。故在轧钢或锻造时，常把钢加热至奥氏体状态，使合金在塑性良好的状态下进行成形加工。

2）渗碳体

铁和碳形成的具有复杂晶体结构的间隙化合物称为渗碳体，分子式为 Fe_3C，含碳量为 6.69％，熔点为 1227℃。

渗碳体的晶体结构为斜方晶格，见图 2-41 所示，其晶格常数 $a=0.45144$ nm，$b=0.50787$ nm，$c=0.67287$ nm。在每个 C 原子外围都有六个 Fe 原子，它们构成八面体，各八面体的轴彼此倾斜一个角度形成菱晶。因为每个八面体内部都有一个 C 原子，而每个 Fe 原子都同时属于两个八面体，正好满足分子式中 Fe_3C 的 Fe 和 C 原子比。

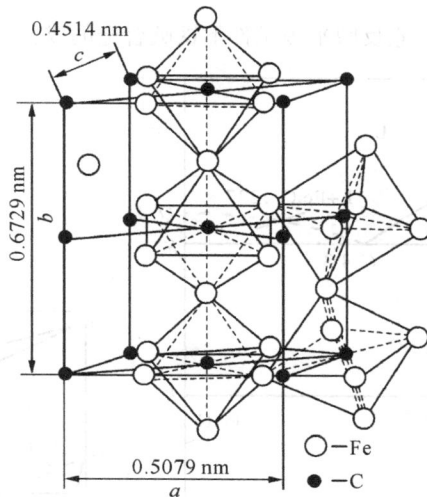

图 2-41　渗碳体的晶体结构

渗碳体一般作为碳钢中的主要强化相，它的数量、形态及分布，对铁碳合金的机械性能有很大影响。渗碳体形状有片状、网状、球状和板状等形态，用 4％的硝酸酒精溶液浸蚀后，渗碳体呈亮白色，用苦味酸钠溶液浸蚀后呈暗黑色。

渗碳体的硬度很高，脆性大，塑性和韧性几乎为零，其力学性能为：抗拉强度 $R_m=30$ MPa，断后伸长率 $A=0$，断面收缩率 $Z=0$，冲击韧度 $\alpha_k=0$，硬度为 800 HB。

3）珠光体

珠光体是铁素体和渗碳体交替排列的片层状组织，属于机械混合物，用 P 表示，见图 2-42。珠光体的强度和硬度高，有一定的塑性，其力学性能大致为：抗拉强度 $R_m=750\sim$

900 MPa，断后伸长率 $A=20\%\sim25\%$，冲击韧度 $\alpha_k=24\sim32$ J/cm^2，硬度为 180～280 HBS。

4）莱氏体

莱氏体是奥氏体和渗碳体的机械混合物，常用符号 L_d 表示，见图 2-43。莱氏体是渗碳体基体上分布着奥氏体组织，其硬度很高，脆性大，耐磨性能好，常用来制造犁铧、冷轧辊等耐磨性要求高并且工作时不受冲击的工件。

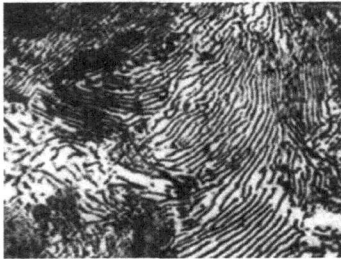

图 2-42　珠光体

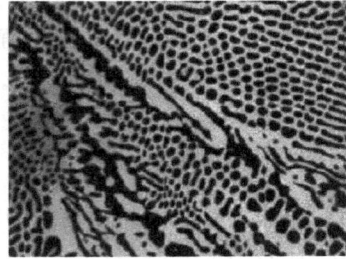

图 2-43　莱氏体

2.4.2　铁碳合金相图分析

1. Fe-Fe$_3$C 相图

铁碳合金相图见图 2-44，它反映平衡条件下铁碳合金的成分、温度与合金相之间的关系。

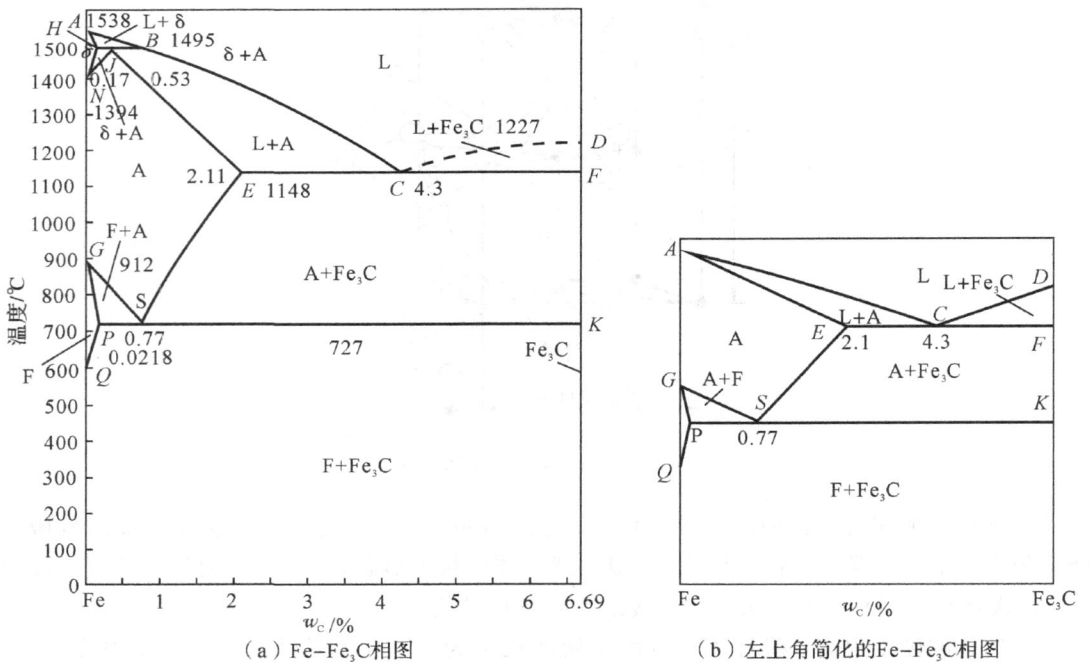

（a）Fe-Fe$_3$C相图

（b）左上角简化的Fe-Fe$_3$C相图

图 2-44　Fe-Fe$_3$C 相图（相组成图）

Fe-Fe$_3$C 合金相图的横坐标代表铁碳合金的成分，常用含碳量（w_C）表示；纵坐标代表温度（℃）。横坐标左端原点代表纯铁（$w_C=0$），右端末点代表含碳量（$w_C=6.69\%$）的 Fe$_3$C，此时的合金全部为渗碳体，渗碳体被看成是一个组元。$w_C>6.69\%$ 的铁碳合金，又硬又脆没有应用价值，因此铁碳合金相图只有 $w_C \leq 6.69\%$ 这一部分。

为了便于实际研究和分析，将相图的左上角发生包晶转变的部分简化，得到简化的 Fe - Fe_3C 状态图。

Fe - Fe_3C 相图上的特征点和特征线，国内外都使用统一的符号表示。

（1）单相区

液相区 L ACD 以上

奥氏体区 A AESGA 区

铁素体区 F GPQ 区

渗碳体区 Fe_3C DFK

（2）两相区

L＋A 区 ACEA 区 液相与 A 平衡共存区

L＋Fe_3C 区 CDFC 区 液相与初生 Fe_3C 相平衡共存区

A＋Fe_3C 区 EFKSE 区

F＋Fe_3C 区 QPKQ 区

【例 2 - 3】 含碳量 w_C＝0.6％的合金，在温度为 400℃、750℃、900℃、1600℃时，分别是由哪些相组成的？含碳量 w_C＝5％的合金，在温度为 400℃、900℃、1160℃、1300℃时，分别是由哪些相组成的？

答：从相图中分别找出对应的点，从相图中可查知。含碳量 w_C＝0.6％的合金，在温度为 400℃时由 F＋Fe_3C 组成、750℃时由 F＋A 组成、900℃时由 A 相组成、1600℃时由液相组成。含碳量 w_C＝5％的合金，在温度为 400℃时由 F＋Fe_3C 组成、900℃时由 A＋Fe_3C 组成、1160℃时由 L＋Fe_3C 组成、1300℃时由液相组成。

2. Fe - Fe_3C 相图中包含的重要转变

1）共晶转变

在 1148℃，具有共晶成分（w_C＝4.3％）的液相发生共晶转变，从液相中同时结晶出含碳量为 2.11％的奥氏体和渗碳体两个新相。C 点为共晶点，ECF 水平线是共晶转变线，1148℃为共晶温度。其反应式如下：

$$L_C \xrightarrow{\quad 1148℃ \quad} (A_E + Fe_3C)$$

含碳量大于 2.11％的铁碳合金结晶时，都将发生共晶转变。共晶转变的产物是奥氏体和渗碳体的机械混合物，即（A＋Fe_3C），称为高温莱氏体，以 L_d 表示。C 点成分合金全部转变为莱氏体，共晶转变生成的渗碳体称为共晶渗碳体。

2）共析转变

在 727℃，具有共析成分（w_C＝0.77％）的奥氏体发生共析转变，从奥氏体中同时析出铁素体（w_C＝0.0218％）和渗碳体两个新相。S 点为共析点，PSK 水平线是共析转变线，727℃为共析温度。其转变式为

$$L_S \xleftrightarrow{\quad 727℃ \quad} (F_P + Fe_3C)$$

共析转变的产物是铁素体和渗碳体的机械混合物，即（F＋Fe_3C），称为珠光体，以 P 表示。含碳量为 0.77％的合金全部转变为珠光体，共析转变生成的渗碳体称为共析渗碳体。

3）二次渗碳体的析出

随温度变化，碳在奥氏体中的固溶度将沿 ES 变化，奥氏体的饱和含碳量随温度降低而下降。因此，随着温度的降低，过饱和的碳将以渗碳体形式从奥氏体中析出。凡含碳量大于 0.77% 的奥氏体，自 1148℃ 冷却到 727℃ 的过程中，都将析出渗碳体，通常称为二次渗碳体，以 Fe_3C_{II} 表示。

此外，铁素体由 727℃ 冷却到室温的过程中其溶碳能力沿 PQ 线变化，将从铁素体中析出三次渗碳体（Fe_3C_{III}），但由于三次渗碳体的数量极少，故常忽略不计。

4）包晶转变

在 1495℃，成分为 $w_C = 0.09\% \sim 0.53\%$ 的合金发生包晶转变，先析出的高温铁素体（$w_C = 0.09\%$）和液体（$w_C = 0.53\%$）发生反应，生成奥氏体（$w_C = 0.17\%$）。J 点为包晶点，HJB 水平线是包晶转变线，1495℃ 为包晶温度。其转变式为

$$L_B + \delta_H \xleftrightarrow{\quad 1495℃ \quad} A_J$$

3. 特征点和特征线

铁碳状态图中用字母标注的点称为特征点，见表 2-3。各个不同成分的合金具有相同意义的临界点连线，称为特征线，见表 2-4。

表 2-3　Fe-Fe₃C 合金的特征点

特征点	温度/℃	含碳量/%	含　义
A	1538	0	纯铁的熔点
C	1148	4.3	共晶点
D	1227	6.69	渗碳体的熔点
E	1148	2.11	碳在奥氏体中的最大溶解度
F	1148	6.69	渗碳体的成分
G	912	0	纯铁的同素异构转变点
K	727	6.69	渗碳体的成分
P	727	0.0218	碳在铁素体中的最大溶解度
S	727	0.77	共析点
Q	600	0.0057	碳在铁素体中的溶解度

表 2-4　Fe-Fe₃C 合金的特征线

特征线	含　义
$ABCD$	液相线
$AECF$	固相线

特征线	含　义
$GS(A_3)$	铁素体完全固溶于奥氏体中(或开始从奥氏体中析出)的温度曲线；奥氏体转变为铁素体的开始线
$ES(A_{cm})$	二次渗碳体完全固溶于奥氏体中，或二次渗碳体开始从奥氏体中析出的温度曲线；碳在奥氏体中的最大溶解度曲线
ECF	共晶转变线
GP	奥氏体转变为铁素体的终了线
PQ	碳在铁素体中溶解度线
$PSK(A_1)$	共析转变线

2.4.3　典型铁碳合金的结晶过程及其组织

1. 铁碳合金的分类及组织

根据 Fe-Fe$_3$C 相图的组织组成图，见图 2-45，按其含碳量和室温组织的不同，铁碳合金的分类见表 2-5 所示。

表 2-5　铁碳合金的分类

分类	名称	$w_C/\%$	室温组织	组织符号
纯铁	工业纯铁	<0.02	铁素体	F
碳钢	亚共析钢	0.02~0.77	铁素体＋珠光体	F＋P
碳钢	共析钢	0.77	珠光体	P
碳钢	过共析钢	0.77~2.11	珠光体＋二次渗碳体	P＋Fe$_3$C$_\text{II}$
白口铸铁	亚共晶白口铸铁	2.11~4.30	珠光体＋二次渗碳体＋低温莱氏体	P＋Fe$_3$C$_\text{II}$＋L$'_\text{d}$
白口铸铁	共晶白口铸铁	4.30	低温莱氏体	L$'_\text{d}$
白口铸铁	过共晶白口铸铁	4.30~6.69	低温莱氏体＋一次渗碳体	L$'_\text{d}$＋Fe$_3$C$_\text{I}$

【例 2-4】　含碳量 w_C=0.6% 的合金，在温度为 400℃、900℃、1420℃、1600℃时，分别是由哪些组织组成的？ 含碳量 w_C=5% 的合金，在温度为 400℃、900℃、1160℃、1300℃时，分别是由哪些组织组成的？

答：从相图中分别找出对应的点，从相图中可查知。含碳量 w_C=0.6% 的合金，在温度为 400℃时由 F＋P 组成、900℃时由 A 相组成、1420℃时由 L＋A 相组成、1600℃时由液相组成。含碳量 w_C=5% 的合金，在温度为 400℃时由 Fe$_3$C$_\text{I}$＋L$'_\text{d}$ 组成、900℃时由 L$_\text{d}$＋Fe$_3$C$_\text{I}$ 组成、1160℃时由 L＋ Fe$_3$C$_\text{I}$ 组成、1300℃时由液相组成。

铁碳合金室温下所有组织都是由铁素体和渗碳体组成，它们是怎样形成的呢？

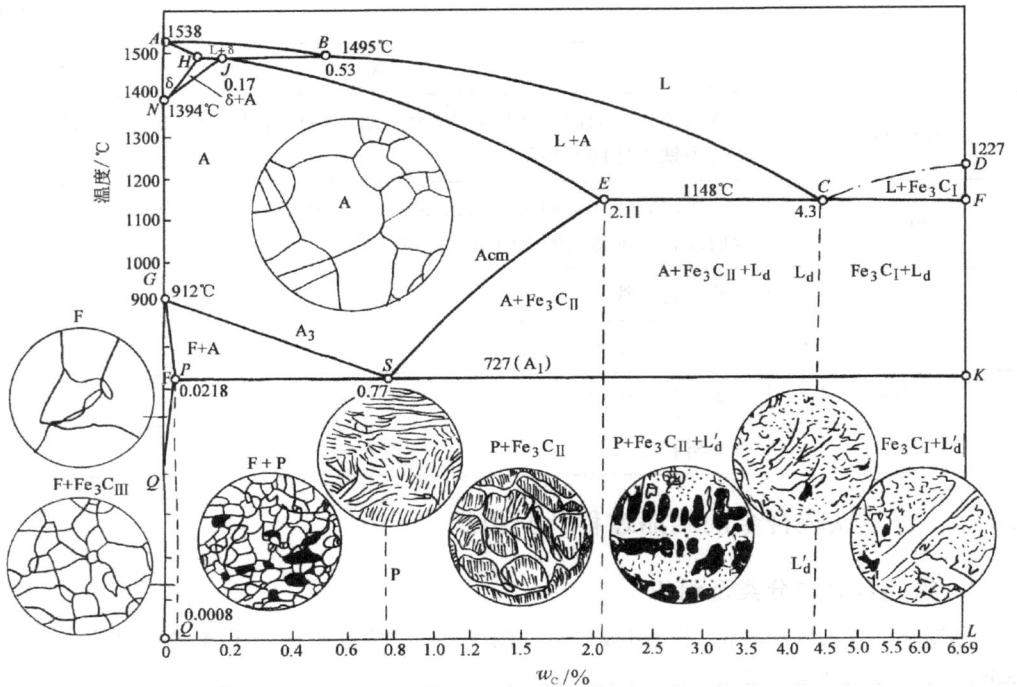

图 2-45　铁碳合金相图(组织组成图)

要弄清楚这些，需要根据相图具体分析各种合金的凝固过程。

2. 碳钢的平衡结晶过程

现选出 $w_C = 0.4\%$ 的亚共析钢，$w_C = 0.77\%$ 的共析钢和 $w_C = 1.5\%$ 的过共析钢进行分析，它们的平衡结晶过程如图 2-46 所示，其室温组织如图 2-47 所示。

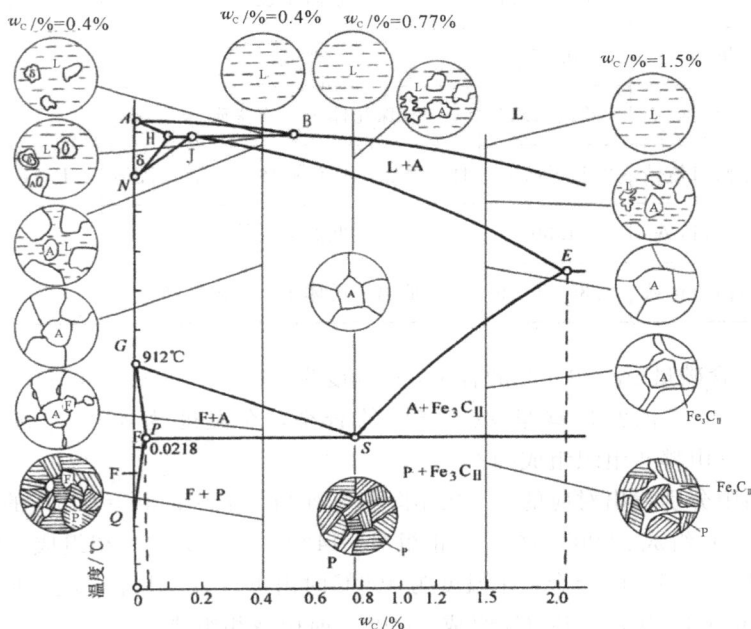

图 2-46　亚共析钢、共析钢和过共析钢的缓慢冷却组织变化示意图

1) 共析钢（$w_C = 0.77\%$）的结晶过程

在液相线以上，该合金为成分均匀的液体。当缓慢冷却到液相线时，从液体中开始析出奥氏体，随着温度继续下降，奥氏体数量不断增多。这一过程中液体的成分沿 AC 线变化，奥氏体的成分沿 AE 线变化。当温度降到固相线时，液体全部凝固为奥氏体。从固相线到共析线之间冷却，合金组织没有变化。当降温至共析温度（即 S 点）时，奥氏体发生共析转变 $A_S \xrightarrow{727℃} F_P + Fe_3C$，全部转变为珠光体。共析点之下继续冷却时，从铁素体中析出少量三次渗碳体（$Fe_3C_{\text{Ⅲ}}$），但三次渗碳体对合金性能影响不大，一般忽略不计。

共析钢的室温组织是单一的珠光体，用符号 P 表示。珠光体是铁素体和渗碳体的机械混合物。珠光体一般多是层片状组织，含碳量为 0.77%，犹如指纹一样，如图 2-47(b)所示。珠光体中铁素体与渗碳体的含量可用杠杆定律计算：

$$w_F = \frac{6.69 - 0.77}{6.69 - 0.02} \times 100\% = 88.8\%, \quad w_{Fe_3C} = 1 - 88.8\% = 11.2\%$$

2) 亚共析钢（以 $w_C = 0.4\%$ 为例）的结晶过程

在液相线以上合金为成分均匀的液体。当缓慢冷却到液相线时，从液体中开始析出高温铁素体 δ；至包晶反应线，发生包晶反应，$L_B + \delta_H \xleftrightarrow{1495℃} A_J$，生成奥氏体，直到高温铁素体完全转变成奥氏体。在包晶温度之下继续冷却时，将直接从液体中不断析出奥氏体。

当温度降到固相线时，液体全部结晶为奥氏体。在固相线到 GS 线之间，合金组织没有变化。当降温至 GS 线时，从奥氏体中开始析出铁素体，随着温度的下降，铁素体量逐渐增多，奥氏体量逐渐减少。由于从奥氏体中析出了含碳量很低的铁素体，致使未转变的奥氏体含碳量增高。奥氏体的含碳量沿 GS 线变化，析出的铁素体的含碳量沿 GP 线变化。冷却至共析线时，尚未转变的奥氏体含碳量增加至 0.77%。在此温度下余下的奥氏体发生共析转变，转变为珠光体。共析线之下，组织基本上不再发生变化。

亚共析钢室温组织是铁素体和珠光体，用符号 F＋P 表示，如图 2-47(a)所示。

（a）亚共析钢 　　　　　（b）共析钢 　　　　　（c）过共析钢

图 2-47 碳钢的平衡组织

以含碳量为 0.4% 的碳钢为例，用杠杆定律计算合金中珠光体与铁素体的含量：

$$w_F = \frac{0.77 - 0.40}{0.77 - 0.008} \times 100\% = 48\%, \quad w_P = 1 - 48\% = 52\%$$

由于珠光体由铁素体和渗碳体组成，此时合金的相组成依旧为铁素体和渗碳体，它们的相含量亦可用杠杆定律计算：

$$w_F = \frac{6.69 - 0.40}{6.69} \times 100\% = 94\%, \quad w_{Fe_3C} = 1 - 94\% = 6\%$$

3）过共析钢（以 $w_C=1.5\%$ 为例）的结晶过程

过共析钢在液相线上开始析出奥氏体，在固相线时，完全结晶为奥氏体。固相线与 ES 线之间，保持为奥氏体组织。当温度降至 ES 线时，碳在奥氏体中的固溶度下降，便开始沿着奥氏体晶界析出二次渗碳体（Fe_3C_{II}）；温度继续下降，二次渗碳体（Fe_3C_{II}）不断析出使奥氏体含碳量减少，奥氏体含碳量沿 ES 线变化。当温度降至 727℃时，剩余奥氏体的含碳量已降至 0.77%，发生共析转变，奥氏体转变为珠光体。共析转变后，组织由珠光体 P 和呈网状分布的二次渗碳体（Fe_3C_{II}）组成，温度继续下降，组织基本上不再发生变化。

过共析钢室温时的组织由珠光体 P 和沿晶界呈网状分布的二次渗碳体（Fe_3C_{II}）组成，见图 2-47(c)。随着含碳量增高，Fe_3C_{II} 增多，并且由细小的、断续的变为连续的、粗大的。裂纹容易沿着脆性的网状 Fe_3C_{II} 扩展，网状 Fe_3C_{II} 使过共析钢的强度和韧性降低。

以 $w_C=1.5\%$ 的合金为代表，其珠光体与渗碳体的含量可用杠杆定律计算：

$$w_P=\frac{6.69-1.5}{6.69-0.77}\times100\%=87.7\%,\quad w_{Fe_3C}=1-87.7\%=12.3\%$$

3. 白口铸铁的平衡结晶过程

现取 $w_C=2.5\%$ 的亚共晶白口铸铁、$w_C=4.3\%$ 的共晶白口铸铁和 $w_C=6.0\%$ 的过共晶白口铸铁分析它们的平衡结晶过程，见图 2-48。白口铸铁的室温组织见图 2-49。

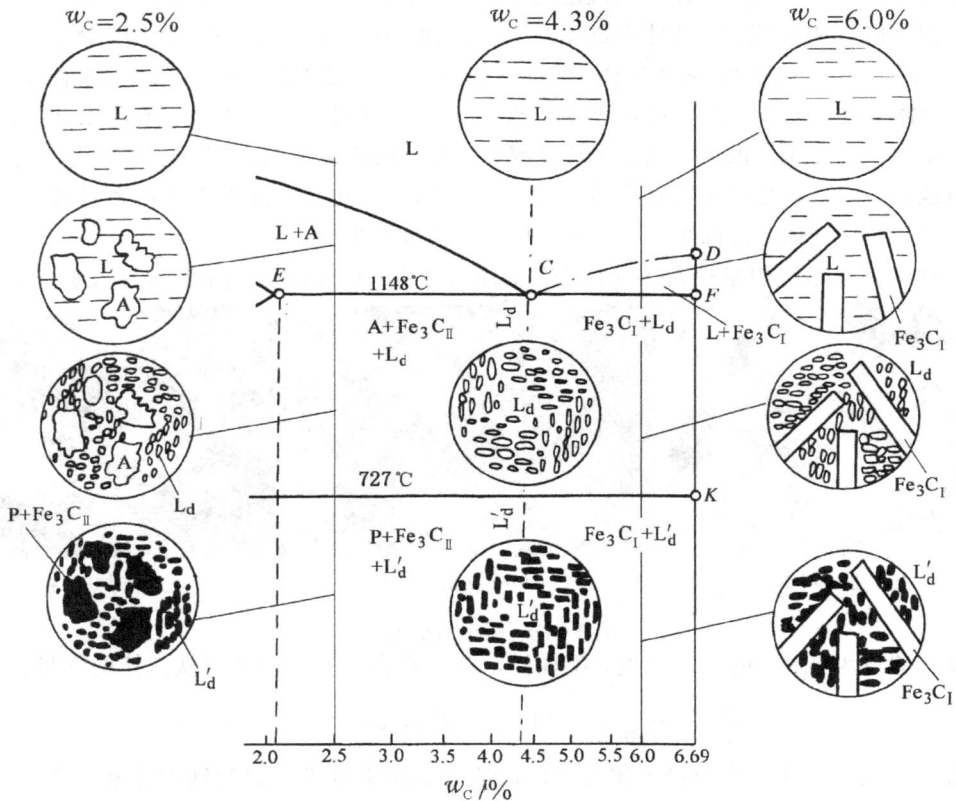

图 2-48 白口铸铁的缓慢冷却组织变化示意图

1）共晶白口铸铁（w_C＝4.3％）的结晶过程

在共晶线以上时，合金处于液体状态。当温度降至共晶线（1148℃）时，发生共晶转变 $L_C \xrightarrow{1148℃} A_E + Fe_3C$，从液体中同时析出奥氏体和渗碳体，直至凝固完毕。此时组织是以共晶渗碳体为基体，其上分布着奥氏体，称之为高温莱氏体 L_d。在随后的冷却过程中，共晶渗碳体不发生变化，但从奥氏体中不断析出二次渗碳体。奥氏体的含碳量沿 ES 线逐渐减少，冷却至 727℃时，其已降到 0.77％，发生共析转变，形成珠光体。但莱氏体组织中的渗碳体形态不变，只是莱氏体中的原奥氏体转变为珠光体和渗碳体，称之为低温莱氏体，以符号 L'_d 表示。共析温度之下继续冷却，组织不再发生变化。

共晶白口铸铁在室温下的组织为低温莱氏体。由于二次渗碳体依附于共晶渗碳体上，在显微镜上无法分辨出来。低温莱氏体组织中的白色基体为渗碳体，黑色麻点和黑色条状物为珠光体，保留了共晶转变后的形态特征，见图 2-49(b)。

用杠杆定律计算共晶白口铸铁的初生莱氏体中奥氏体与渗碳体的含量如下：

$$w_A = \frac{6.69 - 4.3}{6.69 - 2.11} \times 100\% = 53.2\%$$

$$w_{Fe_3C} = 1 - 53.2\% = 46.8\%$$

2）亚共晶白口铸铁（以 w_C＝2.5％为例）的结晶过程

液相线之上为液体，在液相线上开始从液体中析出奥氏体。随着温度下降，树枝状奥氏体不断增多，而液体量不断减少。奥氏体成分沿 AE 线发生变化，剩余液体成分沿 AC 线变化。冷却至共晶温度（1148℃）时，剩余液体成分达到 4.3％，发生共晶转变，生成高温莱氏体。这时组织为树枝状奥氏体和高温莱氏体。继续冷却，所有的奥氏体都发生如前所述的那些变化。

亚共晶白口铸铁在室温的组织是由珠光体、二次渗碳体和低温莱氏体组成。组织中呈树枝状分布的黑色块是由初生奥氏体转变成的珠光体，二次渗碳体依附于共晶渗碳体上，其余部分为低温莱氏体。亚共晶白口铸铁的室温平衡组织见图 2-49(a)。

（a）亚共晶白口铸铁　　　（b）共晶白口铸铁　　　（c）过共晶白口铸铁

图 2-49　白口铸铁的平衡组织

3）过共晶白口铁（以 w_C＝6.0％为例）的结晶过程

当合金缓慢冷却至共晶点时，开始从液相中析出一次渗碳体（Fe_3C_I），随着温度降低，渗碳体(Fe₃C_I)继续析出并长大。一次渗碳体一般呈板条状。同时，液相线沿 DC 线变化。当合金冷却至共晶线时，剩余液体成分达到 4.3%，发生共晶转变，生成高温莱氏体，再继续冷却至 727℃ 时，发生共析转变，形成低温莱氏体。

过共晶白口铸铁的室温组织为低温莱氏体和一次渗碳体，组织中的白色条状物为一次渗碳体，其余部分为低温莱氏体，见图 2-49(c)。

以上所描述的铁碳合金的组织形成过程，是在极其缓慢的冷却条件下所进行的过程。但生产实际中加热和冷却速度较快，不仅其组织变化温度与平衡相图所示的有所偏离，而且还会出现平衡相图上所没有的亚稳定或不稳定组织。

铁碳相图是研究碳钢和铸铁组织和性能的理论基础，也是制定钢铁材料热处理、铸造和压力加工工艺的重要依据，要求大家很好地掌握并应用。

2.4.4 碳对铁碳合金组织与性能的影响

1. 铁碳合金含碳量与组织的关系

随着含碳量的增加，铁碳合金的室温组织变化呈现一定的规律，见表 2-6。

表 2-6 铁碳合金平衡组织与含碳量的关系

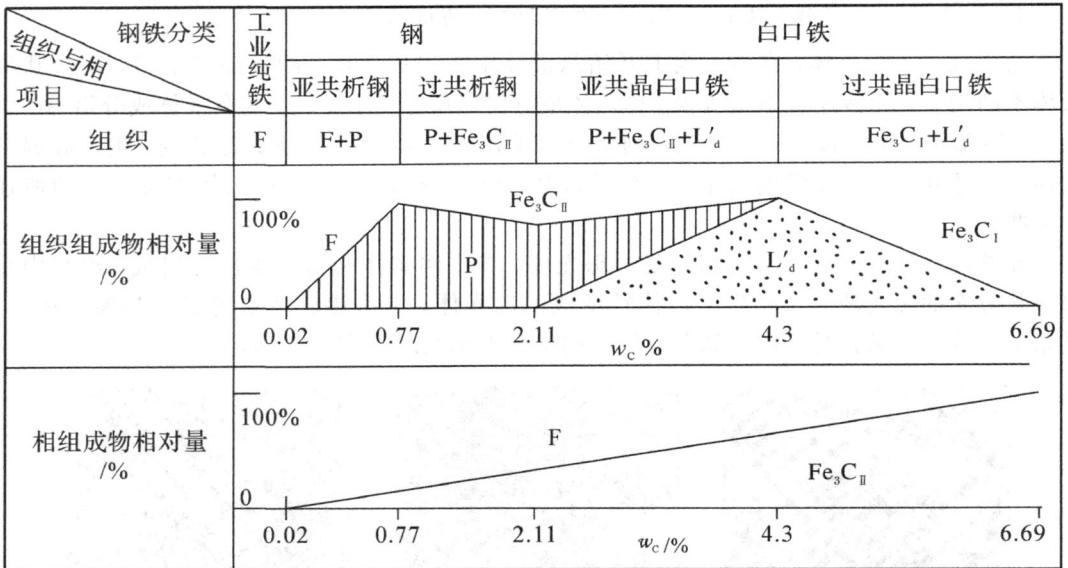

在室温下，随含碳量由 0 增加到 6.69%，合金相 F 由 100% 直线下降到 0；Fe₃C 从 0 直线增长到 100%。随含碳量由 0 增加到 6.69%，合金的组织按下列顺序变化：

F、F+P、P、P+Fe₃C_Ⅱ、P+Fe₃C_Ⅱ+L'_d、L'_d、L'_d+Fe₃C、Fe₃C

$w_C \leqslant 0.0218\%$ 的合金，全部组织为 F；$w_C = 0.77\%$ 的合金，全部组织为 P；$w_C = 4.3\%$ 的合金，全部组织为 L'_d；$w_C = 6.69\%$ 的合金，全部组织为 Fe₃C。其他成分合金的组织组成及各组织含量，可利用杠杆定律自行验证。

2. 铁碳合金含碳量与性能的关系

含碳量对铁碳合金性能的影响如图 2-50 所示。

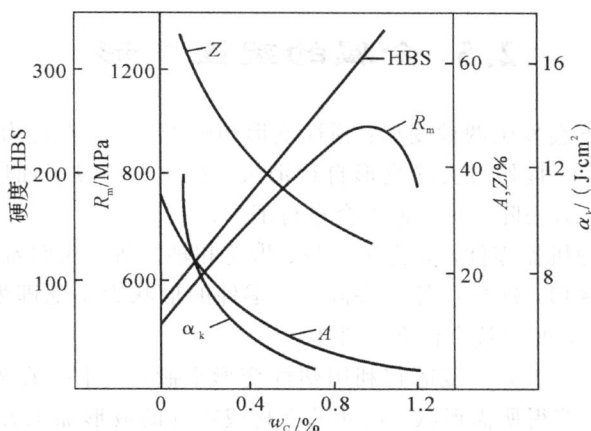

图 2 - 50　铁碳合金性能与含碳量的关系

铁碳合金的硬度随渗碳体由 0 增加到 100％而呈直线关系增大，由铁素体的硬度（约 80 HB）增大到全部为渗碳体时的硬度（约 800 HB）。合金的塑性和韧性随铁素体量的不断减少而连续下降，到白口铸铁时，断后伸长率和断面收缩率接近于零。

合金强度对组织形态很敏感，随含碳量的增加，亚共析钢中珠光体增多而铁素体减少，钢的强度不断增大。但当含碳量超过共析成分之后，由于二次渗碳体沿晶界出现，合金强度的增高变慢，到 $w_C = 0.9％$ 时，二次渗碳体沿晶界形成完整的网，合金强度迅速降低。其后随着含碳量进一步增加，合金强度不断下降。到莱氏体基体时抗拉强度一直处于低水平，趋于 20～30 MPa。

3. Fe - Fe₃C 相图的应用

Fe - Fe₃C 相图阐明了铁碳合金成分、组织随温度的变化规律，为正确选材和制定热加工工艺提供了依据。

1）在选材方面的应用

利用铁碳合金相图，便于根据工件的工作环境和性能要求来选择钢铁材料。

若需要塑性、韧性高的材料，应选用低碳钢（含碳量为 0.10％～0.25％）；需要强度、塑性及韧性都较好的材料，应选用中碳钢（含碳量为 0.25％～0.60％）；当要求硬度高、耐磨性好的材料时，应选用高碳钢（含碳量为 0.60％～1.3％）。一般低碳钢和中碳钢主要用来制造机器零件或建筑结构，高碳钢主要用来制造各种加工工具。

白口铸铁具有很高的硬度和脆性，抗磨损能力很好，可用来制造需要耐磨而不受冲击载荷的工件，如拔丝模、球磨机的磨球等。

2）在制定热加工工艺方面的应用

铁碳合金相图阐明了碳钢和白口铁的各种相变温度和相变过程，是确定铁碳合金的热加工温度和控制热加工组织的重要依据。例如，铸造时依据铁碳相图制定熔化温度和浇注温度；锻造、热轧等塑性变形时，依据铁碳相图制定开始加工温度和终了加工温度；热处理时，依据铁碳相图制定加热温度并控制和调整组织。

2.5 金属的塑性变形

材料在外力作用下会发生两种变形：弹性变形和塑性变形。在应力不超过弹性极限时，材料只发生弹性变形，一旦外力去除变形自行消失；在应力超过了屈服极限以后，材料还发生塑性变形，即使外力去除，变形也不会自行消失。

对于工作中的各种机器零件，如机床床身、齿轮和轴类等，我们希望其变形越小越好，最好只发生少量弹性变形，这样在外力去除后，零件的形状大小随即恢复原样。如果出现塑性变形，外力去除后，变形就会留在零件上。

塑性变形会留下永久变形，最适宜利用塑性变形来制造零件。在外力的作用下，使坯料产生塑性变形，从而获得所需形状、尺寸的型材或零件的成形加工方法，称为塑性成形，又称为压力加工。塑性成形是生产零件的重要方法，它也能改善材料组织，使晶粒细化、组织均匀、消除成分偏析，从而使零件性能得到提高。

2.5.1 塑性变形机理

金属塑性成形广泛用于民用和军用工业中，了解金属塑性成形的变形机理，是非常必要的。一般来说实际使用的金属都是多晶体，而其塑性变形机理较为复杂。

1. 滑移

滑移是指晶体的一部分沿一定的晶面和晶向相对于另一部分发生相对位移的现象。将一个表面经过抛光的纯锌单晶进行拉伸，在试样的表面上出现了许多互相平行的倾斜线条痕迹，称为滑移带，如图 2-51 所示。纯锌属于密排六方晶体结构，拉应力 P 与密排六方晶格的底面呈一定角度，将拉应力 P 分解为正应力和切应力，可以想到，纯锌试样表面上的滑移带（倾斜线条）是试样在切应力作用下，相邻两层相互滑动的结果。

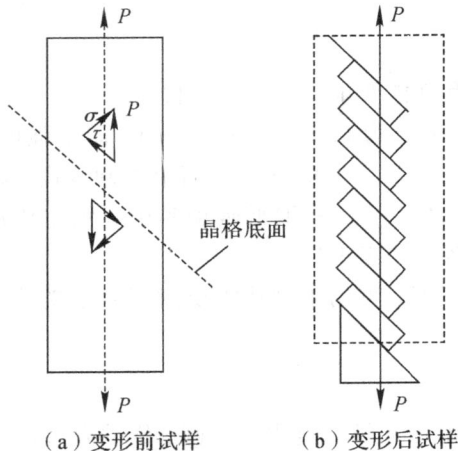

（a）变形前试样　　（b）变形后试样

图 2-51　锌单晶体拉伸试验示意图

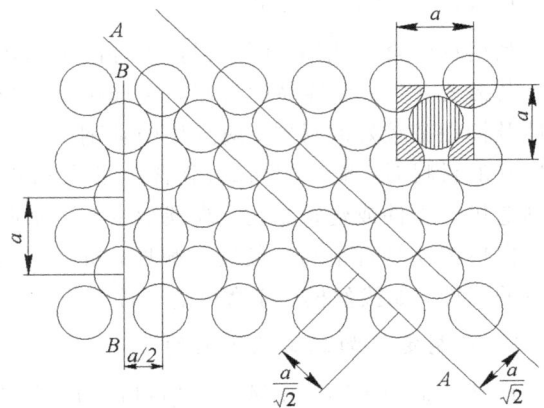

图 2-52　滑移面示意图

由于晶体具有各向异性，滑移并不是向各个方向都一样的。如图 2-52 所示，晶体中原子密度最大的晶面（密排面）之间的距离最大，在此面上滑移时阻力最小；在密排面上，原子排列最紧密的方向（密排方向）之间的原子层间距也最大，在此方向上滑移阻力最小。因此滑移总是优先沿着密排面上的密排方向上进行，即滑移面为该晶格的密排面，滑移方向为该晶体的密排方向。

一个滑移面与其上的一个滑移方向组成一个滑移系。如体心立方晶格中，（110）和〈111〉即组成一个滑移系。三种常见晶格的滑移系见表2-7。滑移系越多，金属发生滑移的可能性越大，塑性就越好。滑移方向对滑移所起的作用比滑移面大，所以面心立方晶格金属比体心立方晶格金属的塑性更好。

表 2 - 7　不同晶格的滑移系

晶格类型	体心立方	面心立方	密排六方
晶胞			
滑移面	{110}　6个	{111}　4个	{0001}　1个
滑移方向	〈111〉　2个	〈110〉　3个	$\langle \bar{1}2\,\bar{1}0 \rangle$　3个
滑移系数目	6×2=12	4×3=12	1×3=3

如图2-53所示，外力 P 使单晶体零件内部在如图所示的滑移面和滑移方向上发生了滑移，下面求此滑移方向上的切应力分量 τ_c 的大小。滑移面法线方向与 P 夹角为 ϕ，滑移方向与 P 夹角为 λ。单晶体横截面积为 A，滑移面面积为 A'，则 $A' = A/\cos\phi$。

作用在横截面上的正应力为 $\sigma_{横截面} = \dfrac{P}{A}$，作用在图中滑移面上 P 方向的应力 σ 为 $\sigma = \dfrac{P}{A'} = \dfrac{P}{A} \cdot \cos\phi$。

故作用在滑移面上滑移方向上的切应力分量为

图 2 - 53　外力 P 在滑移方向上的分切应力

$$\tau_c = \sigma \cdot \cos\lambda = \frac{P}{A} \cdot \cos\phi \cdot \cos\lambda = \sigma_{横截面} \cdot \cos\phi \cdot \cos\lambda$$

其中，$\cos\phi \cdot \cos\lambda$ 称为取向因子，不同的滑移系的取向不同，其取向因子就不同。

现在可知，某滑移系能否滑移，决定于 τ_c 的大小，如果 τ_c 比较小，只能发生弹性变形不能滑移，当 τ_c 达到一定的临界值 τ'_c 时才能发生滑移，使晶体产生塑性变形。τ'_c 称为临界分切应力，它由材料成分及其晶体结构决定，与受力方向与晶体的滑移系方向无关。当晶格中有多个滑移系时，先达到临界分切应力的滑移系，先产生滑移变形。

图2-54(a)是一个晶粒内部发生滑移的示意图。但研究表明，这样整体滑移需要两层金属原子都发生相互滑动，需要相当大的应力，在现实中不可能发生。实际的滑移是通过

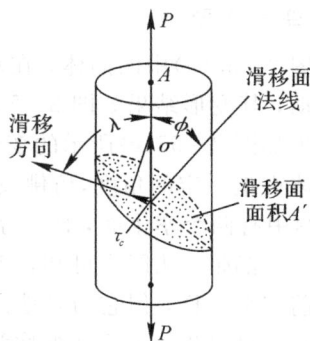

位错运动实现的，如图 2-54(b)所示。在切应力作用下，一个多余半原子面从晶体一侧一步步运动到另一侧，即位错自左向右移动时，晶体就产生滑移变形。如图所示的刃型位错每一次移动都是两层间一个原子发生相对移动，相比于整层原子都相对移动，需要的应力小得多。由于位错每移出晶体一次即造成一个原子间距的变形量，因此滑移的总变形量一定是原子间距的整数倍。

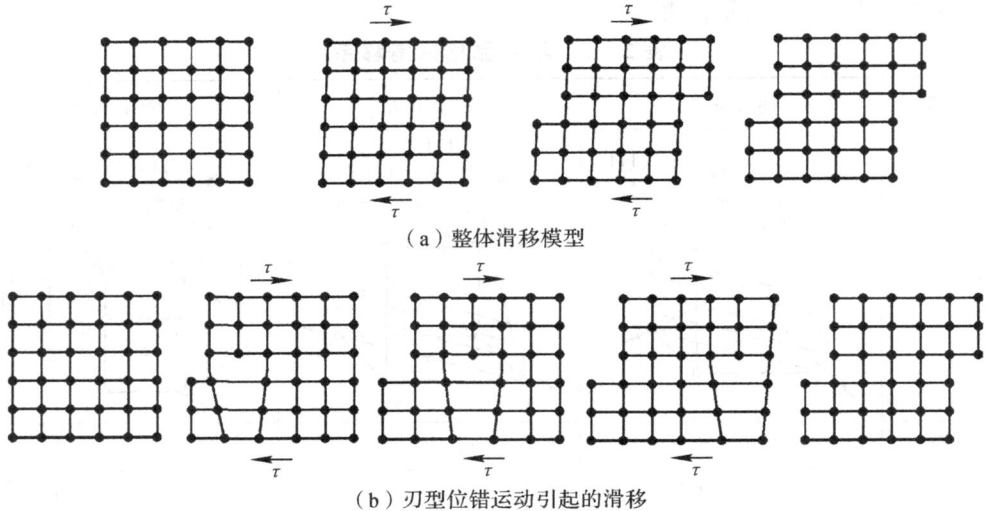

（a）整体滑移模型

（b）刃型位错运动引起的滑移

图 2-54　一个晶粒内部滑移发生模式示意图

2. 孪生变形

如图 2-55(a)中的晶体，在水平切应力作用下变形时，如果晶体某处的上下层之间发生了错动，其变形结果如图 2-55(b)所示，这就是滑移变形。在同样的切应力作用下，也可能发生如图 2-55(c)所示的变形，一部分晶体沿某一晶面（孪生面）发生了错动，使不同部分晶体产生一定的角度，仿佛发生曲折一样，晶体在切应力下的这种变形方式称为孪生变形。图中有两个孪生面，两个孪生面之间的部分相对于其他部分发生了错动，这一变形区域称为孪晶带。从图中可知，孪晶带中的原子虽然发生了错动，但其错动后的晶格仍与未错动前完全一样，但它与其他部分的晶格位向不同。孪生面是不同取向晶体的共有晶面，它实际是共格晶界，因此又被称为孪晶界。据研究孪生面两侧的晶体呈镜面对称关系，如不能保持镜面对称，由于几何原因孪晶界就不能成为共格晶界，因此才将晶体的这种变形模式称为孪生，将以孪生面为对称面的两部分晶体称为孪晶。

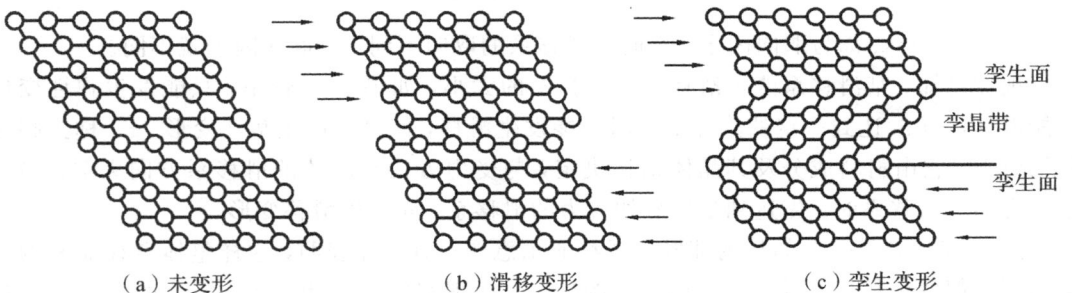

（a）未变形　　　　　　　（b）滑移变形　　　　　　　（c）孪生变形

孪生面

孪晶带

孪生面

图 2-55　剪切变形的基本形式示意图

孪生变形的变形区域如图 2-56 所示。虽然孪晶带中变形前到变形后的晶格类型与晶格常数都没有改变，但在变形过程中相邻各层（原各水平层间和各竖直层间）之间均发生了相对错动。错动的结果使晶格取向发生了变化，其变化过程中的原子移动结果如图 2-56 中的直角三角形△ABC 所示。尽管各层的移动距离不同，但各层间的相对错动量相等，属于均匀变形。

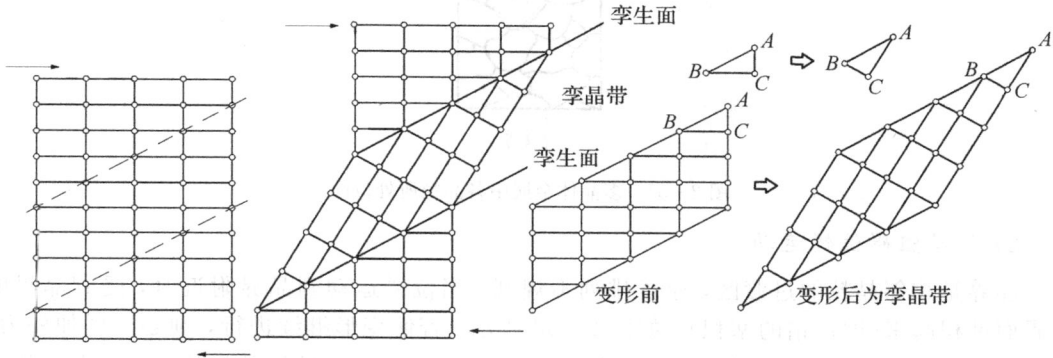

图 2-56　孪生变形的变形区域示意图

滑移和孪生均是晶体在切应力作用下的变形方式。但孪生的变形条件更严格一些，它要求孪生前后的晶体以孪生面为对称面，也要求有合适的切应力。由于孪生变形较滑移变形一次移动的原子较多，故其临界切应力远高于滑移所需的切应力。例如镁的孪生临界切应力为 5～35 MPa，而滑移临界切应力仅为 0.5 MPa。因此，只有在滑移变形难于进行时，才会产生孪生变形。具有密排六方结构的金属，由于滑移系少，在不利于滑移取向时，常以孪生变形的方式进行塑性变形。而具有面心立方晶格与体心立方晶格的金属滑移系多，只有在低温或冲击载荷下才发生孪生变形。孪生变形虽然总的变形量不大，但它使晶体中部分晶格取向发生改变，能够使部分晶格由原来的滑移硬取向变为软取向，从而促进滑移的发生。

3. 晶界参与并协调变形

多晶体中每个晶粒仍然以滑移和孪生进行塑性变形。此外晶界的存在，晶粒间的晶格位向不同，使多晶体的塑性变形表现出以下不同于单晶体的特点。

1）各晶粒的塑性变形不均匀

多晶体中每个晶粒的位向不相同，其滑移面及滑移方向并不一致。图 2-57 中的 A、B、C 表示不同位向晶粒的滑移次序。有些晶粒所处的位向使其取向因子 $\cos\phi \cdot \cos\lambda$ 较大，分切应力较大，这些位向是易滑移位向，称为"软位向"；另一些晶粒所处的位向，取向因子较小，最难滑移，被称为"硬位向"。处于软位向的那些晶粒，首先发生大量滑移，在滑移过程中会使晶粒转动。晶粒转动导致所有晶粒的位向重新进行调整，有的晶粒从"软位向"转变为"硬位向"，不再继续滑移；有些晶粒由"硬位向"转动到"软位向"开始滑移。由此可见，多晶体中不同晶粒的塑性变形有先有后，各晶粒的变形量大小不一。

图 2-57　多晶体金属中各晶粒所处位向

2）晶界阻碍位错运动

晶界是相邻晶粒的过渡区，原子排列不规则。当位错运动到晶界附近时，受到晶界的阻碍而堆积起来（即位错的塞积），如图 2-58 所示。若使变形继续进行，则必须增加外力，可见晶界使金属的塑性变形抗力提高。图 2-59 所示为双晶粒试样的拉伸试验，在拉伸到一定的伸长量后观察试样，发现在晶界处变形很小，而远离晶界的晶粒内变形量很大。这说明晶界的变形抗力大于晶内。

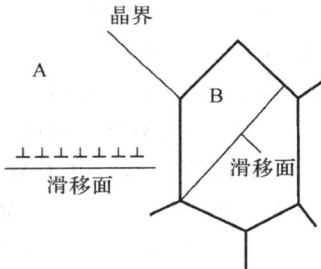

图 2-58　位错在晶界处的堆积示意图

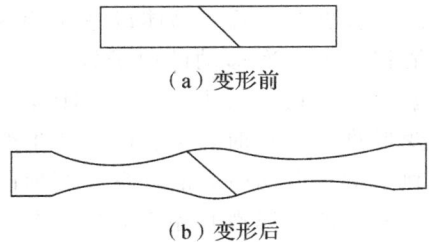

（a）变形前

（b）变形后

图 2-59　晶界对拉伸变形的影响

3）晶界对变形起协调作用

由于各相邻晶粒之间存在位向差，一些晶粒首先发生塑性变形，在晶界对变形起协调作用下，周围的晶粒发生了转动或产生一定的变形，使晶粒间保持连续性。

综上所述，金属的晶粒越细，晶界总面积越大，需要协调的具有不同位向的晶粒越多，其塑性变形的抗力便越大，表现出强度增高。另外，金属晶粒越细，参与滑移的晶粒数目越多，塑性变形由更多的晶粒分散承担，不致造成应力集中，从而推迟了裂纹的产生，使断裂前发生的塑性变形量增大，表现出塑性的提高。在强度和塑性同时提高的情况下，金属在断裂前需要消耗大量的功，因而其韧性也比较好。

2.5.2　塑性变形对组织和性能的影响

1. 对组织结构的影响

1）显微组织呈现纤维状

金属发生塑性变形后，晶粒发生形变，原本等轴状的晶粒沿变形方向相应地被拉长或被压扁。当变形量很大时，晶粒变成细条状或纤维状，称之为纤维组织，如图 2-60 所示。这种组织导致沿纤维方向的力学性能比垂直纤维方向的高得多。

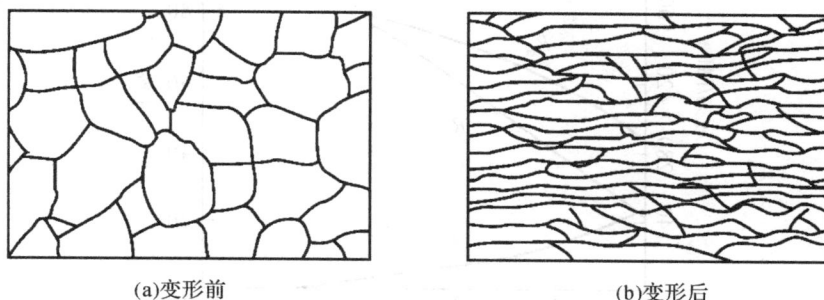

(a)变形前　　　　　　　　　　　　(b)变形后

图 2-60　变形前后晶粒形状变化示意图

2）组织内的亚晶界增多

金属无塑性变形或塑性变形程度很小时，位错分布是均匀的。但在大量变形之后，由于位错运动及位错间的交互作用，位错分布变得不均匀了，并使晶粒碎化成许多位向略有差异的亚晶粒。在亚晶粒边界上聚集着大量位错，而亚晶粒内部位错很少，如图 2-61 所示。

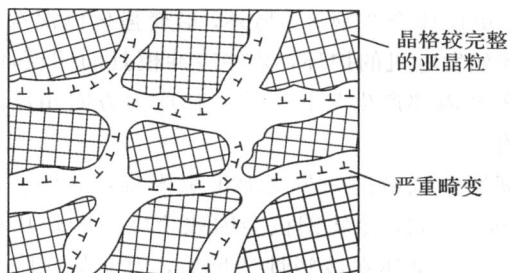

图 2-61　金属经变形后的亚结构

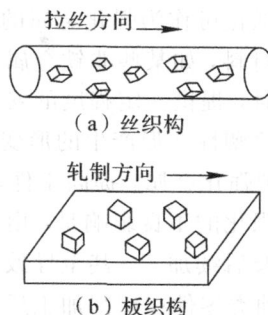

图 2-62　形变织构示意图

3）产生形变织构

金属塑性变形到很大程度（70%以上）时，由于晶粒发生转动，使各晶粒的位向大致趋近于一致，形成特殊的择优取向，这种各个晶粒位向大致趋近于一致的结构称为形变织构。形变织构一般分为两种：一种是各晶粒的一定晶向平行于拉拔方向，称为丝织构，例如低碳钢经大变形量冷拔后，其⟨100⟩平行于拔丝方向，如图 2-62(a)所示；另一种是各晶粒的一定晶面和晶向平行于轧制方向，称为板织构，低碳钢的板织构为{001}⟨110⟩，如图 2-62(b)所示。

2. 对性能的影响

（1）随着塑性变形量的增加，金属的强度、硬度升高，塑性、韧性下降，这种现象称为加工硬化（也称为形变强化），纯铜冷轧后的力学性能与形变程度的关系如图 2-63 所示。

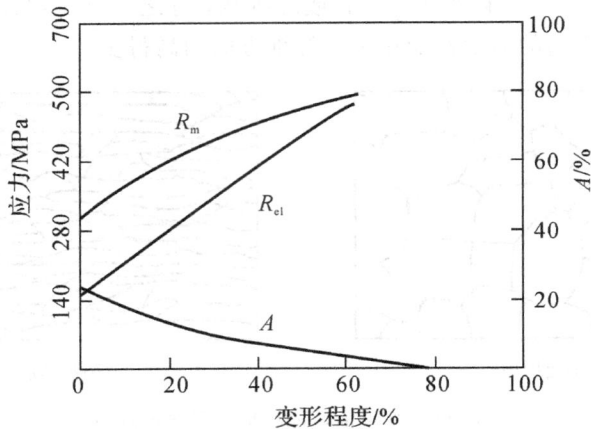

图 2-63　纯铜冷轧后的力学性能与形变程度的关系

位错密度的增加是导致加工硬化的主要原因。一方面因为随着变形量的增加，位错密度急剧增高，位错间的交互作用增强，相互缠结，造成位错运动阻力的增大，引起塑性变形抗力提高。另一方面由于亚晶界的增多，这使强度得以提高。在生产中可通过冷轧、冷拔等冷加工工艺提高钢板或钢丝的强度。

形变强化可作为强化金属的一种手段，特别是对那些不产生相变，不能通过热处理强化的金属材料，如某些非铁金属及其合金、奥氏体合金钢等。另外，形变强化也常常在零件短时过载时，提供一定程度的安全保证。例如发电机的护环，某些冷冲模具的凹模环等等，就是利用冷塑性变形产生的形变强化，在零件内部产生与其所受工作应力方向相反的预应力，以达到强化金属，提高工件寿命的目的。

形变强化的不良影响是：由于塑性、韧性降低给进一步变形带来困难，不利于金属材料的使用及后续加工，甚至导致裂纹和脆断。例如，冷轧钢板会因残余应力的作用而发生翘曲，长轴类零件在切削加工后发生弯曲等。故金属在冷塑性变形后，为消除或降低残余应力，通常要进行退火处理。

（2）由于纤维组织和形变织构的形成，使金属的性能产生各向异性。如沿纤维方向的强度和塑性明显高于垂直方向的。具有形变织构的金属，在随后的再结晶退火过程中极易形成再结晶织构。在某些情况下，织构的各向异性也有好处。制造变压器铁芯的硅钢片，因沿 $[100]$ 方向最易磁化，采用这种织构可使铁损大大减小，使变压器的效率大大提高。

（3）由于金属在发生塑性变形时，金属内部变形不均匀，位错、空位等晶体缺陷增多，金属内部会产生残余内应力。即外力去除后，金属内部会残留下来应力。残余内应力会使金属的耐腐蚀性能降低，严重时可导致零件变形或开裂。

2.5.3　金属的回复与再结晶

1. 回复

形变强化是一种不稳定现象，具有自发地回复到稳定状态的倾向。在低温下原子活动能力较低，当温度升高时，金属原子热运动加剧，内应力会明显下降，而显微组织变化不明显，各种性能将略有不同程度的恢复，此过程即称为"回复"。

产生回复的温度 $T_{回复}=(0.25\sim0.3)T_m$。式中，T_m 为该金属的熔点，单位为绝对温度（K）。回复加热温度不高，原子扩散能力不大，只是晶粒内部位错、空位、间隙原子等晶体缺陷通过移动、复合而大大减少，在光学显微组织上观察不到回复的变化。此时材料的强度和硬度只略有降低，塑性有一定提高，但残余应力则大大降低。例如，用冷拉钢丝卷制弹簧，在卷成之后都要进行一次 250～300℃ 的低温处理，以消除内应力使其定形。

2. 再结晶

当变形金属被加热到较高温度时，由于原子活动能力增大，晶粒的形状开始发生变化，在原先亚晶界上的位错聚集处，形成了新的位错密度低的结晶核心，并不断长大为稳定的等轴晶粒，取代被拉长及破碎的旧晶粒，同时性能发生明显的变化，恢复到完全软化状态，这个过程称为再结晶。

再结晶过程是一个形核和长大的过程。再结晶过程并不是一个相变过程，再结晶前后新旧晶粒的晶格类型和成分完全相同。

金属回复与再结晶的组织变化过程如图 2-64 所示。

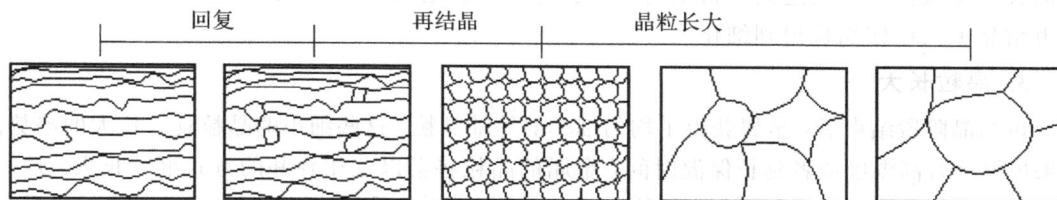

图 2-64　回复与再结晶的组织变化过程示意图

再结晶不是一个恒温过程，它是在一个温度范围内发生的。冷变形金属开始进行再结晶的最低温度，称为再结晶温度。实验表明，纯金属的再结晶温度与其熔点有如下关系：$T_{再}\approx0.4T_m$。一般金属的熔点越高，最低再结晶温度也就越高。几种金属和合金的再结晶温度见表 2-8。

表 2-8　几种金属和合金的再结晶温度

材　料	再结晶温度/℃	材　料	再结晶温度/℃
铜（无氧铜）	200	铜锌合金（$w_{Zn}=5\%$）	320
铝（99.999%）	80	铝（99.0%）	290
镍（99.99%）	370	镍（99.4%）	600

金属再结晶前变形程度越大，晶格缺陷就越多，组织越不稳定，最低再结晶温度也就越低。当预先变形度达到一定大小后，金属的最低再结晶温度趋于某一稳定值，如图 2-65 所示。合金中杂质和合金元素阻碍原子扩散和晶界迁移，可显著提高最低再结晶温度。例如高纯度铝（99.999%）的最低再结晶温度为 80℃，而工业纯铝（99.0%）的最低再结晶温度提高到了 290℃。

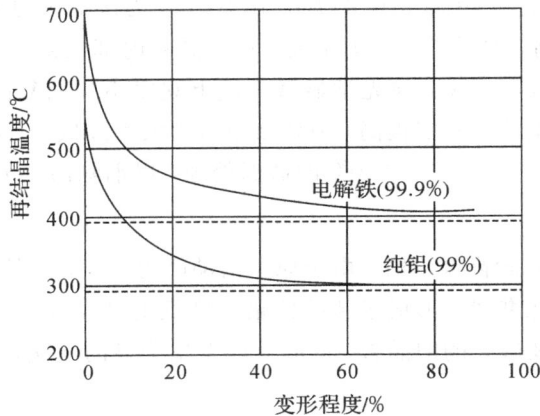

图 2-65　预先变形度对金属再结晶温度的影响

经过拉拔的线材发生了加工硬化，在再结晶退火软化后才能继续拉拔，经过多次再结晶退火和多次拉拔直到达到线材最终尺寸。对于不能通过相变细化晶粒的材料，通过形变后再结晶工艺可使晶粒得到细化。

3. 晶粒长大

再结晶阶段结束后，金属获得了均匀细小的等轴晶粒。这些细小的晶粒具有长大的趋势。如果再继续升高温度或者延长保温时间，金属的晶粒将会以互相吞并的方式继续长大。这一阶段称为晶粒长大。生产上应该控制晶粒长大，从而得到细晶粒组织，再结晶的晶粒长大受以下因素的影响：① 再结晶加热温度越高，保温时间越长，金属的晶粒越大。② 当变形程度不够大时，有些晶粒的畸变能小得不足以进行再结晶，这些晶粒比再结晶晶粒大得多。因此再结晶前的预先变形程度应达到一定数值，才能保证所有晶粒都能通过再结晶得到细化。

4. 冷加工与热加工的概念

若金属材料在回复、再结晶温度以下进行塑性变形，则位错密度上升，发生形变强化，强度、硬度提高，韧性降低，称为冷加工。在工业生产中冷加工应用普遍，如冷冲压、冷挤、冷锻等。

如果塑性变形时温度超过再结晶温度，在加工硬化和再结晶软化共同作用下，塑性变形能够持续地、大幅度地进行，这种变形称为热加工。热加工同样应用广泛，如热锻、热轧、热挤压等。

热加工与冷加工对制品组织的影响如图 2-66 所示。冷加工后制品晶粒被拉长或压扁，能使制品加工硬化而使强度升高，但也失去了进一步变形的能力。热加工再结晶后得到等轴细小晶粒，使制品细晶强化，同时组织内应力小，塑性更高，仍有继续塑性加工的能力。

（a）冷加工使晶粒拉长　　　　（b）热加工再结晶后得到等轴细小晶粒

图 2-66　热加工与冷加工对制品组织的影响

金属若在再结晶温度以下变形，则既产生回复，又产生形变硬化，这称之为温热变形。一些工件的成形，若用冷变形很困难，采用热变形又导致表面氧化严重，达不到精度要求，则可采用温热变形的方法。这种方法在生产中有一定的应用，如温挤、温锻等。

复习思考题

1. 晶体中的原子为什么能结合成长成有序的有规律排列的结构？

2. 说明 4 种不同原子结合键的结合方式。

3. 名词解释：① 晶格；② 晶胞；③ 晶格常数；④ 致密度；⑤ 配位数；⑥ 晶面；⑦ 晶向；⑧ 单晶体；⑨ 多晶体；⑩ 晶粒；⑪ 晶界；⑫ 各向异性；⑬ 同素异构。

4. 晶体与非晶体有何区别？

5. 分别画出体心立方、面心立方和密排六方晶格的晶胞结构。

6. 说明位错密度对材料力学性能的影响。

7. 金属常见的晶格类型有哪几种？如何计算每种晶胞中的原子数？

8. 画出体心立方、面心立方晶格中原子排列最密的晶面和晶向，并写出其相应的指数。

9. 在立方晶格中，如果晶面指数和晶向指数的数值相同，那么该晶面与晶向间（例如(111)与[111]，(110)与[110]等)存在着什么关系？

10. 已知银的原子半径为 0.144 nm，求其晶格常数。

11. 实际金属晶体结构中存在哪些缺陷？每种缺陷的具体形式如何？

12. 为什么单晶体具有各向异性，而多晶体材料不表现出各向异性？

13. 名词解释：① 凝固；② 结晶；③ 过冷度；④ 合金；⑤ 相；⑥ 组织；⑦ 固溶体；⑧ 金属化合物；⑨ 合金；⑩ 相图。

14. 熔体能否凝固为晶体主要取决于何种因素？

15. 液态金属结晶时为什么必须过冷？

16. 过冷度与冷却速度有何关系？它对金属结晶后的晶粒大小有何影响？

17. 在实际生产中，常采用哪些措施控制晶粒大小？

18. 固态合金中的相是如何分类的？相与显微组织有何区别和联系？

19. 说明固溶体与金属化合物的晶体结构特点并指出二者在性能上的差异。

20. 二元合金相图表达了合金的哪些关系？有哪些实际意义？

21. 什么是共晶反应？什么是共析反应？什么是匀晶反应？试写出相应的反应式。

22. 何谓合金的组织组成物及相组成物？指出 $w_{Sn}=30\%$ 的 Pb-Sn 合金在 183℃下全部结晶完毕后的组织组成物及相组成物，并利用杠杆定律分别计算这两类组成物的质量分数。

23. 简述共晶合金、亚共晶合金、过共晶合金的结晶过程。

24. 根据 H_2O-NaCl 相图，说明下雪天为尽快化掉道路上的积雪，为什么采取在道路上加盐的措施，怎样加盐最有效？

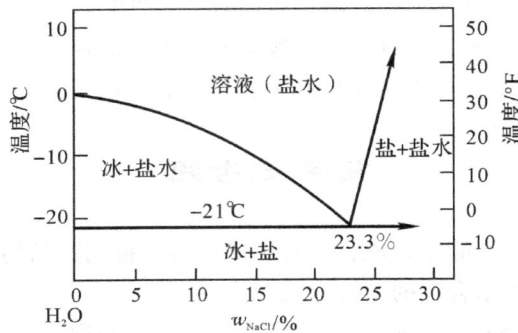

题 24 图

25. 名词解释：① 铁素体；② 奥氏体；③ 渗碳体；④ 珠光体；⑤ 莱氏体；⑥ 二次渗碳体。

26. 说明纯铁的同素异构转变及其意义。

27. 铁碳合金的基本相和组织有哪些？各用什么符号表示？分别叙述其定义及基本性能。

28. 绘出 $Fe-Fe_3C$ 相图，并叙述各特征点、各特征线的名称及含义，标出各相区的组织组成物。

29. 为什么 $Fe-Fe_3C$ 相图中碳的质量分数小于 6.69%？

30. 简述 $Fe-Fe_3C$ 相图中共晶反应与共析反应，写出反应式，标出反应温度及反应前后的含碳量。

31. 用杠杆定律分别计算共析钢共析转变、共晶白口铸铁共晶转变刚完毕时，相组成物的质量分数。

32. 分析 $w_C=0.3\%$、$w_C=1.0\%$ 的铁碳合金从液态冷却到室温的转变过程，用组织示意图说明各阶段的组织，并分别计算室温下相组成物及组织组成物的相对含量。

33. 分析 $w_C=3.5\%$、$w_C=5.0\%$ 的铁碳合金从液态冷却到室温的转变过程，用组织示意图说明各阶段的组织，并分别计算室温下组织组成物的相对含量。

34. 写出各类碳钢和白口铸铁室温下的平衡组织。

35. 说明 $Fe-Fe_3C$ 相图在工业生产中的作用。

36. 简述铁碳合金含碳量与合金性能的关系。

37. 金属塑性变形的主要方式是什么？

38. 什么是滑移系？滑移系对金属的塑性有何影响？体心立方、面心立方、密排六方金属，哪种金属塑性变形能力最强？

39. 试比较下列三种金属：α-Fe、Al、Mg 晶体的塑性好坏，并说明原因。

40. 晶体的孪生变形与滑移变形有何区别？为什么在一般塑性变形条件下，锌中易出现孪晶，纯铁中易出现滑移带？

41. 为什么室温下钢的晶粒越细，强度、硬度越高，塑性、韧性也越好？

42. 什么是加工硬化？有何实际意义？

43. 说明冷加工后的金属在回复与再结晶两个阶段中组织及性能变化。

第 3 章　钢的热处理

【引例】　对含碳量为 0.45％的钢加热奥氏体化后进行不同的冷却处理,其力学性能见表3-1。从结果可知,不同处理方法使钢的力学性能差别相当大。如淬火＋低温回火使钢获得最高的强度但其断后伸长率最低;淬火＋高温回火使钢的冲击韧性大幅提高。为什么在不同的冷却过程后,材料性能会出现如此大的差异呢?能否利用这样的加热冷却过程来提高材料的性能?我们还看到,表中淬火＋回火后,钢的组织中出现了 Fe-Fe$_3$C 相图中没有出现过的新组织回火马氏体和回火索氏体,这又是怎么回事呢?

表 3-1　45 钢不同热处理后的组织和性能

热处理工艺	组织	R_m/MPa	R_{el}/MPa	A/%	Z/%	α_k/J
退火(随炉冷却)	铁素体＋珠光体	600~700	300~350	15~20	40~50	32~48
正火(空气冷却)	铁素体＋珠光体	700~800	350~400	15~20	45~55	40~64
淬火(水冷)＋低温回火	回火马氏体	1500~1800	1360~1600	2~3	10~12	16~24
淬火(水冷)＋高温回火	回火索氏体	650~750	650~750	12~14	60~66	96~112

　　为提高金属材料的使用性能和工艺性能,可以采用合金化、热处理、形变强化等方法,通过改变合金的成分和组织来实现材料强化。合金化在后续的章节中另行讲述,本章主要讲述热处理这一材料强化方法。

　　热处理是将固态金属材料加热到预定温度,并保温一定时间之后,以需要的冷却速度冷却下来的一种热加工工艺方法。热处理不能改变零件的形状和尺寸,但能改变材料的内部组织,从而改善材料使用性能或加工性能。热处理工艺曲线见图 3-1。

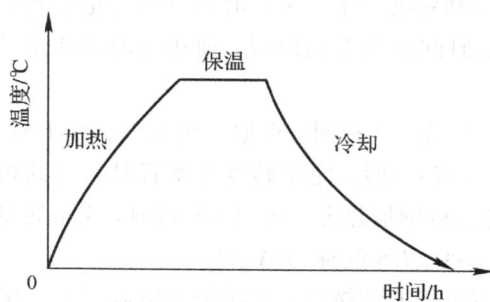

图 3-1　热处理工艺曲线

　　热处理可以显著提高合金的力学性能,延长零件的使用寿命。恰当的热处理还可以减弱或消除铸、锻、焊等热加工造成的枝晶偏析、降低内应力、细化晶粒,使合金的组织和性能更加均匀。有些热处理还可使零件表面具有抗磨损、耐腐蚀等特殊性能。

根据生产工艺的不同，热处理分为：整体热处理、化学热处理和表面热处理三大类，见图3-2。整体热处理能改变零件整体的组织和性能，包括退火、正火、淬火和回火；表面热处理只能改变零件表面的组织，用于提高零件表面强度和表面硬度；化学热处理通过渗氮、渗碳和渗金属等方法改变零件表面成分和组织来提高表面性能。

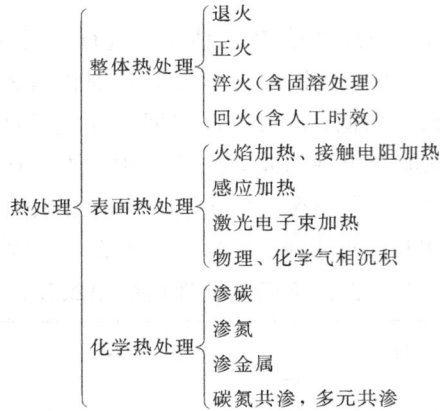

```
        ┌ 整体热处理 ┌ 退火
        │           │ 正火
        │           │ 淬火(含固溶处理)
        │           └ 回火(含人工时效)
        │
        │           ┌ 火焰加热、接触电阻加热
热处理 ┤ 表面热处理 │ 感应加热
        │           │ 激光电子束加热
        │           └ 物理、化学气相沉积
        │
        │           ┌ 渗碳
        └ 化学热处理 │ 渗氮
                    │ 渗金属
                    └ 碳氮共渗，多元共渗
```

图3-2 热处理方法分类

本章在分析热处理对钢组织影响的基础上，介绍常用热处理工艺方法，为专业人员正确选材和制定零件加工工艺路线打下基础。

3.1 钢的热处理原理

钢的热处理原理是钢热处理的理论基础，它阐明钢在不同的加热和冷却过程中，钢材内部组织结构(即固相相变)的变化规律。

3.1.1 钢在加热时的组织转变

1. 钢的组织转变温度

如果热处理时加热或冷却速度非常缓慢，钢的组织变化将遵从 $Fe-Fe_3C$ 相图所揭示规律。而在实际热处理时由于时间和成本的原因，加热或冷却速度总是较快，使钢在非平衡条件下进行组织转变。

图3-3所示为一部分 $Fe-Fe_3C$ 相图。根据平衡相图，在 PSK 线上发生共析转变；共析钢加热至超过共析温度(727℃)时，完全转变为奥氏体；亚共析钢加热温度超过 GS 线时，完全转变为奥氏体；过共析钢加热温度超过 ES 线时，完全转变为奥氏体。分别把 PSK 线称为 A_1 线，GS 线称为 A_3 线、ES 线称为 A_{cm} 线。

由于实际加热或冷却不可能非常缓慢，实际相变均需要有一定的过热度(加热时)或过冷度(冷却时)，组织转变才能进行。习惯上，碳钢加热时的相变温度分别标记为 Ac_1、Ac_3、Ac_{cm}，其冷却时的相变温度分别标记为 Ar_1、Ar_3、Ar_{cm}。

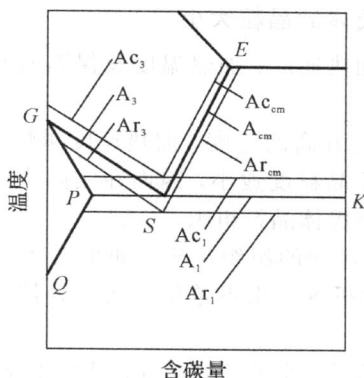

图 3-3　碳钢实际相变温度在 Fe-Fe$_3$C 相图上的位置

2. 钢加热时奥氏体的转变过程

共析钢的原始组织是片状珠光体。加热温度低于 Ac$_1$ 时，组织不会发生变化，当加热至 Ac$_1$ 以上温度时，片状珠光体转变为奥氏体，其转变过程见图 3-4。

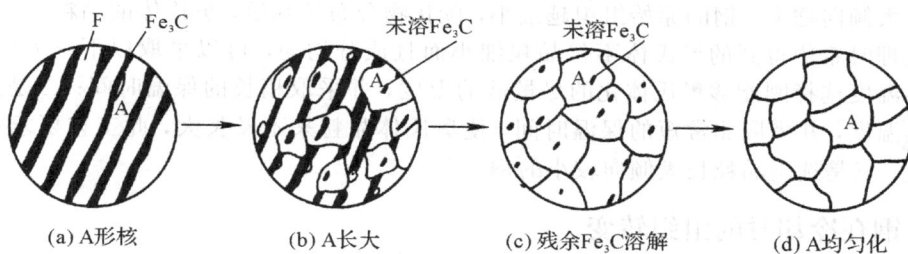

图 3-4　共析钢加热时奥氏体的形成过程

奥氏体转变是一个结晶过程，可分为四个阶段：第一阶段为奥氏体的形核；第二阶段为奥氏体的长大；第三阶段为残余渗碳体的溶解；第四阶段为奥氏体成分均匀化。

在 Ac$_1$ 温度，发生 F+Fe$_3$C→A 转变。首先奥氏体晶核在铁素体和渗碳体相界上形成。然后在奥氏体晶核的两侧，铁素体和渗碳体分别向奥氏体内溶解，奥氏体晶粒不断长大。铁素体和渗碳体转变为奥氏体时，伴随着体心立方晶格和复杂立方晶格转变为面心立方晶格的同时，碳原子由奥氏体一侧向另一侧扩散。

由于成分和能量两方面因素的影响，铁素体转变速度比渗碳体转变速度快得多，因此珠光体奥氏体化时总是铁素体先转变完毕。铁素体转变完毕后，剩余渗碳体接着向奥氏体内溶解，直到形成单一奥氏体组织。

此时奥氏体中原渗碳体所在位置的含碳量仍高些，在接着的保温过程中，碳原子从高碳区向低碳区扩散，使奥氏体成分进一步均匀化，并使晶粒长大。

对于亚共析钢，其原始组织是片状珠光体+铁素体。加热温度在 Ac$_1$ 以下时，其组织不发生变化。当加热至 Ac$_1$ 时，珠光体转变为奥氏体。其后随着温度的升高，铁素体不断溶入奥氏体中，至 Ac$_3$ 温度时，铁素体完全消失，最终得到完全的奥氏体组织。

对于过共析钢，它的原始组织是片状珠光体+渗碳体。当加热至 Ac$_1$ 时，珠光体转变为奥氏体。其后随着温度的升高，渗碳体不断溶入奥氏体中，直到 Ac$_{cm}$ 温度时渗碳体全部溶入奥氏体中，得到奥氏体单相组织。

3. 加热及保温工艺与奥氏体的晶粒大小

钢加热及保温工艺包括：加热速度、加热温度及保温时间，它们决定了合金冷却前的初始组织。

加热速度是加热时零件温度升高的速度。加热速度越快，相变的过热度增大，奥氏体实际形成温度越高，奥氏体起始晶粒度愈小。因而在实际生产中，常采用快速加热并且短时保温的措施，来获得细小的奥氏体晶粒组织。

钢加热温度由冷却前希望得到的组织决定。如果希望得到单相奥氏体组织，需要在 Ac_3 和 Ac_{cm} 以上温度加热，过共析钢如果不希望二次渗碳体全部溶解到奥氏体中，需要在 Ac_1 和 Ac_{cm} 之间温度加热。

加热温度越高，保温时间越长，原子扩散充分，奥氏体成分均匀，同时也容易出现奥氏体晶粒越粗大、零件变形、表面氧化、脱碳等不足，导致热处理后力学性能恶化。

影响奥氏体晶粒大小的因素除了与加热保温工艺有关外，还与钢的化学成分和原始组织有关。随着奥氏体中含碳量增加，钢的晶粒长大倾向增大，但含碳量超过一定值后，其以未溶碳化物状态存在时，反而使晶粒长大倾向减小。此外，铝脱氧钢或钢中存在强碳化物形成元素(Ti、Nb、Zr、V 等)时，晶粒长大倾向减小；而钢中存在的 Mn、P、C、N 等元素使晶粒长大倾向增大。钢的原始组织越细小，碳化物分布越弥散，奥氏体的晶粒越小。

热处理时希望得到的奥氏体不仅晶粒细小而且成分均匀，可以采取以下三方面措施：一是加热温度选择刚能够奥氏体化的尽量低的温度，并采取稍长的保温时间；二是选择较高的加热温度，并采取非常短的保温时间，使奥氏体晶粒来不及长大，此工艺要求加热速度非常快；三是选用晶粒长大倾向较小的钢。

3.1.2 钢在冷却时的组织转变

1. 奥氏体的不同冷却方式

大多数零件都在常温下工作，高温奥氏体冷却转变后的组织决定了钢的性能。如果冷却速度非常缓慢，奥氏体冷却时组织转变过程可参考铁碳相图。由于时间、成本及合金性能要求上的因素，实际钢热处理时冷却速度不可能按照平衡的方式进行，奥氏体冷却转变过程及转变产物均与平衡状态有所不同。

奥氏体化后，钢通常有两种冷却方式：一种是连续冷却方式；一种是等温冷却方式，见图3-5。

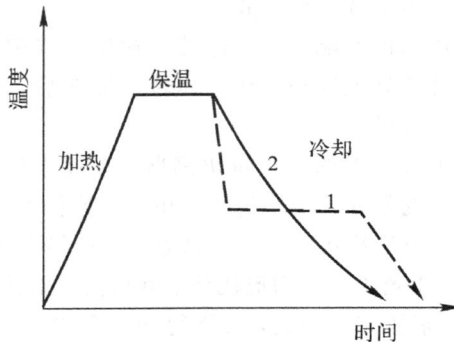

1—等温冷却方式；2—连续冷却方式

图3-5 奥氏体不同冷却方式示意图

等温冷却方式是将钢快速冷却到所需温度，在该温度下保温，使过冷奥氏体在恒温下发生组织转变；连续冷却方式是将钢以某一冷却速度不停顿地冷却，使奥氏体在连续降温过程中发生组织转变。

2. 过冷奥氏体的等温冷却转变曲线

奥氏体在临界转变温度以下是不稳定的，有发生转变的趋势。通常将低于 A_1 温度尚未转变的奥氏体称为过冷奥氏体。过冷奥氏体转变也是相变过程，其转变过程与过冷度的大小有关，不同的转变温度其转变产物不同。

在等温转变情况下，过冷奥氏体的转变温度、转变时间，以及转变产物的关系，用等温转变动力学曲线（TTT 曲线）来描述。该曲线表示了过冷奥氏体在不同转变温度下会产生哪种转变产物，也揭示了转变量及转变时间的关系，因 TTT 曲线形状像英文字母 C，又称为 C 曲线。

共析钢的 C 曲线见图 3-6。横坐标表示时间，一般用对数坐标，单位为 S；纵坐标表示等温温度，单位为℃。在 230℃之上，C 曲线由两条线组成，左边的一条线表示过冷奥氏体转变为其他组织的转变开始线，右边的一条线表示过冷奥氏体完全转变为其他组织的转变终了线。两条线之间是正在转变的时间区域。A_1 线之上钢具有稳定的奥氏体组织，A_1 线之下开始转变线之左为过冷奥氏体区，转变终了线之右为转变产物区。温度为 230℃那条线是马氏体转变开始线，用符号 M_s 表示；-50℃线是马氏体转变终了线，用符号 M_f 表示。这意味着过冷奥氏体在 M_s 开始转变为马氏体，如深冷到 M_f 以下，过冷奥氏体将全部转变为马氏体。室温在 M_s 和 M_f 之间，过冷奥氏体只能部分转变为马氏体，在 M_s 线之下的奥氏体称为残余奥氏体，用符号 A' 表示。因此共析钢快速过冷到室温的组织是马氏体和残余奥氏体的混合组织。

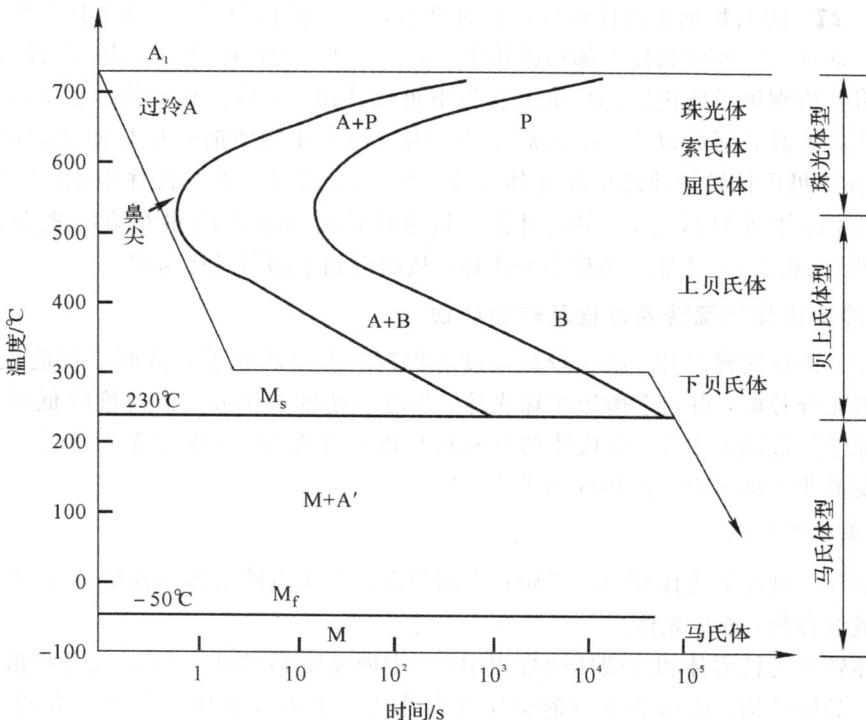

图 3-6　共析钢等温转变曲线

C 曲线在 A_1 线之下的转变产物不同，可分为三个区域：$A_1 \sim 550℃$ 温度范围内为珠光体转变区，钢在此温度区间保温时，如时间穿过转变开始线和转变终了线，过冷奥氏体将转变为珠光体；$550℃ \sim M_s$ 线之间为贝氏体转变区域，钢在此温度区间保温，如保温时间穿过转变开始和转变终了线，过冷奥氏体将转变为贝氏体组织；M_s 以下为马氏体转变区域，过冷奥氏体冷却过程中通过该区域，将转变为马氏体组织。

从 C 曲线上可见，除马氏体转变外，过冷奥氏体转变有两个条件，一是过冷度，二是孕育期。固态相变有较大的过冷度，不同过冷度的转变产物不同，即得到的组织不同。在任一过冷度下，过冷奥氏体并非立刻开始转变，而是要经过一段时间才开始转变，这段时间就是孕育期。当温度在 550℃ 以上时，由于过冷度小，需要的孕育期较长；随着过冷度增大（即转变温度的下降），孕育期逐渐缩短。但是，当温度低于 550℃ 时，虽然过冷度更大，但原子扩散能力急剧降低，孕育期逐渐变长。过冷奥氏体在 550℃ 发生转变的孕育期最短，它在该温度最不稳定，因此把 C 曲线上 550℃ 左右的区域称为 C 曲线的"鼻尖"。

应用 C 曲线，能够确定过冷奥氏体的转变组织，也能够确定在一定过冷度下获得某种组织时需要的保温时间。如要在 300℃ 下获得贝氏体组织，就应该快冷到 300℃，并保温时间大于 10^4 s。

【例 3 - 1】 根据共析钢的 C 曲线，将共析钢奥氏体化后，如果分别快速冷却到 630℃、570℃、450℃、300℃，然后在该温度下长时间保温，将得到哪种组织？

解 共析钢奥氏体化后，快速冷却到 630℃ 长时间保温后，将得到索氏体组织；快速冷却到 570℃ 长时间保温后，将得到屈氏体组织；快速冷却到 450℃ 长时间保温后，将得到上贝氏体组织；快速冷却到 300℃ 长时间保温后，将得到下贝氏体组织。

【例 3 - 2】 将共析钢奥氏体化后，① 如要获得下贝氏体组织，应该选择怎样的冷却方式？并说明原因。② 如要获得全部马氏体组织，应该选择怎样的冷却方式？并说明原因。

解 将共析钢奥氏体化后，① 如要获得下贝氏体组织，应该选择快冷到 300℃ 左右进行等温淬火，等温时间超过 10^4 s，之后空冷。因为快冷才能使钢避开 C 曲线的鼻子（最左端），避免在下贝氏体转变前发生珠光体转变。② 如要获得全部马氏体组织，应该选择深冷，使钢快速冷却到 M_f 线之下。快冷才能使钢避开 C 曲线的鼻子（最左端），避免珠光体转变，深冷到 M_f 线之下，才能避免残余奥氏体，从而得到全部马氏体组织。

3. 过冷奥氏体等温转变过程及转变产物

当过冷奥氏体缓慢冷却，或在较高温度等温时，由于铁原子和碳原子都能发生扩散，奥氏体能够充分分解，得到平衡组织珠光体。当冷却速度加快或等温温度降低时，随着铁原子和碳原子扩散能力下降，奥氏体的分解将难以充分进行，甚至完全不能进行，从而使奥氏体转变成非平衡组织贝氏体或马氏体。

1）珠光体型转变

共析成分的过冷奥氏体在 $A_1 \sim 550℃$ 之间保温，转变为铁素体与渗碳体呈层片状交替分布的机械混合物，即珠光体。

奥氏体转变为铁素体和渗碳体的过程中，一方面需要 Fe 和 C 原子的充分扩散，另一方面需要进行晶格重构，由面心立方的奥氏体向体心立方的铁素体和复杂立方的渗碳体转变，这个固态相变亦需要经过形核和长大两个基本过程。图 3-7 表示了一个奥氏体晶粒转变为多个珠光体晶粒的过程。

最初在奥氏体晶界处形成一个微小的片状渗碳体晶核，它吸收周围的碳原子后，向前和向两侧生长。渗碳体片的生成，使周围的过冷奥氏体中含碳量急剧降低，为铁素体的生核和长大创造了条件，从而紧靠渗碳体片生成了铁素体片。铁素体生长的同时向周围奥氏体中排出多余的碳原子，又为渗碳体片的形成创造了条件。经过铁素体片与渗碳体片的交替生长，形成了层片状珠光体。

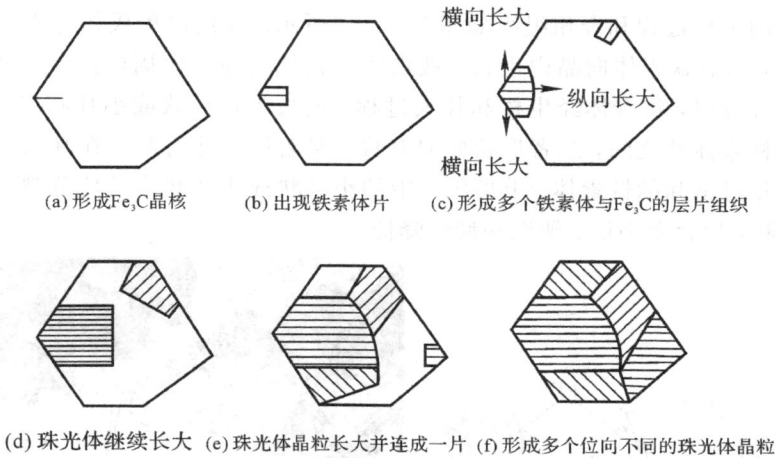

(a) 形成Fe₃C晶核　　(b) 出现铁素体片　　(c) 形成多个铁素体与Fe₃C的层片组织

(d) 珠光体继续长大　(e) 珠光体晶粒长大并连成一片　(f) 形成多个位向不同的珠光体晶粒

图 3-7　片状珠光体形成过程示意图

珠光体型转变温度较高，是完全扩散型相变。随着过冷度的增大，奥氏体转变温度降低，生成的珠光体片层间距变小。当过冷奥氏体在大于 650℃ 保温时，过冷度较小，珠光体片间距大于 $0.4\ \mu m$；当转变温度在 $650\sim600℃$ 时，片间距为 $0.4\sim0.2\ \mu m$，这种组织称为索氏体，用 S 表示；当转变温度在 $600\sim550℃$ 时，过冷度较大，片间距小于 $0.2\ \mu m$，这种组织称为屈氏体，用 T 表示。珠光体型转变产物见图 3-8。珠光体型转变产物的片层间距越小，其强度和硬度越高，塑性和韧性也越好，屈氏体的强度、塑性和韧性都比珠光体高。

(a) 珠光体　　　　　　　(b) 索氏体　　　　　　　(c) 屈氏体

图 3-8　三种片状珠光体的组织形态

2) 贝氏体型转变

过冷奥氏体在 $550℃\sim M_s$ 之间的某温度等温时，将转变为渗碳体和含碳过饱和的铁素体的机械混合物，称为贝氏体，记作 B。贝氏体转变温度比较低，过冷奥氏体内的铁原子难以发生扩散，碳原子能进行扩散。此时过冷奥氏体通过切变方式转变为过饱和的铁素体，并在铁素体周围形成碳化物沉淀。

按照组织形态贝氏体分为上贝氏体（$B_上$）和下贝氏体（B_F）。在 $550\sim350℃$ 等温转变形成上贝氏体，其组织是：断续渗碳体颗粒＋粗大的铁素体板条，呈羽毛状；在 $350℃\sim M_s$ 等温转变形成下贝氏体，其组织是：微细的渗碳体颗粒＋针状的铁素体。下贝氏体具有较高的强度和硬度，良好的塑性和韧性，综合机械性能优良。

上贝氏体的形成过程和金相组织如图 3-9(a)所示。在过冷奥氏体晶界上某处优先生成铁素体晶核，然后铁素体向晶内生长。铁素体生长使碳原子向周围的奥氏体中扩散，当含碳量达一定程度时，渗碳体经生核和长大过程，成长为短棒状或小片状渗碳体，断续地分布在平行的铁素体片之间，二者形状如羽毛状。羽毛状之外的部分在其后的冷却过程中将转变为含碳量过饱和的铁素体。上贝氏体中的小条状或小片状渗碳体分割了基体的连续性，易引起脆断，使合金强度、塑性和韧性降低。

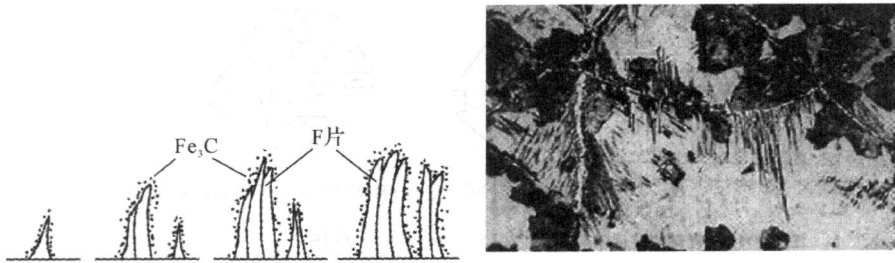

(a) 上贝氏体

(b) 下贝氏体

图 3-9　贝氏体转变过程及其金相组织

下贝氏体的形成过程和金相组织如图 3-9(b)所示。在过冷奥氏体晶界处优先生成铁素体晶核，并向晶内生长，形状呈针叶状。由于下贝氏体转变温度低，碳原子难以长距离扩散，因此在铁素体内弥散析出极小的 ε-碳化物颗粒。下贝氏体组织中的铁素体细小且无方向性，其碳化物分布均匀，细小而弥散，分割基体作用微弱，具有较好的强度与韧性。针状之外的部分在其后的冷却过程中将转变为含碳量过饱和的铁素体。

3）马氏体型转变

过冷奥氏体在 M_s 温度之下转变时，在巨大的过冷度作用下，原子无法扩散，奥氏体通过切变方式转变为碳在 α-Fe 中过饱和的间隙固溶体，称为马氏体，用 M 来表示。

马氏体转变的特点如下：

（1）马氏体转变是典型的非扩散型相变，因而不需要孕育期，其转变速度极快。

（2）马氏体转变有固定的温度区间（$M_s \sim M_f$），其转变量只决定于过冷度，与保温时间无关。

（3）由于 M_f 线位于室温之下，使得过冷马氏体转变难以完全进行，常会有部分奥氏体残余下来。钢的含碳量越高，淬火组织中的残余奥氏体就越多。

（4）过冷奥氏体由面心立方晶格转变为体心正方晶格的马氏体过程中，伴随着体积膨胀，使零件产生内应力，其至变形和开裂。

马氏体的含碳量与过冷奥氏体相同。含碳量过饱和会使得体心立方晶格的 c 轴被拉长，形成体心正方（$a = b \neq c$，$\alpha = \beta = \gamma = 90°$）晶格，见图 3-10。$c/a$ 称为马氏体晶格的正方度。马氏体的含碳量越高，其晶格的正方度就越大，则马氏体的强度和硬度越高。

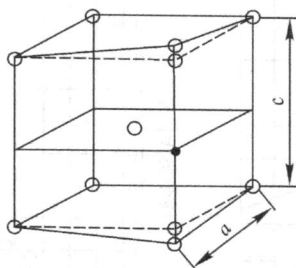

图 3-10　马氏体的晶格

随含碳量的不同，马氏体的形态也不同，如图 3-11 所示。含碳量小于 0.2% 的低碳马氏体形态为板条状；而含碳量高于 1.0% 的高碳马氏体形态为片状；含碳量在 0.2% ~ 1.0% 之间的马氏体形态是板条状和片状的混合组织。

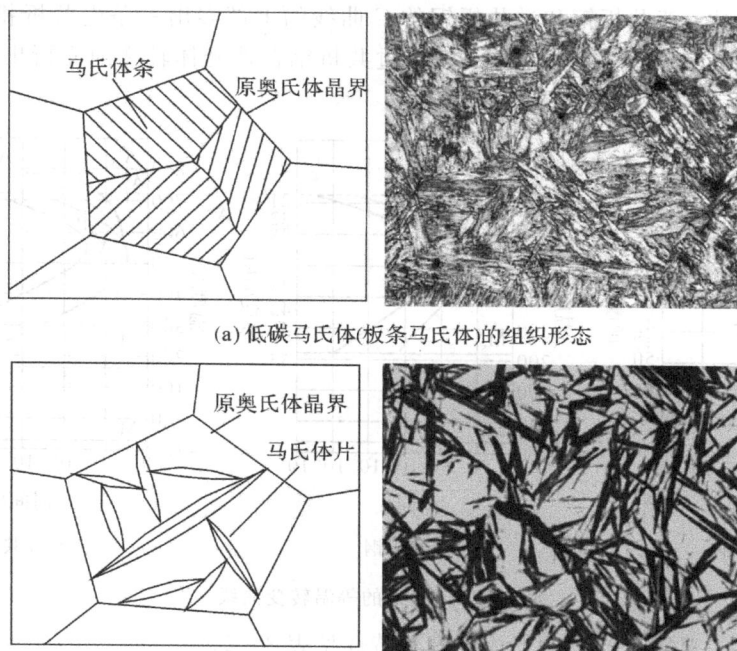

(a) 低碳马氏体(板条马氏体)的组织形态

(b) 高碳马氏体(片状马氏体)的组织形态

图 3-11　马氏体转变过程及其金相组织

板条马氏体出现在淬火态的低碳钢或低合金钢中。许多板条马氏体呈位向平行的束条状分布,各马氏体束间位向不同。板条马氏体含碳量低,晶格畸变小,板条内部存在着高密度的位错,因此具有良好的综合力学性能,塑性和韧性比片状马氏体好。如含碳量为 0.2% 的低碳马氏体,其硬度为 50HRC,R_m 为 1500 MPa,α_k 为 150~180 J/cm^2。

片状马氏体出现在淬火态的高碳钢或高碳合金钢中。片状马氏体的空间形状为透镜状,在光学显微镜下呈竹叶或针片状,针片大小不一,角度不一。片状马氏体含碳量高,晶格畸变大。片状马氏体的强度和硬度高,但其塑性和韧性低。

过冷奥氏体含碳量对马氏体转变的影响如图 3-12 所示。碳使 M_s 和 M_f 点降低,碳也使转变产物中残余奥氏体含量增加。残余奥氏体增加,使钢的强度硬度降低,也使钢的组织不稳定。

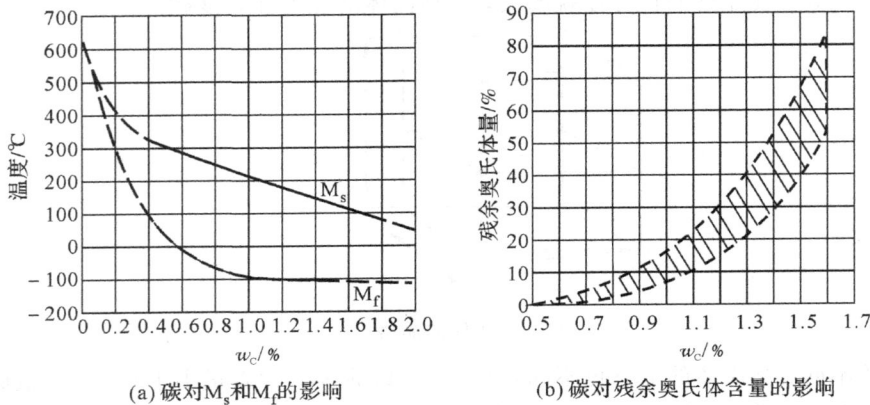

(a) 碳对 M_s 和 M_f 的影响   (b) 碳对残余奥氏体含量的影响

图 3-12 过冷奥氏体含碳量对马氏体转变的影响

与共析钢相比,亚共析钢和过共析钢的 C 曲线的上部多出一条先共析相的析出区域。亚共析钢在珠光体转变前先析出铁素体相,过共析钢在珠光体转变前先析出渗碳体相,见图 3-13。

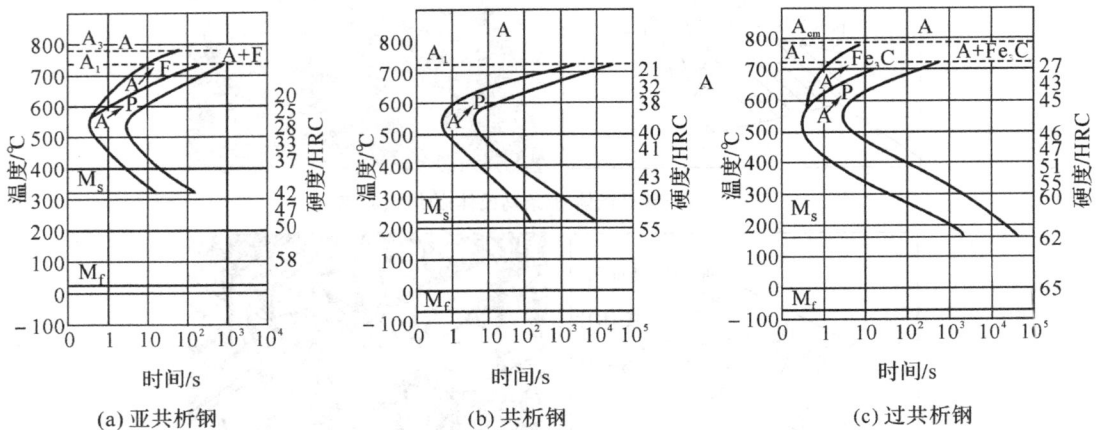

(a) 亚共析钢   (b) 共析钢   (c) 过共析钢

图 3-13 碳钢的等温转变曲线

过冷奥氏体等温转变产物的形成温度和特性见表 3-2。

表 3 - 2 过冷奥氏体等温转变产物的形成温度和特性

组织名称	形成温度/℃	形成机理	组织特征（能分辨层片的放大倍数）	硬度/HRC	塑性韧性
珠光体（P）	$A_1 \sim 650$	扩散型转变	粗片状铁素体＋粗片状渗碳体层片相间的混合物（＜500×）	170～250 HBS	随层片间距的减小，塑性和韧性提高
索氏体（S）	650～600	扩散型转变	层片较薄的铁素体和渗碳体交替而成的珠光体（＞1000×）	25～35	
屈氏体（T）	600～550	扩散型转变	层片极薄的铁素体和渗碳体交替而成的珠光体（＞2000×）	35～40	
上贝氏体（$B_上$）	550～350	半扩散型转变	含碳过饱和的铁素体和渗碳体组成，显微组织呈羽毛状	40～48	较差
下贝氏体（$B_下$）	350～M_s	半扩散型转变	含碳过饱和的铁素体和渗碳体组成，显微组织呈针叶状	48～55	较好

4. 过冷奥氏体的连续冷却转变曲线（CCT 曲线）

实际热处理时往往采用连续冷却方式使过冷奥氏体转变，其转变产物与等温转变不同。共析钢的连续冷却转变曲线如图 3 - 14 所示。

CCT 曲线上，在温度较高时过冷奥氏体转变为珠光体，在转变开始线上开始发生由 A→P 的转变，在转变终了线上完全转变为珠光体。例如，过冷奥氏体以 v_1 的冷却速度通过了珠光体转变区，全部转变为珠光体组织。

在转变开始线和转变终了线的下端，还存在着转变中止线。如过冷奥氏体以 v_2 的速度冷却，冷却到转变中止线上时只部分转变为珠光体，剩余的过冷奥氏体在低温下发生马氏体转变，室温下得到 P＋M＋A′ 的混合组织。

CCT 曲线上没有贝氏体型转变区，冷却速度 v_c 和 v'_c 是临界冷却速度。如淬火冷却

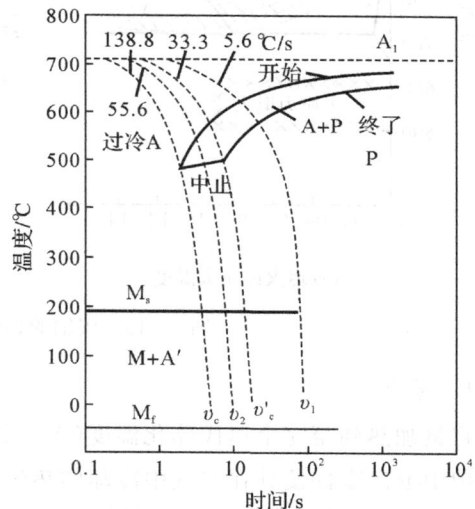

图 3 - 14 共析碳钢的 CCT 曲线

却速度 v 小于 v'_c 时（炉冷或空冷），发生珠光体转变，室温得到珠光体。如冷却速度 $v > v_c$ 时（水冷或油冷），冷却曲线不经过珠光体转变区，发生马氏体转变后，室温下得到 M＋A′ 组织。冷却速度介于 v_c 和 v'_c 之间的情况，室温下得到 P＋M＋A′组织。v_c 是全部获得 M 的最小冷却速度，称其为淬火临界冷却速度。

除 Co 之外的如 Cr、Mo、W、V、Ti 等合金元素，均能增大过冷奥氏体的稳定性，从而使钢的 C 曲线和 CCT 曲线右移，减小钢的淬火临界冷却速度 v_c。合金钢淬透性高，一方面可使较厚的零件能够通过淬火强化，另一方面在淬火时可采用冷却能力较弱的淬火介质（如油等），以减少工件变形与开裂倾向。

3.2 钢的整体热处理

通过对零件整体进行加热、保温和冷却的工艺过程，来改变零件组织和性能的热处理工艺，称为整体热处理。钢的整体热处理主要包括退火、正火、淬火和回火。它们通常是先奥氏体化，再通过不同的冷却方式进行冷却，使过冷奥氏体发生转变，从而获得具有不同的组织和性能的材料。

3.2.1 正火和退火

正火和退火均是将零件奥氏体化后缓慢冷却，使过冷奥氏体发生珠光体型转变，获得接近于平衡状态组织的热处理工艺。碳钢的各种退火和正火工艺规范见图 3-15。

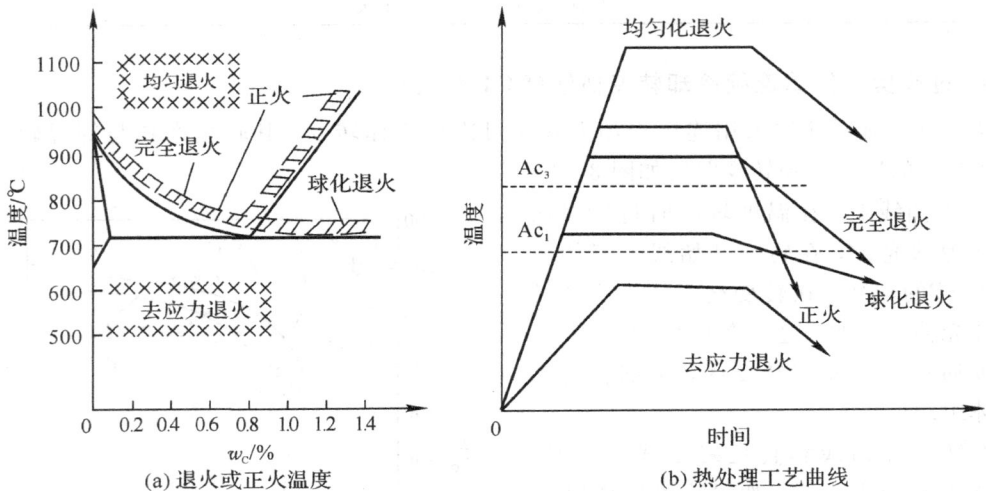

(a) 退火或正火温度   (b) 热处理工艺曲线

图 3-15 碳钢的各种退火和正火工艺规范

1. 正火

将钢加热到至完全奥氏体化温度（Ac_3 或 Ac_{cm} 以上 30～50℃）保温一定时间，然后从热处理炉中取出零件使其在空气中冷却的热处理工艺，称为正火。正火的冷却速度比退火快，得到的珠光体组织比退火细小，材料强度和硬度比退火高，同时生产周期比退火大大缩短，生产成本低。

钢奥氏体化后，空冷比炉冷冷却速度快，具有较大的过冷度，过冷奥氏体转变为索氏体组织。亚共析钢空冷后的组织为铁素体＋索氏体；共析钢空冷后的组织为索氏体；过共析钢空冷时，二次渗碳体来不及充分析出，空冷后的组织也为索氏体，也就是说空冷能消除过共析钢中的网状渗碳体。

正火的用途：① 对亚共析钢的铸件或锻件，用空冷来代替炉冷，可细化晶粒，消除部分铸造或锻造缺陷，又可节约冷却时间、降低生产成本；② 对低碳钢正火可提高零件硬度，改善切削加工性能；③ 对过共析钢零件，用正火消除网状二次渗碳体；④ 对力学性能要求不高的零件，用正火作为最终热处理可大大降低生产成本。

2. 完全退火

将亚共析钢加热到 Ac₃ 以上 30～50℃进行完全奥氏体化，保温后停止加热，在关闭炉门的情况下随炉缓冷，使过冷奥氏体发生珠光体转变的热处理工艺，称为完全退火。完全退火原子扩散充分，使零件成分、内应力、组织均接近于平衡状态。完全退火冷却时过冷奥氏体重新结晶而细化晶粒，从而改善毛坯中粗大和成分不均匀的原始组织。炉冷冷却速度慢，能消除零件内应力并防止变形开裂，降低零件硬度，改善切削加工性能。

完全退火主要用于亚共析钢的铸件、锻件、焊坯件、轧材等的预备热处理，可以细化晶粒，消除过热组织，充分消除内应力、降低硬度和改善切削加工性能。少数情况下可用作不重要件的最终热处理。

过冷奥氏体炉冷耗时很长，从 C 曲线上可得出其发生 P 转变需要的时间较长，生产中可改变冷却方式来减少时间。零件奥氏体化后，停止加热，并打开热处理炉的炉门，使零件较快地冷却到 C 曲线中珠光体转变区的某一温度，再关上炉门并进行保温，等温一段时间，使过冷奥氏体发生珠光体型转变，然后空冷到室温。由于较低的珠光体转变温度，其转变时间较短（见 C 曲线），这样便可大大缩短退火时间，又可通过控制保温温度来控制珠光体的层片间距。

3. 球化退火

球化退火能使碳素工具钢、高碳合金钢中的渗碳体全部转变为粒状（又称为球状），消除了珠光体的层片组织，使钢的韧性升高，硬度降低，切削加工性能升高。

球化退火工艺过程是：将过共析钢零件加热到 Ac₁ 以上 20～30℃保温，使珠光体完全转变为奥氏体，而二次渗碳体只有部分固溶到奥氏体中，经过长时间保温，未溶渗碳体自发球化；在随炉缓慢冷却的过程中，奥氏体发生共析转变，未溶渗碳体作为共析渗碳体形核核心，从而得到粒状渗碳体分布于铁素体基体上的组织；冷却至 600℃以下，出炉空冷，见图 3－16。若原始组织中存在网状渗碳体，在进行球化退火前，则须先用正火来消除渗碳体网。

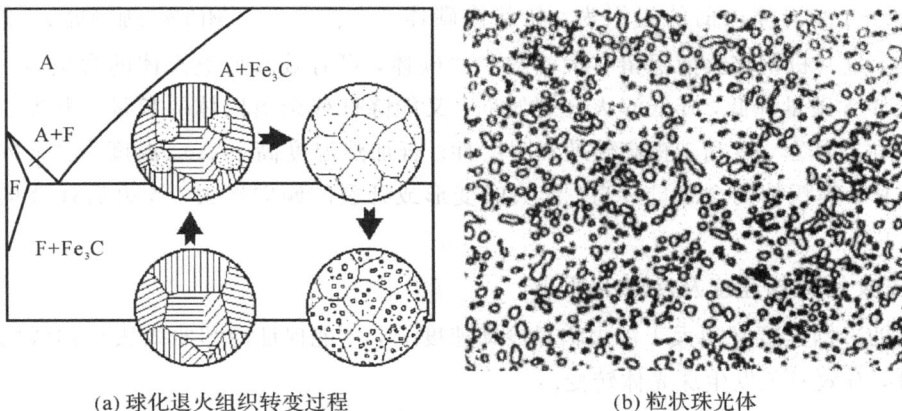

(a) 球化退火组织转变过程　　　　　　(b) 粒状珠光体

图 3－16　球化退火组织转变

4. 其他退火

铸件、锻件和焊接件内部一般存在残余应力，这使得零件在使用过程中尺寸不稳定，容易变形。为消除零件内部的残余应力，将零件加热到 500～650℃，保温一定时间，然后随炉缓慢冷却，这样可去除零件中大部分的残余应力，这一热处理工艺称为去应力退火。

去应力退火的加热温度低于 A_1 温度，整个退火过程中钢的组织结构不发生变化。

铸件凝固时通常以非平衡方式凝固，产生严重的枝晶偏析。为了消除或减弱枝晶偏析，将铸件加热至接近于固相线的温度，进行长时间保温，促使原子充分扩散，使成分均匀，然后随炉缓冷的工艺，称为扩散退火，又称为均匀化退火。扩散退火加热温度高，保温时间长，晶粒粗大，经扩散退火后的零件，还需进行完全退火或正火来细化晶粒。

3.2.2 淬火

淬火是将钢奥氏体化后，以大于临界冷却速度 v_c 的速度快速冷却到 M_S 点之下，使过冷奥氏体转变为马氏体的热处理工艺。淬火的目的是获得高硬度、高强度的马氏体，它是强化钢材最重要的热处理方法。

1. 淬火的加热温度

钢淬火加热温度如图 3-17 所示，淬火时亚共析钢加热温度为 $Ac_3 + (30 \sim 50)℃$，在该温度下保温可获得均匀单一的奥氏体组织。若其加热温度低于 Ac_3 而仅在 Ac_1 之上，铁素体不能完全固溶入奥氏体，这样淬火组织中会有铁素体存在，使钢的强度和硬度不足。若加热温度过高，奥氏体晶粒长大，则使淬火后马氏体组织粗大。

过共析钢淬火加热温度为 $Ac_1 + (30 \sim 50)℃$。在该温度下保温，珠光体转变为奥氏体，二次渗碳体大部分没有固溶到奥氏体中。通常过共析钢在淬火前都要经过球化退火而使渗碳体转变为颗粒状，这样可保证淬火前的组织为：粒状渗碳体

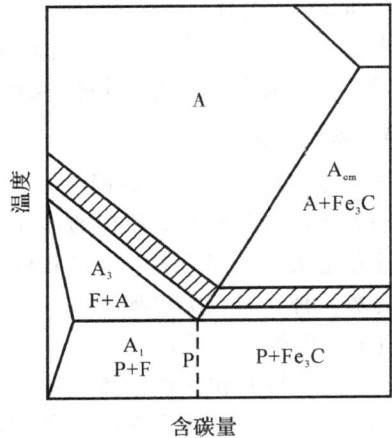

图 3-17 钢的淬火加热温度示意图

＋奥氏体。过共析钢淬火前保留有大量粒状渗碳体，可有效降低奥氏体的含碳量，使淬火后的马氏体含碳量降低，降低淬火开裂倾向，又能降低残余奥氏体的数量。未溶的渗碳体颗粒分布在基体上，有利于提高硬度和耐磨性。若加热温度高于 Ac_{cm} 温度，渗碳体全部溶入奥氏体中，奥氏体的含碳量过高，淬火时变形或开裂的倾向增大，淬火后残余奥氏体数量增多。

2. 淬火的冷却速度及冷却介质

淬火的冷却速度必须大于淬火临界冷却速度 v_c，才能保证冷却曲线从 C 曲线的"鼻尖"左侧通过，有效避免发生珠光体转变。

但冷却速度也并非越高越好，快冷会使零件内部产生过大的热应力，马氏体转变也产生相当大的相变应力，在热应力与相变应力共同作用下，容易使零件变形或开裂。因此，淬火冷却速度应该结合 C 曲线选取，在保证发生马氏体转变的前提下，尽量选择较低的冷却速度。

理想的淬火冷却速度见图 3-18。在 C 曲线"鼻尖"温度前，需要快速冷却，在曲线"鼻尖"温度之下，需要慢速冷却，这样可以减少马氏体转变前的热应力。

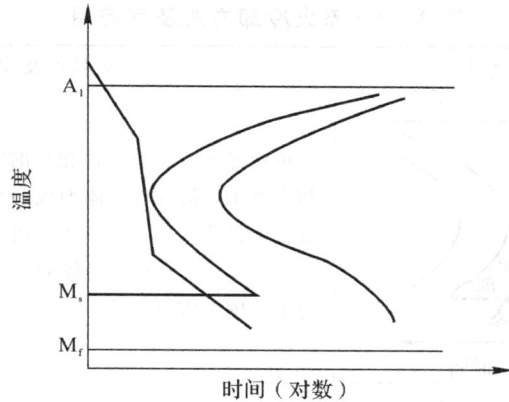

图 3-18　理想淬火冷却速度图

钢在水和机油中不同温度下的冷却速度见图 3-19。水是性能稳定、冷却能力强而又无毒且经济的淬火介质，应用最为广泛。纯水在高温段冷却速度高，能够满足淬火的需求；在低温段水冷却速度过高，零件变形和开裂倾向相当大。工业上通过升高水温，可以使水低温冷却速度降低，减小零件变形和开裂倾向。在水中加入盐或碱，均可以进一步提高水的冷却能力。

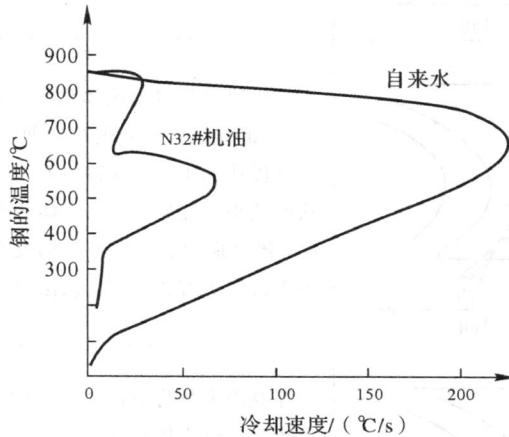

图 3-19　钢在水和机油中不同温度下的冷却速度

油也是常用淬火介质，油的高温冷却能力比水小，只适用于淬透性好、零件壁厚不大的零件；油的低温冷却能力低，淬火应力小，能够避免零件淬火变形和开裂，可以作为形状复杂零件的淬火介质。

熔融状态的盐也常被用作淬火介质，它们一般在加热到 100~150℃ 间使用，能够减小淬火应力。

3. 常见的淬火冷却方法

通常根据钢的种类和零件的复杂程度，来决定淬火的冷却方式。按照不同的冷却方式将淬火工艺分类，见表 3-3 所示。实际淬火采用哪种冷却方式，需根据零件使用要求、零件材料、零件形状结构及车间处理设备来综合选择。

表 3-3 淬火冷却方法及其应用

淬火方法	示意图	淬火特点及应用范围
单液淬火		单液淬火是将奥氏体化后的零件,直接淬入单一的冷却介质中,获得马氏体加残余奥氏体组织的淬火工艺。该工艺操作简单,易于实现机械化和自动化。水淬时淬火应力大,变形和开裂倾向大,油淬时应力较小,不适合于高碳钢零件。
双液淬火		双液淬火是将奥氏体化后的零件,先淬入冷却能力较强的水中,以避免发生珠光体转变,当冷却温度至接近 M_s 点时,再将其取出淬入冷却能力较差的油中,以减小零件的淬火应力。该工艺操作复杂,适合于各种各样的零件淬火。
分级淬火		分级淬火是将奥氏体化后的零件,先放入温度略高于 M_s 点的盐浴炉内,进行短暂等温,然后取出空冷以得到马氏体的工艺。其特点是零件在等温中消除了温差,从而减小了热应力,马氏体转变是在随后的空冷中完成的,淬火应力较小,零件的变形和开裂倾向大大减小。由于盐浴炉容积有限,该法仅适合小零件的淬火。
等温淬火		等温淬火是将奥氏体化后的零件,放入盐浴炉内快速冷却至下贝氏体转变温度(260～400℃)等温,得到下贝氏体的淬火工艺。等温淬火时变形开裂倾向小,且下贝氏体既具有较高的强度和硬度,又具有良好的塑性、韧性。其主要用于形状复杂、尺寸较小、精度要求高的重要受力件。
深冷处理		深冷处理是指零件淬火时,继续冷却到室温以下低于 M_f 的温度(-70～-80℃),使过冷奥氏体全部转化为马氏体的淬火工艺。深冷处理可有效地降低残余奥氏体含量,提高钢的硬度,提高钢的尺寸稳定性。其主要用于普通淬火后残余奥氏体较多的合金钢材质的精密件、刀具、量具等。

4. 钢的淬透性

1) 淬透性的概念

淬火时零件的冷却速度 v 由表到里逐渐降低，对小直径零件来说，其心部的冷却速度也可能大于临界冷却速度 v_c，即心部也能被淬透。直径较大的零件，其心部冷却速度远小于 v_c，是不能全部淬透的。在零件内部，以 $v=v_c$ 和 $v=v_c'$ 处为界，$v>v_c$ 的外面部分淬火后得到 $M+A'$ 组织，$v<v_c$ 且 $v>v_c'$ 的中间部分，淬火后得到 $M+A'+P$ 组织，$v<v_c'$ 的心部部分，淬火后得到 P 组织。为了便于测量，国标中规定从淬火零件表面至半马氏体区（M 体积分数为 50%）的距离为淬透层深度。不同钢材在相同淬火条件下的淬透层深度不同，一般通过测定淬火钢不同深度硬度的方法来确定其淬透层深度。

淬透性表示钢淬火时获得马氏体的能力，通常用规定条件下的淬透层深度来表示。淬透性高的钢，其淬透层深度大，厚大的零件也能淬透。淬透性是材料本身的性能，只与材料成分有关，与具体的热处理工艺无关。钢的淬透性主要决定于合金元素的含量。除 Co 之外的合金元素，均能提高过冷奥氏体的稳定性，从而减小其临界冷却速度 v_c，提高钢的淬透性。

淬火马氏体的硬度并不是随着淬透性的提高而增高，马氏体硬度主要决定于含碳量，含碳量越高，马氏体越硬。淬硬性是指钢淬火的硬化能力，其决定于过冷奥氏体的含碳量。

2) 淬透性的测定方法

测定淬透性最常用的方法是末端淬火法，如图 3-20 所示。首先将钢材制作成 $\phi25 \times 100$ 的标准试样，并将该试样加热至奥氏体化温度，保温规定时间后，放在专门的末端淬火装置上，对试样末端进行喷水冷却。从试样末端到试样中部，其冷却速度逐渐减小，因而淬火后马氏体含量逐渐递减，硬度逐渐降低。末端淬火法所测得的淬透性用 J(HRC/d) 来表示。J 表示末端淬透性，d 表示至末端的距离，HRC 表示该处的洛氏硬度值。

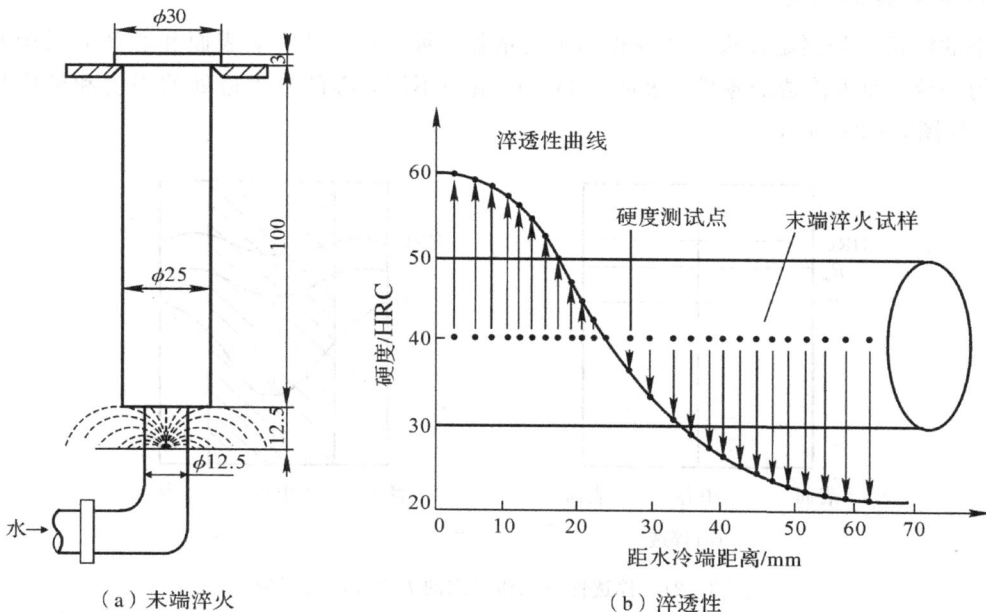

（a）末端淬火　　　　　　　　（b）淬透性

图 3-20　用末端淬火法测定钢的淬透性

另一种测定钢淬透性的方法是临界直径法。该法是通过测定钢在淬火介质中心部能完全被淬透的最大直径(D_0)来表示该钢的淬透性。显然钢的淬透性越好，其临界直径越大。表 3-4 列出了常用钢的临界直径。

表 3-4　常用钢的临界淬透直径

钢 号	临界直径/mm		钢 号	临界直径/mm	
	水 淬	油 淬		水 淬	油 淬
45	13～16.5	5～9.5	35CrMo	36～42	20～28
60	11～17	6～12	60Si2Mn	55～62	32～46
T10	10～15	<8	50CrVA	55～62	32～40
65Mn	25～30	17～25	38CrMoAl1A	100	80
20Cr	12～19	6～12	20CrMnTi	22～35	15～24
40Cr	30～38	19～28	30CrMnSi	40～50	32～40
35SiMn	40～46	25～34	40MnB	50～55	28～40

【例 3-3】　直径分别为 ϕ15 mm、ϕ25 mm、ϕ40 mm 的零件，若要淬透，请从下列材料 60、65Mn、60Si2Mn 中选取合适的材料和淬火介质。

解　根据表 3-4，直径为 ϕ15 mm 的零件，选取 60 水冷；直径为 ϕ25 mm 的零件，选取 65Mn 水冷；直径为 ϕ40 mm 的零件，选取 60Si2Mn 水冷或油冷。

3）淬透性的应用

钢的淬透性是制定淬火工艺规程的重要依据。被淬透的零件，表面和心部的组织及性能均匀一致，而未淬透的零件，表面和心部的组织不同，心部未淬透处的强度和硬度显著偏低，如图 3-21 所示。

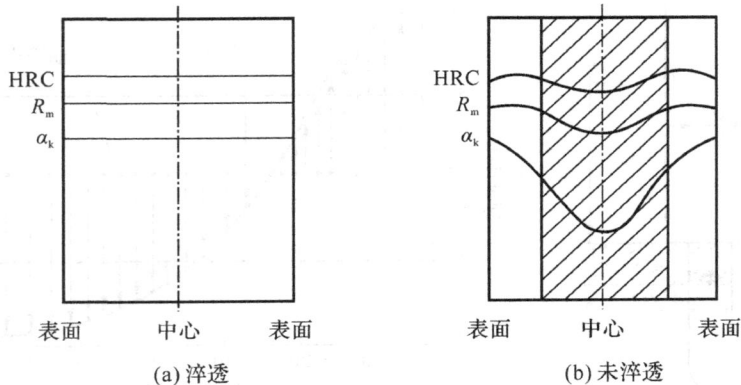

图 3-21　淬透性对调质后钢的力学性能的影响

在机械设计中，应根据零件使用条件，选用不同淬透性的钢材。对承受弯曲变形或承受扭转变形的零件，应力集中于表面，可以选用淬透性较低的钢；对承受拉压变形的零件，要求里外性能一致，应选用淬透性高的钢；对焊接件，为防止焊缝及淬火组织导致零件脆裂，一般选用淬透性较差的钢。

3.2.3 回火

1. 回火的作用

钢经淬火后获得马氏体加少量残余奥氏体的组织，其强度、硬度有了大幅度的提高。但淬火组织也存在一些不足之处：① 零件塑性、韧性很低，不具有良好的综合力学性能；② 零件内部存在很大的淬火残余应力，影响使用性能；③ 马氏体和残余奥氏体都不是稳定组织，在使用过程中会缓慢分解为稳定组织，从而使零件变形。

为了消除淬火应力，提高塑性、韧性，稳定零件尺寸，将淬火后的钢加热至 Ac_1 以下的某个温度进行保温，然后出炉空冷，此工艺称为回火。在回火保温过程中，马氏体和残余奥氏体逐渐分解，转变为稳定的合金相，即铁素体和渗碳体。

2. 淬火钢回火时的组织转变

淬火钢在不同温度下回火，其组织转变规律不同。高碳马氏体在不同温度下回火的组织转变如下。

1）马氏体开始分解（回火温度 100～200℃）

淬火钢在 200℃ 以下回火时，马氏体内部析出极细小的 ε-碳化物（分子式约为 $Fe_{2.4}C$），马氏体的含碳量和正方度有所降低。这种混合组织称为回火马氏体，用 $M_回$ 表示。回火马氏体仍保留着淬火马氏体的高硬度，但其淬火应力和脆性均大幅度降低，而且转变过程中体积缩小。

2）残余奥氏体分解（回火温度 200～300℃）

从 200℃ 起残余奥氏体开始转变为马氏体，至 300℃ 基本转变完毕，但残余奥氏体数量有限，因此仍把钢的组织称为回火马氏体。

3）回火屈氏体的形成（回火温度 300～500℃）

温度大于 250℃ 时，碳原子扩散能力增强，从过饱和的铁素体中不断析出渗碳体（Fe_3C），使基体含碳量恢复到正常状态而变为铁素体，此时铁素体仍保留着马氏体的片状或板条状形态。同时，升温过程中生成的 ε-碳化物（$Fe_{2.4}C$）转变为细粒状渗碳体。这种铁素体基本上弥散分布着大量细粒状渗碳体的组织，称为回火屈氏体，用 $T_回$ 表示。

4）回火索氏体的形成（回火温度 500～650℃）

温度大于 400℃ 后，原子扩散能力进一步增强，渗碳体聚集长大成尺寸较大的颗粒；片状或板条状铁素体通过再结晶转变为等轴状铁素体。这种多边形等轴晶铁素体基体上分布着颗粒状渗碳体的组织，称为回火索氏体，用 $S_回$ 表示。

3. 回火的分类及其作用

碳钢回火时，随着回火温度的提高，强度和硬度不断降低，而塑性和韧性提高。依照回火温度的高低，回火分为低温回火、中温回火和高温回火，它们的组织性能特点及其应用见表 3-5。

表 3 - 5　回火的分类及其作用

名称	回火后组织	性能特点及应用
低温回火 150～250℃	表图 1　回火马氏体，$M_回$，500× 马氏体基体上分布着极细小的 ε-碳化物	低温回火消除了大部分淬火应力，基体含碳量有所降低。低温回火马氏体仍具有很高的硬度和强度，$M_回$硬度为 58～64 HRC，具有良好的耐磨性。低温回火主要用于各种高碳工具钢、滚动轴承钢、渗碳钢，以及低碳合金钢。低碳马氏体由于自回火，一般不需要低温回火。
中温回火 350～500℃	表图 2　回火屈氏体，$T_回$，7500× 铁素体基本上弥散分布着大量细粒状渗碳体	中温回火使淬火应力全部被消除，强度和硬度有一定程度的下降，硬度为 35～45HRC；同时合金的塑性韧性得到提高。中碳钢中温回火后，弹性极限保持最高的水平。中温回火主要用于弹簧钢、锻造模具钢的热处理。
高温回火 500～650℃ （注：淬火＋高温回火，被称为调质处理）	表图 3　回火索氏体，$S_回$，7500× 多边形等轴晶铁素体基体上分布着颗粒状渗碳体	高温回火使淬火应力全部被消除，钢的强度和硬度虽明显下降，但塑性、韧性大大提高，回火后硬度为 200～330HBS，具有优良的综合力学性能。回火索氏体比正火索氏体具有更高的强度、塑性和韧性。调质处理主要用于受力复杂，需要综合机械性能高的零件，如连杆、螺栓、齿轮、轴类等重要机器零件。

某中碳钢淬火后，不同温度回火后的力学性能见图 3 - 22。

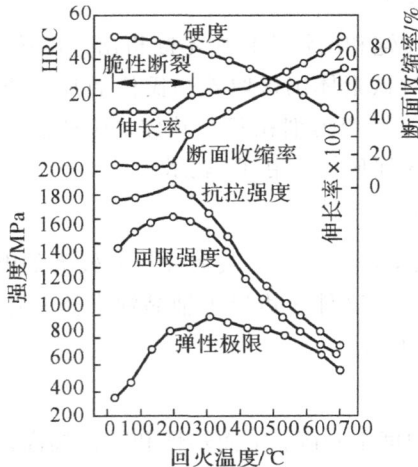

图 3 - 22　钢回火温度与性能的关系
（$w_C = 0.41\%$，$w_{Mn} = 0.72\%$）

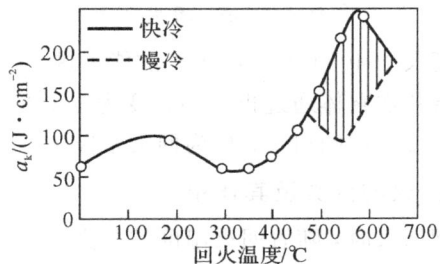

图 3 - 23　冲击韧度与回火脆性的关系

4. 回火脆性

随回火温度的升高，淬火钢的冲击韧性变化如图 3-23 所示。即温度在 $250\sim400℃$、$450\sim650℃$ 之间的两个区域冲击韧度明显降低，这种现象称为回火脆性。发生在 $250\sim400℃$ 的回火脆性称为低温回火脆性；发生在 $450\sim650℃$ 的回火脆性称为高温回火脆性。

在 $250\sim400℃$ 回火时，碳化物薄片沿着条状马氏体边界析出，或碳化物沿片状马氏体边界析出，破坏了基体的连续性，是引起低温回火脆性的重要原因，杂质元素向马氏体条间偏聚增强了低温回火脆性。几乎所有的钢均会发生低温回火脆性，一般淬火钢均需要避开此温度回火。

高温回火脆性主要出现在合金钢中，如含 Ni、Cr、Mn、Si 等元素的调质钢中，其产生的主要原因是在 $450\sim650℃$ 之间杂质元素在晶界的偏聚，因此可以通过重新加热使元素扩散均匀来消除高温回火脆性。在回火冷却工艺上，高温回火后慢冷（空冷）会出现高温回火脆性，生产上采用快冷（冷油）消除此类脆性。

3.3　化学热处理

工业上使用的轴、齿轮、凸轮、链条、套筒、活塞销等零件，工作中承受冲击等复杂的应力，表面承受强摩擦或局部高负荷，要求零件整体具有较高的强度和韧性，同时要求表面具有高的硬度和耐磨性。对这类零件进行正火或调质等整体热处理，仅能使其心部达到性能要求，而难以兼顾表面性能要求。

为使零件表面及心部均能达到性能要求，工业上一般采用化学热处理来提高零件表面的性能。

化学热处理是将零件放入化学介质中加热和保温，使介质中的活性原子渗入零件表层，从而改变零件表层化学成分和组织，使零件表层和心部性能不同的热处理工艺。化学热处理不仅改变表层的组织，也改变表层化学成分。化学热处理可提高零件表面的淬硬性、耐磨性、耐腐蚀性以及抗疲劳性能。低碳钢经表面渗碳后，心部具有低碳钢的高韧性，而表面具有高碳钢的高淬硬性。一些成本较低的碳钢或低合金钢，经化学热处理后，可替代一些价格昂贵的高合金钢，从而节省贵金属资源。

化学热处理包括如下四个基本工艺过程：① 加热：将零件加热到有利于吸收渗入元素原子的温度；② 分解：进入炉内的化合物（又称为渗剂）在一定条件下分解，释放出能渗入零件表面的活性原子；③ 吸收：吸附在零件表面上的活性原子被零件表面所吸收；④ 扩散：活性原子由表层向零件内部扩散形成一定厚度的扩散层。

常见化学热处理有渗碳、渗氮、碳氮共渗等渗非金属元素及渗铬、渗铝等渗金属元素。

3.3.1　钢的渗碳

渗碳是将低碳钢零件放入渗碳介质中，加热至 $900\sim950℃$ 保温，使渗碳剂分解，释放出的活性碳原子渗入零件表面，提高零件表层的含碳量，从而增加零件表面淬硬性的一种热处理工艺。渗碳的主要目的是在保持零件心部良好韧性的同时，提高其表面的硬度、耐磨性和疲劳强度。渗碳主要用于那些对表面耐磨性要求较高，并承受较大冲击载荷的零件。

1. 活性碳的产生

1）固体渗碳

固体渗碳是在固体渗碳剂中渗碳的方法。固体渗碳剂通常由木炭（占 90％左右）和催渗剂（约占 10％）组成。催渗剂呈粒状，成分为 $BaCO_3$、$CaCO_3$ 或 Na_2CO_3 等。将零件埋入渗碳剂中，密封渗碳箱并加热到 900～930℃进行渗碳。

催渗剂分解出 CO_2 气体，如 $CaCO_3 \rightarrow CaO + CO_2$；在木炭表面上，固相碳与 CO_2 反应生成的 CO 气体，即 $C + CO_2 \rightarrow 2CO$；在钢表面上发生 $2CO \rightarrow [C] + CO_2$ 反应，提供活性碳原子。

催渗剂的作用是将碳原子以 CO_2 形式输送到钢件表面。固体渗碳实际上是通过气体介质进行的。固体渗碳时零件表面含碳量主要受奥氏体饱和溶解度限制，它可通过改变渗碳温度来控制。

2）气体渗碳

气体渗碳是将零件放入密封的渗碳炉内，在高温（一般为 900～950℃）气体介质中的渗碳。渗碳气体的主要组成物是 CO、H_2、CO_2、CH_4、H_2O、O_2 等。CO 和 CH_4 起渗碳作用，其余的起脱碳作用。在渗碳炉中同时发生的反应很多，但与渗碳有关的最主要的反应只有下列几个：$2CO \leftrightarrow [C] + CO_2$，$CH_4 \leftrightarrow [C] + 2H_2$，$CO + H_2 \leftrightarrow [C] + H_2O$，$CO \leftrightarrow [C] + 1/2O_2$。

当气氛中的 CO 和 CH_4 增加时，反应将向右进行，分解出来的活性碳原子增多，使气氛碳势增高。要使活性碳原子被钢件表面吸收，必须保证零件表面清洁，为此零件入炉前必须将表面清理干净。

2. 渗碳过程及技术要求

在渗碳前，零件往往需经过脱脂、清洗或喷砂，以除去表面油污、锈迹或其他脏物。对需局部渗碳的零件，在不渗碳处涂防渗膏或镀铜加以防护。零件在料盘内必须均匀放置，以保证渗碳的均匀性。

碳原子由零件表面向心部的扩散对渗碳非常重要，没有扩散渗碳不能进行。扩散还影响渗层碳浓度梯度，一般希望碳浓度从表面到心部连续而平缓地降低。

对钢件渗碳层的技术要求为：渗层表面含碳量、渗层深度、碳浓度梯度、渗碳零件淬火回火后的表面硬度，对重要渗碳零件还规定渗碳表层及零件心部的金相组织。

在渗碳过程中，必须控制气氛碳势、温度和时间，以保证技术条件所规定的表面含碳量、渗层深度和较平缓的碳浓度梯度。渗碳后，根据炉型及技术要求，进行直接淬火或重新加热淬火，以获得预期的组织和性能。

3. 渗碳件的热处理与组织

钢件渗碳后，从表面到心部形成了一个碳浓度梯度层。渗碳后缓冷，将得到珠光体类型的组织，由表面向内依次为过共析区（珠光体＋网状渗碳体）、共析区（珠光体）、亚共析区（珠光体＋铁素体），直至原始组织，如图 3-24 所示。显然，这种组织既满足不了渗碳件表面高硬度、高耐磨性的要求，也满足不了心部强韧性的要求。渗碳后进行淬火和回火，才能使钢满足外硬里韧的综合性能要求。

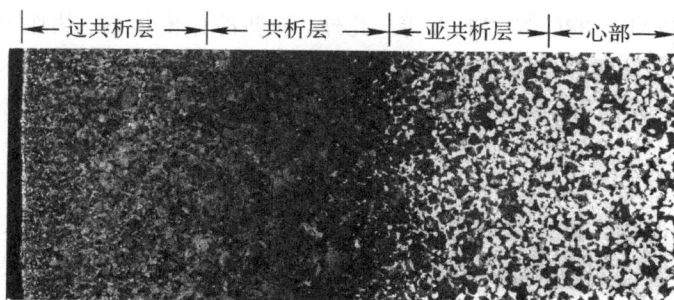

|← 过共析层 →|← 共析层 →|← 亚共析层 →|← 心部 →|

图 3-24　20CrMnTi 渗碳后缓冷组织

由于渗碳件实际上是由表面高碳层与心部低碳层组成的复合材料,渗碳零件淬火温度要兼顾高碳表面渗层和低碳心部两方面的要求。淬火温度通常在 820~850℃之间,使表面过共析层的淬火温度低于 Ac_{cm},而心部亚共析层的淬火温度应高于 Ac_3,因此该温度使零件表面和心部能够同时淬火。当然根据零件的工作条件,也可选择只使零件表层淬火的热处理。

渗碳件在淬透情况下表层金相组织为高碳马氏体＋残留奥氏体＋二次渗碳体(普通碳钢自渗碳温度直接淬火时也可以不出现),心部为低碳马氏体。

渗碳淬火后的零件,需要经过回火后才能使用。为保证零件表面的高硬度和高耐磨性,通常回火温度取 150~190℃,这种低温回火可消除部分内应力,并使残留奥氏体趋于稳定。回火后表层为高碳回火马氏体＋残留奥氏体＋部分二次渗碳体,硬度为 58~62HRC,心部为回火低碳马氏体。

3.3.2　钢的渗氮

渗氮是在 A_1 以下温度(520~600℃)将活性氮原子渗入钢件表面,以提高其硬度、耐磨性、疲劳强度和耐腐蚀性能的一种化学热处理工艺。

先将调质处理好的零件除油净化,然后放入充满氨气的专用热处理炉中,密封后加热保温。在温度大于 380℃时,氨气热分解而获得活性氮原子,即

$$NH_3 \rightarrow [N] + 3/2H_2$$

活性氮原子渗入零件表面并在扩散作用下,使零件表面获得一定厚度的渗氮层。渗氮后随炉冷却到 200℃以下出炉。

渗氮后,零件表层由连续分布、致密的氮化物构成,而其心部组织与预备热处理时相同。

钢的渗氮具有下列优点:① 表面渗氮层硬度高,可达 1000~1100HV,相当于 69HRC 以上。② 渗氮层的硬度可以保持到 500℃,具有较好的高温硬度和抗咬合性能。③ 渗氮温度低,渗氮过程中零件心部不发生相变,渗氮后一般随炉冷却,不再需要任何热处理,故变形很小,适用于精密铸件。④ 钢件渗氮表面能形成化学稳定性高而致密的 ε 化合物层,因而在大气、水分及某些介质中具有较高的耐腐蚀性能。⑤ 零件渗氮前进行调质处理,以提高心部的强度和韧性。⑥ 渗氮时间长,氮化层较薄,一般为 0.3~0.5 mm。渗氮后不再进行淬火和回火,仅进行精磨或研磨,以免除去氮化层。

渗氮的主要缺点是处理时间长(一般需要几十小时甚至上百小时),生产成本高,渗氮层较薄,渗氮件不能承受太高的接触应力和冲击载荷,且脆性较大。

目前渗氮钢包括多种 w_C 为 0.15~0.45% 的合金结构钢,如 38CrMoAlA、20CrNiWA、

40Cr、40CrV、42CrMo、38CrNi3MoA 等。此外，一些冷作模具钢、热作模具钢及高速钢等也适于渗氮处理。渗氮钢广泛应用于各种高速传动的精密齿轮、精密机床主轴，高速柴油机曲轴，以及汽缸、阀门等耐磨耐蚀零件。

3.3.3 碳氮共渗

向钢表层中同时渗入碳和氮的化学热处理，称为碳氮共渗。根据渗入温度可将碳氮共渗分为高温（790～920℃）碳氮共渗和低温（520～580℃）碳氮共渗。高温碳氮共渗以渗碳为主，低温碳氮共渗是以渗氮为主。

与渗碳和渗氮相比，碳氮共渗在工艺与渗层性能两方面均有其独特之处。渗氮处理能得到高硬度表层（1000 HV 以上），因而具有高的耐磨性，但缺点是渗氮时间太长，高硬度扩散层很浅，次层硬度下降太快，致使零件不能承受大的工作负荷。渗碳处理时，高硬度表层较深，次层硬度下降缓慢，能承受大的负荷，但缺点是渗碳温度高、时间长，变形大，且耐磨性和接触疲劳性能较低。碳氮共渗兼有两者的优点：① 氮降低了 A_1 温度，所以共渗温度较低，零件不易过热，渗后可直接淬火，变形较小；② 渗入速度较快，可大大缩短工艺周期；③ 表层硬度较高，渗层较深，硬度、耐磨性与疲劳强度较高，且承载能力比渗氮时大大提高。此外，氮提高过冷奥氏体的稳定性，故渗层淬透性较高。因此，碳氮共渗正取代薄层渗碳（层深＜0.75 mm），应用越来越广。

碳氮共渗后的热处理与渗碳后的热处理基本相同，即共渗后进行淬火和低温回火。由于共渗温度较低，变形较小，所以除渗后需要机械加工的零件外，一般均采用直接淬火。同时由于氮的渗入提高了渗层的淬透性，所以可以采用较缓和的介质冷却。淬火后一般在180～200℃进行低温回火。由于共渗层的耐回火性较高，所以在此温度回火后仍可保持58HRC 以上的硬度。碳氮共渗并淬火后，一般其表层组织为马氏体＋残留奥氏体＋弥散分布的碳氮化物，内层是马氏体＋残留奥氏体，硬度为 58～63HRC。如果渗层中碳、氮浓度较低，则仅形成马氏体＋残留奥氏体层，而不出现碳氮化物。

3.4 热处理设备、技术条件及其工序位置

热处理在生产中的应用相当广泛，热处理设备是物质基础，热处理技术条件是满足零件使用要求的必要条件，热处理工序位置阐明在零件加工制造过程中何时采用何种热处理。

3.4.1 常用热处理设备

热处理设备分为主要设备和辅助设备，主要设备是指加热设备和冷却设备。辅助设备包括起重、运输、传送设备，检验设备，清理设备等。此处仅对常用的热处理炉进行简介。

1. 电阻炉

电阻炉是用电阻发热体供热的炉子，按形状或结构分为箱式炉、井式炉、台车式炉三种。箱式电阻炉结构和台车式电阻炉结构见图 3-25。

箱式电阻炉特点是炉膛形状是箱体。一般工作在自然气氛下，多为内加热工作方式，采用耐火材料和保温材料做炉衬。用于对零件进行正火、退火、淬火等热处理及其他加热用途。该种炉子通用性强，可进行多种热处理，缺点是炉温不均匀，易氧化脱碳。按其工作

温度，可分为高温、中温及低温三种。

台车式电阻炉属于周期式作业炉，炉膛形状是箱体。台车炉的炉底为一辆可移动的台车。加热前，台车在炉外装料，加热件放在专用的垫铁上，然后由牵引机构将台车拉入炉内进行加热，加热之后再由牵引机构将台车拉出炉外卸料。台车式电阻炉主要用于大型零件的正火、退火及淬火加热。

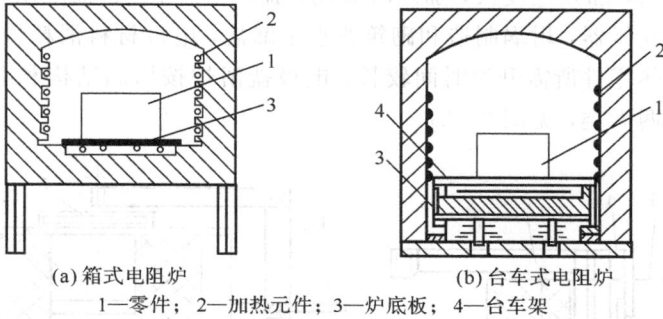

(a) 箱式电阻炉　　　　　　　　　(b) 台车式电阻炉

1—零件；2—加热元件；3—炉底板；4—台车架

图 3 - 25　常用电阻炉

井式电阻炉炉身是圆筒形的深井，零件由专用吊车垂直装入炉内加热。井式炉是周期式作业炉，适用于杆类，长轴类零件的热处理。井式炉一般安置在车间地平面以下，也有安置在地平面以上的，或地平面之上之下各一半的。井式电阻炉常用作退火、正火、淬火、气体渗碳、气体氮化等热处理。

2. 盐浴炉

盐浴炉是利用熔盐作为加热介质的热处理设备，其特点是结构简单、炉温均匀、加热速度快，不氧化脱碳，多用于等温淬火加热。按热源方式不同，盐浴炉分为外热式和内热式两种。

1）电阻坩埚盐浴炉

电阻坩埚盐浴炉的结构如图 3 - 26 所示。其热源为电阻加热元件。

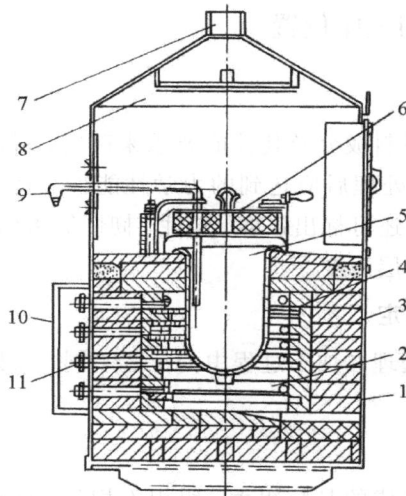

1—炉体；2—炉底空隙；3—耐火砖及绝热砖层；4—电热元件；5—坩埚；
6—炉盖；7—吸风管；8—钟罩；9—热电偶；10—接线室；11—接线柱

图 3 - 26　电阻坩埚盐浴炉

2）电极盐浴炉

电极式盐浴炉是在井状炉膛内插入或在炉墙中埋入电极，并通以低压大电流的交流电，使熔盐发热并达到所需温度，将零件浸入熔盐中进行热处理。它的炉体结构简单、热效率高、工作温度范围广，坩埚尺寸可根据加热零件的具体尺寸及装炉量要求选定。电极式盐浴炉炉内温度均匀，加热速度快，加热时氧化、脱碳不严重，目前应用较广。它的主要缺点是必须配备专用变压器，坩埚制造和砌筑要求不漏盐，电极材料消耗量大，起动较麻烦，从熔化固体盐到加热零件所需升温时间较长。电极盐浴炉按增涡结构和电极布置方式，分为插入式和埋入式两大类，见图 3 - 27。

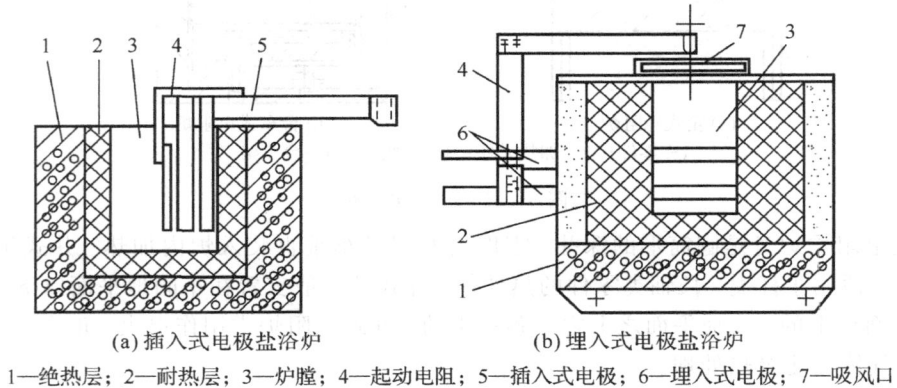

(a) 插入式电极盐浴炉　　　　　　　(b) 埋入式电极盐浴炉

1—绝热层；2—耐热层；3—炉膛；4—起动电阻；5—插入式电极；6—埋入式电极；7—吸风口

图 3 - 27　电极盐浴炉

插入式电极盐浴炉在熔盐中插入电极，坩埚有效加热区减小，电极寿命短，耗电量大，埋入式电极盐浴炉是将电极埋在炉体内，其一个侧面与盐浴接触以导电加热。埋入式电极盐浴炉炉膛使用率高，热损失小，电极使用寿命长，炉温较均匀，有利于提高产品质量。埋入式电极盐浴炉升温较迅速，起动时间较短。

3.4.2　热处理技术条件和工序位置

1. 热处理技术条件

热处理技术条件须根据材料成分及其性能要求来确定，并将其标注在零件图上。它的内容包括：热处理的方法；热处理后应达到的力学性能。一般零件通常以硬度值作为热处理技术条件；重要零件如需要还可标出强度、塑性、韧性等指标和金相组织要求；化学热处理零件，应标注处理部位和渗层深度。

2. 热处理工序位置的确定

根据热处理的目的和热处理在加工过程中的位置不同，热处理分为预备热处理和最终热处理两类。

1）预备热处理

为消除前一加工工序所造成的晶粒粗大、组织不均匀、内应力等影响，并为后续加工工序做组织准备的热处理，称为预备热处理。预备热处理只是为了加工过程方便而进行的，不能决定零件的最终使用性能，其工序位置一般安排在切削加工之前。

热加工生产的毛坯零件在进行切削加工时，一般先要进行退火或正火处理，以消除毛坯的内应力，减弱偏析，细化晶粒，改善切削加工性能，为最终热处理作好组织准备。其工序位置均安排在毛坯生产之后，切削加工之前。

生产中某些零件经退火、正火或调质后，其性能已能满足使用要求，在热处理后直接进行切削加工后使用，可不再进行最终热处理。

2) 最终热处理

为了使零件获得最终使用性能而进行的热处理，称为最终热处理。一般最终热处理后材料硬度高，切削加工困难，只能进行磨削加工，故其一般均安排在半精加工之后，磨削加工之前进行。

(1) 淬火加回火的工序位置。

整体淬火加回火零件加工路线一般为：

毛坯→退火(或正火)→粗、半精加工→淬火→回火→磨削等精加工。

经预先调质后表面淬火零件的加工路线一般为：

毛坯→退火(或正火)→粗加工→调质→半精加工→表面淬火→回火→磨削。

(2) 渗碳零件加工路线一般为：

毛坯→正火→粗、半精加工→渗碳→淬火→低温回火→磨削切去防渗余量。

(3) 渗氮的工序位置。

渗氮温度低，变形小，氮化层硬而薄。因此，工序位置应尽量靠后，一般渗氮后不再磨削加工，个别要求质量高的零件可进行精磨和超精磨。为防止因切削加工产生的内应力使渗氮件变形，常在渗氮前安排去应力退火工序。

渗氮零件的加工路线一般为：

毛坯→退火→粗加工→调质→半精、精加工→去应力退火→精磨→渗氮。

3.热处理工序位置安排实例

【例 3 - 4】　连杆螺栓，材料为 40Cr 钢，热处理技术条件为调质 263～322HBS，要求组织为：回火索氏体，不允许有块状铁素体。请设计其加工工艺路线，确定热处理工序位置。

解　加工工艺路线为：毛坯→退火(或正火)→粗加工→调质→精加工。

【例 3 - 5】　车床主轴，材料为 45 钢，热处理技术条件为：整体调质处理，硬度 220～250HBS；轴颈及锥孔表面淬火，硬度 50～52HRC。请设计其加工工艺路线，确定热处理工序位置。

解　加工工艺路线为：毛坯→正火→粗机加工→调质→半精机加工→高频感应表面淬火＋低温回火→磨削。

【例 3 - 6】　材料为 20Cr 钢的凸轮，热处理技术条件为：两侧面渗碳、淬火加低温回火，58～62HRC，渗层深 0.8～1.2 mm。请设计其加工工艺路线，确定热处理工序位置。

解　加工工艺路线为：毛坯→正火→切削加工→镀铜→渗碳、淬火、回火→精加工。

3.5　其他热处理及表面处理

随着新能源的利用和计算机技术的发展，近年来，出现了一批高效、低能耗、控制良好、应用范围广的热处理技术，具有代表性的有下面几种，见表 3-6。

表 3-6 其他热处理及表面处理

名称	目的及作用	技术方法及应用
表面淬火	工业上使用的轴、齿轮、凸轮等零件因受力复杂，且经受冲击，要求整体具有较高的强度和韧性，同时要求表面具有高的硬度。 　　利用快速加热使零件表层迅速奥氏体化，在热量尚未传至内部时就淬火冷却，使表层获得高硬度的马氏体，而心部为原始组织，这种热处理工艺，称为表面淬火。	表面淬火的关键在于加热时表面的升温速度要远大于零件内部的升温速度。一般要求表面淬火的升温速度极快。常用的加热方式有感应加热，火焰加热、激光或太阳能加热。 　　迅速加热使零件表层奥氏体化，而心部没有奥氏体化，随即进行喷水冷却，使零件表面发生马氏体转变。 　　表面淬火所得到的马氏体非常细小，具有很高的硬度和耐磨性，也具有较高的疲劳强度。 　　为兼顾表面和心部的性能要求，表面淬火前先进行正火或调质，使其心部达到性能要求，然后再进行表面淬火。
可控气氛热处理	在炉气成分可控制的炉内进行的热处理，称为可控气氛热处理。 　　可控气氛热处理有一系列技术、经济优点：能减少和避免钢件在加热过程中氧化和脱碳，节约钢材，提高零件质量；可实现光亮热处理，保证零件的尺寸精度；可进行渗碳和碳氮共渗，可使已脱碳的零件表面复碳等。	可控气氛包括滴注式气氛、吸热式气氛、放热式气氛。 　　① 滴注式气氛：用液体有机化合物，如甲醇、乙醇、丙酮、甲酰胺、三乙醇胺等，滴入热处理炉内所得到的气氛称为滴注式气氛。它主要用于渗碳、碳氮共渗、软氮化、保护气氛淬火和保护气氛退火。 　　② 吸热式气氛：将天然气、煤气、丙烷按一定比例与空气混合后，通入发生器进行加热，在触媒的作用下，经吸热而制成的气体称为吸热式气氛。吸热式气氛主要用作渗碳气氛和高碳钢的保护气氛。 　　③ 放热式气氛：将天然气和丙烷等燃料，按一定比例与空气混合后，靠产生的燃烧反应加热，称为放热式气氛。它是所有气氛中最便宜的一种，主要用于防止加热时的氧化，如低碳钢的光亮退火，中碳钢小件的光亮淬火。
真空热处理	在真空中进行的热处理称为真空热处理。 　　真空热处理的效果： 　　① 脱气作用：有利于改善钢的韧性，提高零件的使用寿命。 　　② 可以净化表面：在高真空中，表面的氧化物、油污发生分解，零件可得光亮的表面，从而提高耐磨性、疲劳强度，防止零件表面氧化。 　　③ 可以减少变形：在真空中加热，升温速度很慢，零件变形小。	真空热处理包括真空退火、真空淬火、真空渗碳等。 　　① 真空退火：真空退火有避免氧化、脱碳和去气、脱脂的作用，除了钢、铜及其合金外，还可用于处理一些与气体亲合力较强的金属，如钛、钽、铌、锆等。 　　② 真空淬火：真空淬火已大量用于各种渗碳钢、合金工具钢、高速钢和不锈钢的淬火，以及各种时效合金、硬磁合金的固溶处理。 　　③ 真空渗碳(低压渗碳)：近年来在高温渗碳和真空淬火的基础上发展起来的一项新工艺。与普通渗碳相比有许多优点：可显著缩短渗碳周期，减少渗碳气体的消耗，能精确控制零件表层的碳浓度、浓度梯度和渗碳层深度，不形成反常组织，不发生晶间氧化，零件表面光亮，基本上不造成环境污染，并可显著改善劳动条件等。

名称	目的及作用	技术方法及应用
形变热处理	将塑性变形和热处理有机结合起来，同时发挥材料形变强化和热处理处理强化的综合热处理工艺，称为形变热处理。 　　形变热处理比普通热处理可使零件获得更高的强度和韧度，还可省去热处理重新加热工序，简化生产流程，节约能源。 　　形变热处理提高钢的强度和韧度的原因：① 奥氏体在塑性变形中晶粒得到细化；② 形变时奥氏体晶粒内部位错密度增高，并成为马氏体转变的核心，促使马氏体变细；③ 形变后材料位错密度高，为碳化物弥散析出创造了条件。	形变热处理分为高温形变热处理和低温形变热处理。 　　高温形变热处理是将钢加热到稳定的奥氏体区域（Ac_3 以上），进行塑性变形后，立即进行淬火、回火的热处理工艺。它不但能提高钢的强度，而且能显著提高钢的塑性、韧性、疲劳强度，使钢的综合机械性能得到明显的改善。高温形变热处理在锻造或轧制等零件高温成型的冷却过程中进行，省去了重新加热过程，从而节约能源，减少材料的氧化、脱碳和变形。高温形变热处理不要求大功率设备，生产上容易实现，广泛用于连杆、曲轴、磨具、刀具等形状简单的零件。 　　低温形变热处理是将钢加热到奥氏体区域后，迅速冷却到 P 型转变或 B 型转变温度区（450～600℃），进行塑性变形之后，快冷淬火并低温回火。其强化效果非常显著，如中碳合金钢经低温形变热处理后，可大大提高强度而不降低塑性。低温形变热处理要求钢的淬透性非常好，孕育期相当长，而且需用大功率变形设备才能实现。其应用于强度和耐磨性要求很高的弹簧钢丝、轴承等小型零件和刀具。
表面预处理	为提高电镀、喷漆等表面处理的质量，加强覆盖层与基体的结合强度，而对材料表面进行清除油污、锈蚀等杂物的过程，称为表面预处理。 　　表面预处理的主要方法：碱液清洗、溶剂清洗、表面活性剂清洗、化学除锈和机械除锈等。	常用的表面预处理有除锈、脱脂、清除水垢等。 　　① 除锈：单件小批生产的零件，通常采用钢丝刷、刮刀、砂布、手砂轮等手工工具除锈。大批量生产的零件可采用喷丸、滚筒等机械方法除锈。喷丸处理，是利用高压空气流，使铁丸或砂粒等磨料冲击零件表面，清除零件表面的铁锈、氧化皮、油漆等杂物。滚筒除锈是将零件和大小、形状各异的废料装入滚筒，在滚筒旋转时它们互相冲撞摩擦，从而清除锈蚀物。 　　化学除锈是利用盐酸、硫酸等将金属表面的铁锈溶解掉。除锈后需进行清洗和干燥。在化学除锈的酸溶液中通以电流，可以加快除锈速度。 　　② 脱脂：利用由氢氧化钠、碳酸钠、硅酸钠、磷酸钠等组成的碱溶液中和脂肪酸和动植物油，起皂化反应从而清除油污。 　　利用有机溶剂溶解油脂，从而清除油污。有机溶剂包括汽油、煤油、柴油、酒精、丙酮、三氯乙烯、乙二醇等。利用金属清洗剂去除金属表面油污。 　　③ 清除积碳和清除水垢

续表二

名称	目的及作用	技术方法及应用
电镀	电镀是利用电解使零件表面覆盖一层均匀、致密、结合力强的金属的工艺过程。 电镀时将金属零件浸入金属盐溶液中，并将其作为阴极，通以直流电，在直流电场的作用下，金属盐溶液中的阳离子在零件表面上沉积，形成牢固镀层。镀层的沉积是一个结晶过程，电镀中金属离子被吸引到阴极，还原成原子，生成细微的核点便是晶核，然后长大成为镀层。 电镀镀层的用途如下： ① 修复性镀层：用于修复磨损零件，也用于改善零件表面性质。如表面的镀铬、镀铜、镀铁等。 ② 装饰性镀层：既可防止金属表面腐蚀又起到装饰美观的作用，如表面的镀铬、镀银、镀镍、镀锌钛合金等。 ③ 防护性镀层：防止金属在大气以及其他环境下的腐蚀，如钢铁的镀铬、镀锌、镀锌镍耐蚀合金等。 ④ 特殊用途镀层：如耐磨镀层（硬铬镀层）、电气特性的镀层（镀银、铜、锡）、润滑镀层（镀多孔铬层）等。	按镀层材料，可将电镀分为镀铬、镀铜、镀镍等。 ① 镀铬：镀铬层的化学稳定性好、硬度高、耐磨性好，具有良好的耐热性，因此镀铬在生产中被广泛地应用。如各种制品的装饰表面（光亮铬）；减磨零件表面（多孔性铬）；量具和仪表表面（乳白铬）；吸收光能及热能表面（黑铬）；修复零件尺寸和提高零件表面性质（硬铬）等。镀铬层与基体金属的结合强度较高，其主要缺点是脆性大，当局部受压或被冲击时，镀层易产生裂纹。镀层的厚度一般为 0.2~0.3 mm。 ② 镀铜：镀铜层可用作镀金、镀银、镀镍的底层，也用电镀层代替某些铜零件。 ③ 镀镍：镀镍层的化学稳定性高，在常温下可防止水、大气、碱的腐蚀，镀镍的主要目的是防腐和装饰。镀镍层的硬度因工艺不同可为 150~500HV。暗镍的硬度较低，为 200HV 左右；而光亮镍可用于磨损、腐蚀零件的修复。 ④ 塑料基体上的电镀：塑料是非导体，只要通过一定的处理使其表面导电，就可以用常规方法电镀。 塑料基体电镀的关键因素是表面金属化，其过程包括：表面清理（去油污等）、溶剂处理（使表面能在下一步调整处理液中呈现亲水性）、调整处理和粗化处理（使表面产生能和金属层交联的粗糙度和部分亲水集团）、催化表面准备（通过敏化—浸还原剂金属盐、活化—产生金属的均匀沉积层）。
化学镀	化学镀是利用还原剂，在催化的表面上使溶液中的金属离子，还原成金属镀层的一种工艺方法。 化学镀应用广泛，可以在金属、非金属等多种材料表面实施，化学镀层以镀镍、镀铜、镀银、镀锡等最为多见，二元、三元合金及复合镀层等在制造业中广为使用。	在化学镀中，溶液内的金属离子依靠溶液中的丕原剂所提供的电子而还原成相应的金属原子。化学镀溶液的组成及其相应的工作条件，必须使反应只限制在具有催化作用的零件表面上进行。 如化学镀铜是在碱性溶液中以甲醛为还原剂的化学电镀法。化学镀铜液主要分为两类：一类镀液用于镀塑料，镀膜厚度小于 0.001 mm，使用温度为 20~25℃。其配方为：10 g/L 的酒石酸钾钠，质量浓度为 10 ml/L 的甲醛水（37%），pH 值为 10 的氢氧化钠液体。另一类镀液用于镀覆印刷电路板的导电膜，镀膜厚度 0.02~0.03 mm，镀膜的强度和塑性好，使用温度为 60~70℃。

名称	目的及作用	技术方法及应用
物理气相沉积 P V D	物理气相沉积是在真空条件下，将放在真空室中的金属、化合物和合金，利用物理方法气化为原子、分子或离子，直接沉积到基体表面，形成金属涂层或化合物涂层的方法。 物理气相沉积的特点：沉积温度低于 600℃，沉积速度快，可适用于金属、非金属、陶瓷、玻璃、塑料等各种材料。 气相沉积在电器元件生产中应用十分普遍，如半导体、集成电路、液晶、摄像管、电容器及金属膜电阻等。	物理气相沉积方法有：真空蒸镀、真空溅射与离子镀等。 真空蒸镀装置由真空室、排气系统、蒸发源、加热器等几部分组成，见表图 1。真空室的气压为 $10^{-3} \sim 10^{-2} Pa$。将要蒸镀的材料放置在蒸发源上，在蒸发电极上通低电压大电流交流电，使蒸镀材料加热至蒸发。大量的蒸发原子离开熔池表面进入气相，径直到达基板上的零件表面凝结成金属薄膜形成沉积层。 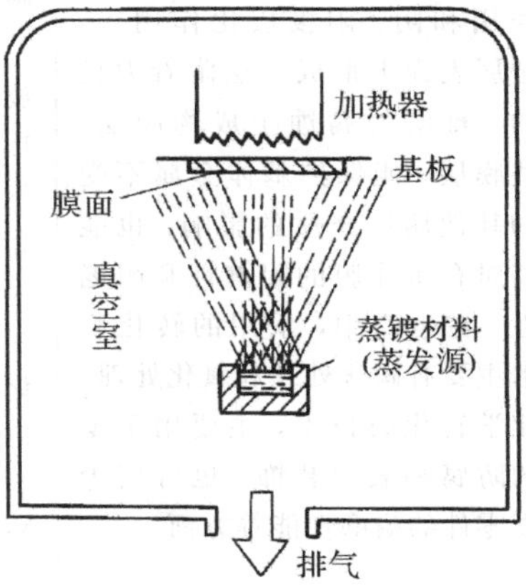 表图 1　真空蒸镀装置
化 学 气 相 沉 积 C V D	化学气相沉积是在一定温度下，使一定的气态物质，在固体表面上发生化学反应，并在表面上生成固态沉积膜的过程。 目前化学气相沉积主要用于硬质合金刀具的涂层；刀具、模具及各种耐磨结构零件表面上的碳化物和氮化物涂层。 涂层厚度为几个微米，以提高使用寿命。	表图 2 为表面沉积 TiC 涂覆层的装置示意图。该装置是将零件置于通以氢气的炉内，加热到 $900 \sim 1100℃$，以氢气作为载体和稀释剂，接着将 $TiCl_4$ 和 CH_4 送入反应器，在零件表面上发生化学反应：$TiCl_4 + CH_4 + H_2 \rightarrow TiC + 4HCl\uparrow + H_2\uparrow$，析出的 TiC 沉积在零件表面上形成涂层。 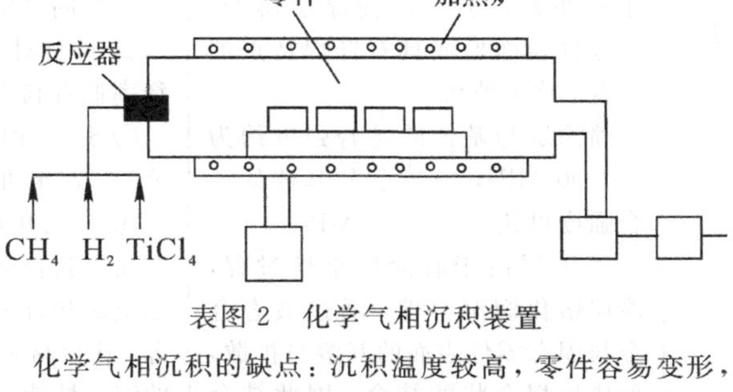 表图 2　化学气相沉积装置 化学气相沉积的缺点：沉积温度较高，零件容易变形，高温时的组织变化可能导致基体金属力学性能降低。

名称	目的及作用	技术方法及应用
化学转化膜	化学转化膜技术就是通过化学或电化学手段，使金属表面形成稳定的化合物膜层的工艺过程。 　　它是利用某种金属与某种特定的腐蚀液相接触，在一定条件下两者发生化学反应，由于浓差极化作用和阴、阳极极化作用等，在金属表面上形成一层附着力良好的、难溶的腐蚀生成物膜层。这些膜层，能保护基体金属不受水和其他腐蚀介质的影响，也能提高对有机涂膜的附着性和耐老化性。在生产中，采用的转化膜技术主要有磷化处理和氧化处理。 　　化学转化膜技术，主要用于零件的防腐和表面装饰，也可用于提高零件的耐磨性能等方面。	常用的化学转化膜为磷化处理和氧化处理。 　　① 磷化处理：磷化处理是将钢铁材料放入磷酸盐的溶液中，使零件表面获得一层不溶于水的磷酸盐膜的工艺过程。 　　钢铁材料磷化处理工艺过程如下：化学除油→热水洗→冷水洗→磷化处理→冷水洗→磷化后处理→冷水洗→去离子水洗→干燥。 　　磷化膜由磷酸铁、磷化锰、磷酸锌等组成，呈灰白或灰黑色的结晶。膜与基体金属结合非常牢固，并具有较高的电阻率。与氧化膜相比，磷化膜具有较高的耐腐蚀性，特别是在大气、油质和苯介质中均具有很好的耐腐蚀性，但在酸、碱、氨水、海水及水蒸气中的耐腐蚀性较差。 　　② 氧化处理：钢铁的氧化处理也称发蓝，是将钢铁零件放入某些氧化性溶液中，使其表面形成厚度约为 $0.5\sim1.5\ \mu m$ 的致密而牢固的 Fe_3O_4 薄膜的工艺方法。发蓝通常不影响零件的精度，常用于工具、仪器的装饰防护。它能提高零件表面的抗腐蚀能力，有利于消除零件的残余应力，减少变形，还能使表面光泽美观。 　　氧化处理以碱性法应用最多。常用溶液由 $500\ g/L$ 的氢氧化钠、$200\ g/L$ 的亚硝酸钠和余量水组成，在溶液温度为 $140℃$ 左右时处理 $6\sim9\ min$。 　　阳极氧化处理是将铝合金置于电解液（如 $15\%\sim20\%$ 的硫酸；$3\%\sim10\%$ 的铬酸；$2\%\sim10\%$ 的草酸）中，然后通电，得到硬度高、吸附力强的氧化膜的方法。 　　化学氧化法是将零件放入弱碱或弱酸的溶液中，获得与基体铝结合牢固的氧化膜的方法。主要用于提高零件的抗腐蚀和耐磨性，也用于表面装饰。
热喷涂	热喷涂技术是将喷涂材料加热至熔融状态，通过高速气流使其雾化，并喷射到零件表面上形成喷涂层的一种表面处理技术。 　　如将自熔性合金粉末喷涂在零件表面后，用高于涂层熔点而低于零件熔点的温度使涂层熔融，与零件表面形成具有钎焊特点的结合，称为喷熔。 　　喷涂层与基体的结合强度约为 $40\sim90\ MPa$，喷熔层与基体的结合强度可达 $300\sim400\ MPa$。 　　喷熔层由于有涂层重熔过程，涂层熔化润湿零件，通过液态合金与固态零件表面的互溶与扩散，形成呈焊合状的结合，因此结合强度可大为提高。	热喷涂技术在近代科学技术中得到了广泛的应用，这与该技术的特点是分不开的。热喷涂具有以下特点： 　　① 热喷涂工艺灵活。热喷涂的对象可以是小到几十毫米的内孔，又可以是大到像铁塔、桥梁等这样的大型零件。喷涂可以在整体表面上或在局部表面上进行。它既可以在真空或控制气氛下喷涂，也可以在野外现场作业。 　　② 母材对涂层的稀释率较低。热喷涂时，母材对涂层稀释率低有利于喷涂合金材料的充分利用。 　　③ 热喷涂的生产效率高。其生产效率一般可达每小时数公斤，甚至可达每小时 $50\ kg$ 以上。 　　④ 涂层和基体材料广泛。广泛应用的涂层材料有：多种金属及其合金、陶瓷、塑料、复合材料；热喷涂的基体材料除金属和合金外，也可以是陶瓷、水泥、塑料、石膏、木材等，涂层材料和基体的配合，能获得其他加工方法难以获得的综合性能。

复习思考题

1. 何谓热处理？热处理的工艺环节有哪些？

2. 试述 A_1、A_3、A_{cm} 及 Ac_1、Ac_3、Ac_{cm} 和 Ar_1、Ar_3、Ar_{cm} 的意义。

3. 试述共析钢奥氏体形成的几个阶段，分析亚共析钢和过共析钢奥氏体形成的特点。

4. 影响奥氏体晶粒度的因素有哪些？

5. 简述共析钢过冷奥氏体在不同转变温度区间转变产物的组织形态与性能特点。

6. 参考共析钢 C 曲线，分别说明共析钢在等温冷却条件如何获得以下组织？
① 珠光体；② 索氏体；③ 屈氏体；④ 下贝氏体；⑤ 马氏体＋残余奥氏体。

7. 参考共析钢 CCT 曲线，分析 T8 钢奥氏体化后，水冷、油冷、空冷和炉冷分别获得什么组织？

8. 正火和退火的主要区别是什么？在生产中应如何选择正火和退火？

9. 对过共析碳钢零件，何种情况下采用正火？何时采用球化退火？

10. 分别指出下列钢件坯料按含碳量分类的名称、对其正火处理的目的、正火的工序位置及正火后的组织：① 20 钢齿轮；② T12 钢锉刀；③ 性能要求不高的 45 钢小轴。

①、②、③ 可否都改用等温退火，为什么？

11. 何谓淬火临界冷却速度、淬透性和淬硬性？它们主要受哪些因素的影响？

12. 简述各种淬火方法及其适用范围。

13. 为什么亚共析碳钢的淬火加热温度为 Ac_3＋$(30\sim50)℃$，而共析钢和过共析碳钢的淬火加热温度为 Ac_1＋$(30\sim50)℃$？

14. 简述回火的分类、目的、组织性能及其应用范围。

15. 什么是钢的回火脆性？如何防止第一、第二类回火脆性？

16. 何谓预备热处理与最终热处理？退火和正火可以作为最终热处理吗？

17. 指出下述热处理的一般工序位置：① 退火、正火；② 整体淬火；③ 调质；④ 渗碳。

18. 比较表面淬火与渗碳、渗氮的异同点。

19. 钢件渗碳后还要进行何种热处理？处理前后表层与心部组织各有何不同？

第4章 钢铁材料

【引例】 图4-1为卧式车床示意图,已知车床床身、底座、变速箱、进给箱、刀架的材料均为HT250;光杆材料为45钢、丝杆材料为CrWMn;主轴材料为35CrMo;导轨材料为40Cr,轴承材料为GCr15;刀架上的刀具材料有合金刃具钢、高速钢、硬质合金。这些材料都是钢铁材料。为什么车床上有这么多钢铁材料的零件呢?

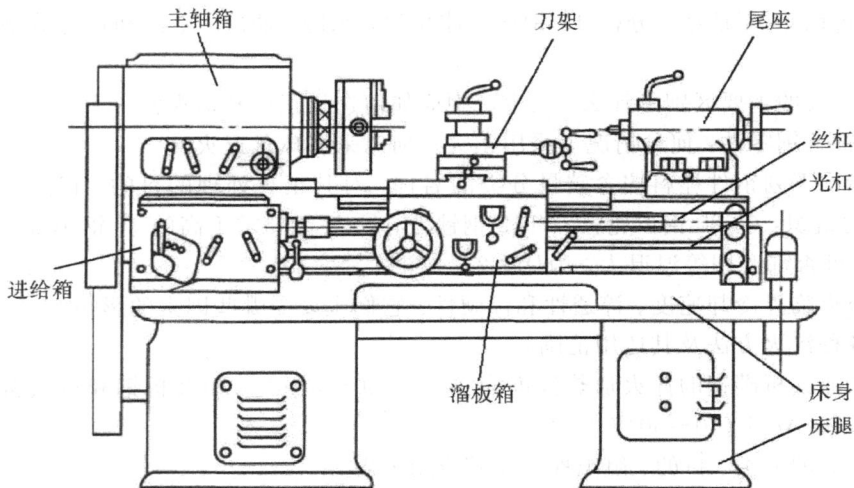

图4-1 卧式车床示意图

钢铁材料是钢和铸铁的总称。钢铁材料具有多种多样的性能,能适应各种不同的应用要求,而且钢铁材料冶炼便利、加工制造方便,价格低廉,是工业上使用量最大、应用范围最广的金属材料。本章主要介绍工业用钢的分类、牌号、性能及应用等方面的知识。

4.1 工业用钢的基本知识

4.1.1 工业用钢的分类及牌号表示

工业用钢品种繁多、性能各异,为了研究、生产和使用方便,各国均对工业用钢进行了分类和编号。

1. 工业用钢的分类

1) 按用途分类

(1) 结构钢:结构钢是用于制造工程结构(船舶、桥梁、车辆、压力容器等)或机器零件

(轴、齿轮、各种联接件等)的钢种。其中用于制造工程结构的钢又称为工程用钢,主要包括碳钢及普通低合金钢;机器零件用钢则包括渗碳钢、调质钢、弹簧钢、滚动轴承钢等。

(2) 工具钢:工具钢是用于制造各种加工工具的钢种。根据用途,其进一步分为刃具钢、模具钢和量具钢。

(3) 特殊性能钢:特殊性能钢是指具有某种特殊的物理或化学性能的钢种,包括不锈钢、耐热钢、耐磨钢等。

2) 按化学成分分类

按化学成分不同,工业用钢可分为碳素钢和合金钢两大类。

碳素钢分为:① 低碳钢($w_C \leqslant 0.25\%$);② 中碳钢($w_C = 0.25\% \sim 0.6\%$);③ 高碳钢($w_C \geqslant 0.6\%$)。合金钢分为:① 低合金钢,合金元素总含量小于 5%;② 中合金钢,合金元素总含量为 5%~10%;③ 高合金钢,合金元素总含量大于 10%。本书中用"w_M"来表示 M 元素的质量百分比含量,例如 w_C 表示碳质量百分比含量。

此外,根据钢中主要合金元素的种类,合金钢也可分为铬钢、铬镍钢、锰钢、硼钢等。

3) 按显微组织分类

根据室温或平衡状态下的显微组织,可以将钢分为:① 亚共析钢、共析钢、过共析钢;② 珠光体钢、贝氏体钢、马氏体钢、奥氏体钢、铁素体钢、复相钢等。

4) 按冶金质量分类

鉴于磷、硫对钢性能产生很大的不良影响,钢的冶金质量好坏主要依据其 P、S 的含量而定。根据冶金质量的不同,钢分为:① 普通钢($w_P \leqslant 0.045\%$,$w_S \leqslant 0.055\%$);② 优质钢($w_P \leqslant 0.040\%$,$w_S \leqslant 0.040\%$);③ 高级优质钢($w_P \leqslant 0.035\%$,$w_S \leqslant 0.030\%$)。

2. 工业用钢的编号方法

我国钢的编号由化学元素符号、汉语拼音字母和阿拉伯数字三大部分组成。其中,化学元素符号表示钢中合金元素种类;汉语拼音字母用来对钢的种类、特点、性质、要求等内容加以说明;阿拉伯数字表示碳或合金元素的含量,或者表示钢力学性能的数值。我国常见工业用钢的编号方法见表 4-1。

表 4-1　工业用钢的编号方法

类别		编号方法	示例
碳素钢	普钢 (普通碳素结构钢)	普通碳素结构钢牌号由 Q、屈服强度数值(钢材厚度或直径≤16mm)、质量等级符号(分 A、B、C、D 四级)和熔炼时脱氧方法(F、B、Z、TZ)共四部分按顺序组成。F、B、Z、TZ 依次表示沸腾钢、半镇静钢、镇静钢、特殊镇静钢。	例如,Q235—AF 表示的碳素结构钢,其屈服强度要求为 235MPa、质量等级为 A 级、沸腾钢。 质量等级:A 类钢,保证力学性能;B 类钢,保证化学成分;C 类钢,保证力学性能和化学成分;D 类钢,保证力学性能和化学成分,还要求金相组织合格。
	优钢 (优质碳素结构钢)	优质碳素结构钢牌号用两位数字表示,这两位数字表示钢中的平均含碳量的万分数。	如 45 钢表示平均含碳量为 0.45%。如果是高级优质钢,则在牌号后面加"A"表示。如果是沸腾钢则加"F"。

类别		编号方法	示例
碳素钢	碳素工具钢	碳素工具钢的编号是在 T 的后面附以数字来表示，数字代表钢中平均含碳量的千分数。	例如，T12 表示平均碳的质量分数 $w_C=1.2\%$ 的碳素工具钢。如果是高级优质钢，则在数字后面附以 A。例如，T12A 表示碳的质量分数 $w_C=1.2\%$ 的高级优质碳素工具钢。
	碳素铸钢	铸造碳钢的牌号由 ZG 和两组数字组成，前一组数字表示要求的最低屈服强度（R_{el} 或 $R_{0.2}$），后一数字表示要求的最低抗拉强度（R_m）。	如 ZG200—400 表示最低屈服强度为 200MPa，最低抗拉强度为 400MPa 的碳素铸钢。
合金钢	合金结构钢	合金结构钢的牌号采用"二位数字＋元素符号＋数字"表示。前面二位数字表示钢的平均含碳量的万分数，元素符号表示钢中所含的合金元素，而后面数字表示该元素的质量百分比含量。	例如 60Si2Mn（读 60 硅 2 锰），表示平均含碳量为 0.6%，含硅量约为 2%，含锰量小于 1.5% 的合金结构钢。当合金元素含量小于 1.5% 时，牌号中只标明元素符号，而不标明含量。
	合金工具钢	合金工具钢的牌号表示方法与合金结构钢相似，其区别在于用一位数字表示平均含碳量的千分数，当含碳量大于或等于 1.0% 时则不予标出。合金工具钢一般都是高级优质钢，所以其牌号后面可不再标"A"。	如 9SiCr（读 9 硅铬），其中平均含碳量为 0.9%，硅、铬的含量都小于 1.5% 的合金工具钢。Cr12MoV，表示平均含碳量大于 1.00%，铬含量约为 12%，钼、钒的含量都小于 1.5% 的合金工具钢。
	特殊专用钢	表示钢的用途在钢号前面冠以汉语拼音，而不标出含碳量。还应注意在滚动轴承钢中，铬元素符号后面的数字表示铬含量的千分数，其他元素仍用百分数表示。	如 GCr15 为滚珠轴承钢，"G"为"滚"的汉语拼音字首。如 GCr15SiMn，表示铬含量为 1.5%，硅、锰含量均小于 1.5% 的滚珠轴承钢。
	合金铸钢	其牌号由"ZG＋数字＋合金元素符号＋元素含量数字"组成。	ZG1Cr18Ni9Ti 表示含碳量为 0.1%，铬含量为 18%，镍含量为 9%，钛含量小于 1.5% 的合金铸钢。

4.1.2　合金元素的作用

钢中的主要元素是 Fe 和 C，此外 Si、Mn、P、S 是任何钢中都有的基本元素。硅和锰在钢中能起到脱氧作用，锰还能与硫结合生成 MnS，减轻硫的有害作用。硫和磷是钢中的有害元素，生产时应该严格控制其含量。

为了改善合金组织和提高合金性能而加入的元素称为合金元素。

合金元素在钢中的主要存在形式是：① 溶入基体中形成固溶体，对基体起固溶强化作用。合金元素溶入铁素体对合金性能的影响如图 4-2 所示。② 与其他元素一起形成强化相，形成金属间化合物，或溶入碳化物中形成合金碳化物。

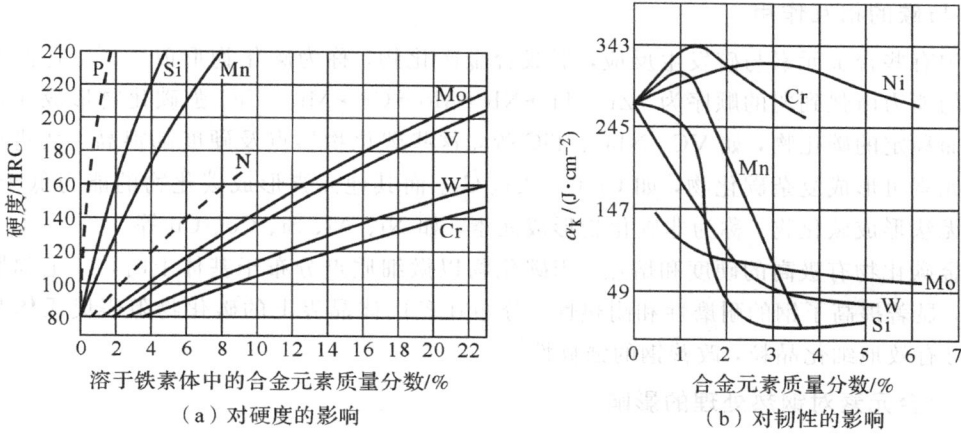

（a）对硬度的影响　　　　　　　　（b）对韧性的影响

图 4-2　合金元素对铁素体力学性能的影响

　　由于合金元素的作用，合金钢具有碳钢所不具备的优良力学性能或其他特殊性能，比如合金钢具有较高的强度和韧性，良好的耐腐蚀性、耐热性等。此外，合金钢还具有较好的工艺性能，如冷变形性、淬透性、回火稳定性等。合金钢之所以具有这些优异性能，主要是合金元素与铁、碳以及合金元素之间相互作用，使钢内部组织结构改变的缘故。

1. 与铁的相互作用

　　不同合金元素对 $Fe-Fe_3C$ 相图产生不同的影响。按照影响规律的不同，可将合金元素分为两类：一类是缩小奥氏体相区的元素，包括 Cr、Mo、W、Ti、Si、Al、B 等，又称为铁素体形成元素，如图 4-3(a) 所示；另一类是扩大奥氏体相区的元素，包括 Ni、Mn、Co、Cu、Zn、N 等，又称为奥氏体形成元素，如图 4-3(b) 所示。如欲得到室温奥氏体钢，需向钢中加入奥氏体形成元素；如欲得到铁素体钢，需向钢中加入铁素体形成元素。

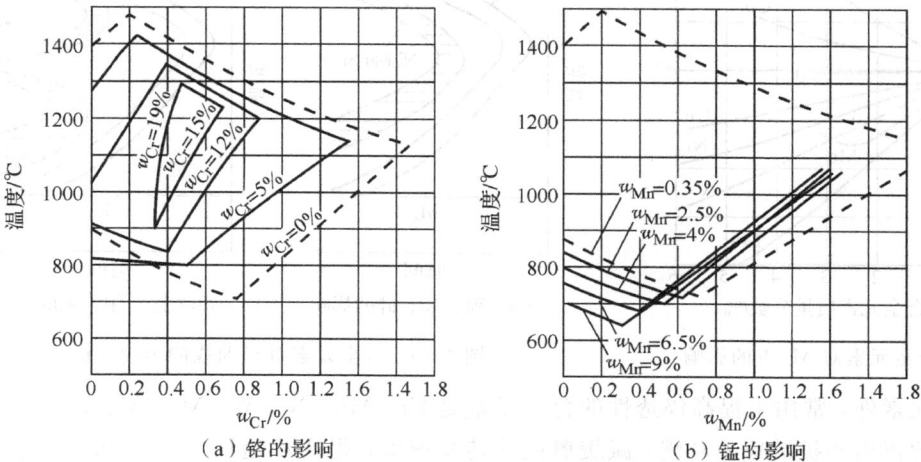

（a）铬的影响　　　　　　　　　（b）锰的影响

图 4-3　合金元素对奥氏体相区的影响

大部分合金元素使 Fe-Fe₃C 相图中的 S 点和 E 点左移，即使共析点的含碳量降低而且使碳在奥氏体中的最大溶解度降低，从而使含碳量相同的碳钢和合金钢具有不同的组织。

2. 与碳的相互作用

钢中有些合金元素与碳发生反应，形成合金碳化物，称为碳化物形成元素。它们形成碳化物的能力由强到弱的顺序为：$Zr \rightarrow Ti \rightarrow Nb \rightarrow Mo \rightarrow Cr \rightarrow Mn \rightarrow Fe$。强碳化物形成元素形成简单而稳定的碳化物，如 VC、NbC、TiC 等，这些碳化物熔点及硬度都很高。某些碳化物形成元素可形成复杂碳化物，如 Cr_7C_3、$Cr_{23}C_6$。而其他元素形成碳化物的能力低于铁，在钢中无法形成碳化物，称为非碳化物形成元素，如 Ni、Al、Si、Co、Cu 等。

合金碳化物有极高的硬度和熔点，当碳化物以微细质点分布于基体上时，产生弥散强化作用，显著提高了钢的耐磨性和耐热性。分布在奥氏体晶界上的碳化物阻碍奥氏体晶粒长大，可有效地细化晶粒，改善钢的强韧性。

3. 合金元素对钢热处理的影响

1）合金元素减缓奥氏体形成过程

大部分合金元素，特别是强碳化物形成元素，能阻碍 Fe 原子和 C 原子的扩散，从而减缓奥氏体的形成过程。因此合金钢热处理时加热温度较高、保温时间较长。

不同合金元素对奥氏体晶粒度有不同的影响，如 P、Mn 促使奥氏体晶粒长大；Ti、Nb、N 强烈阻止奥氏体晶粒长大；W、Mo、Cr 起阻碍奥氏体晶粒长大的作用。

2）合金元素提高淬透性

除 Co、Al 外能溶入奥氏体中的合金元素，均可减慢奥氏体的分解速度，使 C 曲线向右下移并降低 Mₛ 点（如图 4-4 所示），减小淬火临界冷却速度（如图 4-5 所示），提高钢的淬透性。

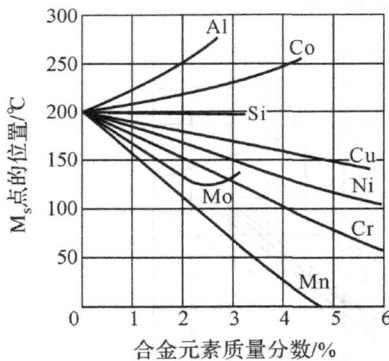

图 4-4　合金元素对 Mₛ 点的影响

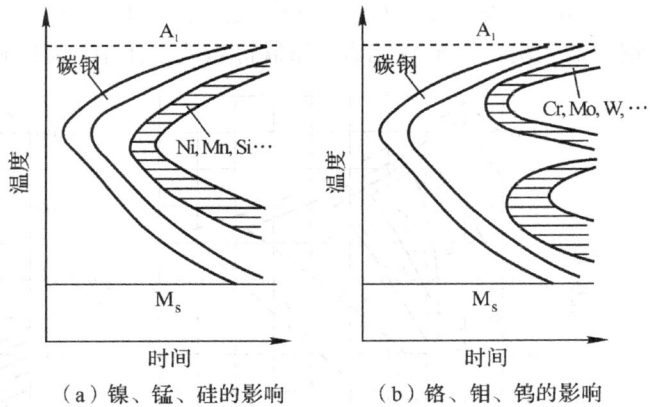

图 4-5　合金元素对 C 曲线的影响示意图

除碳元素外，常用来提高淬透性的合金元素是 Cr、Mn、Ni、W、Mo、V、Ti 等。合金元素使碳的析出和扩散速度减慢，减缓奥氏体转变速度，提高淬透性。Ni、Mn、Si 等元素只是使 C 曲线右移，增加过冷奥氏体转变的孕育期，使壁厚更大的零件能够淬透。Cr、W、Mo 等部分合金元素不仅会使 C 曲线右移，还会使 C 曲线的形状发生改变，使 C 曲线的珠光体转变和贝氏体转变区域发生分离，形成各自独立的两个 C 的形状，见图 4-5。

3）合金元素对回火转变的影响

合金元素提高淬火钢的回火稳定性。由于合金元素能使铁原子和碳原子扩散速度减慢，使淬火钢回火时马氏体分解减慢，析出的碳化物也难于聚集长大，保持一种较细小、分散的状态，从而使钢具有一定的回火稳定性。因此，与碳钢相比，在同一温度回火时，合金钢的硬度和强度高，这有利于提高结构钢的强度、韧性和工具钢的红硬性。

合金元素使钢产生二次硬化现象。高合金钢在 500～600℃ 范围回火时，其硬度并不降低，反而升高，这种现象称为二次硬化。产生二次硬化的原因，是合金钢在该温度范围内回火时，析出细小、弥散的特殊化合物，如 Mo_2C、W_2C、VC 等，这类碳化物硬度很高，在高温下非常稳定，难以聚集长大，使合金强度和硬度提高。

4.2 碳 素 钢

4.2.1 普通碳素结构钢

普通碳素结构钢简称普钢。普钢易于冶炼、成本低廉，能满足多数工程构件的性能要求。普钢用量很大，约占工程用钢总量的 70%～80%，其中大部分用来制作钢结构，少量用来制作机器零件。

普钢主要保证力学性能，对成分要求不严格，磷、硫含量较高。普钢通常以热轧状态供应，一般不经热处理强化，必要时才在锻造、焊接等热加工后，通过热处理调整其力学性能。表 4-2 列出了普钢的牌号、化学成分及力学性能，表中性能为直径或壁厚小于等于 16 mm 的零件性能。

表 4-2 普钢的牌号、化学成分及力学性能

牌号	等级	化学成分/%			脱氧方法	力学性能要求			应用举例
		w_C	$w_S \leqslant$	$w_P \leqslant$		R_{el}/MPa	R_m/MPa	A/%	
Q195	—	0.06～0.12	0.050	0.045	F、B、Z	195	315～390	33	承受载荷不大的金属结构件、铆钉、垫圈、地脚螺栓、冲压件及焊接件
Q215	A	0.09～0.15	0.050	0.045	F、B、Z	215	335～410	31	
	B		0.045						
Q235	A	0.14～0.22	0.050	0.045	F、B、Z	235	375～460	26	金属结构件、钢板、钢筋、型钢、螺栓、螺母、短轴、心轴、Q235C、Q235D，可用作重要焊接结构件
	B	0.12～0.20							
Q255	A	0.18～0.28	0.500	0.045	Z	255	410～510	24	键、销、转轴、拉杆、链轮、链环片等
	B		0.450						
Q275	—	0.28～0.38	0.050	0.045	Z	275	490～610	20	

4.2.2 优质碳素结构钢

优质碳素结构钢简称优钢,其产量仅次于普通碳素结构钢,广泛应用于制造较重要的机械零件。优钢既要保证其力学性能,又要保证其化学成分,钢中的磷、硫含量较低(S、P含量均不大于 0.035％)。优钢使用前一般都要进行热处理。优质碳素结构钢的力学性能和用途如表 4-3 所示。

表 4-3 优质碳素结构钢的力学性能和用途

牌号	力 学 性 能 要 求					应 用 举 例
	R_{el}/MPa	R_m/MPa	A/％	Z/％	α_k/(J/cm^2)	
08	195	325	33	60	—	低碳钢由于强度低,塑性好,易于冲压与焊接,一般用于制造受力不大的零件,如螺栓、螺母、垫圈、小轴、销子、链等。经过渗碳或氰化处理后,可用作表面要求耐磨、耐腐蚀的机械零件。
10	205	335	31	55	—	
15	225	375	27	55	—	
20	245	410	25	55	—	
25	275	450	23	50	71	
30	295	490	21	50	63	中碳钢的综合力学性能和切削加工性均较好,可用于制造受力较大的零件,如主轴、曲轴、齿轮、连杆、活塞销等。
35	315	530	20	45	55	
40	335	570	19	45	47	
45	355	600	16	40	39	
50	375	630	14	40	31	
55	380	645	13	35	—	高碳钢具有较高的强度、弹性和耐磨性,主要用于制造凸轮、车轮、板弹簧、螺旋弹簧和钢丝绳等。
60	400	675	12	35	—	
65	410	695	10	30	—	
70	420	715	9	30	—	

注:以上力学性能是正火后的试验测定值,但 α_k 值是调质处理后的性能。

4.2.3 碳素工具钢

碳素工具钢的含碳量一般在 0.65％～1.35％,可分为优质碳素工具钢和高级优质碳素工具钢两类,随着含碳量的增加,耐磨性增加,韧性下降。优质碳素工具钢的力学性能和用途如表 4-4 所示。

表 4-4 优质碳素工具钢的力学性能和用途

牌号	w_C％	退火态 HBS≤	淬火态 HRC≥	性能特点及用途
T7 T7A	0.65～0.74	187	62	用于制造承受冲击但切削能力要求不太高的工具,如螺丝刀、手钳、大锤、木工用具、钳工工具、钻头等
T8 T8A	0.75～0.84	187	62	用于制造承受冲击但硬度耐磨性要求稍高的零件,如冲头、压缩空气工具、木工工具
T9 T9A	0.85～0.94	192	62	用于制造要求韧性和硬度的工具,如冲模冲头、木工工具、农机切割零件、刀片等

续表

牌号	w_C%	退火态 HBS≤	淬火态 HRC≥	性能特点及用途
T10 T10A	0.95～1.04	197	62	适于制造不受冲击、要求硬度和耐磨性的工具，如手锯、麻花钻、小型冲模、丝锥、锉刀、车刨刀、扩孔刀具、螺丝板牙、铣刀、钻极硬岩石用钻头、量具等
T11 T11A	1.05～1.14	207	62	
T12 T12A	1.15～1.24	207	62	适于制造不受冲击，而需要高硬度的工具，如低速车刀、铣刀、钻头、铰刀、扩孔钻、丝锥，及板牙、刮刀、量规及断面尺寸小的冷切边模、冲孔模、金属锯条、铜用工具等
T13 T13A	1.25～1.34	217	62	适于制造不受冲击、切削高硬度材料的刀具，如剃刀、切削刀具、车刀、刮刀、拉丝工具、钻头、硬石加工用工具、雕刻用的工具

　　碳素工具钢的预备热处理一般为球化退火，其目的是降低硬度以便于切削加工，并为淬火做组织准备。但若锻造组织出现网状碳化物，则应在球化退火前先进行正火处理，以消除网状碳化物。碳素工具钢最终热处理为淬火＋低温回火（回火温度 180～200℃），正常组织为回火马氏体＋细粒状渗碳体＋少量残余奥氏体。

　　碳素工具钢的优点是成本低，冷热加工工艺性好，在手用工具和机用低速切削工具上有较广泛的应用。与合金工具钢相比，碳素工具钢的淬透性低、组织稳定性差且热硬性差、综合力学性能欠佳，故一般只用于尺寸不大、形状简单、要求不高的低速切削工具。其中，T7、T8 钢韧性较高，适于制造承受一定冲击的工具，随含碳量的增高，碳素工具钢耐冲击能力变差而耐磨性提高，应用领域随之变化。

4.2.4　碳素铸钢

　　碳素铸钢的成分、性能及用途见表 4-5。碳素铸钢是以碳为主要合金元素并且含有少量其他元素的铸钢。碳素铸钢中含碳量为 0.15%～0.6%，含碳量过高会造成塑性不足，易产生裂纹；碳素铸钢中锰的成分与结构钢相近，硅比结构钢稍高；铸钢中的磷和硫含量在0.04%～0.06% 之间。

　　碳素铸钢具有较高的强度、塑性和韧性，且成本较低，用于制造重型机械中承受大负荷的零件，如轧钢机机架、液压机底座等；在铁路车辆上用于制造受力大且承受冲击的零件如摇枕、侧架、车轮和车钩等。

表 4-5　碳素铸钢的力学性能和用途

铸钢牌号	w_C%	力学性能要求					用途举例
		R_{el}/MPa	R_m/MPa	A/%	Z/%	α_k/(J/cm²)	
ZG200—400	0.12～0.22	200	400	25	40	60	各种形状的机件，如机座、变速箱壳体
ZG230—450	0.22～0.32	230	450	20	32	45	机座、机盖、箱体，在450℃以下工作的管附件
ZG270—500	0.32～0.42	270	500	16	25	35	飞轮、轧钢机架、连杆、联轴器、水压机工作缸、横梁

铸钢牌号	w_C%	力学性能要求					用途举例
		R_{el}/MPa	R_m/MPa	A/%	Z/%	α_k/(J/cm^2)	
ZG310—570	0.42～0.52	310	570	12	20	30	齿轮、齿轮圈、辊子及重载机架、耐磨零件
ZG340—640	0.52～0.62	340	640	10	18	20	起重机、运输机中齿轮、联轴器及重要机件

铸钢晶粒粗大，偏析严重、铸造内应力大，并易于形成性能不佳的粗大铁素体组织，使合金的塑性及韧性显著下降。为了消除或减弱这些缺陷，应进行正火或完全退火，以消除粗大铁素体组织，细化晶粒，消除内应力，改善铸钢的力学性能。

4.3 合金结构钢

合金结构钢按用途分为工程结构用钢和机械零件用钢。工程结构用钢用于制造桥梁、船舶、车辆、高压容器、输油管道等结构，机械零件用钢用于制造各种机械零件。

4.3.1 低合金高强度结构钢

低合金高强度结构钢，简称普低钢，是在低碳钢的基础上加入少量合金元素而得的具有较高强度的优质钢。普低钢广泛应用于制造桥梁、船舶、车辆、锅炉、高压容器、输油输气管道、大型钢结构等工程结构。

1. 性能要求

与普钢和优钢相比，普低钢不仅强度较高，而且具有足够的塑性、韧性，可提高构件的可靠性，并能减轻重量，节约钢材。用其取代普钢来制造相同的构件，可节约钢材 20%～30%。

普低钢具有良好的工艺性能，能满足铸造、焊接和冷塑性成形要求，其生产过程简单，价格比普钢和优钢稍高。

2. 化学成分特点

普低钢中碳的质量分数一般不超过 0.25%，以提高韧性、满足焊接和冷塑性成形要求。加入少于 1.8% 的 Mn 来固溶强化铁素体和细化珠光体，并加入铌、钛或钒等元素形成碳化物，起细化晶粒和弥散强化的作用。在需要有抗腐蚀能力时，加入少量的铜($w_{Cu}\leqslant$0.4%)和磷($w_P=$0.1%左右)等元素。

3. 热处理与组织性能特点

普低钢一般在热轧、空冷状态下使用，不需要专门的热处理，其组织为铁素体＋珠光体。若为改善焊接区性能，也可进行正火。

4. 常用普低钢

常用普低钢的牌号、力学性能和用途见表 4-6。较低强度级别的钢中，以 Q345(16Mn)最具有代表性，其强度比碳素结构钢高 20%～30%，耐大气腐蚀性比碳素结构钢高约 20%～38%。例如，南京长江大桥、广州电视塔等都采用了 Q345(16 Mn) 钢来制造。Q420(15MnVN) 是具有代表性的中等强度级别的钢种，广泛用于制造大型桥梁、锅炉、船舶和焊接结构。

表 4-6　低合金高强度结构钢的力学性能

牌号	质量等级	力学性能要求				旧标准中的牌号	用 途 举 例
		R_{el}/MPa	R_m/MPa	A/%	α_k/(J/cm^2)		
Q295	A	275	390～570	23	—	09MnV，9MnNb，09Mn2，12Mn	车辆的冲压件、冷弯型钢、螺旋焊管、拖拉机轮圈、低压锅炉气包、中低压化工容器、输油管道、储油罐、油船等
	B	275	390～570	23	34(20℃)		
Q345	A	325	470～630	21	—	12Mn，14MnNb，16Mn，18Nb，16MnRE	船舶、铁路车辆、桥梁、管道、锅炉、压力容器、石油储罐、起重及矿山机械、电站设备厂房钢架等
	B	325	470～630	21	34(20℃)		
	C	325	470～630	22	34(0℃)		
	D	325	470～630	22	34(−20℃)		
	E	325	470～630	22	34(−40℃)		
Q39C	A	370	490～650	19	—	15MnTi，16MnNb，10MnPNbRE，15MnV	中高压锅炉气包、中高压石油化工容器、大型船舶、桥梁、车辆、起重机及其他较高载荷的焊接结构件等
	B	370	490～650	19	34(20℃)		
	C	370	490～650	20	34(0℃)		
	D	370	490～650	20	34(−20℃)		
	E	370	490～650	20	27(−40℃)		
Q420	A	400	520～680	18	—	15MnVN，14MnVTiRE	大型船舶、桥梁、电站设备、起重机械、机车车辆、中高压锅炉及容器及其大型焊接结构件等
	B	400	520～680	18	34(20℃)		
	C	400	520～680	19	34(0℃)		
	D	400	520～680	19	34(−20℃)		
	E	400	520～680	19	27(−40℃)		
Q460	C	440	550～720	17	34(0℃)		可淬火加回火后用于大型挖掘机、起重运输机械、钻井平台等
	D	440	550～720	17	34(−20℃)		
	E	440	550～720	17	34(−40℃)		

注：表中 R_{el} 为厚度为 16～35 mm 零件的性能要求。

4.3.2　合金渗碳钢

渗碳钢是使用前需要经过渗碳处理的钢种，主要应用于表面遭受强烈摩擦、磨损的零件，同时零件又承受交变应力或冲击载荷作用的情况，如汽车、拖拉机上的变速齿轮，内燃机凸轮轴、活塞销，气门顶杆等。

1. 性能要求

渗碳钢的表面渗碳层具有高的硬度，以保证零件优异的耐磨性和较高的接触疲劳抗力；渗碳钢的心部要求具有足够高的韧性和强度，以免零件在冲击载荷或交变载荷作用下断裂，在心部强度不足时，表面较脆的渗碳层容易剥落和碎裂，失去抗磨损能力。渗碳钢还需要具有良好的淬透性和热处理工艺性，使渗碳容易、淬火方便，以及在渗碳温度（900～950℃）下避免奥氏体晶粒过分长大。

2. 成分特点

渗碳钢含碳量一般为 $0.10\% \sim 0.25\%$。过高的含碳量会使零件心部的韧性降低，不适宜在冲击载荷下使用。

由于低碳钢淬透性差，在渗碳钢中须加入合金元素来提高淬透性，提高心部的综合性能。常用的合金元素有 Mn、Ni、Cr、B、Si 等。为防止高温渗碳过程中晶粒过分长大，须在钢中加入少量 Ti、V、W、Mo 等强碳化物形成元素，使它们与碳形成稳定的合金碳化物，在高温渗碳过程中阻止奥氏体晶粒过分长大。

3. 热处理与组织性能特点

渗碳钢的热处理工艺为：在渗碳前采用正火处理作为预备热处理；进行渗碳；渗碳后直接淬火，再低温回火作为最终热处理。对高淬透性的渗碳钢，渗碳后也可采用空冷淬火＋高温回火，以获得回火索氏体组织，改善切削加工性能。

淬火回火后，表面渗碳层为合金渗碳体、马氏体、少量残余奥氏体组织，表面层硬度达 58～64HRC，具有相当高的耐磨性。心部组织受钢的淬透性以及零件截面尺寸影响，在完全淬透时为回火马氏体，硬度为 40～48HRC；在未完全淬透时为屈氏体、回火马氏体和少量铁素体，硬度为 25～40HRC。心部断裂韧性一般都高于 70 J/cm²。

4. 常用合金渗碳钢

常用合金渗碳钢按淬透性大小分为低、中、高三类，见表 4－7。

表 4－7　常用渗碳钢

种类	牌号	力学性能要求					用途举例
		R_{el} /MPa	R_m /MPa	A /MPa	Z /%	α_k/ (J/cm²)	
低淬透性	20Cr	540	835	10	40	60	机床齿轮、齿轮轴、蜗杆活塞销及气门顶杆
	15Cr	490	735	11	45	70	船舶主机螺钉、活塞销、凸轮、机车小零件及心部韧性高的渗碳零件
	20Mn2	590	785	10	40	60	代替 20Cr
	20MnV	590	785	10	40	70	代替 20Cr
中淬透性	20CrMnTi	853	1080	10	45	70	工艺性优良，作汽车齿轮、凸轮，是 Cr-Ni 钢代用品
	20Mn2B	785	980	10	45	70	代替 20Cr、20CrMnTi
	12CrNi3	685	930	11	50	90	大齿轮、轴
	20CrMnMo	885	1175	10	45	70	用作大型拖拉机齿轮、活塞销等大截面渗碳件
	20MnVB	885	1080	10	45	70	代替 20CrNi、20CrMnTi
高淬透性	12Cr2Ni4	835	1080	10	50	90	大齿轮、轴
	20Cr2Ni4	1080	1175	10	45	80	大型渗碳齿轮、轴及飞机发动机齿轮
	18Cr2Ni4W	835	1175	10	45	100	同 12Cr2Ni4，作高级渗碳零件

低淬透性渗碳钢热处理后零件心部的强度和韧性较低，主要应用于制造承载较低，但要求耐磨的小型零件；中淬透性渗碳钢的过热敏感性较小，渗碳过渡层比较均匀，具有良好的机械性能和工艺性能，主要应用于制造尺寸较大、承载较大、要求耐磨并承受冲击的零件；高淬透性渗碳钢中因含有较多的 Cr、Ni 等元素而淬透性很高，且具有良好的常温和低温冲击韧性，主要应用于大型渗碳齿轮、轴及飞机发动机齿轮等。

4.3.3　合金调质钢

调质钢是指在调质状态下使用的结构钢。调质处理为淬火加高温回火，使钢具有优良的综合力学性能。调质钢适用于制造机床、汽车、拖拉机等各种机器上的重要承力零件，如齿轮、轴类、连杆、镗杆、高强度螺栓等。

1. 性能要求

为满足复杂载荷情况的要求，尤其是满足承受较大动载荷或复合应力的要求，调质件需要具有优良的综合力学性能，即具有高的强度和良好的塑性、韧性。为了能实现对零件的调质处理，调质钢必须具有足够的淬透性。调质处理后零件内应力完全消除，氢脆破坏倾向性减小，缺口敏感性降低，脆性破坏抗力增大。

2. 成分特点

为了兼顾强度、韧性，调质钢的含碳量范围为 $0.35\%\sim0.55\%$（碳素钢），或 $0.25\%\sim0.50\%$（合金钢）。如含碳量偏低马氏体强度不足，含碳量过高则塑性韧性降低。

调质钢中加入 Cr、Mo、Mn、Ni、Si、B 等合金元素用来提高淬透性，并起固溶强化作用。在钢中加入 V、Ti 来细化晶粒，加入 $0.15\%\sim0.30\%$Mo、$0.8\%\sim1.2\%$W 可以防止高温回火脆性，并增加回火稳定性。

3. 热处理与组织性能特点

调质处理前零件毛坯应进行正火或退火作为预备热处理，以调整组织并降低硬度，便于切削加工。毛坯粗加工后再进行调质处理作为最终热处理，以获得回火索氏体组织，使零件具有高强度、高韧性相结合的综合力学性能。最后进行精加工。

40CrNiMo 钢淬火后硬度在 44HRC 以上，经高温回火后硬度降低到 $18\sim23$HRC，满足了切削要求。45 钢是中碳结构钢，淬火后的硬度应该达到 $56\sim59$HRC，在 $560\sim600℃$高温回火后硬度为 $22\sim34$HRC。

调质钢的调质效果与钢的淬透性有很大关系，淬透性的高低应根据零件受力情况而定。对于整体截面受力均匀的零件，要求淬火后保证心部获得 90% 以上的马氏体；对于承受弯曲扭转应力的零件，要求距离表面 $R/4$ 处保证达到 80% 以上的马氏体。

4. 常用调质钢

常用调质钢按淬透性的大小分为低、中、高三类，见表 4-8。

表 4 - 8　常用调质钢

种类	牌号	热处理温度/℃		力学性能要求					用途举例
		淬火	回火	R_{el}/MPa	R_m/MPa	A/%	Z/%	α_k/(J/cm²)	
低淬透性	45	840 水	600 空	335	600	16	40	50	机床中形状较简单、中等强度、中等韧性的零件,如轴、齿轮、曲轴、螺栓、螺母
	45Mn2	840 油	550 水、油	735	685	10	45	60	直径<60 mm 时,性能与 40Cr 相当,用于蜗杆、齿轮、连杆、摩擦盘
	40Cr	850 油	520 水、油	785	980	9	45	60	重要调质零件,如齿轮、轴、曲轴、连杆、螺栓
	35SiMn	900 水	570 水、油	735	885	15	45	60	除要求低温(-20℃)时韧性很高的情况外,可全面代替 40Cr 作调质零件
	42SiMn	880 油	590 水、油	735	885	15	40	60	同 35SiMn
中淬透性	40CrNi	820 油	500 水、油	785	980	10	45	70	汽车、拖拉机、机床、柴油机的轴齿轮连接螺栓、电动机轴
	42CrMo	850 油	560 水、油	930	1080	12	45	80	代替含 Ni 较高的调质钢,也可用于重载大锻件、机车牵引大齿轮
	40CrMn	840 油	550 水、油	835	980	9	45	60	代替 40CrNi、42CrMo 作高速载荷而冲击不大的零件
	35CrMo	850 油	550 水、油	835	980	12	45	80	代替 40CrNi 制造大断面齿轮与轴、发电机转子、480℃以下零件的紧固件
	38CrMoAlA	940 水油	640 水、油	835	980	14	50	90	高级氮化钢,制造大于 900HV 氮化件,如镗床镗杆、蜗杆、高压阀门
高淬透性	37CrNi3	820 油	500 水、油	980	1130	10	50	60	制造高强度、韧性的重要零件,如活塞销、凸轮轴、齿轮、重要螺栓、拉杆
	40CrNiMoA	850 油	600 水、油	835	980	12	55	100	受冲击载荷的高强度零件,如锻压机床传动偏心轴、压力机曲轴等大断面重要零件
	40CrMnMo	850 油	600 水、油	785	980	10	45	80	同 40CrNiMoA

1）低淬透性调质钢

低淬透性调质钢的油淬临界直径为 30～40 mm。常用的有中碳钢 40、45、50，铬钢、锰钢中的 40Cr、45Mn2、35SiMn 等。碳钢淬透性低，力学性能差，一般用来制造截面小以及不重要的零件。铬钢、锰钢具有较好的淬透性，具有比碳钢高的回火稳定性，淬火温度范围宽、不易过热、变形开裂倾向小，故应用十分广泛。

2）中淬透性调质钢

中淬透性调质钢的油淬临界直径为 40～60 mm。常用的钢种有铬钼钢、铬锰钢等。铬钼钢具有较高的淬透性，高温强度高和组织稳定性好，消除回火脆性等特点。42CrMo 用来制造强度要求高、截面大的调质零件，如齿轮、汽轮发电机主轴、受负荷很大的连杆等，同时也可制造在 500℃ 以下长期工作的零件；铬锰钢的淬透性和强度较高，30CrMnSi 为高强度钢，具有较好的焊接性，用于制造高压鼓风机的压缩片、高速高负荷砂轮轴等重要的零件。

3）高淬透性调质钢

高淬透性调质钢的油冷临界直径为 60～100 mm。40CrMnMo 具有回火脆性小、过热倾向小等特点，用来制作截面积大、高强度和高韧性的零件，如大型重载汽车半轴、叶轮、航空发动机曲轴等。

4.3.4　弹簧钢

用来制造各种弹簧和弹性元件的钢称为弹簧钢。根据合金元素的不同，弹簧钢可分为碳素弹簧钢和合金弹簧钢。

1. 使用性能要求

弹簧在机器和仪表中属于重要零件，广泛应用在冲击、振动、周期性扭转、反复弯曲等交变应力为主的工况下。弹簧利用材料的弹性变形来吸收和释放能量，以达到传递能量、减轻振动、减轻冲击的效果。在弹性变形范围内，弹性元件的形状可以恢复，元件的力学性能没有受到损害。因此，弹簧材料需要具有高的弹性极限；为防止弹簧在复杂应力下疲劳破坏和断裂，弹簧材料还需要具有高的疲劳强度和适度的塑性与韧性。

2. 成分特点

碳素弹簧钢含碳量在 0.60%～0.90% 范围内，以保证热处理后具有高的弹性极限和疲劳极限。碳素弹簧钢屈服强度可达 800～1000 MPa，但其淬透性较差，只能应用于小型弹簧。

合金弹簧钢中常加入 Si、Mn、Cr、V、Mo、W 等合金元素，含碳量降低到 0.50%～0.70%。Si、Mn 主要用来提高淬透性，并强化铁素体，使弹簧钢的屈强比和弹性极限增高；Si 对弹性极限的提高作用很大，其不足是会促使钢表面脱碳；Mn 使钢淬透性增加，其不足之处是使钢过热和回火脆性倾向增大。为减少硅锰弹簧钢的脱碳和过热倾向，弹簧钢中还加入 Cr、Mo、W、V 等，同时它们可进一步提高弹性极限、屈强比、耐热性和耐回火性。V 起细化晶粒从而提高韧性的作用。

3. 热处理与组织性能特点

弹簧钢的热处理一般采用淬火加中温回火，以获得回火屈氏体组织。

对于钢丝直径在 10~15 mm 的弹簧，由于冷成形困难通常进行热轧成形，利用热轧成形后的余热立即淬火并中温回火，使钢获得回火屈氏体组织，此时其屈服强度大于 1200MPa。

对于钢丝直径<10 mm 的弹簧，其制备方法通常如下：① 对 55Si2Mn、60Si2MnA、50CrVA 弹簧钢，通常采用退火状态的钢丝冷绕成形，之后再对弹簧进行淬火加中温回火。② 对碳素弹簧钢和 65Mn 等弹簧钢，常在冷拔前对钢材进行索氏体化处理，然后进行多次冷拔，在反复的加工硬化下，使钢的屈服强度提高，再冷绕成弹簧。弹簧成形后在 250~300℃进行去应力退火，以防止弹簧变形。这里的索氏体化处理是指，在奥氏体化后，在 500~550℃下于铅浴或盐浴炉中进行保温，使钢材形成索氏体组织。③ 对于动力机械阀门弹簧等不重要零件，也可将冷拔到规定尺寸的钢丝先进行淬火和中温回火，再冷绕成弹簧，之后再进行去应力退火。这样处理的弹簧缺少反复加工硬化的过程，强度稍低。

4. 常用弹簧钢

常用弹簧钢的牌号、成分、热处理、性能及用途见表 4-9。

表 4-9 常用弹簧钢

种类	牌号	热处理温度		力学性能要求				用途举例
		淬火/℃	回火/℃	R_{el}/MPa	R_m/MPa	A/%	Z/%	
碳素弹簧钢	65	840 油	500	800	1000	9	35	小于 φ12 mm 的一般机器、小型机械上的弹簧
	85	820 油	480	1000	1150	6	30	小于 φ12 mm 的车辆、机器上承受振动的螺旋弹簧
	65Mn	830 油	540	800	1000	8	30	小于 φ12 mm 的各种弹簧，如弹簧发条、刹车弹簧等
合金弹簧钢	55Si2MnB	870 油	480	1200	1300	6	30	用于 φ25~30 mm 减振板弹簧与螺旋弹簧，工作温度低于 230℃
	60Si2Mn	870 油	480	1200	1300	5	25	同 55Si2MnB
合金弹簧钢	50CrVA	850 油	500	1150	1300	10	40	用于 φ30~50 mm 承受大应力的各种重要的螺旋弹簧、工作温度低于 400℃的气阀弹簧、喷油嘴弹簧
	60Si2CrVA	870 油	410	1700	1900	6	20	用于 φ<50 mm，工作温度低于 250℃的极重要的和重载荷下工作的板簧与螺旋弹簧
	30W4Cr2VA	1050~1100 油	600	1350	1500	7	40	用于高温下（500℃以下）的弹簧，如锅炉安全阀用弹簧等

4.3.5 滚动轴承钢

滚动轴承钢是用来制造滚动轴承的滚动体、内外套圈的钢,由于其硬度高也可用于制造精密量具、机床丝杠、冷冲模等耐磨零件。

1. 使用性能要求

轴承工作时,内外套圈、滚动体和保持架受到周期性交变载荷的作用,循环受力次数可达每分钟数万次,使零件发生疲劳破坏;同时零件接触表面承受极高的接触应力并产生强烈的磨损。

为了减少零件磨损,保持轴承精度和稳定性,延长使用寿命,轴承钢应具有高的硬度和耐磨性。轴承钢还须具有高的接触疲劳强度,以免表面龟裂剥落。为防止轴承零件的腐蚀,还要求轴承钢具有对大气、润滑油的耐腐蚀能力。

轴承零件在生产过程中,要经过许多道冷、热加工工序,为了满足大批量、高质量的生产要求,轴承钢还应具备良好的加工性能,如冷热成形性能、切削性能、淬透性等。

材料硬度是轴承钢的重要指标之一。在使用状态下轴承钢的硬度一般须达到 61～65HRC,才能使轴承获得足够的耐磨性能和较高的接触疲劳强度。

2. 化学成分特点

为获得上述性能,滚动轴承钢一般含有 0.95%～1.15% 的碳及 0.40%～1.65% 的铬。高碳是为了获得高的强度、硬度和耐磨性,铬的作用是提高淬透性,增加回火稳定性。为进一步提高淬透性,还可以加入 Si、Mn 等元素,以适于制造大型轴承。

轴承钢对冶炼质量要求很高,需要严格控制 S、P 及非金属夹杂物的含量和分布,轴承钢的 S、P 含量范围为:$w_S < 0.020\%$、$w_P < 0.027\%$。

3. 热处理与组织性能特点

轴承钢以球化退火作为预备热处理,再经淬火加低温回火,使用时组织为回火马氏体。轴承钢的加工工艺路线为:轧制、锻造→球化退火→粗加工→淬火＋低温回火→磨削加工→低温时效→成品。

球化退火使钢的组织转变为球状珠光体,主要目的是降低钢的硬度(<210HBS),改善切削加工性能,并为淬火做组织准备。淬火加低温回火使钢获得极细的回火马氏体组织,硬度为 61～65HRC。对于精密轴承,为了稳定组织,可在淬火后进行冷处理(-60～-80℃),以减少残余奥氏体量,然后再进行低温回火和磨削加工。

4. 常用滚动轴承钢

常用滚动轴承钢见表 4-10。

滚动轴承钢最有代表性的是 GCr15 和 GCr15SiMn,前者用于制造中小型轴承,后者用于制作大型轴承。

GCr15 钢加热到 780～810℃ 后进行球化退火,淬火加热温度为 820～840℃,油冷,见图 4-6。淬火后进行低温回火(150～160℃),以降低应力,使残余奥氏体分解,稳定尺寸。

其回火后组织为：细小的回火马氏体＋细小的粒状碳化物＋少量残余奥氏体。

表 4-10　常用滚动轴承钢

牌　号	$w_C/\%$	热处理温度 /℃		硬度/HRC	用　途　举　例
		淬火	回火		
GCr6	0.95~1.10	800~820 水、油	150~170	62~64	直径<20 mm 的滚珠、滚柱及滚针
GCr9	1.00~1.10	810~830 水、油	150~160	62~64	直径<20 mm 的滚珠、滚柱及滚针
GCr9SiMn	1.00~1.10	810~830 水、油	150~200	62~64	壁厚<12 mm、外径<250 mm 的套圈；直径为 25~50 mm 的钢球；直径<22 mm 的滚子
GCr15	0.95~1.05	820~840 水、油	150~160	62~64	同 GCr9SiMn
GCr15SiMn	0.95~1.05	820~840 水、油	170~200	62~64	壁厚≥12 mm、外径<250 mm 的套圈；直径>50 mm 的钢球；直径>22 mm 的滚子

GCr15 钢合金含量较少、淬透性稍低，冷加工塑性中等，切削性能一般，焊接性能差，存在回火脆性等不足，主要用于制作中小型轴承。GCr15 经过淬火加回火后具有高而均匀的硬度、良好的耐磨性、高的接触疲劳性能，广泛应用于制作内燃机、电动机车、汽车、拖拉机、机床、轧钢机、钻探机、矿山机械、通用机械，以及高速旋转的中高载荷传动轴承。

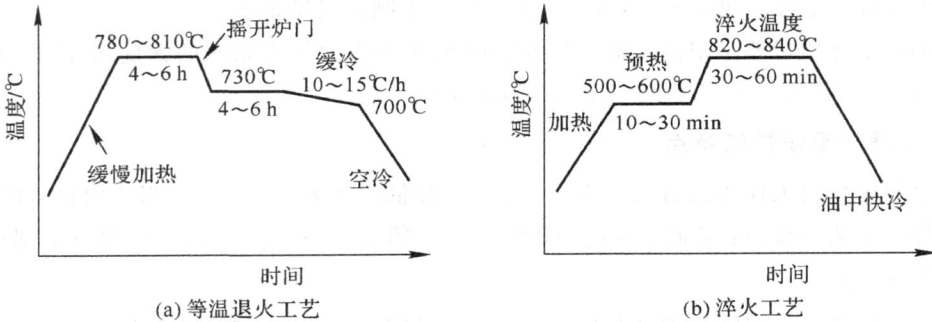

图 4-6　GCr15 钢的等温退火工艺和淬火工艺曲线

4.3.6　易切削钢

易切削钢是在钢中加入一些易切削元素，切削加工时，这些元素或这些元素形成的化合物对切削刀具起润滑作用，并使切屑容易脆断，使钢的切削抗力减小，从而提高零件的表面质量，提高切削速度、延长刀具寿命。

易切削钢适应了切削加工不断向自动化、高速化和精密化发展的要求，最适于制造使用时受力较小，而对尺寸和光洁度要求严格的零件。易切削钢广泛应用于仪器仪表、汽车、机床、电器、办公设备，以及自动切削机床加工的紧固件和标准件。

1. 性能要求

根据自动机床大批大量加工情况下，降低加工成本、提高加工效率、提高零件表面质量等需求，对易切削钢有如下要求：① 材料加工性能好，切削加工非常容易、可钻深孔、铣深槽、切削流畅，加工稳定、刀具使用寿命高，生产效率高；② 尺寸精度高，表面光洁度高；③ 产品的电镀性能好，大大降低产品成本；④ 易切削钢为环保材料，不含有对环境有害的物质。

2. 化学成分特点

易切削钢需要控制钢中含碳量，如碳过低，组织中会出现大量铁素体，切屑易粘着于刀刃上形成刀瘤，使切削性能下降；含碳量过高，组织中珠光体数量增多，硬度及强度提高，使切削抗力增大，切削性能变坏。易切削钢中含碳量以 0.15%～0.25%为宜。

易切削钢中含有提高铁素体强度并降低其韧性的元素 P、N，从而改善切削性能。其他易切削元素有 S、Pb、Te、Bi、Se 等。

在钢中，锰和硫形成硫化锰夹杂，硫化锰很脆并有润滑效能，使切屑容易碎断而易于排除，从而减少刀具磨损，提高加工表面的质量，提高刀具寿命。铅在钢中呈细小金属颗粒形态，均匀分布或附着于硫化物的周围。铅的熔点较低，切削时融熔渗出起润滑作用，降低摩擦，提高切削能力。

3. 组织性能特点

易切削钢的组织一般为铁素体加珠光体，而铁素体与珠光体相对含量对切削性有明显的影响。经验表明，珠光体含量在 15%～20%时最适宜，最多不应超过 30%。

常用易切削钢的牌号有 Y12、Y12Pb、Y15、Y15Pb、Y25、Y30、Y35、Y40Mn 和 Y45 等。Y 后面数字表示合金中含碳量，它与合金中珠光体含量有对应关系，如 Y15Pb，表示含有 0.15%的碳，同时还含有铅的易切削钢。

易切削钢的硬度在 152～223HBS 之间，在切削加工前不进行锻造和热处理，以免影响切削加工性能。但切削加工之后可进行最终热处理来改善零件使用性能。

4.4 合金工具钢

合金工具钢是用于制造各种刃具、模具、量具和其他加工工具的合金钢。

刃具、模具、量具是对其他材料进行成形加工时的常用工具，工具在使用过程中需要具有高的硬度和高的耐磨性。如不具备高的硬度和高的耐磨性，工具使用寿命降低，也不能保证所加工零件的尺寸精度。

不同用途的工具钢对性能的要求不尽相同。例如，除要求高硬度外，刃具钢还要求具有高的红硬性；冷作模具钢要求具有较高的强度和韧性；热作模具钢要求具有高的韧性和耐热疲劳性，对硬度和耐磨性要求稍低；对于量具钢还要求具有高的尺寸稳定性。

4.4.1 刃具钢

刃具的种类繁多，如车刀、铣刀、刨刀、钻头、丝锥及板牙等，刃具钢是用来制造各种切削加工工具的钢种。

1. 性能要求

在切削过程中，刀具的刀刃犁入零件使被加工零件表层金属产生变形和断裂，使切屑从零件上剥离下来。刀刃一方面承受弯曲、扭转、剪切应力和冲击、振动等负荷作用，另一方面还受到零件的强烈摩擦。由于切屑层变形生热，以及刀具与零件摩擦生热，使刀具温度升高。切削速度越快刀具温度越高，有时刀刃温度可达 600℃。

刀刃的失效形式有多种，比较普遍的失效形式是磨损，当刀具磨损到一定程度后就不能正常工作了，否则会影响加工精度。有些小型刀具工作时整体折断，有些刀具的刀刃在受强烈振动、冲击时，或在弯曲变形时，刀刃局部崩落等。

刀具钢应具有如下使用性能：

（1）为了保证刀刃能犁入零件并防止卷刃，刀具的硬度必须远高于被切削材料的硬度。被切削材料的硬度一般在 160～230HB，刀具的硬度一般须在 HRC60 以上。故刀具钢通常以高碳马氏体为基体。

（2）为了保证刀具的使用寿命，要求刀具材料有足够的耐磨性。在马氏体基体上分布着弥散合金碳化物，能有效地提高刀具钢的耐磨损能力。

（3）在各种切削加工过程中，刀具承受着冲击、振动等载荷，这要求刀具钢具有足够的塑性和韧性，以防止在使用中崩刃或折断。

（4）为了使刀具能承受切削热的作用，防止在使用过程中因温度升高而导致刀刃硬度下降，要求刀具具有高的红硬性。钢的红硬性是指钢在高温条件下，仍能保持足够高的硬度和切削加工能力的性能。红硬性反映钢抵抗多次高温回火软化的能力，可以用多次高温回火后在室温条件下测得的硬度值来表示。在高速切削时，对红硬性有更高的要求。一般要求刀具钢经热处理后，在 600℃ 以下硬度保持 HRC60 以上。

此外，选择刀具钢时，应当考虑工艺性能的要求。例如，切削加工与磨削性能好、具有良好的淬透性、较小的淬火变形、开裂敏感性等。

2. 化学成分特点

根据所含合金元素的多少，常用合金刀具钢分为低合金刀具钢和高速钢。低合金刀具钢用于低速切削，工作温度不大于 300℃；高速钢用于高速切削，工作温度能达到 600℃。

低合金刀具钢的含碳量一般为 0.9%～1.2%，以保证能形成足够数量的合金碳化物。并加入 Cr、Mn、Si、W、V 等合金元素，其目的是提高淬透性，强化铁素体，形成合金渗碳体。

高速钢的含碳量一般为 0.7%～1.6%，以保证马氏体硬度和形成碳化物；并且含有大量 W、Mo、Cr、V、Co 等合金元素，这些元素中，Cr 的主要作用是提高钢的淬透性，W、Mo、V 的主要作用是提高红硬性。

高速钢不但保证了钢的淬透性和耐磨性，而且红硬性也得到了显著提高。同碳素刀具钢和低合金刀具钢相比，高速钢的切削速度可提高 2～4 倍，刀具寿命提高 8～15 倍。

3. 热处理及组织特点

低合金刀具钢的生产工艺路线为：下料→球化退火→粗加工→淬火＋低温回火→精加工→成品。

热处理包括加工前的球化退火和成形后的淬火加低温回火。低合金刀具钢为过共析钢,一般采用不完全淬火。淬火加热温度要根据零件形状、尺寸及性能要求等选定,回火温度一般为 $130\sim200℃$。合金刃具钢导热性较差,对于形状复杂、截面尺寸大的零件,在淬火前先在 $600\sim650℃$ 保温,然后再进行油淬、分级淬火或等温淬火。

4. 常用刃具钢

常用合金刃具钢的牌号、热处理及用途见表 4-11。

表 4-11　常用低合金刃具钢

| 分类 | 牌号 | w_c% | 试样淬火 | | 回火 | | 用 途 举 例 |
			温度/℃	HRC≥	温度/℃	HRC	
低合金刃具钢	Cr2	0.95~1.10	830~860 油	62	150~170	61~63	低速切削工具,如车刀、插刀、铰刀、量具、模板、冷冲模、冷轧辊等
	9SiCr	0.85~0.95	830~860 油	62	180~200	60~62	丝锥、板牙、钻头、铰刀、冷冲模、冷轧辊等
	8MnSi	0.75~0.85	800~820 油	62	150~200	60~62	木工凿子、锯条或其他工具,长铰刀、长丝锥
	9Cr2	0.85~0.95	820~850 油	62	130~140	62~65	冷轧辊、钢印、冲孔凿、冲头、冷冲模、尺寸较大的铰刀、车刀等刃具
	W	1.05~1.25	800~830 水	62	150~160	62~65	低速切削金属刃具,如麻花钻、车刀和特殊切削工具
高速钢	W18Cr4V (18—4—1)	0.70~0.80	1260~1280	63	550~570	≥63	一般高速切削用的车刀、刨刀、钻头、铣刀等
	W6Mo5Cr4V2	0.80~0.90	1210~1230	63	540~560	≥64	要求耐磨性和韧性很好的高速切削刀具,如钻头;适于用热变形成形来制备的刀具
	W9Mo3Cr4V	0.77~0.87	1210~1230	63	540~560	≥64	切削不锈钢及其他硬韧材料时,可显著提高刀具寿命和零件表面光洁度
	W12Cr4VCo6	1.50~1.60	1220~1240	63	530~550	≥65	要求耐磨性和热硬性较高的,韧性较好的形状复杂的刀具,如拉刀、铣刀

低合金刃具钢基本上解决了碳素工具钢淬透性低、耐磨性不足的缺点,但不能满足高速切削时的红硬性要求。其典型钢种是 9SiCr,广泛用于制造各种低速切削的刃具如板牙、丝锥等,也常用作冷冲模材料。为改善刃具的切削效率和提高耐用度,有时需要采用表面强化处理。

高速钢广泛用于制造尺寸大、切削速度快、负荷重及工作温度高的各种机加工工具。

如车刀、刨刀、拉刀、钻头等，此外还可应用在模具及特殊轴承上。在现代工具材料中高速钢大约占刃具材料总量的 65%。

下面主要介绍 W18Cr4V 材料的盘形齿轮铣刀的生产过程。齿轮铣刀生产工艺流程为：下料→锻造→等温退火→机械加工→淬火＋高温回火两次→喷砂→磨削加工→成品。

1）锻造

W18Cr4V 高速钢中含有大量的合金元素，使铁碳合金相图中的 E 点左移到 $w_C =$ 0.77% 处，其铸态组织中会出现莱氏体，在晶界处存在大量鱼骨状共晶碳化物，见图 4-7（a）。这些粗大的脆性相不能通过热处理改善，只能通过锻造的方法将其击碎，以避免刀具在使用过程中崩刃和磨损。高速钢的锻造具有零件成形同时改善碳化物形态和分布的双重作用。

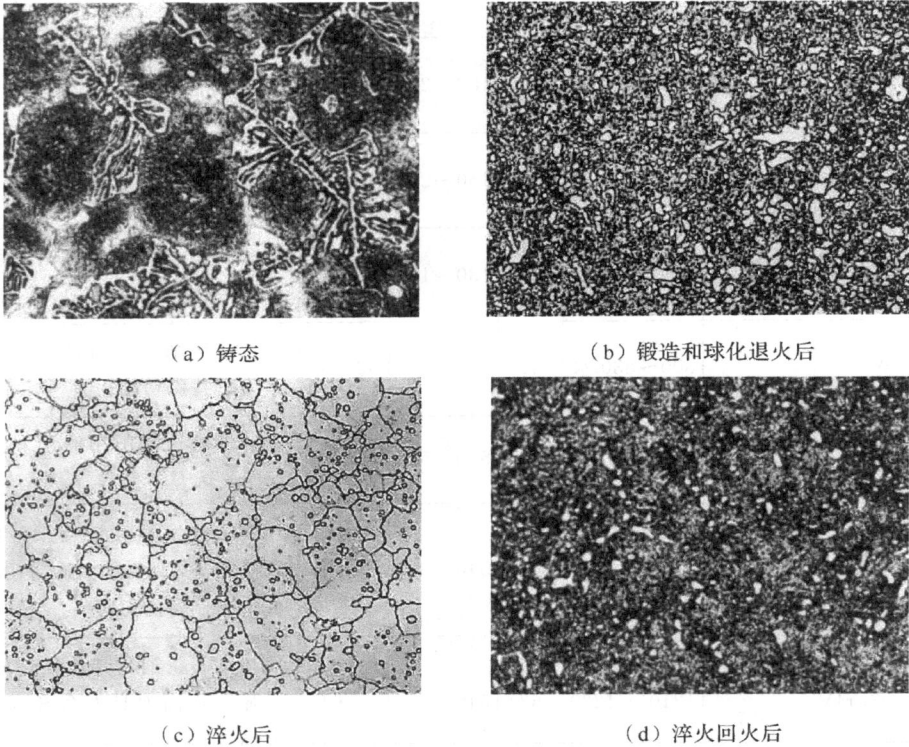

（a）铸态　　　　　　　　　　　　　（b）锻造和球化退火后

（c）淬火后　　　　　　　　　　　　（d）淬火回火后

图 4-7　高速钢各热处理阶段的组织

2）退火

W18Cr4V 高速钢盘形齿轮铣刀的热处理工艺曲线如图 4-8 所示。为缩短工时，一般采用等温退火。等温退火后的组织为索氏体基体上均匀分布着细小的粒状碳化物，见图 4-7（b）。其目的是降低硬度到 207～255HB 之间，以提高切削性能，为淬火做组织准备。

3）淬火

从图 4-8 可看出，高速钢淬火回火具有如下特点：

（1）淬火过程中要进行预热，原因是高速钢的导热性很差，淬火温度高，为减小热应力，加热过程中需要进行一到二次预热。对形状简单、尺寸小的零件，也可只在 800～850℃预热一次。

(2) 淬火温度高且应分级冷却。W18Cr4V 高速钢的淬火加热温度应控制在 1270～1280℃之间，以利于提高淬透性并确保淬火回火后获得高的热硬性。这是因为钢中 W、Mo、Cr、V 等元素形成的碳化物只能在 1200℃以上才能大量溶入到奥氏体中。若淬火温度再升高，奥氏体中溶入的合金元素过多，会导致淬火后残余奥氏体增多和晶粒粗大、降低钢的韧性。正常淬火后组织（见图 4-7(c)）为隐针马氏体＋粒状碳化物和较多的残余奥氏体，故淬火后组织硬度并未达到最高。

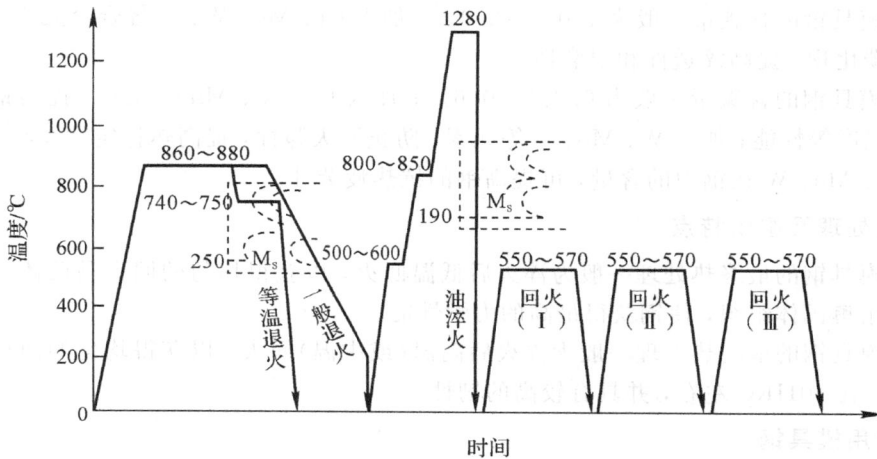

图 4-8　W18Cr4V 高速钢盘形齿轮铣刀热处理工艺曲线

4）回火

高速钢通常在二次硬化峰值温度或稍高一些的温度（550～570℃）下，回火三次。W18Cr4V 钢淬火后约有 30％的残余奥氏体，经一次回火后约剩 15％～18％，二次回火后降到 3％～5％，第三次回火后仅剩 1％～2％。多次回火不断减少残余奥氏体含量，进一步提高硬度。高速钢回火后的组织为回火马氏体、碳化物及少量残余奥氏体（见图 4-7(d)），正常回火后硬度一般为 63～66HRC。

由于高速钢价格昂贵，为节约材料，通常刀具上只有刀头采用高速钢，刀柄采用普通材料，通过焊接或镶嵌刀头的办法来制备刀具。如直径大于 10mm 的钻头通常采用 45 钢刀柄，镶嵌高速钢刀刃；直径大于 600mm 以上的圆盘锯只镶嵌高速钢齿片作刀刃。

4.4.2　模具钢

模具钢是用来制造各种模具的钢种。模具钢分为冷作模具钢和热作模具钢。冷作模具钢用于制造各种冷冲模、冷镦模、冷挤压模和拉丝模等，工作温度不超过 200～300℃。热作模具钢用于制造各种热锻模、热挤压模和压铸模等，工作时型腔表面温度可达 600℃以上。

1. 性能要求

冷作模具工作时，承受很大压应力、弯曲应力、冲击载荷、摩擦。其主要损坏形式是磨损，也常出现崩刃、断裂、变形等失效现象。因此冷作模具钢应具有高硬度、高耐磨性、足够的韧性与疲劳抗力、热处理变形小等性能。

热作模具钢工作时，承受强烈的冲击载荷和剧烈的摩擦，与炽热的金属接触，且模腔反复加热和冷却，因而会产生较大的热应力并产生高温氧化，常出现崩裂、磨损、龟裂等失效现象。因此热作模具钢的主要性能要求是：高的热硬性和高温耐磨性；高的抗氧化能力；高的热强性；足够的韧性；高的热疲劳抗力。此外，由于热模具一般较大，还要求具有较高的淬透性和导热性。热作模具钢承力较小，但经受高低温热循环，更需要热硬性和组织稳定性。

2. 化学成分特点

冷作模具钢的含碳量一般为 $1.0\% \sim 2.0\%$；加入 Cr、Mo、W、V 等合金元素，强化基体，形成碳化物，提高淬透性和耐磨性。

热作模具钢的含碳量一般为 $0.3\% \sim 0.6\%$；加入 Cr、Ni、Mn 等元素，提高钢的淬透性，提高强度等性能；加入 W、Mo、V 等元素，防止回火脆性，提高热稳定性及红硬性；适当提高 Cr、Mo、W 在钢中的含量，可提高钢的抗热疲劳性。

3. 热处理及组织特点

冷作模具钢的最终热处理一般为淬火后低温回火，以获得均匀的回火马氏体＋二次碳化物＋残余奥氏体组织，使钢获得最高的力学性能。

热作模具钢的最终热处理一般为淬火后高温（或中温）回火，以获得均匀的回火索氏体组织，硬度在 40HRC 左右，并具有较高的韧性。

4. 常用模具钢

常用模具钢的牌号、成分、热处理、性能及用途列于表 4-12 中。

表 4-12 常用模具钢

类别	钢号	$w_C/\%$	淬火			回火		应用举例
			温度/℃	介质	硬度/HRC	回火温度/℃	硬度/HRC	
冷作模具钢	Cr12	2.00~2.30	980	油	62~65	180~220	60~62	冷冲模冲头、冷切剪刀、钻套、量规；落料模、拉丝模、木工工具
			1080	油	45~50	500~520（三次）	59~60	
	Cr12MoV	1.45~1.70	1030	油	62~63	160~180	61~62	冷切剪刀、圆锯、切边模、滚边模、标准工具与量规、拉丝模等
			1120	油	41~50	510（三次）	60~61	
热作模具钢	5CrNiMo	0.50~0.60	830~860	油	≥47	530~550	HB364~402	挤压模、大型锻模等
	5CrMnMo	0.50~0.60	820~850	油	≥50	560~580	HB324~364	中型锻模等
	6SiMnV	0.55~0.65	820~860	油	≥56	490~510	HB374~444	中、小型锻模等
	3Cr2W8V	0.30~0.40	1050~1100	油	>50	560~580（三次）	44~48	高应力压模、螺钉或铆钉热压模、热剪切刀、压铸模等

要求不高的冷作模具可用低合金刃具钢制造，大型冷作模具用 Cr12 钢制造。目前应用最普遍、性能较好的冷作模具钢为 Cr12MoV，该钢热处理变形小，适合于制造重载和形状复杂的模具。冷挤压模工作时受力很大，可用马氏体时效钢来制造。

热锻模具钢对韧性要求较高，而对热硬性要求不太高，典型钢种有 5CrMnMo 等。热压模具钢所受的冲击载荷较小，但对热强度要求较高，常用钢种有 3Cr2W8V 等。目前国内许多厂家用 H13(4Cr5MoSiV1) 钢代替 3Cr2W8V 制造热作模具，效果良好。

4.4.3 量具钢

量具钢是用来制造各种测量工具的钢种，如千分尺、卡尺、块规和塞规、样板、螺旋测微仪等。

1. 性能要求

在存放和使用过程中，各种测量工具必须保持自身尺寸的稳定性。这要求各种量具组织稳定，内应力小，以确保尺寸不发生变化。量具也须具备高耐磨性，以保证量具在与被测量零件接触时不造成过大磨损。此外，量具还须具有良好的耐腐蚀性，以防生锈和化学腐蚀。

2. 化学成分特点

量具钢含碳量较高，$w_C = 0.9\% \sim 1.5\%$，并且常加入 Cr、W、Mn 等元素。

3. 热处理及组织特点

为保证量具的尺寸稳定性，在量具钢热处理时常采用下列措施：① 通过适当降低淬火温度来减少残余奥氏体含量，防止残余奥氏体转变影响尺寸；② 在量具钢淬火后，立即进行温度为 $-70 \sim -80℃$ 的深冷处理，尽可能地使残余奥氏体转变为马氏体，然后再进行低温回火；③ 对精度要求高的量具，在淬火、冷处理、低温回火后，还需要进行时效处理，然后再进行精加工。

4. 常用量具钢

量具钢没有专用钢号。对尺寸较小、形状相对简单、精度较低的量具，由于耐磨性的要求通常可以用高碳钢制造，优点是成本较低；对较精密的形状复杂的量具，可以用低合金刃具钢制造。含有 Cr、W、Mn 的刃具钢淬透性较高，淬火变形小，可用于制造精度要求高，形状复杂的量规和块规；GCr15 钢的耐磨性和尺寸稳定性较好，可用于制造高精度量具，如块规、螺旋塞头、千分尺等。在腐蚀介质中应用的量具，则可用硬度较高的马氏体不锈钢 9Cr18、4Cr13 制造。

下面以 CrWMn 钢制块规为例介绍量具生产过程。块规生产工艺流程为：下料→锻造→球化退火→机械加工→淬火→深冷处理→低温回火→粗磨→人工时效→精磨→去应力退火→研磨。其热处理工艺曲线如图 4-9 所示。

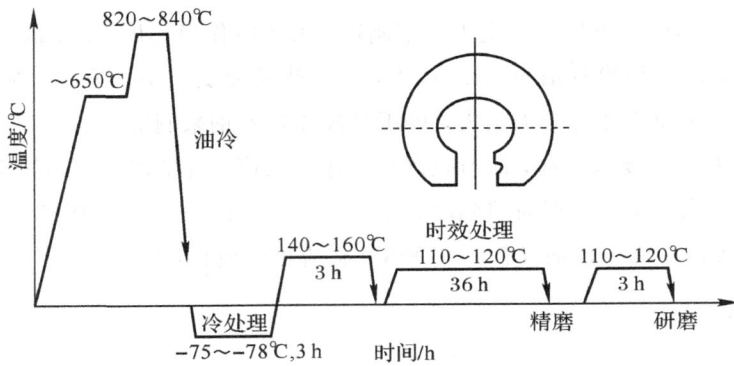

图 4-9 CrWMo 钢块规的热处理工艺曲线

从工艺路线上可看出,量具块规的热处理增加了深冷处理和时效处理。

(1) 深冷处理。量具淬火后,应立即在 $-70\sim-80℃$ 进行深冷,目的是尽可能减少钢中的残余奥氏体,稳定量具尺寸。残余奥氏体是一种非常不稳定的组织,在量具使用或长时间放置时,会发生组织转变,从而导致量具尺寸变化。

(2) 时效处理。对精度要求高的量具,经深冷处理再进行低温回火,精磨之后,还要进行低温时效处理,以进一步稳定残余奥氏体和消除残余应力,也可以消除粗磨加工时产生的应力。此外,精磨后还需要消除磨削应力,以保持量具尺寸长期稳定。

4.5 特殊性能钢

特殊性能钢有别于以力学性能为主的工程结构用钢,它具有特殊的物理或化学性能。特殊性能钢种类很多,本书仅介绍在机械工程中应用较多的不锈钢、耐热钢、耐磨钢这三种。

4.5.1 不锈钢

不锈钢是指在腐蚀性介质中具有化学稳定性的合金钢。不锈钢通常都具有良好的抗大气腐蚀性能,在空气中不易生锈。不锈钢用来制造在各种腐蚀介质中应用的零件或构件,比如化工装置中的各种泵件、管道和阀门,各种医疗手术器械、防锈刃具和量具等。除耐腐蚀性外,不锈钢还要求具有一定的力学性能。

1. 金属腐蚀的概念

材料与环境组分之间发生化学或电化学反应而引起的材料表面破坏过程,称为腐蚀。通常将金属腐蚀分为化学腐蚀和电化学腐蚀两类。化学腐蚀是指金属与其接触到的物质直接发生氧化还原反应而损耗的过程,例如钢在燃气中腐蚀、高温氧化等;电化学腐蚀是指金属在酸碱盐等溶液中,产生原电池作用而引起的金属腐蚀。金属材料的电化学腐蚀出现最多、破坏力最大。

金属材料由电极电位不同的相组成,各相之间具有电位差,在电解质溶液中它们组成原电池。如图 4-10 所示，电极电位低的 I 区是阳极，电极电位高的 II 区是阴极。在阳极上发生阳极氧化反应：$Fe \rightarrow Fe^{++} + 2e$，使铁原子变成铁离子进入溶液；在阴极，溶液中的氢离子得到阳极流来的电子发生阴极还原反应：$2H^+ + 2e = H_2\uparrow$。从前面反应可知，电化学腐蚀的结果，是使阳极不断被腐蚀，而阴极电位较高而受到保护。不幸的是，组成合金的各种组元中，金属的电极电位低，总会作为阳极而被优先腐蚀掉。不同组元间的电极电位相差越大，尤其是阳极的电极电位越低，合金的腐蚀速度越大。

2. 不锈钢的成分组织特点

常见金属中，铁的标准电极电位为 -0.439 V，铬的为 -0.51 V，镍的为 -0.23 V，铝的为 -1.3 V，铜的为 -0.344 V，银的为 -0.80 V。在钢铁材料中添加 Cr、Ni、Si 等元素，能够有效地提高合金的电极电位，从而提高耐腐蚀性能。

1）铬的作用

铬是决定不锈钢耐腐蚀能力的关键元素，每种不锈钢都含有一定数量的铬。铬在钢中的作用具体有：① 铬使铁基固溶体的电极电位提高，铬含量大于 11.6% 时，基体的电极电位由 -0.56 V 开始急剧增高，铬的含量为 13% 时变为 +0.12 V，会使合金的耐腐蚀性能大大提高，见图 4-11；② 铬吸收铁的电子使铁钝化。铬使钢的表面氧化物转变为致密的富铬氧化物，并紧密粘附在钢表面上，由于氧原子不能通过富铬氧化物扩散，富铬氧化物层可以防止进一步地氧化。如果氧化物层损坏，新暴露出的钢表面会立即与大气反应，重新生成富铬氧化物层，进行自我修复，继续起保护作用。这种氧化物层极薄，透过它可以看到钢表面的自然光泽，使不锈钢具有独特的表面光泽。

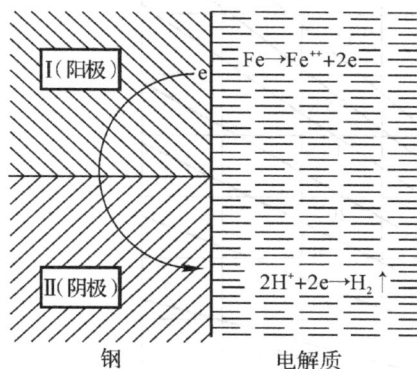

图 4-10　金属电化学腐蚀过程示意图

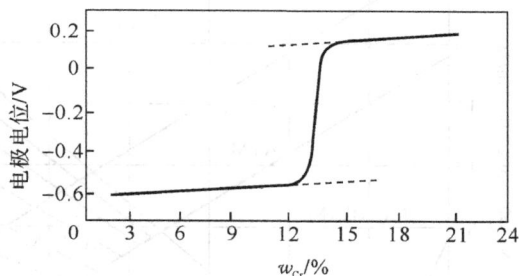

图 4-11　Cr 对 α-Fe 电极电位的影响

在钢中，铬是铁素体形成元素，当固溶到基体的铬含量大于 12.7% 时，会使钢转变为单一的铁素体基体。

在氧化性介质中铬形成致密的氧化膜，具有非常有效的保护作用。在非氧化性酸（如盐酸、稀硫酸和碱溶液等）中铬的钝化能力很差，此时可在钢中添加 Mo、Cu 等元素，来提高钢的耐腐蚀能力。还可以添加 Ti、Nd 等强碳化物形成元素，它们同碳优先形成更稳定的碳化物，使更多的铬保留在基体中，可以大大减轻合金的晶间腐蚀。

2）镍的作用

在钢中，镍是奥氏体形成元素，在含镍量大于 24% 时，低碳镍钢才能获得单相奥氏体组织；在含镍量大于 27% 时，才使钢的耐腐蚀性能显著提高。

由于镍价格昂贵，在不锈钢中镍往往与铬搭配使用，才具有较合适的性价比。镍在不锈钢中的作用，在于它使高铬钢的组织发生变化，从而使不锈钢的耐腐蚀性能及工艺性能获得难能可贵的改善。

3）碳的作用

碳强烈影响钢的组织与性能，在不锈钢中碳的作用有：① 碳能够提高钢的强度；② 碳是不变的奥氏体形成元素；③ 碳和铬的亲和力很大，与铬构成一系列复杂的碳化物，会使基体的含铬量降低，对耐腐蚀性不利。所以，从强度与耐腐蚀性能两方面来看，碳在不锈钢中的作用是不能兼顾的。但不锈钢多数工况下以耐腐蚀为主要目标，一般要求具有较低的含碳量。低碳钢同时还具有易于焊接、易于变形等工艺上的优势。

添加 Ni、Mn、N 等奥氏体形成元素使钢中部分出现或全部转化为奥氏体组织，从而提高合金力学性能，并提高不锈钢在有机酸中的耐腐蚀性。

据研究，可根据铬镍不锈钢的成分来判断合金组织，如图 4-12 所示。图中横坐标为铬当量，$Cr_{eq} = Cr + Mo + 1.5Si + 0.5Nb$；图中纵坐标为镍当量，$Ni_{eq} = Ni + 30C + 0.5Mn$。铬当量是将各种铁素体形成元素的作用折合成铬的作用；镍当量是将各种奥氏体形成元素的作用折合成镍的作用。根据钢的成分，计算出镍当量和铬当量，再从图中查不锈钢的组织。

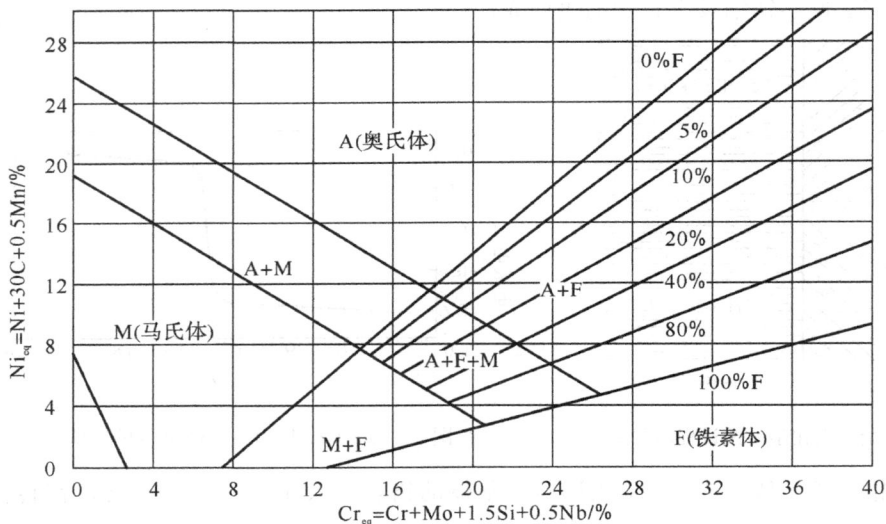

图 4-12　不锈钢的组织图

3. 常用不锈钢

根据基体组织的不同，不锈钢分为马氏体型、铁素体型、奥氏体型和双相不锈钢，见表 4-13。

表 4 – 13 常用不锈钢

类别	钢号	$w_C/\%$	热处理温度℃ A：油或水淬 B：油淬 C：回火	力学性能要求					特性及用途
				R_m /MPa	R_{el} /MPa	A /%	Z /%	HRC	
马氏体型	1Cr13	0.08~0.15	A：1000~1050 C：700~790	600	420	20	60		制作能抗弱腐蚀性介质、能受冲击载荷的零件，如汽轮机叶片、水压机阀、结构架、螺栓、螺帽等
	2Cr13	0.16~0.24	A：1000~1050 C：700~790	660	450	16	55		
	3Cr13	0.25~0.34	B：1000~1050 C：200~300					48	制作较高硬度和耐磨性的医疗工具、量具、滚珠轴承等
	4Cr13	0.35~0.45	B：1000~1050 C：200~300					50	
	9Cr18	0.90~1.00	B：950~1050 C：200~300					55	不锈切片机械刀具、剪切刀具、手术刀等高耐磨耐腐蚀零件
铁素体型	1Cr17	≤0.12	750~800 空冷	400	250	20	50		制作硝酸工厂设备，如吸收塔，热交换器、酸槽、输送管道以及食品工厂设备等
奥氏体型	0Cr18Ni9	≤0.08	固溶处理 1050~1100	500	180	40	60		具有良好的耐腐蚀及耐晶间腐蚀性能，为化学工业用的耐蚀材料
	1Cr18Ni9	≤0.14	固溶处理 1100~1150	560	200	45	60		制作耐硝酸、冷磷酸、有机酸及盐、碱溶液腐蚀的设备零件
	0Cr18Ni9Ti 1Cr18Ni9Ti	≤0.08 ≤0.12	固溶处理 1100~1150	560	200	40	55		耐酸容器及衬里，输送管道等设备和零件，抗磁仪表，医疗器械
奥氏体铁素体型	1Cr21Ni5Ti	0.09~0.14	固溶处理 950~1100 水或空淬	600	350	20	40		硝酸及硝铵工业设备及管道，尿素液蒸发部分设备及管道
	1Cr18Mn10Ni5Mo3N	≤0.10	固溶处理 1100~1150 水淬	700	350	45	65		尿素及尼龙生产的设备及零件，其他化工、化肥等部门的设备及零件

1) 马氏体型不锈钢

0Cr13～4Cr13 的含铬量为 12％～14％，把碳与铬形成碳化铬这一因素考虑进去，其基体含铬量仍高于 11.6％，合金的耐腐蚀性能也是很好的，但它们只能在氧化性介质中或弱腐蚀工况下使用。0Cr13～4Cr13 淬透性很好，淬火并回火后具有回火马氏体组织，强度和硬度高，适用于制造力学性能要求高，同时有一定耐腐蚀性要求的零件，如汽轮机、结构架、螺栓、医疗工具、量具、剪切刀具等。

2）铁素体型不锈钢

在含碳量较低，含铬量稍高时，不锈钢为单相铁素体组织，如1Cr17。它的耐腐蚀性比马氏体型不锈钢高，适合用于氧化性介质或中性介质中，主要用于强度要求不高的硝酸工业设备和食品工业设备中。

3）奥氏体型不锈钢

在高铬不锈钢中加入足够数量的奥氏体形成元素镍，可使钢具有室温奥氏体组织，成为奥氏体型不锈钢。

奥氏体型不锈钢的典型成分为含铬量为18%，含镍量为8%，被称为18—8型不锈钢。由于添加了8%的镍，使合金具有单一的奥氏体组织。这类不锈钢中含碳量均在0.14%之下。为获得稳定的单相奥氏体组织，需将该钢加热到奥氏体区，使合金元素及晶间杂质溶解到基体中，并快速冷却下来，即进行固溶处理。固溶处理能显著提高合金的耐晶间腐蚀能力。

奥氏体型不锈钢具有优良的耐腐蚀性能和力学性能。它在强氧化性、中性介质中耐腐蚀性远比马氏体不锈钢好，还能用于非氧化性介质中。奥氏体不锈钢的韧性、塑性高，焊接性优良，广泛应用于制造接触各种酸、碱、盐的化工设备。

4）奥氏体-铁素体双相不锈钢

在18—8型钢的基础上，降低含碳量提高铬含量，并加入其他铁素体形成元素，使合金具有(奥氏体＋铁素体)双相组织，就是奥氏体-铁素体双相不锈钢。双相钢同时具有奥氏体型和铁素体型不锈钢的优点，不仅耐腐蚀性能优异，而且具有优异的综合力学性能。

4.5.2 耐热钢

耐热钢是指能满足高温使用要求的合金钢。在高温下使用的耐热钢，应该具有稳定的成分和组织，具有满足需求的力学性能，同时又能抵抗表面氧化。耐热钢主要用于锅炉、汽轮机、高温反应设备、加热炉、喷气发动机、内燃机、热交换器等设备。

1. 提高钢耐热性的途径

1）提高高温化学稳定性的途径

碳钢在高温下很容易氧化，使钢表面生成疏松多孔的氧化亚铁(FeO)，氧化亚铁容易剥落，而且氧原子能通过FeO扩散，使钢继续氧化。耐热钢表面氧化后迅速形成了一层氧原子不能通过的致密钝化膜，使金属不再继续氧化腐蚀。在钢中加入Cr、Si、Al等合金元素，可在表面上形成致密的高熔点的Cr_2O_3、SiO、Al_2O_3等氧化膜，使钢在高温气体中的氧化过程难以继续进行，同时这些元素提高基体的电极电位，提高耐热腐蚀能力。但Si和Al含量较多时钢材变脆，所以一般都以Cr为主要合金元素。如在钢中加入质量分数为15%的Cr，其抗氧化温度可达900℃；在钢中加入质量分数为20%～25%的Cr，其抗氧化温度可达1100℃。

2）保持高温强度的途径

钢中加入合金元素Cr、Ni、Mo、W、V、Nb、Ti等合金元素，通过固溶强化，能增强原子间的结合力，提高再结晶温度，从而提高热强性。

钢中加入 V、Ti、Al 等合金元素,获得不易聚集长大的难熔碳化物第二相粒子(如 $Ni_3(Ti,Al)$),这些弥散分布的第二相粒子既作为强化相,又阻止高温滑移变形,从而防止高温强度下降。

在高温下原子在晶界的扩散速度比晶内大得多,晶界的强度远低于晶体的强度。所以在高温下,较粗的晶粒具有较高的高温强度。

2. 常用耐热钢

根据基体组织不同,耐热钢分为铁素体型、马氏体型、奥氏体型耐热钢,见表 4-14。

表 4-14 常用耐热钢

分类	牌号	$w_C/\%$	状态	R_{el} /MPa	R_m /MPa	特性及用途
F 型	1C17	≤0.12	退火	250	400	汽轮机耐热紧固件、转子、主轴、叶轮
F 型	0Cr13Al	≤0.08	退火	350	500	同上
马氏体型	1Cr13	≤0.15	淬火回火	345	540	作 800℃ 以下耐氧化用部件
马氏体型	2Cr13	0.16～0.25	淬火回火	440	635	淬火状态下硬度高,耐腐蚀性良好。用于汽轮机叶片
马氏体型	4Cr9Si2	0.35～0.50	淬火回火	590	885	有较高的热强性,作内燃机进气阀,轻负荷发动机的排气阀
马氏体型	4Cr10Si2Mo	0.35～0.45	淬火回火	685	885	有较高的热强性,作内燃机进气阀,轻负荷发动机的排气阀
马氏体型	1Cr11MoV	0.11～0.18	淬火回火	490	685	有较高的热强性、良好的减振性及组织稳定性,用于透平叶片及导向叶片
马氏体型	1Cr12WMoV	0.12～0.18	淬火回火	585	735	有较高的热强性、良好的减振性及组织稳定性,用于透平叶片、紧固件、转子及轮盘
奥氏体型	5Cr21Mn9Ni4N	0.48～0.58	固溶时效	560	885	以经受高温强度为主的汽油及柴油机用排气阀
奥氏体型	2Cr21Ni12N	0.15～0.28	固溶时效	430	820	以抗氧化为主的汽油及柴油机用排气阀
奥氏体型	2Cr23Ni13	≤0.20	固溶	205	560	承受<980℃ 加热的抗氧化钢,用于加热炉部件、燃烧器
奥氏体型	2Cr25Ni20	≤0.25	固溶	205	590	承受<1035℃ 加热的抗氧化钢,用于炉用部件、喷嘴、燃烧室

马氏体型耐热钢使用温度为 550～650℃。在 Cr13 型不锈钢中添加 Mo、V、W 等元素,经淬火回火后形成马氏体型耐热钢,连同奥氏体型耐热钢一起,常用于制作发动机和柴油

机的排气阀等。

奥氏体型耐热钢中添加有大量的 Cr、Si、Ni、Mn、N 等奥氏体形成元素和提高抗氧化性能的元素，具有较高的组织稳定性和高温强度，有强度要求时可在 600～700℃ 工作，无强度要求时可在 1000℃ 以下工作。

奥氏体型耐热钢在固溶和时效后使用，其耐热性、冷作成形性、可焊性均较好，因而得到了广泛的应用。奥氏体型耐热钢常用于制造比较重要的承受载荷的高温零件，如叶片发动机、燃气轮机轮盘和气阀、喷气发动机部件等。

4.5.3 耐磨钢

车辆履带板、挖掘机铲斗、破碎机颚板、铁轨分道叉、球磨机衬板等零件，在工作中承受剧烈的磨损。用于制造承受磨损的零件的合金钢，称为耐磨钢。

高锰钢是工程上常用的耐磨钢，其牌号为 ZGMn13，锰含量为 11%～14%，含碳量为 1.0%～1.3%。由于锰是奥氏体形成元素，室温下高锰钢为单相奥氏体组织。

铸态高锰钢的晶界上析出大量的碳化物，使钢变脆、性能恶化。为使碳化物溶解到基体中从而提高韧性，将高锰钢加热到 1000～1100℃ 保温，在碳化物完全溶解后，迅速水淬，从而获得单相奥氏体组织的热处理工艺，称为水韧处理（又称为固溶处理）。水韧处理后高锰钢韧性提高而硬度较低，硬度为 180～220HBS。

在使用时，如果高锰钢零件受到强烈冲击，则发生剧烈变形，使零件表层迅速产生加工硬化层。加工硬化促使零件表层由奥氏体转变为马氏体，使钢硬度大幅度升高，耐磨性显著提高，而零件心部仍然保持为高韧性状态。因此，高锰耐磨钢只能应用于承受冲击负荷的工况。

4.6 铸　　铁

铸铁是以铁、碳、硅为主要成分，凝固时发生共晶转变的铁碳合金。由铁碳相图可知，铸铁中含碳量一定大于 2.11%。在实际生产中，通常铸铁的含碳量为 2.5%～4.0%，硅的含量为 0.8%～3.0%。铸铁含碳量高，塑性变形能力差，只能用铸造方式成形。铸铁由于具有良好的铸造性能、耐磨性能、减振性能和切削加工性能，而且生产简单，价格便宜，因此它在工业生产中获得了广泛的应用。

4.6.1 铸铁的石墨化

1. 铸铁中碳的存在形式

铸铁中的碳除极少量固溶于铁素体中之外，大部分以下列形式存在：

（1）以碳化物形式存在。铸铁中的碳全部以碳化物形式存在时，其断口呈亮白色，称为白口铸铁。

（2）以石墨形式存在。如果铸铁中碳主要以游离状态的石墨（用 G 来表示）形式存在，则断口呈暗灰色，当石墨形状为片状时，称为灰口铸铁。

（3）如果铸铁中的碳一部分以石墨形式存在，一部分以碳化物形式存在，则断口呈灰白交错的麻点，称为麻口铸铁。

石墨的晶格类型为六方晶格,如图 4-13 所示,其原子呈层状排列,同一层间原子排列形式为密排状态的正六边形,相邻原子间距为 0.142 nm,原子间以共价键结合,结合力较强;层与层之间的距离为 0.340 nm,以范德瓦尔斯力结合,结合力很弱。石墨的层与层之间容易被破坏,使石墨的强度、硬度、塑性和韧性等力学性能均相当低,在承力时一般把石墨当成空洞看待。石墨的抗拉强度约为 20 MPa,硬度为 3~5 HB,延伸率接近 0%。

2. 铁碳双重相图

为了说明铁碳合金中石墨的析出规律,一般用 Fe-G 相图。习惯上把 Fe-G 相图与 Fe-Fe₃C 相图叠加在一起,称为铁碳双重相图,如图 4-14 所示。在铁碳双重相图上,Fe-Fe₃C相图的特征线用实线表示,Fe-G 相图的特征线用虚线表示;Fe-Fe₃C 相图的特征点仍用原符号表示,Fe-G 相图的特征点符号采取在 Fe-Fe₃C 相图的对应特征点符号上加撇号表示,如 Fe-G 相图的共晶点为 C'、共析点为 S'。

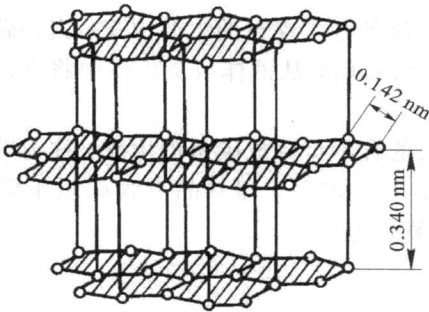

图 4-13 石墨的晶体结构

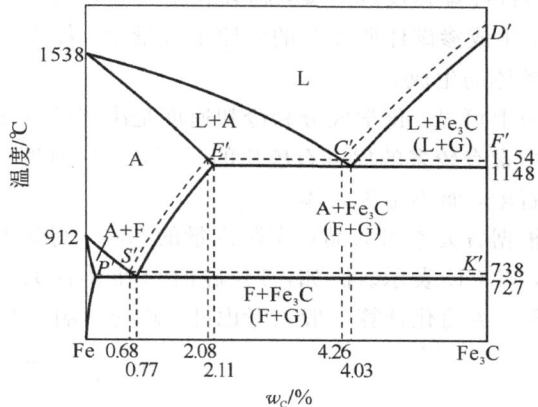

图 4-14 Fe-G 和 Fe-Fe₃C 双重相图

当铸铁全部按 Fe-G 相图结晶时,其析出石墨的过程如下:

液态合金在 1154℃发生共晶反应,同时析出奥氏体和共晶石墨,即 $L_{C'} \xrightarrow{1154℃} A_{E'} + G_{共晶}$,称为第一阶段石墨化。

在共晶温度和共析温度之间(1154~738℃),随着温度降低,从奥氏体中不断析出二次石墨(G_{II}),称为第二阶段石墨化。

在共析温度(738℃),奥氏体发生共析反应,同时析出铁素体和共析石墨,即 $A_{S'} \xrightarrow{738℃} (F_{P'} + G_{共析})$,称为第三阶段石墨化。实际冷却条件下,共析转变需要的过冷度大,原子扩散十分困难,通常共析阶段的石墨化难以进行。

控制石墨化进行的程度,即可获得不同的铸铁组织。如果第一、二阶段石墨化充分进行,获得灰口组织;如果第一、二阶段石墨化未充分进行,获得麻口组织;如果第一、二阶段石墨化完全被抑制,获得白口组织。铸铁的基体组织一般取决于其第三阶段石墨化进行的程度,如进行充分,P 分解为 F+G 组织,如进行不充分就会得到 F、P、F+P 等基体组织。

3. 铸铁石墨化的影响因素

碳以渗碳体形式存在的情况我们已经比较熟悉,又是什么原因使碳以石墨形式存在呢?

1）化学成分

化学成分是决定石墨以何种方式存在的基础。有的元素促使碳以石墨形式存在，有的元素促使碳以渗碳体形式存在。各元素对石墨化的作用如下所示，铸铁中促进石墨化的元素含量越高，碳优先以石墨形式存在。

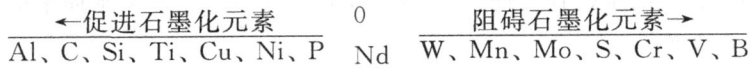

$$\underset{\text{Al、C、Si、Ti、Cu、Ni、P}}{\xleftarrow{\quad\text{促进石墨化元素}\quad}} \quad \underset{\text{Nd}}{0} \quad \underset{\text{W、Mn、Mo、S、Cr、V、B}}{\xrightarrow{\quad\text{阻碍石墨化元素}\quad}}$$

铸铁中常存元素中，碳是铸铁生成石墨的元素来源，使石墨自发生核。硅是强烈促进石墨化的元素，磷是弱石墨化元素，硫是阻碍石墨化元素。生产中，常用硅促使碳以石墨状态存在。

2）冷却速度

铸铁中石墨比渗碳体稳定，如果原子能充分地扩散，石墨存在的倾向就增大。一般来说，铸件冷却速度越缓慢，越有利于石墨化过程的进行。渗碳体中碳的质量分数比石墨小得多，生成渗碳体所需要的碳原子数量少。若铸件冷却速度较快，碳原子扩散不充分，则利于渗碳体的生成。

由上可见，化学成分和冷却速度是决定铸铁中碳以何种方式存在的主要因素。当铁碳合金中含有较多的促进石墨化的元素，冷却速度又非常缓慢时，从液体或奥氏体中将直接析出石墨，而不是渗碳体。

根据各元素对共晶点实际碳量的影响，将这些元素的含量折算成碳量的增减，称为碳当量，以 CE 表示。例如，1％硅时可使铸铁共晶点左移 0.31％，即共晶点含碳量下降 0.31％。为简化计算一般只考虑硅、磷的影响。碳当量算式为

$$CE = w_C + \frac{w_{Si} + w_P}{3}$$

碳硅总含量和铸件壁厚对铸件组织的影响见图 4-15。从图中可知，通过控制碳硅含量和铸件壁厚，就能控制铸铁的组织类型。由于冷却速度的差异，将有可能使同一化学成分的铸铁得到不同的组织。

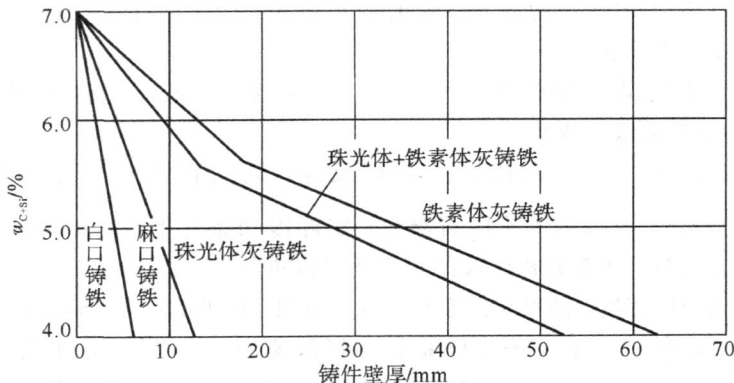

图 4-15　碳硅总含量和壁厚对铸铁组织的影响

4. 铸铁的分类

除白口铸铁和麻口铸铁外，碳主要以石墨状态存在的铸铁，按照石墨形态的不同可分为：① 普通灰口铸铁，简称灰铸铁，其石墨形态为片状；② 球墨铸铁，其石墨形态为球状；

③ 可锻铸铁，其石墨形态为团絮状；④ 蠕墨铸铁，其石墨形态为蠕虫状。

铸铁中石墨的形态如图 4 - 16 所示，片状石墨和球状石墨的空间形态见图 4 - 17。

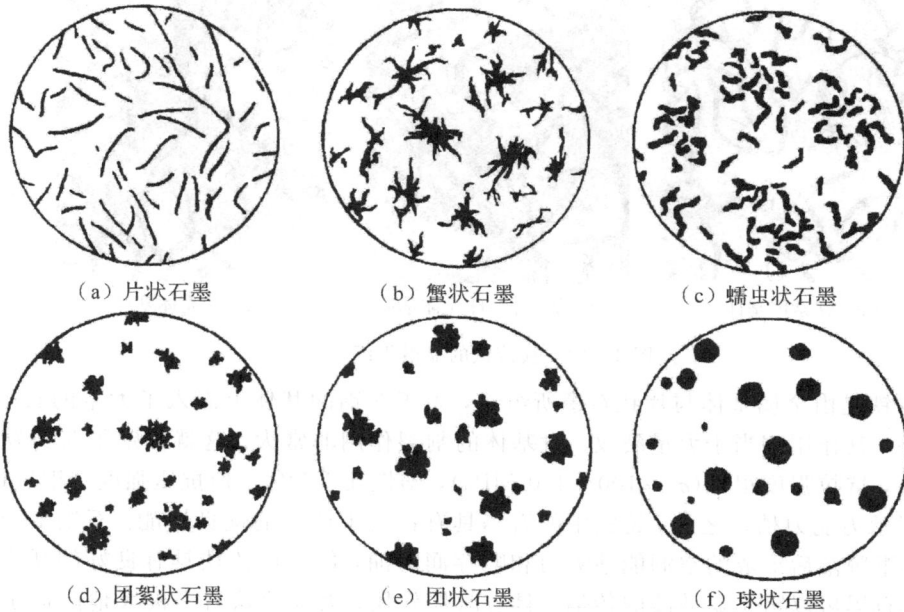

（a）片状石墨　　　　　　（b）蟹状石墨　　　　　　（c）蠕虫状石墨

（d）团絮状石墨　　　　　（e）团状石墨　　　　　　（f）球状石墨

图 4 - 16　铸铁中石墨的形态

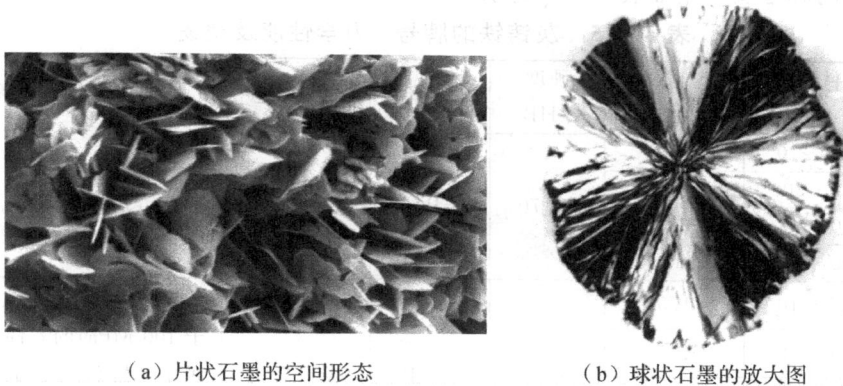

（a）片状石墨的空间形态　　　　　　（b）球状石墨的放大图

图 4 - 17　片状石墨和球状石墨的空间形态

4.6.2　常用铸铁

常用铸铁有灰铸铁、球墨铸铁、可锻铸铁、蠕墨铸铁等。

1. 灰铸铁

灰铸铁是工业中应用最广泛的一类铸铁，其产量约占铸铁总产量的 80%。灰铸铁的牌号以其汉语拼音的缩写 HT 加 3 位数字表示，3 位数字表示要求的最小抗拉强度值。例如，HT200 表示用该灰铸铁浇铸的 ϕ30 mm 的单铸试棒，抗拉强度值不小于 200 MPa。

灰铸铁按基体不同分为铁素体灰铸铁、珠光体灰铸铁和铁素体-珠光体灰铸铁（见图 4 - 18）。

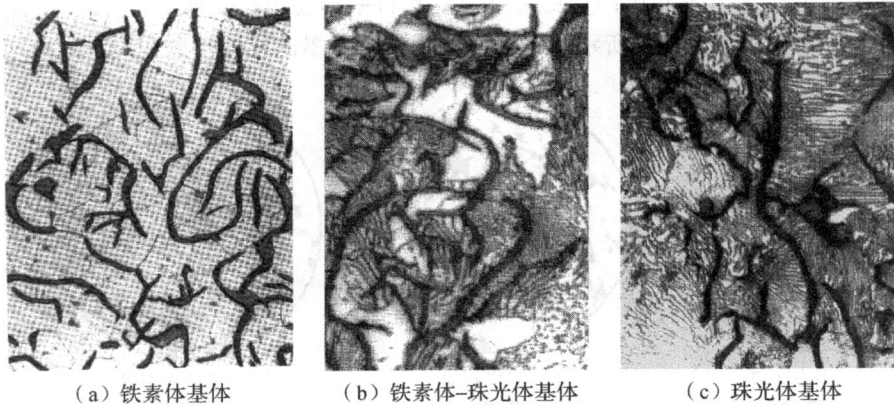

（a）铁素体基体　　　　　（b）铁素体-珠光体基体　　　　　（c）珠光体基体

图 4-18　灰铸铁的显微组织

　　灰铸铁是由金属基体与片状石墨所组成，等于在钢的基体上嵌入了大量的石墨片，石墨强度差，其作用相当于大量裂纹，对基体的割裂作用非常大。这就决定了灰铸铁的力学性能较差，抗拉强度很低（σ_b＝100～400 MPa），塑性几乎为零，但抗压强度与钢接近。

　　除了承力能力稍差之外，铸铁中的石墨具有钢所不能及的优良性能。石墨本身有润滑作用，石墨脱落后形成的空洞能够吸附和贮存润滑油，使灰口铸铁具有良好的减摩和耐磨性能；石墨可以阻止振动波的传播，具有减振作用；大量片状石墨极大地降低了灰铸铁的缺口敏感性。此外，灰铸铁机械加工性能好，成本低廉。

　　灰铸铁的牌号及应用如表 4-15 所示。

表 4-15　灰铸铁的牌号、力学性能及用途

牌号	铸件壁厚 /mm	R_m 要求 /MPa	硬度 /HB	基体	石墨形态	适用范围及举例
HT100	2.5～10	130	＜170	F＋P（少）	粗片状	低载荷和不重要零件，如手工铸造用砂箱、盖、外罩、手轮、支架、重锤等
	10～20	100				
	20～30	90				
	30～50	80				
HT150	2.5～10	175	150～200	F＋P	较粗片状	承受中等应力（抗弯应力小于 100 MPa）的零件，如支柱、底座、齿轮箱、工作台、刀架、端盖、阀体、管路附件及一般无工作条件要求的零件
	10～20	145				
	20～30	130				
	30～50	120				
HT200	2.5～10	220	170～220	P	中等片状	承受较大应力（抗弯应力小于 300 MPa）和较重要零件，如汽缸体、齿轮、机座、飞轮、床身、缸套、活塞、刹车轮、联轴器、齿轮箱、轴承座、液压缸等
	10～20	195				
	20～30	170				
	30～50	160				
HT250	4.0～10	270	190～240	细 P	较细片状	
	10～20	240				
	20～30	220				
	30～50	200				

续表

牌号	铸件壁厚 /mm	R_m 要求 /MPa	硬度 /HB	基体	石墨形态	适用范围及举例
HT300	10～20	290	210～260	S 或 T	细小片状	承受弯曲应力（小于 500 MPa）及抗拉应力的重要零件，如齿轮、凸轮、车床卡盘、剪床和压力机的机身、床身、高压油压缸、滑阀壳体等
HT300	20～30	250	210～260	S 或 T	细小片状	
HT300	30～50	230	210～260	S 或 T	细小片状	
HT350	10～20	340	230～280	S 或 T	细小片状	
HT350	20～30	290	230～280	S 或 T	细小片状	
HT350	30～50	260	230～280	S 或 T	细小片状	

为了改善灰铸铁的性能，生产中常进行孕育处理。孕育处理就是在浇注前往铁水中加入孕育剂、细化石墨、细化基体组织。常用的孕育剂是含硅量为 75% 的硅铁（或硅钙合金），加入量为铁水质量的 0.25%～0.6%。孕育剂作为非自发晶核细化石墨片，以得到细小而均匀的片状石墨。孕育铸铁的强度、硬度比普通灰铸铁显著提高。

孕育铸铁适用于静载荷下要求有较高强度、高耐磨性或高气密性的铸件，特别是厚大的铸件。HT300 和 HT350 称为孕育铸铁（或称变质铸铁），适用于制造力学性能要求较高、截面尺寸变化较大的大型铸件。

灰铸铁的性能与壁厚尺寸有关，厚壁件的性能低一些。例如，壁厚为 30～50 mm 的 HT250 零件，其抗拉强度为 200 MPa，壁厚为 10～20 mm 时，其抗拉强度则为 240 MPa。

2. 球墨铸铁

正常的石墨结晶时长成片状，如果在铁水中加入镁、稀土等元素，它们促使石墨生长成球状，这样的铸铁称为球墨铸铁。

球状石墨对基体的割裂作用很小，产生应力集中和裂纹扩展均困难，基体强度利用率可达 70%～90%。球墨铸铁的力学性能与球状石墨的形状、大小和分布息息相关。石墨球越圆、球的直径越小、分布越均匀，则球墨铸铁的力学性能越高。

球墨铸铁是在灰铸铁的成分上，加入球化剂和孕育剂制成的。常用的球化剂是稀土镁合金，它能使石墨生长成球状。但球化剂同时也阻碍石墨析出，因此必须加入孕育剂（硅铁、硅钙等）来防止铸铁产生白口组织。

【例 4-1】 某厂采用冲入法球化处理（见图 4-19）。先在容量为 1 吨的铁水包底部修筑小堤坝，堤坝一侧放置稀土-镁合金、硅铁粉，并在其上放置压铁板，另一侧放置脱硫用的苏打粉。然后分两次出铁水，第一次出 500～600 kg，冲入方向如图所示；第二次出 400～500 kg，并在冲天炉出铁槽中放硅铁，使其随铁水一起冲入铁水包中，这样来进行球墨铸铁的生产。

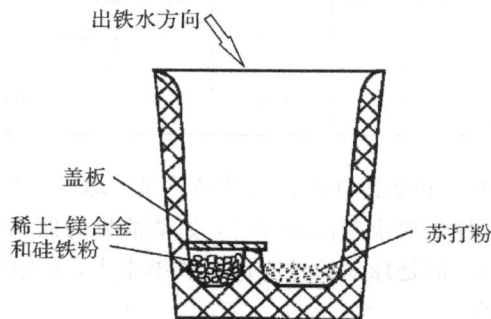

图 4-19 冲入法球化处理

球墨铸铁可进行退火、正火、调质和等温淬火等热处理，以改变基体组织，从而显著提高其力学性能。球墨铸铁有 F、F＋P、P、B、M 等多种基体组织，力学性能多样，能满足不同的使用要求。铁素体基体的球墨铸铁强度较低，塑性和韧性较高；珠光体球墨铸铁强度高，耐磨性好，但塑性和韧性较低；马氏体或贝氏体球墨铸铁强度和硬度高。球墨铸铁的金相组织为基体上分布着球状石墨（见图 4－20）。

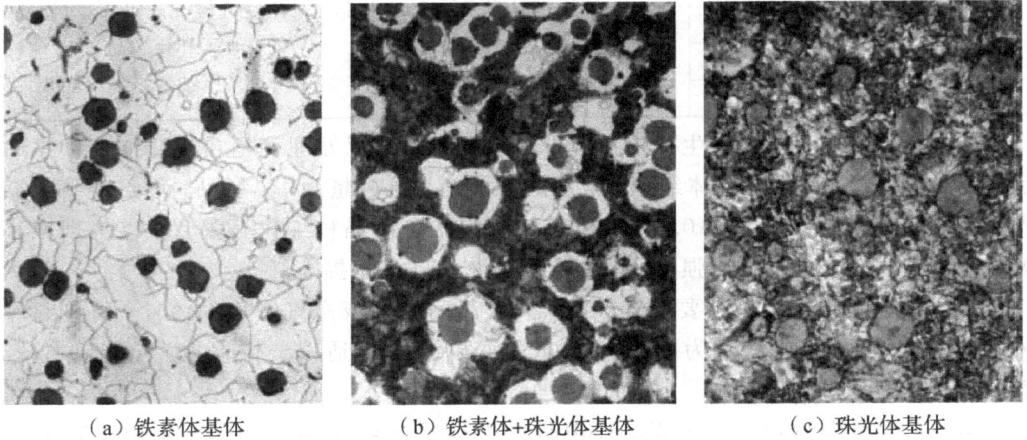

（a）铁素体基体　　　　　（b）铁素体+珠光体基体　　　　　（c）珠光体基体

图 4－20　球墨铸铁的显微组织

球墨铸铁牌号由 QT 和两组数字组成，前一组数字表示最低抗拉强度（R_m），后一组数字表示断后伸长率（A）。例如，QT500－7 表示最低抗拉强度为 500 MPa，断后伸长率为 7％的球墨铸铁。

球墨铸铁的牌号、力学性能及应用举例如表 4－16 所示。

表 4－16　球墨铸铁的牌号及力学性能

牌号	主要基体组织	力学性能要求				用途举例
		R_m/MPa	$R_{0.2}$/MPa	A/％	HBS	
QT400－18	铁素体	400	250	18	130～180	汽车、拖拉机底盘零件，阀体和阀盖
QT400－15	铁素体	400	250	15	130～180	
QT450－10	铁素体	450	310	10	160～210	
QT500－7	铁素体＋珠光体	500	320	7	170～230	机油泵齿轮
QT600－3	珠光体＋铁素体	600	370	3	190～270	柴油机、汽油机的曲轴、磨床、铣床、车床的主轴，空压机、冷冻机的缸体、缸套等
QT700－2	珠光体	700	420	2	220～305	
QT800－2	珠光体或回火组织	800	480	2	245～335	
QT900－2	贝氏体或回火马氏体	900	600	2	280～360	汽车、拖拉机的传动齿轮

球墨铸铁兼有钢的高强度和灰铸铁的优良铸造性能，球墨铸铁广泛应用于制造各种受力复杂，强度、韧性和耐磨性能要求较高的零件，如柴油机的曲轴、轮机、连杆，拖拉机的减速齿轮，大型冲压阀门等。但是球墨铸铁凝固时收缩率大，对原铁水成分要求较严，对熔炼工艺和铸造工艺要求较高。

3. 可锻铸铁(又称为玛钢)

可锻铸铁中的石墨呈团絮状。由于团絮状石墨形态的改善,并且数量较少,削弱了片状石墨对基体的割裂及产生应力集中作用,从而使铸铁力学性能显著提高,特别是韧性和塑性提高明显,但远未达到"可锻"的程度。

可锻铸铁是由白口铸铁经石墨化退火,而获得的具有团絮状石墨的铸铁。可锻铸铁的生产过程分两步:第一步先生产出白口铸件,第二步进行石墨化退火。为缩短石墨化退火的周期,常在浇注前往铁液中加入少量铝-铋、硼-铋、硼-铋-铝等多元复合孕育剂,进行孕育处理。石墨化退火工艺见图 4-21。

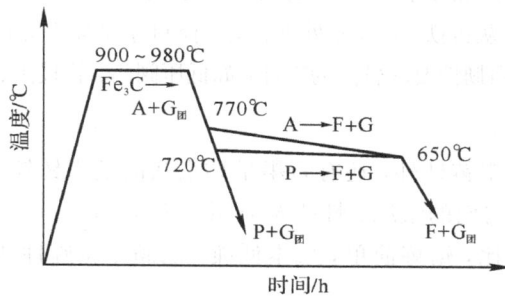

图 4-21 石墨化退火工艺

可锻铸铁在 $900 \sim 980 ℃$ 温度范围内长时间保温,使合金中共晶渗碳体分解,生成团絮状石墨,$Fe_3C \rightarrow A + G_团$。在共晶渗碳体转变完毕后,如果冷却速度较快,使奥氏体发生珠光体转变,这样就得到了珠光体基体。珠光体可锻铸铁的室温组织是珠光体+团絮状石墨($P + G_团$)。为防止脱碳,一般热处理时要将铸铁件埋在中性介质中以隔绝空气。

如果在共晶渗碳体分解生成团絮状石墨之后,没有快冷而是在共析转变温度范围内长时间保温,使奥氏体发生 $A \rightarrow F + G$ 转变,即发生第三阶段石墨化,那么就得到铁素体可锻铸铁。其组织为铁素体+团絮状石墨($F + G_团$)。这种铸件在折断后,断口心部呈暗黑色,而断口的边缘因脱碳的原因而呈灰白色,被称为黑心可锻铸铁。

根据基体的不同可锻铸铁分为铁素体可锻铸铁、珠光体可锻铸铁和铁素体+珠光体可锻铸铁。可锻铸铁金相组织见图 4-22。

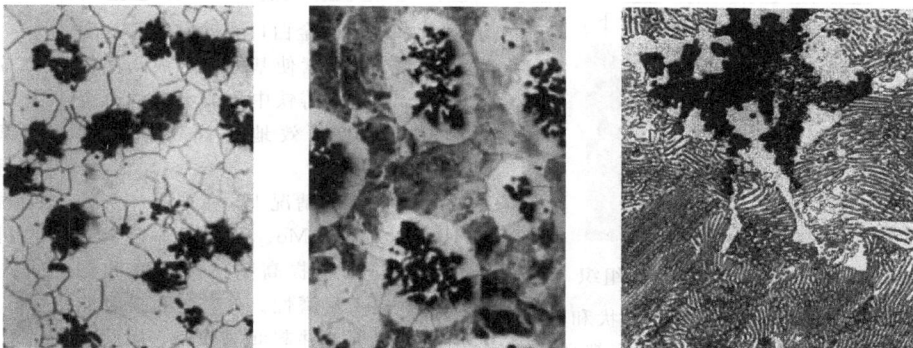

(a)铁素体基可锻铸铁300× (b)铁素体+珠光体基可锻铸铁300× (c)珠光体基可锻铸铁500×

图 4-22 可锻铸铁金相组织

以前还出现过白心可锻铸铁，目前基本上不采用了。白心可锻铸铁的生产工艺是：将白口铸件在氧化性气氛中长时间退火，温度为 $980\sim1050℃$，保温时间为 $3\sim5$ 天，使铸铁中的碳大部分通过氧化而脱除，铸件的含碳量和组织与钢相近，冷却下来得到断口呈白色的白心可锻铸铁。

团絮状石墨的缺口效应不像片状石墨那样严重，对基体的破坏作用较轻，可锻铸铁的强度和塑性由基体组织而定。铁素体可锻铸铁的强度不高，但是塑性和韧性比较好；珠光体可锻铸铁强度和硬度比较高，但其塑性和韧性比较低。

可锻铸铁的牌号用 KT 及其后的 H（表示黑心可锻铸铁）或 Z（表示珠光体可锻铸铁），再加上分别表示其最小抗拉强度和伸长率的两组数字组成。

由于可锻铸铁性能优于灰铸铁，在铁水处理、质量控制等方面又优于球墨铸铁，故常用可锻铸铁制作截面薄、形状复杂、强韧性要求较高的零件，如低压阀门、管接头、曲轴、连杆、齿轮等。

4. 其他铸铁

除常用的灰铸铁和球墨铸铁外，还有石墨呈蠕虫状的蠕墨铸铁，以耐热、耐磨、耐腐蚀为目的的特种合金铸铁，它们的组织、性能及应用见表 4-17。

合金铸铁与合金钢相比，熔炼简单，成本低廉，能满足特殊性能的要求，但力学性能较差，脆性较大。

表 4-17　其他铸铁的组织性能及应用

	成分组织特点	分类及性能	应用举例
蠕墨铸铁	蠕墨铸铁是一种新型铸铁，其石墨形状介于片状和球状之间，呈蠕虫状。它类似于片状，但其片短而厚，头部较圆，形似蠕虫，对基体割裂作用较小。 表图 1　蠕墨铸铁金相组织 图中黑色条状为蠕虫状石墨。	蠕墨铸铁克服了灰铸铁力学性能差和球墨铸铁工艺性能差的缺点。其力学性能介于相同基体组织的灰铸铁和球墨铸铁之间；其铸造性能、减振能力以及导热性能都优于球墨铸铁，并接近灰铸铁。蠕墨铸铁的缺点是成本偏高，生产技术尚不成熟。 蠕墨铸铁的牌号用 RuT（蠕铁）加一组数字表示，数字表示最小抗拉强度值。例如，RuT420 表示抗拉强度不低于 420 MPa 的蠕墨铸铁。	目前主要用于生产汽缸盖、排气管、钢锭模、活塞环、变速箱体、液压件、汽车底盘零件等铸件。
耐磨铸铁	耐磨铸铁工作在摩擦磨损条件下。 图 2　Cr26 耐磨铸铁组织 图中基体为马氏体，白色条状和块状为 Cr_7C_3 碳化物，基体和碳化物硬度都高，因而耐磨。	无润滑时合金白口铸铁是较好的耐磨铸铁。铬元素使基体能形成马氏体基体，同时在铸铁中生成大量的合金碳化物，能有效地提高铸铁的耐磨性。 在有润滑的情况下，在珠光体灰铸铁中加入 Cr、Mo、W、Cu 等合金元素，能进一步提高基体的强度和韧性，并提高耐磨性。石墨在磨损时能贮存润滑油，并起润滑作用，从而减轻摩擦。	应用于无润滑的球磨机衬板，砂泵部件；润滑时的机床导轨、汽缸套子、活塞环、轴承等。

续表

	成分组织特点	分类及性能	应用举例
耐热铸铁	耐热铸铁在高温下工作，要求具有良好的耐热性。铸铁的耐热性主要是指铸铁在高温下抗氧化和抗生长能力。 表图 3　中铬耐热铸铁组织 黑色块为碳化物，白色基体为奥氏体加少量屈氏体。	在铸铁中加入 Si、Al、Cr 等合金元素，使零件表面形成一层致密的 SiO_2、Al_2O_3、Cr_2O_3 等化合物，保证铸铁内部不被氧化。此外，这些元素还有提高铸铁的临界点，使铸铁在使用温度范围内不发生固态相变，使基体组织为单相铁素体等作用，因而提高了铸铁的耐热性。 常用的耐热铸铁有中铬铸铁、中硅球铁、高铝球铁、铝硅球铁和高铬铸铁等。	主要应用于炉底板、换热器、坩埚、炉内运输链条、钢锭模等。
耐蚀铸铁	在酸、碱、盐、大气、海水等腐蚀性介质中工作的铸铁，需要具有较高的耐腐蚀能力。	为提高铸铁的耐腐蚀性，常加入 Cr、Si、Mo、Cu、Ni 等元素改变基体并提高基体的耐腐蚀能力，也在铸铁中加入 Si、Al、Cr 等元素，使它们在铸铁表面生成牢固而致密的保护膜。常用耐蚀铸铁有高硅、高铬、高铝等耐蚀铸铁。	制造化工机械中的阀门、管道、泵、化工容器。

复习思考题

1. 什么是合金钢，它与同类碳钢相比有哪些优点？
2. 简述合金元素在合金钢中的作用。
3. 分析合金元素对过冷奥氏体转变的影响。
4. 不同含碳量的碳素钢的应用范围有什么不同？
5. 常用机械零件用钢有哪些？
6. 合金钢按用途分为几类？编号规则与碳钢有何异同？
7. 各种合金结构钢在使用性能上各有何特点？
8. 简述渗碳钢、轴承钢、调质钢、弹簧钢的性能要求，每种钢各写出一个牌号。
9. 简述不锈钢的分类及其应用。
10. 何谓固溶处理？奥氏体不锈钢或奥氏体耐热钢为什么要进行固溶处理？
11. 简述高速钢的组织性能特点。
12. W18Cr4V 钢所制的刀具(如铣刀)的生产工艺路线为：下料→锻造→等温退火→机械加工→最终热处理→喷砂→磨削加工→产品检验。
  (1) 指出合金元素 W、Cr、V 在钢中的主要作用。
  (2) 为什么 W18Cr4V 钢下料后必须锻造？

（3）锻后为什么要等温退火？

（4）最终热处理是什么？其工艺有何特点？为什么？

（5）写出最终组织组成物。

13. 按合金钢一般用途分类法及编号规则指出下列钢中各元素的平均含量及类别名称：

W18Cr4V、3Cr2W8V、5CrMnMo、18Cr2Ni4W、25Cr2Ni4W、Q460、42CrMo、60Si2CrVA、20MnTiB。

14. 请完成下表。

材料牌号	应用举例	所属类别	最终热处理	使用态组织
1Cr18Ni9Ti				
20CrMnTi				
40CrMo				
65Mn				
9Cr18				
9SiCr				
Q235				
GCr15				
T10				
W18Cr4V				
HT250				
QT500－7				

15. 说明铸铁石墨化的三个阶段，第三阶段石墨化对铸铁组织有什么影响？

16. 铸铁的碳当量有什么意义？

17. 常用的灰铁、球铁、蠕墨铸铁、可锻铸铁中的石墨各具有什么形态？

18. 分析石墨形态对铸铁性能的影响。

19. 简要分析耐磨铸铁、耐热铸铁和耐蚀铸铁的成分与组织特点。

第 5 章 有色金属材料

【引例】 在飞机上有色金属材料的零部件占总重的 60％以上,它们分别是铝材、镁材、钛材和铜材,见图 5-1。飞机能否全部用钢铁材料制造?这几种有色金属分别具有哪些性能上的优势呢?它们能代替钢铁材料来制造所有零件吗?

图 5-1 波音 787 客机

有色金属及其合金在工程材料中占有非常重要的地位。许多有色金属具有密度小、比强度高、耐热、耐蚀和良好的导电性及某些特殊的物理性能,是现代工业中不可缺少的金属材料。本章仅对机械、仪器、飞机制造等工业中广泛使用的铝及其合金、铜及其合金、钛及其合金、镁及其合金、轴承合金等进行介绍。

5.1 铝及铝合金

铝合金是用量仅次于钢铁的金属材料。据调查,在铝及铝合金中有 23％用于建筑业,22％用于运输业,21％用于容器和包装,10％用于电气工业。在航空工业中,铝合金的用量占绝对优势。

5.1.1 工业纯铝

铝是地壳中含量为第三位的主族元素。纯铝是一种具有银白色金属光泽的金属,具有如下的独特性能和优点:

(1) 铝的密度小,仅为铁的 1/3 左右,熔点低(660.4℃)。

(2) 铝具有面心立方晶格,塑性好(断后伸长率可达 25％),可采用轧制、挤压、锻造等压力加工方法制成各种管、板、棒、线等型材。

(3) 铝的导电、导热性能很好,在常用材料中仅次于银和铜居第三位,约为纯铜电导率的 62％,是铁的 3 倍,可用来制造电线、电缆等各种导电制品和各种散热器等导热元件。

(4) 铝在大气和淡水中具有良好的耐腐蚀性。因为铝的表面能生成一层极致密的氧化铝膜,阻止了氧对内部金属的氧化。铝的氧化膜在大气和淡水中极稳定,但在碱和盐的溶液中耐腐蚀性能不佳,在热稀硝酸和硫酸中铝会溶解。

(5)铝的强度较低,抗拉强度仅有 50 MPa,即使加工硬化后仍不能满足普通零件的性能要求。

上述主要特性决定了工业纯铝适于制作电线、电缆、导热元件等,应用于制作大气或淡水中对强度要求不高的一些用品或器皿。

5.1.2 铝的合金化及铝合金的分类

纯铝的力学性能不高,不适宜作承受较大载荷的结构材料。在纯铝中加入合金元素提高铝的力学性能,才能满足结构材料的应用需要。铝合金在保持纯铝的熔点低、密度小、导热性良好、耐大气腐蚀、良好的塑性、韧性等优点外,还可以实现热处理强化,使铝合金的强度达 400~600 MPa。铝合金与钢铁的力学性能比较列于表 5-1。由表可见,铝合金由于密度小,相对比强度甚至超过了合金钢,而其相对比刚度则大大超过钢铁材料。

表 5-1 铝合金与钢相对力学性能比较

力学性能	低碳钢	低合金钢	高合金钢	铸铁	铝合金
相对密度	1.0	1.0	1.0	0.92	0.35
相对比强度极限	1.0	1.6	2.5	0.6	1.8~3.3
相对比屈服极限	1.0	1.7	4.2	0.7	2.9~4.3
相对比刚度	1.0	1.0	1.0	0.51	8.5

铝在合金化时,常加入的合金元素有 Cu、Mg、Zn、Si、Mn 和 RE(稀土元素)等,这些元素与铝均能形成固态下有限互溶的共晶型相图,如图 5-2 所示。铝合金通常分为铸造铝合金和变形铝合金两大类别,相图上最大饱和溶解度 D 是这两类合金的理论分界线。

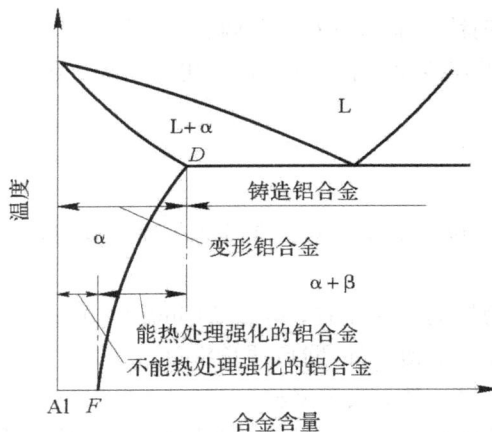

图 5-2 铝合金相图的一般类型及其分类示意图

合金成分大于 D 点成分的合金,由于冷却时发生共晶反应 L→α+β,流动性好,且热裂倾向小，适于铸造，称为铸造铝合金。

成分低于 D 的合金，在加热时能形成塑性好的单相固溶体 α，适宜通过塑性变形成形，故称为变形铝合金。

变形铝合金中，凡成分在 F 点以左的合金，其 α 固溶体成分不随温度而变化，因此不能通过热处理强化，属于不能热处理强化的铝合金；成分位于 $F\sim D$ 之间的铝合金，冷却时可析出 β，可进行固溶时效强化，属于能热处理强化的铝合金。

5.1.3　铝合金的热处理

现以含 $w_{Cu}=4\%$ 的 Al-Cu 合金为例讨论铝合金的热处理原理。Al-Cu 相图见图 5-3。

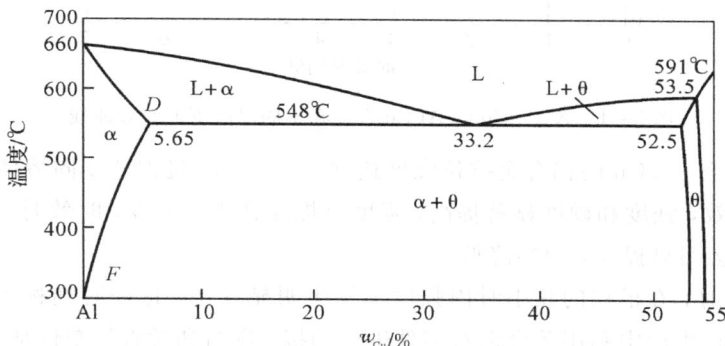

图 5-3　Al-Cu 合金相图

由相图可知，铜在 α 固溶体中的溶解度，在室温时最大为 $w_{Cu}=0.5\%$，而加热到 548℃时，极限溶解度为 $w_{Cu}=5.65\%$。α 是 Cu 溶入 Al 中形成的置换固溶体，具有面心立方晶格，而 θ 是 Al 和 Cu 形成的金属化合物 $CuAl_2$，具有正方晶格，硬度为 500 HB，较脆。$w_{Cu}=4\%$ 的 Al-Cu 合金成分位于 F~D 之间，是可热处理强化的铝合金，合金室温组织为 α+θ 相。

1. 固溶处理

将含 $w_{Cu}=4\%$ 的铝合金加热到 α 相区后（DF 线之上温度），得到单相固溶体 α，迅速水冷，使 $CuAl_2$ 来不及析出，从而得到室温下的过饱和 α 固溶体。

像这样通过在高温下保温先将合金元素固溶到基体中，然后再快速冷却使合金相来不及析出，从而获得过饱和固溶体的热处理过程，称为固溶处理，也称为淬火。经过固溶处理，合金的强度较低，塑性较好。有色合金经固溶处理后具有良好的塑性，便于进行压力加工。

2. 时效处理

1）时效对性能的影响

过饱和的 α 固溶体组织不稳定，有转化为稳定状态的倾向。固溶处理后的零件，在室温下停放或重新加热到一定温度后保温，过饱和固溶体发生脱溶分解，析出合金化合物，使合金强度、硬度升高的过程，称为时效处理。该过程在室温进行时，称为自然时效；在加热条件下进行时，称为人工时效。

含 4%Cu 的 Al-Cu 合金在不同温度下的时效曲线见图 5-4。图中时效温度为 20℃的曲线为自然时效曲线，其他的为人工时效曲线。

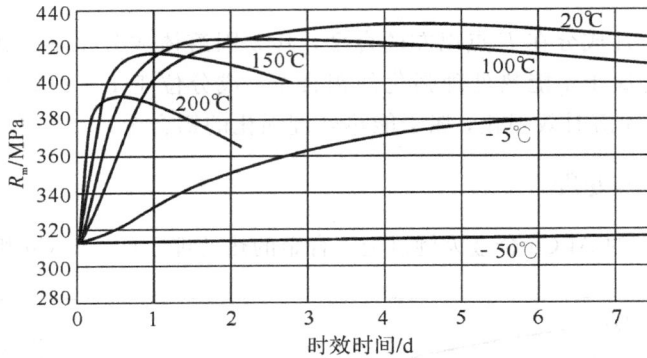

图 5-4　含 4%Cu 的 Al-Cu 合金在不同温度下的时效曲线

固溶处理后含 4%Cu 的铝合金抗拉强度达到 310 MPa。过饱和 α 固溶体在室温下搁置 4 天进行自然时效，强度和硬度显著提高，强度可提高到 430 MPa。时效时过饱和固溶体分解，强度、硬度会明显提高，塑性降低。

固溶后时效时，在最初的几小时内强度不发生明显变化，这一时期称为孕育期，此时合金塑性最好，在生产中利用孕育期对零件进行铆接、弯曲和矫直等塑性加工。

铝合金的时效强化效果取决于 α 固溶体的浓度、时效温度、时效时间。一般来说，α 固溶体的浓度越高时效效果越好。提高时效温度可以显著加快时效硬化速度，但使时效后的最高强度降低。当温度低于－50℃时，孕育期很长，过饱和 α 固溶体可保持相对稳定，即低温可以抑制时效进行。时效温度过高或时效时间过长，会使合金软化，这种现象称为过时效。

2）时效过程

时效过程中铝合金强度和硬度的变化是与合金组织的变化相联系的。图 5-5 表示 $w_{Cu}=4\%$ 合金在 130℃下时效时，合金组织性能随保温时间的变化规律。

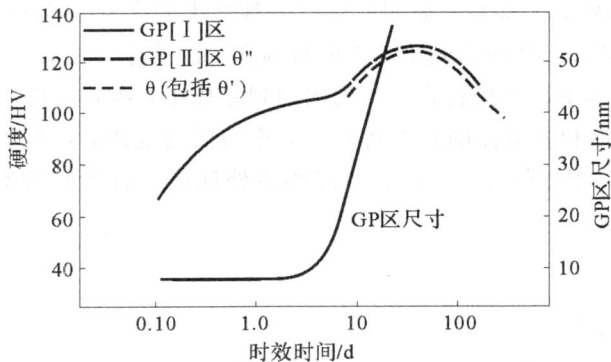

图 5-5　$w_{Cu}=4\%$ 的 Al-Cu 合金在 130℃下时效的组织变化与硬度的关系

研究表明，时效过程包括以下四个阶段。

（1）铜原子富集区（GP［Ⅰ］区）的形成。过饱和的 α 固溶体中 Cu 原子在 Al 中是无序分布的。在时效的初期，在 α 固溶体的(110)晶面上聚集了较多的 Cu 原子，称为富 Cu 区，也称为 GP 区(G 和 P 是两个法国人 Guinler 和 Preston 名字的字头)。这种 GP 区只是由于 Cu 原子的偏聚引起，称为铜原子富集区，称为(GP[Ⅰ]区)。GP[Ⅰ]区呈薄片形状，其厚度为 0.4～0.6 nm，直径约为 9.0 nm，其晶体结构类型仍与基体相同，并与基体保持共格关系。所不同之处是 GP[Ⅰ]区中铜原子浓度较高，使 GP 区附近的晶格产生严重的畸变，阻碍位错运动，因而合金的强度、硬度升高。

(2) 铜原子富集区长大并有序化(GP[Ⅱ]区)。在 GP[Ⅰ]区的基础上铜原子进一步偏聚，GP 区进一步扩大，并使溶质原子和溶剂原子呈规则排列，即形成有序的富铜区，称为 GP[Ⅱ]区，常用 θ'' 表示。这种有序化的铜原子富集区直径为 10.0～40.0 nm，厚度可达 1.0～4.0 nm。θ'' 晶体结构为正方点阵，与基体仍保持共格关系，故畸变更加严重，使位错运动阻力增大，从而使合金的强度和硬度进一步提高，时效强化的作用最大。

(3) 形成过渡相 θ'。随着时效过程的进一步进行，铜原子在 GP[Ⅱ]区继续偏聚，当铜与铝原子之比为 1∶2 时，形成过渡相 θ'，其化学成分同 $CuAl_2$ 接近，θ' 具有正方结构，其晶格的两个棱边 $a=b$，并与母相(基体)晶格常数相同，但在 C 轴的晶格常数略显收缩。θ' 相只有局部与基体保持共格关系，θ' 相周围晶格畸变减弱，位错运动的阻力随之减小，致使合金的强度、硬度有所下降。由此看来，共格畸变的存在是造成合金时效强化的重要因素。

(4) 稳定的 θ 相的形成与长大。时效后期，过渡相 θ' 继续长大，θ' 相与母相的共格关系完全被破坏，并脱离了母相，形成具有正方点阵结构的独立晶格的晶体。在高倍光镜下可见第二相(θ 相)质点，α 固溶体的畸变减小，时效强化效果明显减弱，合金软化。

由时效硬化曲线(见图 5-5)可以看出，合金在发生时效硬化之前有一段孕育期，即固溶处理后合金尚有一个阶段处于较软状态，生产上常利用这个阶段完成对零件的加工成型。而(3)(4)阶段会导致合金强化效果下降，产生过时效。

以上讨论表明，$w_{Cu}=4\%$ 铝合金时效的基本过程可以概括为：过饱和固溶体→形成铜原子富集区(GP[Ⅰ]区)→铜原子富集区长大并有序化(GP[Ⅱ]区，θ'')→形成过渡相 θ'→析出稳定的 θ 相。过长时间时效后的组织为平衡的 α 固溶体＋θ 相($CuAl_2$)。

铝合金的时效强化是由于大量的小片状的 GP 区弥散在合金内部，阻碍了滑移，使合金强度升高，其实质是由于大量 GP 区与母相共格关系的出现，使合金中的位错通过 GP 区扩展困难，位错线遇到 GP 区将产生弯曲，位错运动需要更大的外加应力，从而使合金强度提高。在对零件进行时效强化时，需要考虑最佳温度和最佳时间，才能达到最好的时效效果。

5.1.4　铸造铝合金

铸造铝合金适于制造形状复杂零件、大尺寸零件和批量小的零件。对于铸造铝合金，除了要求必要的力学性能和耐腐蚀性能外，还应具有良好的铸造性能。

常用铸造铝合金有 Al-Si 系、Al-Cu 系、Al-Mg 系和 Al-Zn 系四大类，其代号用 ZL 加三位数字表示。常用铸造铝合金的牌号、性能及用途见表 5-2。

表 5 - 2　铸造铝合金代号、性能及用途

类别	牌号	代号	热处理	力学性能要求			用途举例
				R_m/MPa	A/%	HB	
铝硅系	ZAlSi7Mg	ZL101	T5	205	2	60	形状复杂的零件，如飞机零件、仪器零件等
	ZAlSi12	ZL102	F	153	2	50	仪表、抽水机壳体等外形复杂件
	ZAlSi9Mg	ZL104	T6	192	1.5	70	形状复杂工作温度小于200℃的零件，如电动机壳体、气缸体等
铝硅铜系	ZAlSi5Cu1Mg	ZL105	T5	211	0.5	70	形状复杂工作温度小于250℃的零件，如风冷发动机气缸头、机匣、油壳泵等
	ZAlSi7Cu4	ZL107	T6	241	2.5	90	强度和硬度较高的零件
	ZAlSi12CuMgNi	ZL109	T6	250	—	100	较高温度下工作零件，如活塞等
	ZAlSi9Cu2Mg	ZL111	T6	310	2	100	活塞及高温下工作的其他零件
铝铜系	ZAlCu5Mn	ZL201	T5	330	4	90	温度为175～300℃下使用的零件，如内燃机气缸头、活塞等
	ZAlCu4	ZK203	T4	205	6	60	承受中等载荷形状比较简单的零件
			T5	222	3	70	
铝镁系	ZAlMg10	ZL301	T4	280	10	60	大气或海水中工作的零件，承受冲击载荷、外形不太复杂的零件
铝锌系	ZAlZn11Si7	ZL401	T1	245	1.5	80	结构形状复杂的汽车、飞机、仪器仪表零件，也可制造日用品
	ZAlZn6Mg	ZL402	T1	231	4	70	

注：F铸态；T1人工时效；T4固溶；T5固溶＋部分人工时效；T6固溶＋完全人工时效。

1. Al-Si 铸造铝合金

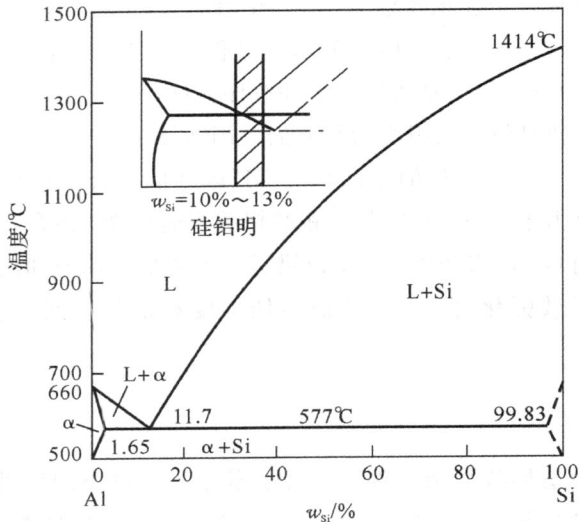

图 5 - 6　Al-Si 合金相图

　　Al-Si 铸造铝合金通常称为硅铝明，是铸造性能和力学性能配合最佳的铸造铝合金。

Al-Si 相图见图 5 - 6。

ZL102 含 10％～13％Si，其成分接近共晶合金，具有优良的铸造性能。ZL102 铸态组织为：α 固溶体上分布着长短不一、粗细不均匀的针状或少量局部块状硅晶体，见图 5 - 7 (a)。图中白色为 α 固溶体，黑色为硅晶体。

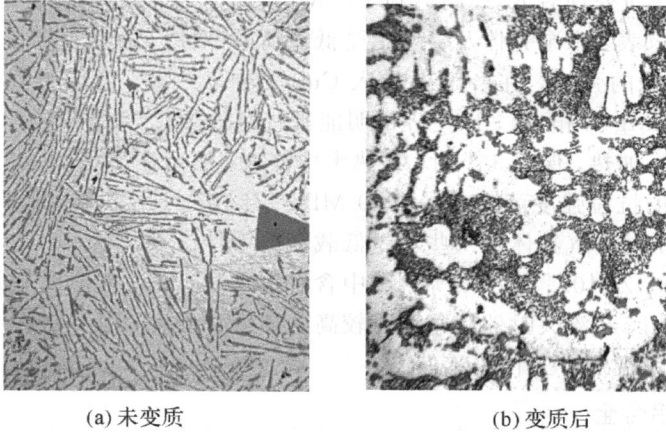

(a) 未变质　　　　　　　　　　　　(b) 变质后

图 5 - 7　ZL102 合金的铸态组织

针状硅晶体对基体的损害作用十分巨大，使合金的强度降低、塑性和韧性变差。因此在生产时采用变质处理，即浇注前向铝合金液中加入占合金重量 2％～3％的变质剂（常用钠盐混合物）。变质剂能够抑制先共晶硅的形成，细化共晶硅，并使针状共晶硅变为球粒状共晶硅，从而改善铸件性能。

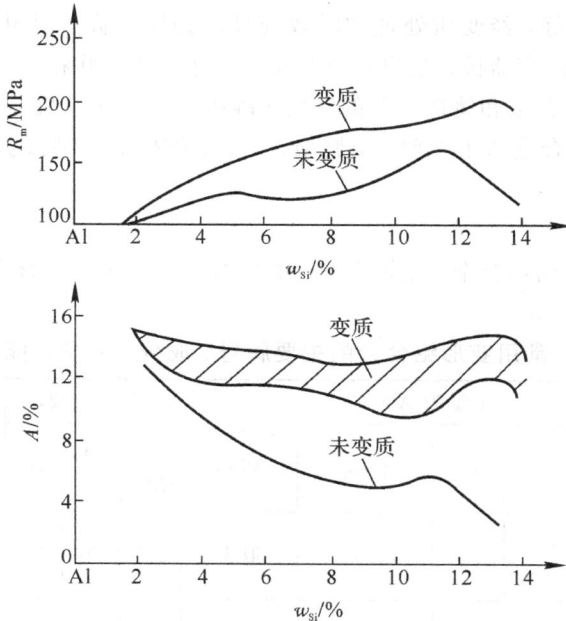

图 5 - 8　变质处理对铝硅合金力学性能的影响

变质处理后的组织如图 5 - 7(b) 所示。从中可看出变质使共晶硅尺寸变小了许多，并使共晶硅变为球粒状形态，大大减小了硅对基体的损害。图中白色块状为初生 α 固溶体，其产生的原因是变质剂使 Al-Si 合金共晶点右移，使合金成分由共晶变成为亚共晶。变质处理使 Al-Si 合金的抗拉强度和延伸率明显提高，如图 5-8 所示。

ZL102 铸造性能和焊接性能很好，并有相当好的耐腐蚀性和耐热性。但它不能时效强化，强度较低，经变质处理后 R_m 最高达到 180 MPa。该合金仅适于制造形状复杂但强度要求不高的铸件，如仪表、水泵壳体及一些承受低载荷的零件。

为了提高硅铝明的强度，在合金中加入 Cu、Mg 等元素，形成强化相 $CuAl_2$（θ 相）、$MgSi$（β 相）、Al_2CuMg（S 相）等，以使硅铝明能进行时效硬化，如 ZL104。ZL104 的热处理工艺为：530～540℃加热，保温 5 小时，在热水中淬火，然后在 170～180℃时效 6～7 小时。经热处理后，合金的抗拉强度可达 200～230 MPa。ZL104 可用来制造低强度的、形状复杂的铸件，如电动机壳体、气缸体及一些承受低载荷的零件。

ZL105、ZL108、ZL109、ZL110 等合金中含有铜与镁，因而能形成 $CuAl_2$、Mg_2Si、Al_2CuMg 等多种强化相，经淬火时效后可获得较高的强度和硬度，用于制造形状复杂，力学性能要求较高并在较高温度下工作的零件。

2. 其他铸造铝合金

如前所述，铸造铝合金除 Al-Si 系之外，还有 Al-Cu、Al-Mg、Al-Zn 等系列，它们所含共晶组织数量相对较少，铸造性能较差。Al-Cu 合金的典型牌号为 ZL201。含铜和锰的固溶体随着温度降低其最大溶解度下降幅度较大，经时效后 Al-Cu 合金成为铸铝中强度最高的一类，在 300℃ 以下能保持较高的强度。Al-Mg 系合金的典型牌号为 ZL301。这类合金具有优良的耐腐蚀性，密度特别小，但铸件中疏松较多，常用作在海水中承载的铝合金铸件。因其切削加工后具有高的光洁度，适宜制作承受中等载荷的光学仪器零件。Al-Zn 铸造合金价格便宜，铸造性能良好，经变质处理和时效处理后强度较高，但耐腐蚀性差，热裂倾向大，常用来制造汽车、医疗器械、结构复杂的仪器元件，也可用来制造日用品。

随着高强度铸造铝合金和铸造工艺的发展，铸造铝合金在飞机零件及其他工业产品中被广泛地应用。铸造铝合金适于砂型、金属型、压铸、熔模等各种铸造方法。

5.1.5 变形铝合金

变形铝合金包括防锈铝合金、硬铝合金、锻铝合金等。变形铝合金的牌号、化学成分、力学性能及用途见表 5-3。

表 5-3 常用变形铝合金的主要牌号、成分、力学性能及用途

类别	代号	化学成分 /%（余量为 Al）					热处理状态	力学性能要求			用　途
		w_{Cu}	w_{Mg}	w_{Mn}	w_{Zn}	$w_{其他}$		R_m/MPa	A/%	HBS	
防锈铝	LF5		4.0～5.5	0.3～0.6			退火	280	20	70	焊接油箱、油管、焊条、铆钉及中载零件
	LF21			1.0～1.6			退火	130	20	30	焊接油箱、油管铆钉及轻载零件

续表

类别	代号	化学成分/%（余量为 Al）					热处理状态	力学性能要求			用途
		w_{Cu}	w_{Mg}	w_{Mn}	w_{Zn}	$w_{其他}$		R_m/MPa	A/%	HBS	
硬铝合金	LY1	2.2～3.0	0.2～0.5				淬火＋自然时效	300	24	70	100℃以下工作的中等强度结构件，如铆钉
	LY11	3.8～4.8	0.4～0.8	0.4～0.8			淬火＋自然时效	420	18	100	中等强度结构件，如骨架、叶片、铆钉等
	LY12	3.8～4.9	1.2～1.8	0.3～0.9			淬火＋自然时效	470	17	105	150℃以下工作的高强度结构件构件
超硬铝合金	LC4	1.4～2	1.4～2.8	0.2～0.6	5.0～7.0	Cr0.1～0.25	淬火＋人工时效	600	12	150	主要受力构件，如飞机大梁、桁架等
	LC6	2.2～2.8	2.5～3.2	0.2～0.5	7.6～8.6	Cr0.1～0.25	淬火＋人工时效	680	7	190	主要受力构件，如飞机大梁、桁架等
锻铝合金	LD5	1.8～2.6	0.4～0.8	0.4～0.8		Si0.7～1.2	淬火＋人工时效	420	13	105	形状复杂、中等强度的锻件
	LD7	1.9～2.5	1.4～1.8			Ti1.0～1.5 Fe1.0～1.5	淬火＋人工时效	415	13	120	高温下零件的复杂锻件及结构件
	LD10	3.9～4.8	0.4～0.8	0.4～1.0		Si 0.5～1.2	淬火＋人工时效	480	19	135	承受重载荷的锻件

1. 防锈铝合金

防锈铝合金是在大气、水和油等介质中具有良好耐腐蚀性能的变形铝合金。编号采用"铝"和"防"二字汉语拼音第一个大写字母"LF"加顺序号表示，如 LF5、LF21。

防锈铝合金主要合金元素是 Mn 和 Mg。Mn 的作用是提高抗腐蚀能力，并起固溶强化的作用；Mg 起固溶强化和降低合金比重的作用。防锈铝合金不能进行时效强化，锻造退火后获得单相固溶体，使其耐腐蚀性能高，塑性好。防锈铝合金强度低，且切削加工工艺性较差，通常利用加工硬化提高强度，防锈铝合金适用于制造焊接管道、容器、铆钉以及其他冷变形零件。

2. 硬铝合金

硬铝合金具有相当高的强度和硬度，经固溶加自然时效后强度达到 380～490 MPa，比未经热处理的提高 25%～30%，自然时效后硬度可达 100 HB，与此同时仍能保持足够的塑性。由于该合金强度和硬度高，故称之为硬铝合金。硬铝的编号采用"铝"、"硬"二字汉语的拼音第一个大写字母"LY"加顺序号来表示，如 LYl2、LY6 等。

硬铝合金属于 Al-Cu-Mg 系铝合金，可热处理强化。合金中的 Cu、Mg 可形成强化相 θ 相（CuAl$_2$）和 S 相（CuMgAl$_2$）；Mn 提高耐腐蚀性，并起固溶强化作用，因其析出倾向小，没有时效作用；少量钛或硼可细化晶粒，提高合金强度。

由于合金元素含量的不同，硬铝的性能有较大的差异。

（1）LY1，LY10 合金，Cu 含量较低，固溶处理后室温塑性较好，时效强化速度慢。故可在孕育期内进行铆接，然后通过自然时效提高合金强度。主要用于制作铆钉，承力结构零件，蒙皮等。

（2）LY11合金，Mg、Cu含量中等，强度和塑性属中等水平。退火后成形加工性能良好，时效后切削加工性能也较好。它们主要用于轧材，锻材，冲压件和螺旋桨叶片等重要零件。

（3）LY12、LY6合金，Mg、Cu含量较多，强化相数量多，因而具有更高的强度和硬度，自然时效后抗拉强度可达 500 MPa，但塑性变形能力较差，它们主要用于制造航空模锻件，重要的锻件、销、轴等零件。

硬铝合金耐腐蚀性差，在使用时其外部包一层高纯度铝作防护层，制成包铝硬铝材。硬铝合金的固溶处理温度范围很窄，如 LY11 为 505～510℃，LY12 为 495～503℃，低于此温度范围固溶处理，固溶体的过饱和度不足，不能发挥最大的时效效果；超过此温度范围，则容易产生晶界熔化。

3. 超硬铝合金

超硬铝合金是变形铝合金中强度最高的，抗拉强度达 600 MPa 以上，超过硬铝合金，故此称为超硬铝合金。超硬铝的编号采用"铝"、"超"二字汉语拼音第一个大写字母"LC"加顺序号来表示，如 LC4、LC6 等。

超硬铝合金为 Al-Mg-Zn-Cu 系合金。合金中的锌、铜、镁与铝形成多种复杂的强化相，除 $CuAl_2$（θ 相）和 $CuMgAl_2$（S 相）外，还有强化效果很大的 $MgZn_2$（η 相）及 $Al_2Mg_2Zn_3$（T 相）。合金固溶处理加人工时效的强化效果相当显著，可获得很高的强度和硬度。这类铝合金还具有良好的焊接性能。超硬铝合金的缺点是耐腐蚀性差，一般也需包覆一层纯铝。超硬铝合金可用作受力较大，结构要求较轻的零件，如飞机的大梁、桁架、起落架等。

4. 锻铝合金

锻铝合金包括 Al-Mg-Si-Cu、Al-Cu-Mg-Ni-Fe 系合金。这类合金的元素总含量少，具有良好的热塑性，故锻造性能甚佳，被称为锻铝合金。锻铝的编号采用"铝"、"锻"二字汉语拼音第一个大写字母"LD"加顺序号来表示，如 LD5、LD7、LD10 等。

锻铝合金仍采用固溶处理加人工时效的方法强化，它们的热塑性优良，力学性能也较好，主要用于制造形状复杂的锻件，或是承受载荷的模锻件。

5.2 铜及铜合金

铜及其合金在电气工业、造船工业、仪表工业及机械工业中获得广泛的应用。但铜储量小，价格贵，应该节约使用。工业上80%的铜及其合金以各种型材供应，50%以上的铜及其合金作为导电材料使用。

5.2.1 纯铜（紫铜）

1. 纯铜的特性

纯铜呈紫红色，又称为紫铜，是人类最早使用的金属。铜的密度为 8.9×10^3 kg/m³，熔点为 1083℃。纯铜的导电、导热性优良，在常用材料中仅次于银而居第二位，在电气工业及动力机械工业中获得广泛的应用。铜具有抗磁性，用于制造抗磁性干扰的仪器、仪表零件，如罗盘、航空仪器和瞄准器等。

纯铜的电极电位比氢高，在大气、淡水、冷凝水和非氧化性酸溶液中，均具有良好的耐腐蚀性。纯铜零件在大气中长期暴露时零件表面上生成绿色的保护膜（$CuCO_3 \cdot 2Cu(OH)_2$，称为铜绿），使零件腐蚀速度降低。但铜在海水、氧化性酸、盐溶液中容易被腐蚀。

纯铜为面心立方晶格，具有良好的塑性，可以进行冷、热加工。纯铜的强度稍低，退火态强度 $R_m = 250 \sim 270$ MPa，硬度为 $40 \sim 50$ HB，$A = 35\% \sim 45\%$。经强烈加工硬化后，$R_m = 392 \sim 441$ MPa，$A = 1\% \sim 3\%$。

2. 纯铜中的杂质

工业纯铜中存在着 Pb、Bi、O、S、P 等杂质元素，它们对铜的性能产生很大的影响。首先，这些杂质使铜的导电、导热性能下降，严重影响了铜的使用性能。其次，杂质与铜形成各种分布于晶界上的共晶体，使铜产生冷脆或热脆。例如，低熔点（Cu+Pb）、（Cu+Bi）共晶体的共晶温度小于 400℃，当铜在 820～860℃ 热加工时，共晶体熔化，造成脆性断裂；共晶体（Cu+Cu₂S）、（Cu+Cu₂O）的共晶温度分别为 1067℃、1065℃，在热加工时不会发生脆断，但它们是脆性化合物，在冷加工时易使合金破裂。

3. 工业纯铜

工业纯铜的的成分和用途如表 5－4 所示。

表 5－4　工业纯铜的成分和用途

代号	$w_{Cu}/\%$	主要杂质/%				用途举例
		w_{Bi}	w_{Pb}	w_O	杂质总量≤	
T1	99.95	0.002	0.003	0.02	0.05	电线、电缆、导电螺钉、雷管、化工用蒸发器、贮藏器和各种管道
T2	99.90	0.002	0.003	0.06	0.10	
T3	99.70	0.002	0.010	0.10	0.30	一般用的铜材，如电气开关、垫圈、垫片、铆钉、管嘴、油管、管道

纯铜用于制造电线、电刷、铜管、铜棒以及作为配制铜合金的原料。根据纯度的大小，纯铜分为：T1、T2、T3、T4 四种，编号越大纯度越低。T1、T2 主要用作导电材料和熔制高纯度铜合金，T3、T4 用作一般铜材。

除工业纯铜外，还有氧含量极低的无氧铜，氧含量不大于 0.003％。无氧铜能抵抗氢的作用，避免发生氢脆。无氧铜牌号有 TU1、TU2，主要用于电真空零件。

5.2.2　铜合金

纯铜强度不高，不适合用作结构材料，采用加工硬化的方法虽然能够提高强度，但使塑性下降。因此常用合金化的方法来获得强度和塑性均较高的合金。Zn、Al、Si、Mn、Ni、Sn 等元素在铜中的固溶度均大于 9.4％，固溶强化作用较大，而且形成的合金相起第二相强化作用，Be、Si 具有时效强化作用。

按所加合金元素及色泽不同，铜合金分为黄铜、青铜和白铜三大类。

1. 黄铜

按照所加合金元素不同，黄铜分为普通黄铜和特殊黄铜两种。普通黄铜为铜锌二元合金，特殊黄铜是在铜锌合金的基础上加入其他合金元素后形成的铜合金。

1）普通黄铜

铜锌二元合金相图见图 5-9。

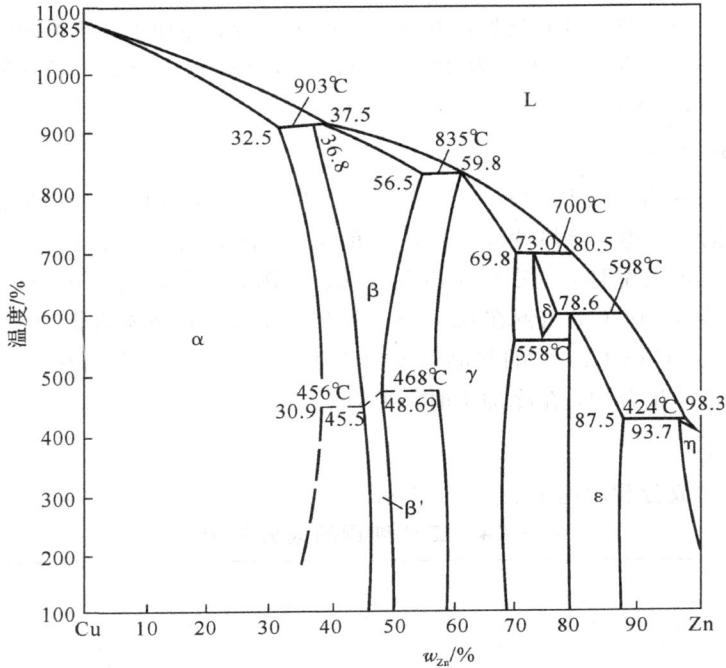

图 5-9　Cu-Zn 合金相图

α相是锌在铜中的固溶体，为面心立方晶格，具有良好的塑性，可以进行冷、热加工，具有优良的锻造、焊接和镀锡性能。锌在铜中的溶解度很大，固溶强化效果好。β相是以电子化合物 CuZn 为基的固溶体，具有体心立方晶格，其塑性好，适宜进行冷、热加工。在温度降低时，β相发生无序-有序转变，由无序固溶体β相转变为有序固溶体β′相。β′相具有体心立方晶格，其塑性差，不适宜进行冷加工变形。γ相是以电子化合物 CuZn$_3$ 为基的固溶体，具有六方晶格，脆性相当大，使含有γ相的合金失去应用价值。

普通黄铜的固相线和液相线间距较小，合金流动性较好，偏析倾向和缩松倾向小，铸造性能良好。普通黄铜在高温下为塑性优良的单相组织，也适合进行锻造、轧制等压力加工，并以加工硬化作为强化手段。

含锌量对黄铜性能的影响如图 5-10 所示。

锌在α相中起到固溶强化的作用，随含锌量的增加，合金的强度和塑性不断提高。当含锌量为 30% 时，塑性达到最高值，含锌量进一步增加，合金中出现β′相而使合金塑性下降。

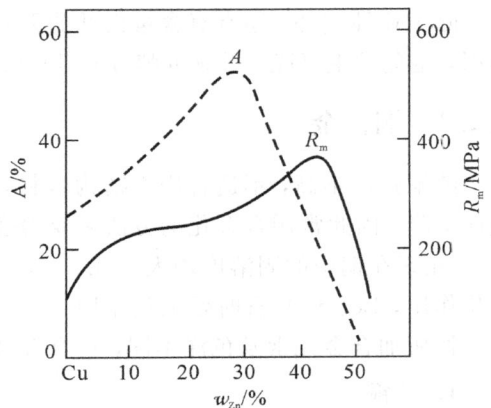

图 5-10　黄铜的力学性能与含锌量的关系

当含锌量增加到 45％时，强度达到最大值；当含锌量达到 47％时，合金全部为 β′相，强度开始下降并且塑性已相当低，已无实用价值。因此工业上使用的黄铜含锌量不超过 47％，普通黄铜的组织只可能是 α 单相组织或（α＋β）两相组织。相应地，普通黄铜按退火后组织分为单相黄铜（α 黄铜）和双相黄铜（α＋β 黄铜）。

部分黄铜的牌号、成分、性能及用途见表 5－5。

表 5－5　部分黄铜的牌号、成分、力学性能及用途

类别	牌号	主要化学成分/%		制品种类或铸造方法	力学性能要求			用途举例
		Cu	Zn 及其他元素		R_m/MPa	A/%	HBS	
普通黄铜	H90	88～91	Zn 余量	板、带铞、棒线、管	480	4	130	导管、冷凝器、散热片及导电零件；冷冲、冷挤零件，如弹壳、铆钉、螺母、垫圈
	H68	67～70			660	3	150	
	H62	60.5～63.5			500	3	164	
特殊黄铜	HPb59—1	57～60	Pb＝0.8%～1.9% Zn 余量	板、带铞、棒线	650	16	140	结构零件，如销、螺钉、螺母、衬套、垫圈
	HMn58—2	57～60	Mn＝1%～2% Zn 余量	板、带棒、线	700	10	175	船舶和弱电用零件
	ZCuZn16Si4	79～81	Si＝2.5%～4.5% Zn 余量	砂型铸造	345	15	90	在海水、淡水和蒸气条件下工作的零件，如支座、法兰盘、导电外壳
				金属型铸造	390	20	100	
	ZCuZn40Pb2	58～63	Pb＝0.5%～2.5% Al＝0.2%～0.8% Zn 余量	砂型铸造	220	15	80	选矿机大型轴套及滚珠轴承套

常用 α 黄铜的牌号有 H90、H70、H68 等。"H"为"黄铜"，数字表示平均铜含量。由于单相黄铜塑性很好，可进行压力加工，用于制造各种冷轧板材、冷拉线材以及形状复杂的深冲压零件。

常用（α＋β）黄铜的强度较单相黄铜高，但室温塑性较差，故只宜进行热轧或热冲压成形。常用的有 H62、H59 等，可用作散热器、机械、电器用零件。

2）特殊黄铜

为了获得更高的强度、耐腐蚀性和良好的铸造性能，在铜锌合金中加入铝、铁、硅、锰、镍等元素后形成的铜合金，称为特殊黄铜。其编号方法是：H＋主加元素符号＋铜含量＋主元素含量，如 HPb60—1。铸造黄铜则在编号前加"Z"字，如 ZCuZn16Si4。

锡黄铜 HSn62—1：锡主要用于提高耐腐蚀性。锡黄铜主要用于船舶零件，有"海军黄铜"之称。铅黄铜 HPb74—3：铅在黄铜中溶解度很低，只有 0.1％，铅呈独立相存在于组织中，可以提高切削加工性和减摩性。

黄铜不仅有良好的塑性加工性能，而且有优良的铸造性能。黄铜的耐腐蚀性较好，与纯铜接近，超过铸铁、碳钢及普通合金钢。黄铜具有强度高、价格低和零件成形性能优良等特点，比锡青铜、铝青铜产量大，应用更广泛，但黄铜的耐磨性和耐腐蚀性不及青铜。

2. 青铜

三千多年以前，我国就生产了锡青铜（Cu-Sn 合金），并用此制造钟、鼎、武器和铜镜。青铜原来仅指 Cu-Sn 合金，目前人们把主要添加元素不是镍也不是锌的铜合金统称为青铜，并分别命名为锡青铜、铝青铜、铍青铜等。

青铜的编号方法是：Q＋主加元素符号＋主加元素含量＋其他元素含量。"Q"为"青铜"，如 QSn4—3，表示含 $w_{Sn}=4\%$、$w_{Zn}=3\%$ 的锡青铜；QBe2，表示含 $w_{Be}=2\%$ 的铍青铜。对铸造青铜，则在前面加上"Z"表示。

1）锡青铜（Cu-Sn 合金）

以锡为主加元素的铜基合金，称为锡青铜。Cu-Sn 合金相图见图 5-11，其中 α 相是锡溶于铜中的固溶体，具有面心立方晶格，塑性好适于进行塑性成形。β 相是以电子化合物 Cu_5Sn 为基的固溶体，具有体心立方晶格，在高温下塑性良好。γ 相是以电子化合物 Cu_3Sn 为基的固溶体。δ 相是以电子化合物 $Cu_{31}Sn_8$ 为基的固溶体，具有复杂立方晶格。

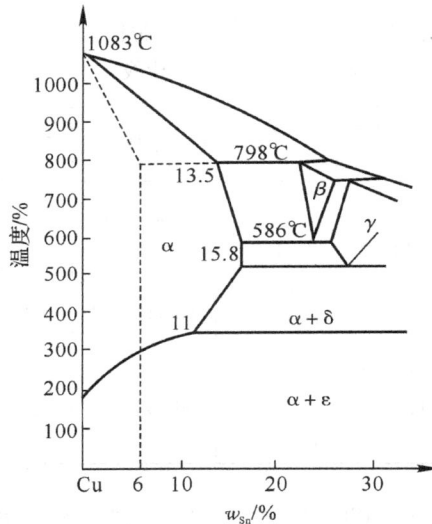

图 5-11　Cu-Sn 合金相图（富铜端）

锡原子在铜中的扩散十分困难，铜锡合金在生产条件下的结晶组织与平衡结晶组织相差甚远。在一般铸造条件下，只有含锡量低于 5%～6% 时才能获得 α 单相组织，当锡含量大于 5%～6%Sn 时组织中出现共析体（α＋δ）。

锡对铸态青铜力学性能的影响见图 5-12。

含锡量小于 6% 时，室温组织为 α 固溶体，锡青铜的强度、硬度随含锡量的增加而显著提高，塑性变化不大。此类合金适宜进行压力加工，常以线材、板材、带材等成形制品供应。

含锡量大于 6% 的锡青铜，因组织中出现 δ 硬脆相，塑性急剧降低，已不宜进行压力加工，只能用作铸造合金。当含锡量超过 20% 时，不仅塑性极低，且强度亦急剧降低，只用来铸钟，有"钟青铜"之称。工业用锡青铜的含锡量一般在 3%～14% 范围内。

锡青铜虽然铸造收缩率很小，但其结晶温度区间大，流动性差，易产生偏析和形成分散缩孔，在高压下容易渗漏，适合用来生产形状复杂、气密性要求不高的铸件。

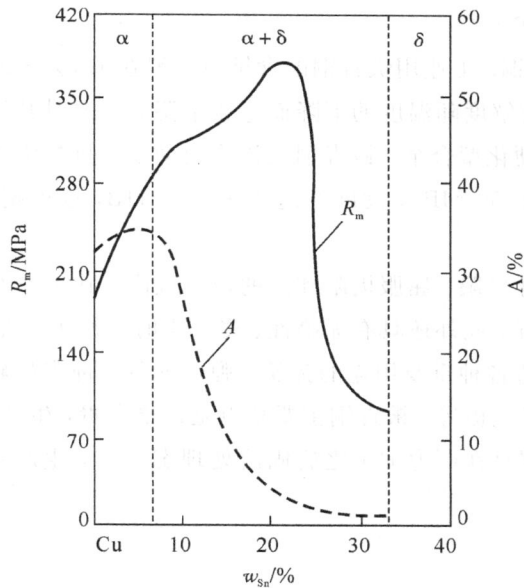

图 5-12　铸造锡青铜的力学性能与含锡量的关系

　　锡青铜在大气、海水、淡水和蒸汽中的耐腐蚀性比黄铜高，广泛用于蒸汽锅炉、海船的铸件。但锡青铜在亚硫酸钠、氨水和酸性矿泉水中极易被腐蚀。

　　锡青铜中共析体$(\alpha+\delta)$均匀分布在塑性好的 α 固溶体中，属于"坚硬质点相"分布在"软塑基体"上的耐磨组织，因而被广泛用来制造齿轮、轴承、蜗轮等耐磨零件。

　　锡青铜在机械、化工、造船、仪表等工业中广泛应用，主要用来制造轴承、轴套等耐磨零件和弹簧等弹性元件。常用青铜的牌号、成分、性能和应用见表 5-6。

表 5-6　部分青铜的牌号、成分、性能和应用

类别		牌号	Cu 以外的成分 /%	状态	力学性能要求			应用举例
					R_m/MPa	A/%	HBS	
锡青铜	铸造青铜	ZQSn10—1	Sn9～11 P0.8～1.2	S	200～300	3	80～100	轴承、齿轮等
				J	250～350	7～10	90～120	
		ZQSn6—6—3	Sn5～7 Zn5～7 Pb1～4	S	150～250	8	60	轴承、齿轮等
				J	180～250	10	65～70	
	压力加工青铜	QSn4—4—4	Sn3～5 Zn3～5 Pb3.5～4.5	软	310	46	62	航空仪表材料
				硬	550～650	2～4	160～180	
		QSn5—0.1	Sn6～7 Pb0.1～0.25	软	350～450	60～70	70～90	耐磨材料、弹簧等
				硬	700～800	8～10	160～200	
无锡青铜	铝青铜	QAl9—4	Al8～10 Fe2～4	软	500～600	40	110	有重要用途的齿轮、轴套等
				硬	800～1000	5	160～200	
	铍青铜	QBe2	Be1.9～2.2	软	500	35	100	有重要用途的齿轮、弹簧等
				硬	1250	2～4	330	

　　注：表中 S 表示砂型铸造；J 表示金属型铸造；软表示 800℃退火状态；硬表示塑性变形量为 50% 的性能。

2）铍青铜（Cu-Be 合金）

铜-铍合金称为铍青铜。工业用铍青铜的含铍量一般在 1.7%～2.5% 之间，由于铍溶入铜中形成 α 固溶体，其溶解度随温度的下降而急剧下降，室温时其溶解度仅为 0.16%。因此铍青铜是典型的时效硬化型合金。铍青铜经淬火时效后，抗拉强度可由固溶处理状态的 450 MPa 提高到 1250～1450 MPa，硬度可达 350～400 HB，远远超过其他所有铜合金，甚至可以和高强度钢相媲美。

铍青铜具有高的弹性极限、屈服极限和高的疲劳极限，其耐磨性、耐腐蚀性、导电性、导热性和焊接性均非常好。此外还具有无磁性、受冲击时不产生火花等特点。

铍青铜主要用于制造各种重要用途的弹簧、弹性元件、钟表齿轮和航海罗盘仪器中的零件、防爆工具和电焊机电极等。铍青铜主要缺点是价格太贵，生产过程中有毒，应用受到很大的限制。一般铍青铜是在压力加工之后固溶处理态供应，生产零件时可不再进行固溶处理而仅进行时效即可。

3. 白铜

以镍为主加元素的铜合金称为白铜。普通白铜只含铜和镍，其牌号用"B（白）＋镍的平均含量"表示，例如 B19 表示 $w_{Ni}=19\%$ 的普通白铜。特殊白铜是在铜-镍二元合金的基础上加入其他合金元素的铜基合金。特殊白铜牌号用"B＋其他元素符号＋数字＋数字"表示，其中前一数字表示含镍量，后一数字表示其他合金元素含量。例如 BMn3—12 表示含 $w_{Ni}=3\%$ 和 $w_{Mn}=12\%$ 的锰白铜。

铜和镍都具有面心立方晶格，它们的电化学性质和原子半径相差不大，故铜与镍可无限互溶。Cu-Ni 相图为匀晶相图，由于白铜是单相组织不能进行热处理强化，只能通过固溶强化和加工硬化来提高力学性能。

普通白铜的力学性能与含镍量的关系见图 5-13。普通白铜有 B5、B19 和 B30 等牌号，它不仅强度高、塑性好，能进行冷、热变形加工，而且其耐腐蚀性好，电阻率较高。普通白铜广泛用于制造医疗器械、化工机械零件，以及精密仪器、仪表零件和热交换器等。

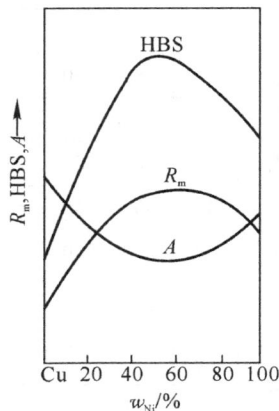

图 5-13 普通白铜的力学性能与含镍量的关系

在普通白铜中加入少量锰，能使合金具有高的电阻和低的电阻温度系数。BMn40—1.5锰白铜，又称康铜，是制造精密仪器的优良材料。BMn43—0.5锰白铜，又称考铜，适于用作温度高的变阻器、热电偶（与镍铬合金配对）和补偿导线。

在普通白铜中加入大量锌，锌起固溶强化作用，还能提高耐腐蚀性。BZn15—20锌黄铜具有较高的力学性能和优良的耐腐蚀性，并且成本较低、色泽好，应用最广泛。

5.2.3　铜合金的性能特点及应用范围

铜及铜合金在电气、仪表、造船及机械工业中获得了广泛的应用。由于铜属于应节约使用的材料，只有在特殊需要的情况下才考虑使用。例如要求零件具有高的导电导热性、高的耐腐蚀性、高的弹性、高的疲劳强度或高的外观要求。

1）力学性能

由于热处理不能改善大多数铜合金的性能，提高铜合金强度的途径只有合金化和加工硬化。

适当的合金化可使铜合金的强度和塑性同时提高，这点有别于其他合金系。纯铜的抗拉强度 R_m＝250～270MPa，断后伸长率 A＝35%～45%，在加入锌、锡等其他元素后，不仅强度大幅提高，其断后伸长率也有较大幅度的提高，如 H70 黄铜 A＝50%，QSn6.5—0.1锡青铜 A＝60%，QAl5 铝青铜 $A\geqslant60\%$。

采用适当的去应力退火，可使塑性变形后的铜合金，在保持较高强度的情况下改善塑性和提高弹性极限，这点对于弹性元件极为重要。铜合金的疲劳强度较高，特别是铍青铜、磷锡青铜和白铜，满足了弹簧等仪表零件的使用要求。

2）工艺性

铜合金均具有优良的塑性，适于进行塑性成形；铜合金的切削加工性能较好，切削后表面光洁；黄铜的铸造性能优良，青铜铸造性能稍差。

3）导热、导电性

纯铜导电性能优良，塑性成形性好，适于做成细线，成为工业电线的上佳材料。纯铜导热性优良，是导体及散热器的极好材料。

铜合金的导电能力远低于纯铜，黄铜的导电能力为纯铜的30%，铝青铜的为35%，锡青铜的仅为10%，因此铜合金可用作导电零件，但不适宜用作电线。

4）耐腐蚀性

铜合金耐腐蚀性能优良，能抵抗大气及海水的腐蚀（尤其是锡青铜）。

5.3　镁合金、钛合金和轴承合金

工业上应用的镁合金、钛合金、轴承合金等其他有色合金，均有自己的性能特点，在某些工况下具有难以替代的作用，它们的成分、组织、性能及应用范围见表 5-7。

表 5-7 镁合金、钛合金、轴承合金的成分、组织、性能及应用范围

使用要求、成分、组织及加工过程	性能特点及应用举例
镁合金 1. 纯镁的性能 镁是地壳中含量丰富的金属元素，储量占地壳的 2.5%，仅次于铝和铁。镁的原子序号为 12，为密排六方晶体结构。 镁熔点 651℃，镁的体积热容比其他所有的金属都低，其升温或降温速度比其他金属快。镁的化学性质活泼，在空气中容易氧化，尤其在高温时如氧化反应放出的热量不能及时散失，则很容易燃烧。 2. 镁的合金化及分类 工业纯镁的强度和硬度很低，塑性比铝低得多，不能直接用作结构材料，但通过形变硬化、晶粒细化、合金化、热处理等多种方法，镁的力学性能会得到大幅度的改善。在这些方法中，镁的合金化是最基本的强化途径，通过合金化，其力学性能、耐腐蚀性能和耐热性能均会得到提高。 镁合金中常加入的合金元素有 Al、Zn、Mn、Zr 及稀土元素。 铝在镁中起固溶强化作用，又可析出沉淀强化相 $Mg_{17}Al_{12}$，有助于提高合金的强度和塑性；锌在镁中除固溶强化作用外，也可产生时效强化相 MgZn，但强化效果不如铝显著，一般需与其他元素同时加入；锰加入镁中可提高合金的耐热性和耐腐蚀性，并改善焊接性能；镁中加入锆，除细化晶粒外，还可减少热裂倾向、并提高力学性能；稀土元素则具有细化晶粒、提高耐热性、改善铸造性能和焊接性能等多种作用。镁合金中的杂质以 Fe、Cu、Ni 的危害最大，需要严格控制其含量。 工业中应用的镁合金主要集中于 Mg-Al-Zn、Mg-Zn-Zr、Mg-RE-Zr、Mg-Th-Zr 和 Mg-Ag-Zr 等几个合金系，其中前两个合金系应用较多。 3. 镁合金的热处理 镁合金常用的热处理工艺有：人工时效 (T1)、退火 (T2)、固溶不时效 (T4) 和固溶加人工时效 (T6) 等，具体工艺规范根据合金成分及性能需要确定。	1. 镁合金的性能特点 (1) 密度低，比强度高。镁密度为 1.738×10^3 kg/m³，相当于铝的 2/3，是常用结构材料中最轻的金属。镁合金的强度虽然比铝合金低，但其比强度却比铝合金高。如以镁合金代替铝合金，则可减轻电动机、发动机、仪表等各种零件的重量。 (2) 减振性好。镁合金弹性模量小，当受外力作用时，弹性变形功较大，即吸收能量较多，所以能承受较大的冲击或振动载荷。因此飞机起落架轮毂多采用镁合金制造。 (3) 切削加工性好。镁合金具有优良的切削加工性能，可采用高速切削，也易于进行研磨和抛光。 (4) 耐腐蚀性差。镁的电极电位很低，耐腐蚀性很差。在潮湿大气、淡水、海水及绝大多数酸、盐溶液中易腐蚀。但镁在干燥的大气、碳酸盐、氟化物、铬酸盐、氢氧化钠、四氯化碳、汽油、煤油及润滑油中却很稳定。镁在空气中形成的氧化膜疏松多孔，对镁基体没有保护作用。镁合金使用时须采取防护措施，如氧化处理、涂漆保护等。 (5) 镁合金的室温塑性很差，塑性加工须在高温下进行。 2. 变形镁合金 按化学成分，国标中的变形镁合金分为 Mg-Mn 系变形镁合金、Mg-Al-Zn 系变形镁合金和 Mg-Zn-Zr 系变形镁合金三类。 航空工业上应用较多的为 MB15 合金。它是高强度变形镁合金，属 Mg-Zn-Zr 合金系，成分为：Zn5.0%~6.0%、Zr0.3%~0.9%、Mn0.1%。由于其含锌量高，锌在镁中的溶解度随温度变化较大，并能形成强化相 MgZn，所以能热处理强化。锆加入镁中能细化晶粒，并能改善耐腐蚀性。 MB15 合金经热加工变形后，在空气中冷却，已相当于固溶处理过程。人工时效一般是在 160~170℃保温 10~24 h，在空气中冷却。 MB15 性能为：抗拉强度 329 MPa，屈服强度 275 MPa，延伸率为 6%。MB15 常用来制造在室温下承受较大负荷的零件，如机翼、翼肋等，使用温度不能超过 150℃。

续表一

使用要求、成分、组织及加工过程	性能特点及应用举例
镁合金 　　与铝合金相比，镁合金的热处理呈现以下几个特点：① 镁合金的组织比较粗大，因此固溶温度较低；② 合金元素在镁中的扩散速度较慢，固溶时间较长；③ 铸造镁合金及未经退火的变形镁合金一般具有不平衡组织，固溶前加热速度不宜过快，通常采用分段方式加热；④ 镁合金在自然时效时，沉淀相析出速度太慢，故镁合金大都采用人工时效处理；⑤ 镁合金的氧化倾向大，加热炉内需保持中性气氛，普通电炉一般通入 SO_2 气体或在炉内放置碎块状硫铁矿石，并要密封。 　　**4. 镁合金分类** 　　镁合金分为变形镁合金和铸造镁合金。我国变形镁合金的牌号以"MB"加数字表示；铸造镁合金的牌号以"ZM"加数字表示。其中数字为合金顺序号，代表合金的化学成分。	**3. 铸造镁合金** 　　高强度铸造镁合金有 ZM1、ZM2、ZM7 和 ZM8，属于 Mg-Al-Zn 系和 Mg-Zn-Zr 系。这些合金一般在淬火或淬火并时效后使用，具有较高的强度、良好的塑性，适于制造各种类型的零件。但高强度铸造镁合金耐热性较差，使用温度不能超过 150℃。 　　航空工业上应用较多的 ZM5 合金，属 Mg-Al-Zn 合金系。由于其含 Al 量较高，能形成较多的强化相，所以可以通过固溶处理和人工时效来强化。ZM5 合金固溶处理的加热温度为 415℃±5℃，保温时间一般为 12～24 h，保温后在空气中冷却。人工时效的加热温度为 175～200℃，保温时间一般为 8～12 h，在空气中冷却。ZM5 广泛应用于制造飞机、发动机、仪表、卫星及导弹仪器舱中，承受较高负载的结构件或壳体。 　　耐热铸造镁合金有 ZM3、ZM4 和 ZM6，属于 Mg-RE-Zr 系。该类合金铸造工艺性能良好、热裂倾向小、铸件致密。合金的常温强度和塑性较低，但耐热性高，长期使用温度为 200～250℃，短时使用温度可达 300～350℃。
钛合金 　　**1. 纯钛的性能** 　　钛是银白色金属，熔点 1667℃；密度为 $4.5×10^3$ kg/m³，相当于铜密度的一半；线膨胀系数小；导热性差。 　　钛具有同素异构转变，转变温度为 882.5℃。在 882.5℃以下钛为密排六方晶格，称为 α-Ti；在 882.5～1668℃钛为体心立方晶格，称为 β-Ti，即 α-Ti $\xrightarrow[]{882.5℃}$ β-Ti。β-Ti 具有良好的塑性，α-Ti 由于滑移系少塑性稍差，但由于晶格常数的关系 α-Ti 的塑性亦比同为密排立方结构的锌和镁高。 　　**2. 钛的合金化** 　　为了改善钛的性能，在钛中加入一定的合金元素使之合金化，研制出满足不同性能要求的新合金。加入到钛中的合金元素，分为 α 稳定元素和 β 稳定元素两类，其作用见表图 1。	由于钛及钛合金具有比强度高、耐热性好、耐腐蚀性优良等性能，因此成为化工工业、航空航天、造船等行业中的重要结构材料。 　　**1. 钛合金的优点** 　　(1) 比强度高。钛合金的强度较高，一般可达 1200 MPa，和调质结构钢相近。钛合金的密度仅相当钢的 54%，因此钛合金具有比各种合金都高的比强度，这是钛合金适用于作航空材料的主要原因。 　　(2) 热强度高。钛的熔点高，再结晶温度高，并且钛合金具有较高的高温强度。目前，钛合金可在 500℃下长期工作，并向 600℃的温度发展，它的耐热性能可以和一般的耐热钢媲美。 　　(3) 耐腐蚀性高。在常温下钛表面极易形成致密且牢固的钝化膜，使钛在多数介质中具有优良的耐腐蚀性。钛合金在潮湿大气、海水、氧化性酸(硝酸、硫酸等)和大多数有机酸中，其耐腐蚀性相当于或超过不锈钢。因此，作为耐腐蚀性能优良的材料钛及钛合金已经在化工、造船及医疗等部门得到广泛应用。

使用要求、成分、组织及加工过程	性能特点及应用举例
钛合金 （1）α 稳定元素。 铝为增大 α 相稳定性的元素，它能使 α→β 转变温度升高，从而扩大 α 相区。铝也是固溶强化的主要合金元素，能使合金的强度和耐热性提高。但含铝量过高时合金中出现脆硬相而使合金变脆，力学性能急剧降低，因而铝的添加量一般不超过 7%。 锡属中性元素，对 α 及 β 相都有强化作用，但作用不很显著。锡常作为补充强化剂和铝等元素共同加入钛中。另外，锡也能提高合金的耐热性。 (a) α 稳定元素 (b) β 稳定元素 表图 1　元素对钛同素异构转变温度的影响 （2）β 稳定元素。 增大 β 相稳定性的元素主要为 V、Mo、Cr、Mn 等，它们能使 α→β 转变温度降低，从而扩大 β 相区。	钛合金的硬度较低，抗磨性较差，因此不宜用来制造承受磨损的零件。 工业纯钛具有较高的强度和较好的韧性，可以直接用于航空产品，常用来制造 350℃ 以下工作的飞机构件，如超音速飞机的蒙皮、构架等。 2. 钛合金的应用 （1）α 钛合金。它具有良好的焊接性和铸造性、高的蠕变抗力、具有良好的热稳定性；但它塑性较低，不能热处理强化，只能进行退火处理。它具有中等的强度和高的热强性，长期工作温度可达 450℃。α 钛合金主要用于制造发动机零件、叶片等。 （2）β 钛合金。钛合金加入 Mo、Cr、V 等合金元素后，可获得亚稳组织的 β 相。它的强度较高、具有良好的压力加工性能和焊接性能，经淬火和时效处理后，析出弥散的 α 相，强度进一步提高。β 钛合金主要用于制造气压机叶片、轴、轮盘等重载荷零件。 （3）(α＋β)钛合金。钛中加入稳定 β 相元素，再加入稳定 α 相元素，在室温下即可获得(α＋β)双相组织。这类合金热强度和加工性能处于 α 钛和 β 钛之间；可通过淬火＋时效进行强化，且塑性较好，具有良好的综合性能。(α＋β)钛合金在海水中抗应力腐蚀能力很好。(α＋β)钛合金主要用于在 400℃ 长期工作的零件，如火箭发动机外壳，航空发动机叶片、导弹的液氢燃料箱等。 （4）低温用钛合金。钛合金用作低温材料时，比强度高，可减轻构件的重量；强度随温度的降低而提高，又能保证良好塑性；在低温下冷脆敏感性小。此外，钛合金的导热性低、膨胀系数小，适宜制造火箭、管道等结构件。 专用的低温钛合金有 Ti—5Al—2.5Sn，使用温度可达 −253℃，用于制造宇宙飞船的液氢容器；Ti—6Al—4V 使用温度为 −196℃，用于制造低温高压容器，导弹储氢容器等。钛合金用作高、低温条件下的结构材料，具有广阔的发展前景。

续表三

使用要求、成分、组织及加工过程	性能特点及应用举例
根据钛与合金元素的相互作用和使用要求，人们研制了一系列的钛合金。当前工业上应用最多的钛合金大都是以 Ti-Al-V、Ti-Al-Sn、Ti-Al-Mo、Ti-Al-Mn 和 Ti-Al-Cr 为基础的多元合金。 　　3. 钛合金的分类 　　工业钛合金按其退火组织可分为 α 钛合金、β 钛合金和 (α＋β) 钛合金三大类。 　　其牌号表示为：α 钛合金，以"TA"加序号表示；β 钛合金，以"TB"加序号表示；(α＋β) 钛合金以"TC"加序号表示。 　　4. 钛合金生产制备方面的困难 　　钛合金制备有一定难度，限制了其应用。 　　(1) 切削加工性能差。钛合金导热性差（仅为铁的 1/5，铝的 1/13），摩擦系数大，切削时升温快，容易粘刀，使切削速度降低，刀具寿命缩短，并影响零件表面粗糙度。 　　(2) 热加工应在保护气氛下进行。加热到 600℃ 以上时，钛合金极易吸收 H_2、N_2、O_2 等气体而使合金变脆。给铸造、锻压、焊接和热处理都带来一定的困难。钛合金铸锻焊等热加工，应在真空或惰性气体中进行。 　　(3) 冷塑性变形困难。钛合金的屈服强度与抗拉强度之比很高，一般在 0.7～0.95 之间，因此钛材压力加工时，变形抗力较大，不易变形。冷压时回弹较大，使冷压加工成形困难，一般需采用热压加工成形。 　　(4) 力学性能受合金纯度影响大。微量的杂质即能使钛的塑性、韧性急剧降低。氢、氧、氟对钛都是有害的杂质元素。 　　随着化学切削、激光切削、电解加工、超塑性成形及化学热处理的进展，这些问题正在逐步得到解决。	(5) 钛合金在飞机及船舶上的应用举例。钛合金广泛应用于航空、航天工业，被称为"空中金属"。 　　20 世纪 50 年代，新型飞机中钛合金质量仅占机体质量的 5%；60 年代，钛合金约占 30%；70 年代，美国的 YF-12A 超音速飞机（$M=3$）中，钛合金已占机体质量的 85% 左右。 　　以飞机蒙皮为例，当马赫数 M 达到 2.7～3.0 时，由于气流的摩擦，蒙皮温度可达 220～230℃，远超过铝合金的时效温度，这时铝合金已无法适应。只能采用耐热性能好而密度仍比较小的钛合金来代替，以解决飞机速度和机身温度之间的矛盾。 　　(α＋β) 双相钛合金既有较高的室温强度，又有较高的高温强度，而且塑性也比较好，在航空工业应用最广泛。(α＋β) 钛合金在较高温度使用时，固溶处理并时效后的组织不如退火后的组织稳定，因而在航空工业中，这类合金多在退火状态下使用。 　　最典型的是 TC4 合金，TC4 合金的产量约占钛合金总产量的 60%。TC4 合金属 Ti-Al-V 合金系，主要成分为：$w_{Al}=5.4\sim6.8\%$，$w_V=3.5\sim4.5\%$，$w_{Fe}=0.3\%$。其退火后性能为：室温下 $R_m=890$ MPa，$R_{el}=830$ MPa，$A=10\%\sim12\%$；400℃ 下 $R_m=590$ MPa，400℃ 下 100 h 的高温强度为 540 MPa。TC4 合金具有良好的综合力学性能，组织稳定性高，在喷气式发动机和飞机结构上应用非常广泛，被誉为当代的"骏马合金"。 　　钛合金对海水的抗蚀能力特别强，被广泛应用于海洋领域，又被称为"海洋金属"。 　　钛合金应用到舰艇上，用来制造艇体、推进器、泵、阀等。前苏联制造的"台风号"核潜艇，就是钛壳核潜艇。用钛板制艇壳，除耐腐蚀性强之外，还具有无磁性、质量小等优点。

使用要求、成分、组织及加工过程	性能特点及应用举例

滑动轴承合金

1. 轴承合金的性能要求

滑动轴承用于支承各种转动轴，它由轴承体和轴瓦两部分构成。轴承体支承轴瓦，轴瓦直接与轴颈接触，用来支承轴。当轴承支撑轴进行工作时，由于轴在旋转，轴瓦和轴产生强烈的摩擦，并承受周期性交变载荷。

用于制作滑动轴承轴瓦和内衬的合金称为轴承合金。由于传动轴昂贵并且更换成本高，宁可磨损并更换轴瓦，也不能损坏轴颈，即轴承合金应该起到支承并保护轴的作用。

对轴承合金的性能要求：①足够的强度，以承受轴颈给予的较大压力。②足够的塑性和韧性，以保证轴与轴承良好配合并抵抗冲击和振动。③轴瓦与轴之间的摩擦系数小，并可存储润滑油，以减轻对轴的磨损。④适当的硬度和耐磨性，适当提高轴瓦的使用寿命，并减少轴的磨损。⑤良好的耐腐蚀性、导热性、较小的膨胀系数，防止摩擦升温而发生咬合。

2. 轴承合金的组织特点

为了兼顾硬和软的性能要求，目前轴承合金的组织特征分为以下两类：①合金由"软基体相＋硬质点相"组成；②合金由"硬基体相＋软质点相"组成。

软基体上分布硬质点的情况，如表图2所示。

表图 2　轴瓦与轴的接触面

若轴承合金由"软基体相＋硬质点相"组成，则在运转时软基体受磨损而凹陷，硬质点将凸出于基体上，使轴和轴瓦的接触面积减少，降低轴和轴瓦之间的摩擦系数，从而减少磨损。另外，软基体能承受冲击和震动，并能起镶嵌外来硬物，减少轴颈擦伤的作用。

若轴承合金由"硬基体相＋软质点相"组成，则在运转时软质点受磨损而凹陷，凹坑能储存润滑油，降低摩擦系数，从而减少磨损。

1. 锡基轴承合金

锡基轴承合金的成分为：$w_{Sb}=3\%\sim16\%$、$w_{Cu}=1.5\%\sim10\%$，其余为 Sn。合金由"软基体相＋硬质点相"组成。

以常用的 ZChSnSb11—6 为例，其组织可用锡锑合金相图来分析（见表图3）。

表图 3　Sn-Sb 合金相图

ZChSnSb11—6 的显微组织为 $\alpha + \beta' + Cu_6Sn_5$。$\alpha$ 相是锑溶解于锡中的固溶体。β' 相是以化合物 SnSb 为基的固溶体，为硬质点。由于 β' 相密度小，易于上浮形成偏析。为此加入 6%Cu 形成 Cu_6Sn_5 针状物，先在溶液中析出，故可阻止 β 相的上浮，从而消除偏析。软基体为 α，硬质点相为 β' 和 Cu_6Sn_5。

锡基轴承合金的摩擦系数和膨胀系数小，塑性和耐磨性好，适于制造运转速度高、承受压力和冲击载荷的轴承，如汽轮机、汽车、压气机用高速轴瓦。但锡基轴承合金的疲劳强度差，工作温度不超过120℃。

2. 铅基轴承合金

铅基轴承合金是以铅-锑为基的合金，为了提高合金的强度、硬度和耐磨性，加入 $w_{Sn}=6\%\sim16\%$，锡可改善合金表面性能和耐腐蚀性；此外还加入少量的铜来消除相对密度偏析，并形成高硬度质点 Cu_6Sn_5。表图4为 Pb-Sb 合金相图。

表图 4　Pb-Sb 合金相图

续表五

使用要求、成分、组织及加工过程	性能特点及应用举例
	如常用的有 ZChPbSb16—16—2，其中含 $w_{Sb}=16\%$、$w_{Sn}=16\%$ 和 $w_{Cu}=2\%$，其余为 Pb。其显微组织为 $(\alpha+\beta)+\beta+Cu_6Sn_5$，$\alpha$ 为锑在铅中的固溶体，β 为铅在锑中的固溶体，$(\alpha+\beta)$ 为共晶体。这样形成了在软基体 $(\alpha+\beta)$ 共晶体上分布有硬质点 $SnSb(\beta$ 相$)$ 和 Cu_6Sn_5 的显微组织。 　　铅基轴承合金铸造性能和耐磨性较好，价格较低（铅的价格仅为锡的 1/10），应用广泛。用于制造中等载荷、高速低载的轴承，如汽车、拖拉机上的曲轴轴承和电动机、破碎机上的轴承。 　　3. 铜基轴承合金 　　铜基轴承合金是以铅为主加元素，Cu-Pb 合金相图见表图 5。 表图 5　Cu-Pb 合金相图 　　铜和铅在固态时互不溶解，室温显微组织为 $Cu+Pb$。Cu 为硬基体，粒状 Pb 为软质点。 　　铜基轴承合金耐疲劳、耐热性好，摩擦系数小，承载能力强。适宜用来制作在高温、高速、重载荷、高压下工作的轴承，如航空发动机轴承。 　　常用的有 ZQPb30、ZQSn10—1 等合金。 　　ZQPb30 的成分为 30% Pb，其余为 Cu。ZQPb30 合金本身强度较低，需生产成双金属轴瓦来使用。 　　ZQSn10—1 成分为 10% Sn，1% P，其余为 Cu。显微组织为 $\alpha+\delta+Cu_3P$。α 固溶体为软基体，δ 相和 Cu_3P 为硬质点。该合金具有高的强度，适于制造高速度、高载荷的柴油机轴承。

（滑动轴承合金）

3. 轴瓦结构

在轴承合金强度足够的情况下，轴瓦整体用轴承合金制成；在轴承合金强度不够的情况下，为了提高轴承合金的疲劳强度、承压能力和使用寿命，通常在钢制轴瓦外圈的内壁上浇注（或轧制）一层轴承合金内衬，来满足强度和减少摩擦两方面需求。钢制轴瓦外圈起承受负荷、提高轴承强度的作用；轴瓦材料仍为轴承合金，轴瓦的工作表面与轴接触，起减少摩擦、支承并保护轴的作用。具有这种双金属层轴瓦的轴承，称为"双金属"轴承。

4. 轴承合金的合金系

"软基体相+硬质点相"的轴承合金有：锡基、铅基合金及锡青铜等类型的合金。锡基、铅基轴承合金称为巴氏合金。

"硬基体相+软质点相"的轴承合金有：铝-锡、铝-石墨复合材料及铅青铜，灰铸铁等类型的合金。

轴承合金牌号的编号方法为：ZCh+基本元素符号+主加元素符号+主加元素含量+辅加元素含量。其中"Z"和"Ch"分别表示"铸造"和"轴承"。例如，ZChSnSb11—6 即表示含 11%Sb 和 6%Cu 的锡基铸造轴承合金。

5.4 粉末冶金材料

粉末冶金材料属于金属材料，它的制备方法与普通金属材料颇不相同。粉末冶金材料化学成分比较复杂，难于划分到别的材料类别中去，因此成为单独的一类金属材料。

5.4.1 粉末冶金工艺

1. 粉末冶金的特点

将不同金属粉末混合，或金属粉末与非金属粉末混合，经过成型、烧结等过程制成零件或毛坯的工艺方法称为粉末冶金。粉末冶金法和熔炼法都是生产工程材料的基本方法。粉末冶金法常用来生产硬质合金、金属陶瓷、摩擦材料、难熔金属材料等。

粉末冶金具有以下优良的特性：用粉末冶金法生产某些材料时，能避免成分偏析，保证合金具有均匀的组织和稳定的性能，同时使合金的热加工性能大为改善。从机械零件加工方面来看，粉末冶金法是一种少切削、无切削的成形工艺，可以减少机械加工，节约金属材料、提高劳动生产率。

2. 粉末冶金工艺

下面以铁基材料为例，简要介绍粉末冶金的生产工艺过程。铁基粉末冶金的生产工艺过程为：

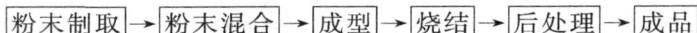

$$\boxed{粉末制取} \rightarrow \boxed{粉末混合} \rightarrow \boxed{成型} \rightarrow \boxed{烧结} \rightarrow \boxed{后处理} \rightarrow \boxed{成品}$$

为得到必要的使用性能，通常在铁粉中加入石墨和合金元素，还要加入机油和少量润滑剂，将它们按一定比例配制成混合料。在高压作用下混合料颗粒间产生机械咬合，相互结合成具有一定强度的制品；其后在高温和一定压力下烧结，使零件获得所需使用性能和最终尺寸。烧结在保护气氛炉或真空炉中进行，通过原子扩散、再结晶、熔焊、化合等过程，从而制得具有一定孔隙度的铁基粉末冶金制品。

通常情况下，经烧结后的制品就能使用。必要时也可对表面光洁、尺寸精度高的制品进行精压处理；对力学性能要求高的制品进行淬火或表面淬火等热处理；对轴承等要求润滑和耐腐蚀的制品，进行浸渍润滑剂或浸油处理。

5.4.2 粉末冶金材料

粉末冶金工艺是制造工具材料的重要手段。常用的粉末冶金工具材料有硬质合金、超硬材料、陶瓷工具材料、粉末高速钢等。

1. 粉末高速钢

高速钢的合金元素含量高，在采用熔铸工艺生产时会产生严重的偏析，使力学性能降低，金属损耗达钢锭重量的 $30\% \sim 50\%$。而粉末高速钢则可减少或消除偏析，获得均匀分布的细小碳化物，使工具具有较大的抗弯强度和抗冲击性能，冲击韧性可提高 50%，还可大大提高耐磨性，使工具寿命提高 $1 \sim 2$ 倍。粉末高速钢主要用于生产大型刀具。

2. 硬质合金

硬质合金是将一些难熔的金属化合物和粘结剂混合加压成型，经过烧结而制成的一种粉末冶金材料。硬质相保证合金具有高的硬度和高的耐磨性，粘结剂使合金具有一定的强度和韧性。硬质合金种类很多，目前常用的有金属陶瓷硬质合金和钢结硬质合金。

金属陶瓷硬质合金是将一些难熔的金属碳化物粉末和粘结剂钴混合，加压成型并烧结而成，因其制造工艺和陶瓷相似而得名。碳化物是硬质合金的骨架，起耐磨的作用。金属陶瓷硬质合金可分为三类：钨钴类硬质合金、钨钴钛类硬质合金、通用硬质合金。

钢结硬质合金是以 TiC、WC、VC 粉末等硬质相，以铁粉加少量的合金元素为粘结剂，用一般的粉末冶金法制造。它适于制造各种形状复杂的刀具，如麻花钻、铣刀等，也可以制造在较高温度下工作的模具和耐磨零件。

复习思考题

1.铝及铝合金的物理化学性能、力学性能及加工性能有什么特点？

2.说明铝合金分类的原则。

3.铝合金的固溶处理与钢的淬火有什么不同？

4.解释铝合金的时效强化现象，并说明什么是人工时效处理，什么是自然时效处理，两者对材料性能的影响有什么不同。

5.以铝铜合金为例简述时效处理过程中的组织及性能的变化，并指出影响时效强化的因素。

6.硅铝明是指哪一类铝合金？它们为什么要进行变质处理？

7.铝硅合金变质处理后其组织和性能有何变化？

8.下列零件需用铝或铝合金制造，试选出所用材料的牌号。

① 内燃机的气缸体；② 油箱；③ 受力件、内燃机活塞；④ 形状复杂的仪表零件壳体。

9.一批黄铜在加工成形后一碰就脆断，试分析其原因。

10.单相黄铜与双相黄铜在加工方式上有什么不同，为什么？

11.说明含锡量对锡青铜的影响。

12.哪种铜合金的铸造性能最好？锡青铜常用于生产哪些零部件？

13.根据生产工艺，镁合金分为哪两类，它们各有什么特点？

14.为什么大多数钛合金中，都要加入 6% 左右的铝？

15.说明钛合金的特性、分类及各类钛合金的用途。

16.举例说明轴承合金在性能上有何要求，在组织上有何特点。

17.巴氏合金的组织有什么特点？这样的组织对于保证轴承合金的性能有什么优越性？

18.哪些材料常用粉末冶金法来生产？

19.指出下列牌号的材料各属于哪类有色合金，并说明牌号中字母及数字的含义：ZAl-Si12，LC4，LD5，ZL201，H62，HSn62—1，QSn4—3，ZQSn4—4—4，TC4。

第6章 非金属材料和复合材料

【引例】 汽车是由几万个零件组装而成，其中非金属材料约占 20%。汽车的内饰件和外饰件几乎全部是高分子材料，很好地适应了节能减排和提高机动性的要求，图 6-1 所示为汽车上部分高分子材料零件。除高分子材料外，汽车上还有玻璃材料的窗玻璃和灯玻璃、陶瓷材料的发动机叶片和高温轴承等非金属材料零件。近 20 年来汽车上非金属材料的比重越来越大，目前仍保持着进一步扩大的趋势。为什么非金属材料在汽车上的应用会不断增多呢？它们又具有哪些优异的性能呢？

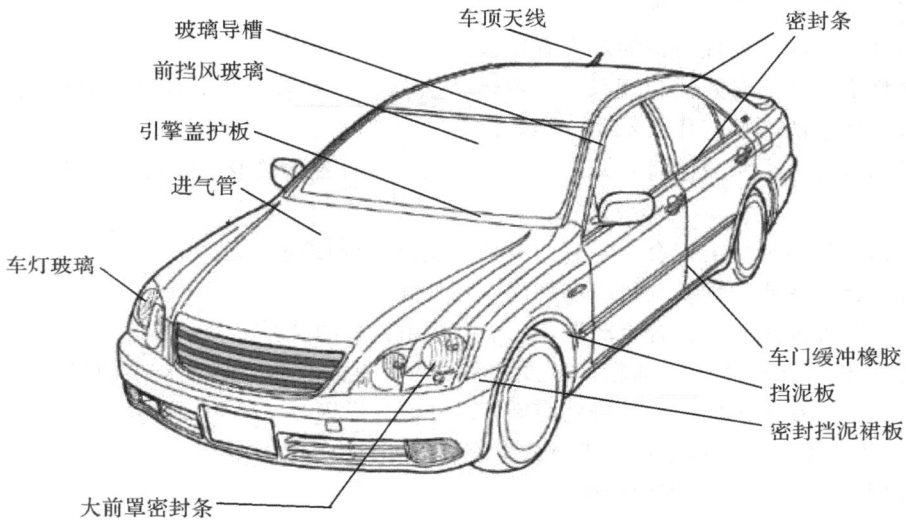

玻璃导槽　　　车顶天线　　　密封条
前挡风玻璃
引擎盖护板
进气管
车灯玻璃
车门缓冲橡胶
挡泥板
密封挡泥裙板
大前罩密封条

图 6-1　汽车上的高分子材料零件

除金属材料以外的工程材料，均称为非金属材料。按化学成分的不同，可将其分为无机非金属材料（又称为陶瓷材料）和有机非金属材料（又称为高分子材料）两大类。常见的无机非金属材料有：陶瓷、玻璃、水泥、耐火材料、石墨、铸石等；常见的有机非金属材料有：塑料、橡胶、有机纤维、有机粘结剂、木材、皮革、纸制品等。非金属材料具备金属所不具备的性能，如塑料质轻而耐腐蚀，橡胶的弹性大，陶瓷耐热、耐腐蚀而且绝缘。

6.1 高分子材料

人类使用木材、皮、丝、麻和天然橡胶等天然的高分子材料具有悠久的历史。人工合成高分子材料的应用历史只有 100 年，但它在工业、交通运输、建筑、国防、医疗等行业得到广泛的应用。

高分子材料是以高分子化合物为主要组分的材料，每个高分子化合物含有成千上万，其至数十万个原子，它们的分子量一般都在 5000 以上，分子长度约 $10^2 \sim 10^4$ nm，具有一定的弹性和强度。如橡胶的分子量为 10 万左右，合成纤维的分子量也在 1 万以上。对比之下，则把分子量小于 500 的化合物称为低分子化合物，它们的分子所含的原子数只不过几个、最多几百个，分子的长度为 0.1~100 nm，且弹性和强度很小。如水的分子量仅为 18。对于分子量在 500~5000 之间的化合物，只要它们表现出高分子化合物所具有的性能，也可称为高分子化合物。

高分子化合物包含有机和无机高分子化合物两大类。在有机高分子化合物中又有天然高分子化合物与人工合成高分子化合物之分。以下只讨论人工合成的有机高分子化合物的组成、结构，以及常用高分子材料。

6.1.1　高分子化合物基本知识

高分子化合物的分子量虽然很大，但它的化学组成并不复杂，它们都是由一种或几种简单的低分子化合物重复连接而成。这种能形成高分子化合物的低分子化合物称为单体。由单体转变成高分子化合物的过程称为聚合。因此，高分子化合物又称高分子聚合物，简称高聚物，或聚合物。例如，聚乙烯是由乙烯聚合而成的，组成聚乙烯的原材料乙烯为单体，像聚乙烯这类通过共价键连接起来的长链状结构的大分子，通常称为大分子链。

1. 高分子化合物的合成

把低分子化合物聚合起来形成高分子化合物的过程，即为高分子化合物的合成。这个过程中的化学反应称为聚合反应。研究表明，只有那些含有两个或两个以上不饱和键的低分子化合物才能进行聚合。如不饱和的烯烃类（双键）和炔烃类（三键）是合成高分子材料的重要原料。人工合成高分子化合物的方法，按其聚合反应特征分为加聚反应和缩聚反应两大类。

1）加聚反应

加聚反应是指在光、热、压力或引发剂作用下，低分子化合物中的双键被打开，形成由单键连接的大分子的反应。该反应过程无低分子物质的析出。

为了进一步理解上述反应过程，需要回顾一下高分子化合物中的结合键。高聚物大分子之间存在一种彼此相互联系的力，这就是范德瓦尔斯键力，但在一个大分子的内部，各个原子之间相互结合的力是共价键力。现以聚乙烯为例说明其共价键的结合情况。聚乙烯由乙烯 C_2H_4 低分子碳氢化合物经聚合反应而形成，其 C—C、 C—H 原子之间为共价键结合。其结构可表达为

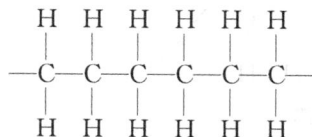

$$\begin{array}{ccccccc}
H & H & H & H & H & H \\
| & | & | & | & | & | \\
-C & -C & -C & -C & -C & -C- \\
| & | & | & | & | & | \\
H & H & H & H & H & H
\end{array}$$

由上结构可知，每个碳原子分别与相邻的碳原子共用一个电子对；每个碳原子还分别与两个氢原子相键合，从而使每个碳原子外层均具有满壳层的 8 个电子。

在加聚反应前，乙烯（单体）中有一个双键，当乙烯受到光照、加热、加压或化学引发剂的作用时，双键发生破坏而被打开，导致每个碳原子存在一个未填满电子的键，使一个乙烯分子变为一种"活性"的单元，其结构转变过程如下：

$$\begin{matrix} H & H \\ | & | \\ C = C \\ | & | \\ H & H \end{matrix} \longrightarrow \begin{matrix} H & H \\ | & | \\ -C - C - \\ | & | \\ H & H \end{matrix}$$

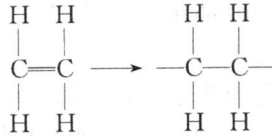

这种"活性"的单元可以撞击未打开双键的乙烯分子，并与它连接起来，使其也带有活性，再继续撞击并连接别的乙烯分子，使链的长度不断增长。这样重复进行下去，最终形成聚乙烯的大分子。当链的一端连接到其他活性氢之类的化合物时，就会失去活性，导致链的增长终止。乙烯加聚为聚乙烯可用下述简式表达：

$$n\left(CH_2 = CH_2\right) \xrightarrow[\text{10.13 MPa，加热}]{\text{过氧化物引发剂}} \left[CH_2 - CH_2\right]_n$$

加聚反应是高分子合成工业的基础，大约有 80% 的高分子材料是利用加聚反应生产的。如聚乙烯、聚丙烯、聚氯乙烯、聚苯乙烯和合成橡胶等都是加聚反应的产物。

由一种单体经加聚反应生成的高分子化合物称为均聚物。如乙烯经过加聚反应生成的聚乙烯即为均聚物；由两种或两种以上单体经过加聚反应生成的高分子化合物称为共聚物。如 ABS 工程塑料就是一种典型的共聚物，它是由丙烯腈（A）、丁二烯（B）和苯乙烯（S）三种单体共聚而成的。

如果把均聚物比作纯金属，那么共聚物就像是钢中加入了适量的合金元素形成的各种合金钢。高分子共聚物可使两种或两种以上的单体链节交错连接，成为一种新型的高分子化合物，它可以改善原有高分子化合物的性能，如将 ABS 工程塑料中的三种单体按不同的比例配合，采用不同的生产工艺，便可获得许多性能有差异的产品。如仅用丙烯腈与丁二烯共聚可制得丁腈橡胶高聚物。

2）缩聚反应

缩聚反应是指由一种或几种单体相互作用生成大分子、并同时析出其他低分子物质（如水、氨、醇等）的反应。缩聚反应的单体，一般都是具有两个或两个以上活泼官能团（如羟基—OH 、氨基—NN₂ 等）的低分子有机化合物。当它们受热或在催化剂作用下，其官能团相互作用，在分子间形成新的化学键，使低分子化合物逐步结合成大分子高聚物，同时生成低分子化合物。下面的结构式示意反映了缩聚反应形成尼龙 66 的变化，可以看出发生缩聚反应时，己二胺中一个 H 基和己二酸中的 OH 基结合成一个水分子，同时生成尼龙大分子。

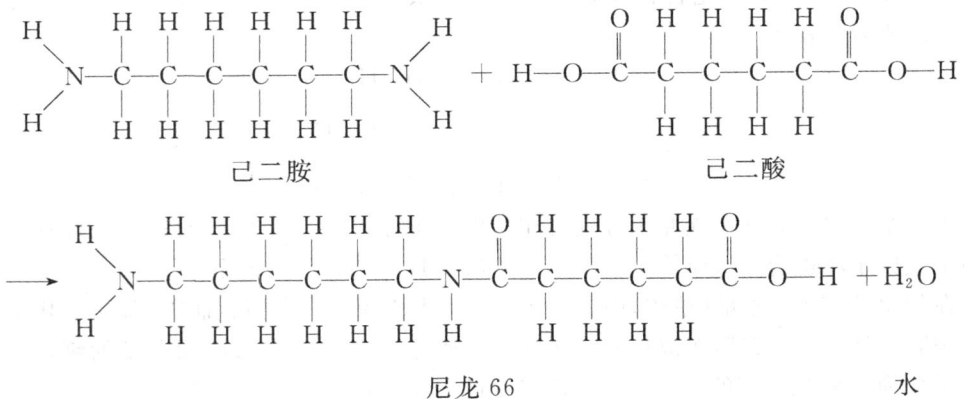

己二胺 己二酸

$\longrightarrow$ 尼龙 66 水

由己二胺和己二酸通过缩聚反应生成尼龙 66 的反应式可简写为：

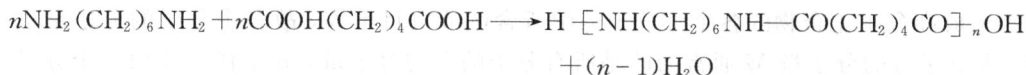

$$n\mathrm{NH_2(CH_2)_6NH_2} + n\mathrm{COOH(CH_2)_4COOH} \longrightarrow \mathrm{H} + \mathrm{NH(CH_2)_6NH-CO(CH_2)_4CO} +_n\mathrm{OH}$$
$$+ (n-1)\mathrm{H_2O}$$

缩聚反应也分为均缩聚和共缩聚两种。由两种以上单体进行的缩聚反应称为共缩聚反应，其产物为共缩聚物，如上述含 6 个碳原子的己二胺和含 6 个碳原子的己二酸形成尼龙 66 的反应为共缩聚反应。

由一种单体进行的缩聚反应称为均缩聚反应，其产物为均缩聚物，例如，由氨基己酸均缩聚也可得到尼龙 66（聚酰胺），其均缩聚反应式可简写为：

$$n\mathrm{NH_2(CH_2)_5COOH} \longrightarrow \mathrm{H} + \mathrm{NH(CH_2)_5CO} +_n\mathrm{OH} + (n-1)\mathrm{H_2O}$$

2. 主要术语及概念

1）链节与聚合度

聚乙烯分子是由许多" —CH_2—CH_2— "的结构单元重复连接而成的，聚四氟乙烯分子则是由许多" —CF_2—CF_2— "的结构单元重复连接而成的。这种组成大分子链的重复结构单元称为链节。链节的结构和成分代表高分子化合物的结构和成分。如果高分子化合物只由一种单体组成，那么这个单一链节的结构，也就是整个高分子化合物的结构。常见的几种高分子化合物的单体和链节如表 6-1 所示。

大分子链中链节的重复次数称为聚合度，用 n 表示。聚合度越大，大分子链越长。对于同一种高分子化合物，不同分子的聚合度通常是不等的。

表 6-1 几种高分子化合物的单体和链节

高分子化合物	单体（原料）	链节（重复结构单元）
聚乙烯	乙烯 $\mathrm{CH_2{=}CH_2}$	$\mathrm{-CH_2-CH_2-}$
聚四氟乙烯	四氟乙烯 $\mathrm{CF_2{=}CF_2}$	$\mathrm{-CF_2-CF_2-}$
顺丁橡胶	丁二烯 $\mathrm{CH_2{=}CH-CH{=}CH_2}$	$\mathrm{-CH_2-CH{=}CH-CH_2-}$
氯丁橡胶	氯丁乙烯 $\mathrm{CH_2{=}C-CH{=}CH_2}$ $\quad\quad\mid$ $\quad\quad\mathrm{Cl}$	$\mathrm{-CH_2-C{=}CH-CH_2-}$ $\quad\quad\quad\mid$ $\quad\quad\quad\mathrm{Cl}$
聚丙烯腈 （腈 纶）	丙烯腈 $\mathrm{CH_2{=}CH}$ $\quad\quad\mid$ $\quad\quad\mathrm{CN}$	$\mathrm{-CH_2-CH-}$ $\quad\quad\quad\mid$ $\quad\quad\quad\mathrm{CN}$

2）分子量

由于高分子化合物的大分子链是由大量的链节组成的，所以每一个大分子链的分子量（M）应该是重复结构单元的分子量（m）与聚合度（n）的乘积，即

$$M = m \times n$$

但因组成高分子化合物的各个大分子链中所含链节数目不等，故各个分子的分子量也不相同。大分子链的分子量 M 通常指的是所有分子的平均分子量，并不代表任何一个分子的真实分子量。

一般说来，平均分子量越大，则高分子化合物的强度越高，但分子量太大，会使高分子材料的熔融态黏度加大，流动性变差，造成成形困难。如聚苯乙烯塑料的分子量在 25 万以上时才具有良好的力学性能，若平均分子量低于 10 万，则极易粉碎，几乎没有应用价值。

3. 高分子化合物的分类及名称

高分子化合物的分类方法有以下几种。

1）按高聚物主链上的化学组成分类

（1）碳链高聚物。碳链高聚物的大分子主链全部由 C 原子组成，如 —C—C—C—C— 。绝大部分烯烃和二烯烃高聚物都属这一类，如聚乙烯、聚丙烯、聚氯乙烯、聚苯乙烯、聚四氟乙烯等。

（2）杂链高聚物。杂链高聚物的大分子主链上除 C 原子外，还含有 O、N、S 等元素的原子，如 —C—C—O—C— ，—C—N—O—C— 等。属于这类高聚物的有聚醚、聚酯、聚酰胺、聚甲醛等。

（3）元素有机高聚物。元素有机高聚物的大分子主链上没有 C 原子，主要由 O 及其它元素组成，如 —O—Si—O—Si—O— 。

2）按高聚物的热行为分类

（1）热塑性高聚物。热塑性高聚物加热时可以软化，冷却后又硬化成形，再加热可再软化，且材料的基本结构和性能不改变。一般烯类高聚物都属于此类高聚物。

（2）热固性高聚物。热固性高聚物受热时发生化学变化并固化成形，成形后再次受热也不会软化变形。属于这类高聚物的有酚醛树脂、环氧树脂等。

此外，按高聚物的性能及用途分类有塑料、橡胶、合成纤维、粘结剂、涂料等。

高分子化合物大都依照习惯予以命名。对加聚反应物，常在其单体的名称前加"聚"字，如前已述及的乙烯加聚反应生成物为聚乙烯，氯乙烯加聚反应生成物为聚氯乙烯等。对缩聚反应物及共聚物常在其单体名称后加"树脂"或加"橡胶"两字，如酚醛树脂、丁苯橡胶等。此外，有的缩聚物还可在其链节结构名称前加"聚"字，如尼龙 66 又叫聚己二酸己二胺等。

6.1.2 高分子材料的结构

不同的高分子材料表现出不同的物理、化学和力学性能，其性能与其内部结构有着密切的关系。高分子材料是由许多大分子链组成的，其结构包括大分子内的结构以及大分子间的结构。大分子内的结构是指大分子链结构单元的化学组成、链接顺序、链的几何形态、链的构象等。大分子间的结构主要是指大分子聚集排列的情况。

1. 大分子链的化学组成

研究表明，并不是所有元素都能组合成链状分子的结构单元，只有以下几族元素才能结合成大分子链，即元素周期表中ⅢA 族的 B，ⅣA 族的 C、Si，ⅤA 族的 N、P、As，ⅥA 族的 O、S、Se。其中 C 链高分子是最重要的高分子材料。常见的有：

聚乙烯　　　　　聚丙烯　　　　　聚氯乙烯　　　　　聚苯乙烯

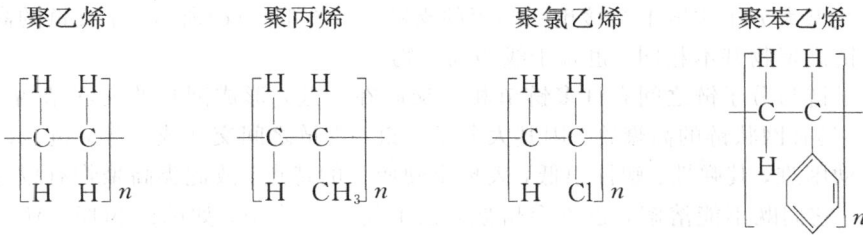

聚乙烯软而韧，而聚苯乙烯硬而脆，显然这是由于两者的化学组成不同造成的。

2. 大分子链的键接方式

虽然高聚物中链节的化学结构是已知的，但在聚合过程中其结构单元之间的键接方式是很复杂的，如在氯乙烯高聚物的分子中，发现有头—头、尾—尾和头—尾等不同的键接方式，表达如下：

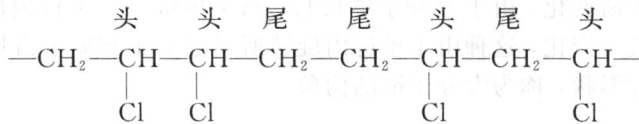

$$
\begin{array}{ccccccc}
\text{头} & \text{头} & \text{尾} & \text{尾} & \text{头} & \text{尾} & \text{头} \\
\end{array}
$$

$$
—CH_2—CH—CH—CH_2—CH_2—CH—CH_2—CH—
$$

$$
\qquad\quad Cl \quad\ Cl \qquad\qquad\ \ Cl \qquad\qquad Cl
$$

在由两种以上单体形成的共聚物中，键接的方式更为多样，可以是无规则、交替、镶嵌（嵌段）或接枝共聚等。究竟以哪种键接方式存在，则以使高聚物能量最低为原则。不同的键接方式对高聚物的性能有很大的影响。研究表明，头-尾键接的结构不仅规整，且强度也较高。不正常的键接将导致生成一些弱键，受热时这些弱键首先断开，使高聚物的耐热性能恶化。

另外，从上面聚氯乙烯链接表达式中，可以看出取代基 Cl 原子的排列位置全部在 C 原子组成的主链 —C—C—C—C— 的一侧。研究表明 Cl 原子还可以有规律或者完全无规律地排列在主链的两侧，也会导致高分子材料的性能差异。

3. 大分子链的形态

大分子链按其几何形态可分为伸直链（又称线型链）形态、带支链形态及网状链形态等。

伸直链由许多链节连成一个直的长链，如图 6-2(a)所示，其分子直径与长度之比可达 1000 以上，一些合成纤维及热塑性塑料属于此类。具有伸直链的高聚物有较好的弹性及热塑性，不仅易于加工、还可反复使用。通常伸直链会在力的作用下或在高温下变为卷曲状，如图 6-2(b)所示。

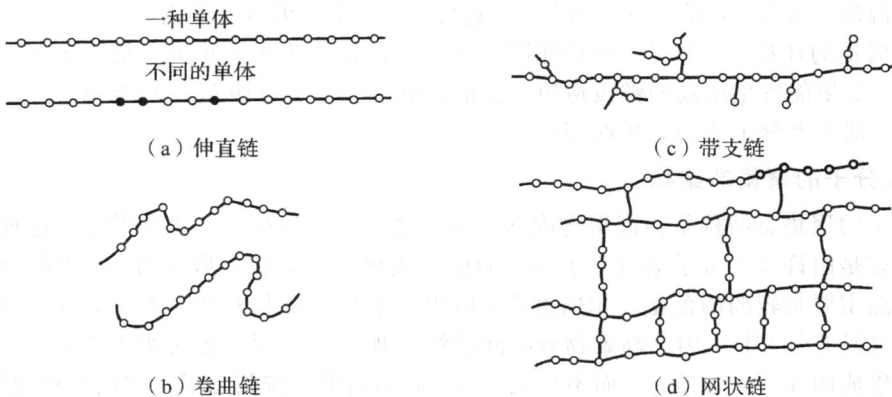

　　一种单体

　　不同的单体

（a）伸直链　　　　　　　　　　　（c）带支链

（b）卷曲链　　　　　　　　　　　（d）网状链

图 6-2　不同形态的大分子链

带支链是在线型大分子主链上又接出一些短的支链,如图 6-2(c)所示。带支链的高聚物其性能与伸直链高聚物基本相同,也属于线型高聚物。

网状链是分子链与分子链之间有许多链节相互交联在一起,形成网状的交联结构,如图 6-2(d)所示。具有网状链的高聚物,因其大分子主链、支链之间交联成一体,链段以至整个大分子链活动困难,其弹性、塑性很低,表现出硬而脆的特点,故此类高聚物有较好的耐热性与难熔性,它们既不能溶解,也不会熔融,也不能反复使用。如酚醛树脂、环氧树脂、硫化后的橡胶等都属于此类形态。

4. 大分子链的构象

大分子链的主链都是通过共价键连接起来的,它有一定的键长和键角,如 C—C 键的键长是 0.154 nm,键角为 $109°28'$(见图 6-3)。当分子和原子热运动时,在保持键长和键角不变的情况下,每一个单键可绕相邻单键进行任意旋转(又称内旋转)。单键内旋转的结果,使原子排列位置不断变化。由于大分子链很长,每个单键都可进行内旋转,这势必引起大分子的形状时刻发生变化,这种由于单键内旋转所引起的主链原子占据不同空间位置所构成的分子链的各种形状,称为大分子链的构象。

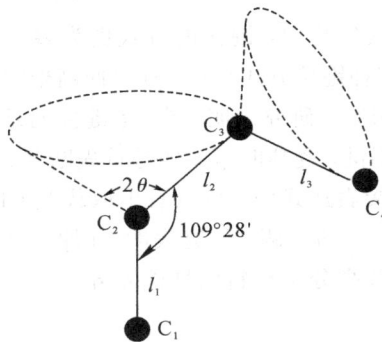

图 6-3 单键内旋转示意图

单键的内旋转使大分子链时而伸长,时而卷曲。这种能由构象变化获得不同卷曲程度的特性称为大分子链的柔顺性。它是造成高聚物与其他固体材料很多性能特点不同的根本原因,具有柔顺性分子链的高聚物表现出好的弹性和韧性。

值得指出的是,单键内旋转的难易程度与大分子主链及取代基的组成、结构、大分子链所处的温度、压力、介质等有密切关系。通常,在一定的温度范围内,大分子链的热运动并不产生质量的迁移,而是以一些相邻链节组成的链段作为运动单元,相对于另一些链段发生移动。如果能发生运动的链段愈短,意味着整个大分子链中包含的能独立运动的链段数则愈多,那么大分子链的柔顺性便越好。

5. 大分子的聚集态结构

大分子的聚集态结构是指高聚物内部大分子之间的几何排列与堆砌状态。这种排列与堆砌的状态是由许多大分子通过分子间力的作用或化学键交联而形成的。高聚物分子间的作用力虽然主要是较弱的范德瓦尔斯键力,但因每个分子的相对质量很大,且各分子链间的作用力又具有加和性,因此高聚物分子间最终表现出的作用力还是很大的,这使得它们很容易聚集成固体或高温熔体,而不形成气体。固态高聚物按其分子在空间排列规则与否,可分为非晶态和晶态两类。

1）非晶态高聚物的结构

研究表明，高分子材料的线型大分子链，凝固时链上的原子缺乏自由运动的能力，很难进行原子的规则排列，容易形成原子无规则排列的非晶态。另外，具有网状链结构的高聚物，因链间有大量的交联，更难以实现分子的有序排列，故它们也形成非晶态结构，如图6-4(a)所示。如聚苯乙烯，有机玻璃和酚醛树脂等高聚物的结构就属于此种结构。

2）晶态高聚物的结构

一些伸直链、带支链形态的高聚物，在一定的条件下可聚集为晶态结构。由于结晶条件的不同，形成的宏观或亚微观晶体形态各异，如图6-4(b)、(c)所示的折叠链片状晶体、伸直链晶体等。

高聚物凝固时，由于受大分子链的制约，想要获得完全晶态的结构是十分困难的，故大多数晶态高聚物都只是部分结晶，形成一种既有结晶区又有非结晶区的复合结构，如图6-4(d)所示。高聚物中结晶区所占的比例，称为结晶度。结晶度变化范围一般为 $50\% \sim 80\%$，且结晶区（又称微晶）的尺寸一般为 $0.01 \sim 10^4 \mu m$，形状多样化。

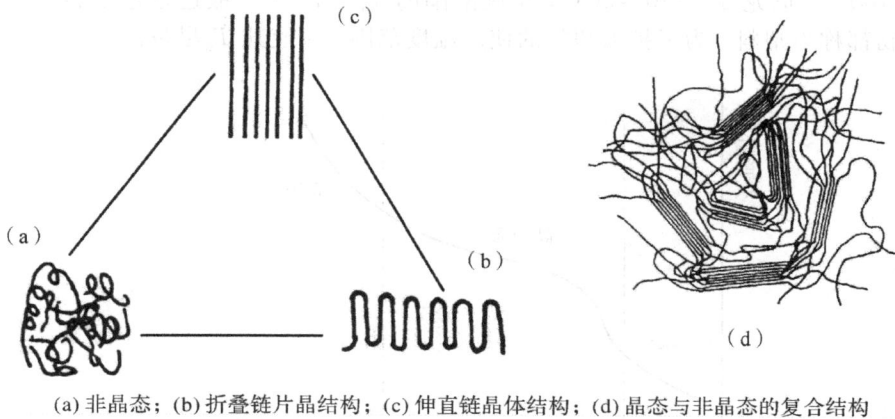

(a)非晶态；(b)折叠链片晶结构；(c)伸直链晶体结构；(d)晶态与非晶态的复合结构

图 6-4　部分结晶高聚物的聚集态结构示意图

结晶区中的大分子排列紧密，分子间作用力强，链运动困难。因此，随着结晶度的提高，高聚物的熔点、相对密度、强度、刚度、耐热性等得到提高，但其弹性、塑性及韧性下降。不同结晶度的聚乙烯的性能见表6-2。

表 6-2　不同结晶度的聚乙烯的性能比较

性能	低密度聚乙烯	高密度聚乙烯
结晶度/%	40~53	60~80
相对密度（水为1）	0.91~0.93	0.94~0.97
分子量	2500	<350 000
抗拉强度/MPa	7~16	22~39
断后伸长率/%	90~300	15~100
1.85 MPa 应力下的热变形温度 /℃	32~40	43~54
耐有机溶剂温度	60℃以下	80℃以下
24 h 吸水率/%	<0.015	<0.01

值得说明的是，高聚物结晶度取决于具体的结晶条件，这和低分子结晶过程一样，主要受过冷度、冷却速度、杂质和应力状态等影响。

6.1.3 高分子材料的物理状态及性能

1. 高聚物的三态

高聚物在不同温度下会呈现三种不同的物理状态，即玻璃态、高弹态、粘流态，如图 6-5所示。不同状态的高聚物具有不同的性能，这对其成形加工和使用温度范围都有影响。

1）玻璃态

温度较低时，高聚物处在玻璃态，此时分子热运动能量很小，分子链的单键内旋转无法进行，链段的运动也很困难，故大分子链的构象难以改变。此时高聚物在外力作用下只能发生少量的弹性变形，且变形与外力成正比，高聚物处于弹性状态。

高聚物保持玻璃态的最高温度称为玻璃化温度，用符号 T_g 表示，它是高聚物大分子链段能开始运动的最低温度。塑料的玻璃化温度均高于室温，如聚苯乙烯的 $T_g=80℃$，有机玻璃的 $T_g=100℃$，尼龙 $T_g=40\sim50℃$，聚碳酸酯的 $T_g=150℃$。故通常把室温下处于玻璃态的高聚物都称为塑料。为了扩大塑料的使用温度范围，应使其 T_g 尽量高一些。

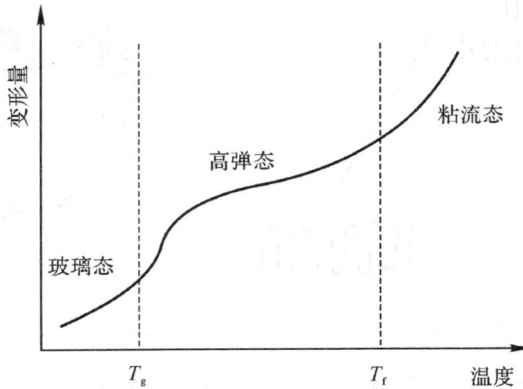

图 6-5 非晶态高聚物的温度-形变曲线

2）高弹态

当高聚物温度升高到 $T_g\sim T_f$（T_f 为粘流温度）之间时，分子动能增加，通过单键的内旋转，链段将不断运动，大分子的构象不断改变，从而可使大分子链的一部分卷曲或伸展开来，这种状态称为高弹态，也称为橡胶态。高弹态下的高聚物弹性模量小，但能产生很大的变形，可达 $100\%\sim1000\%$，去掉外力后，又可恢复原状。这是高分子材料所独有的特性，低分子物质没有高弹态。

通常，希望橡胶制品的 T_g 应尽量低些，在室温甚至更低的温度下也能保持很好的弹性。如天然橡胶的 $T_g=-73℃$，顺丁橡胶的 $T_g=-105℃$，硅橡胶的 $T_g=-120℃$，故所有室温下处于高弹态的高分子材料都称为橡胶。它的工作温度范围在 T_g 与 T_f 之间，其间距越大，工作温度范围越宽。

3）粘流态

当温度高于粘流温度 T_f 时，分子的活动能力变得更大，不仅链段的热运动加剧，而且大分子链之间发生相对滑动，出现大分子链整体的迁移。此时，高聚物成为一种粘态的熔体。高聚物整个大分子链开始运动的温度称为粘流温度。在室温下处于粘流态的高聚物称为流动树脂，可作为胶粘剂。

粘流态是高聚物成形的工艺状态。在此状态下，高聚物可通过注射、挤压、吹塑、喷丝等方式制造成各种相应的制品。因此 T_f 的高低直接关系着高聚物成形的难易程度。

2. 不同高聚物的三态变化

对于线型非晶态高聚物，上述三种状态较为明显，且随温度、分子量的变化而变化。

当分子量小于一定值时，高弹区消失；升高温度，高聚物直接由玻璃态转变成粘流态，如图 6-6 所示。

对于具有网状链的非晶态高聚物，因其链间运动受到很大束缚，以致粘流态消失，甚至只存在玻璃态。

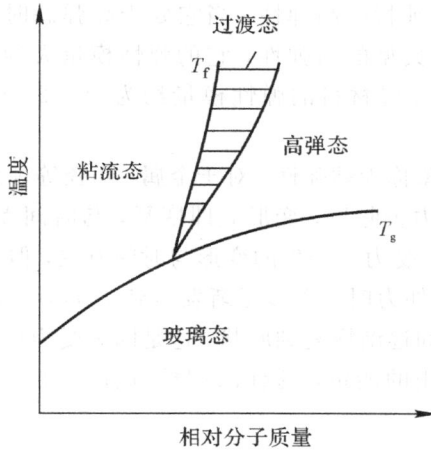

图 6-6　温度、分子量对非晶态高聚物的状态影响　　图 6-7　温度、分子量对部分结晶高聚物的状态影响

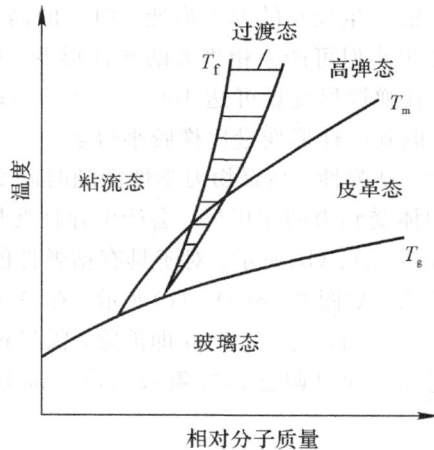

晶态高聚物常常呈部分结晶状态，因此，这类高聚物的三态变化在结晶区与非结晶区的表现不一样。对于结晶区，因其分子链紧密聚集，致使内旋转困难、链段运动受阻，所以不出现高弹态，当温度升到结晶区熔点温度（T_m）时，结晶区发生熔化。而对于非结晶区，依旧存在着三态。于是这类高聚物中出现了一种既韧又硬的皮革态，即在 T_g 温度以上和 T_m 温度以下，非晶态区处于柔韧的高弹态，晶态区则保持较高的强度和硬度，两者在整体上表现出既韧又硬的特性。当温度大于 T_m 后，晶态区熔化，高聚物全部变为非晶态，进入高弹态区，如图 6-7 所示。

实验指出，高聚物的结晶度增加，熔点 T_m 升高，高弹态区缩小，甚至完全消失。因此通过调整和控制结晶度可改变高分子材料的性能。

3. 高聚物的基本性能

1）物理性能

（1）低密度。高聚物的密度一般在 $1.0 \sim 2.0 \, \text{g/cm}^3$ 之间，最小的密度仅 0.83g/cm^3，为钢的 $1/8 \sim 1/4$，为普通陶瓷材料的 $1/2$ 以下。

（2）绝缘性能好。由于高聚物分子中的化学键是共价键，没有自由电子，不存在电子的

機械工程材料

定向流动，所以高分子材料既是优良的缘绝体，又是热的不良导体。

（3）耐腐蚀性好。因为高聚物分子是以共价键结合的，其化学性质十分稳定，加之它们的分子通常纠缠在一起形成许多分子链的基团，当某一基团与所接触的介质起反应时，只有露在最外面的基团才被介质腐蚀掉，而包在里面的基团并不容易发生变化。如聚四氟乙烯塑料，它的分子中具有极强键能的碳氟键，且在碳键的周围完全被氟原子所覆盖，故它在王水中浸几十小时也不会腐蚀变质，比黄金更耐酸。

（4）耐热性差。高聚物的耐热性不如金属材料与陶瓷材料。高聚物的导热系数仅为金属材料的 1/200～1/600，当受热时，容易发生链段运动及整个分子链的移动，从而出现软化或熔融的现象，因此高分子材料在高于 100℃时工作难以保持原有的性能。

2）力学性能

（1）高弹性。高聚物具有同其他固体材料一样的普通弹性，表现为在较大的外力作用下也只能产生较小的弹性形变。但有的高聚物具有独特的高弹性，当它处于高弹态时，弹性模量很小但可产生相当大的弹性形变。橡胶具有典型的高弹性，它的弹性模量大约为 1 MPa，其弹性形变量可达 100%～1000%；而一般金属材料的弹性模量约为 $(1～2)×10^5$ MPa，但其弹性形变量比橡胶小得多。

（2）粘弹性。高聚物力学性能随时间变化的现象称为粘弹性。对于金属、陶瓷等理想的弹性固体受到力的作用后，会产生弹性变形，而外力去除后，变形立即恢复，与时间无关，如图 6-8(a)、(b)所示。对于具有粘弹性的高聚物，受力后产生的变形与时间有关，但不呈线性关系。如图 6-8(a)、(c)所示，在 A 点施加一外力时，变形逐渐发展到 B 点，到达 B 点后撤去外力，变形并不立即消除，需经过一段时间逐渐恢复到原状。这是因为受力后，大分子链需要通过调整其构象来抵消一部分外力作用的能量，这样的调整过程需要一定的时间。

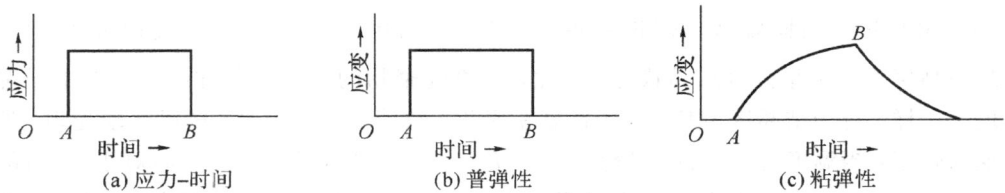

图 6-8 应力、应变-时间曲线关系示意图

最常见的粘弹性现象是蠕变与应力松弛。蠕变是指在恒定的应力作用下，随时间的延长，高聚物的变形不断发展的现象。与金属不同的是，高聚物的蠕变在室温下即可发生。如架空的聚氯乙烯电线套管，在电线与自重的作用下会缓慢出现挠曲变形，就是一种蠕变。应力松弛是指在恒定的变形情况下，高聚物维持变形的应力随时间延长而逐渐衰减的现象。如生活中常用橡皮筋捆紧瓶口，刚绕上时很紧，应力很大，时间一长则逐渐变松，这就是应力在逐渐衰减；再如密封管道法兰的橡皮垫片，时间长了出现渗漏，也是由应力松弛引起的。

（3）实际强度低。高聚物的理论强度是由大分子链分子内部的共价键力与大分子间的范德瓦尔斯键力共同决定的。它与弹性模量间的关系可用下面经验式表达

$$\sigma ≈ 0.1×E$$

　　而研究表明，高聚物的实际强度仅为理论强度的 1/100，甚至更低。高聚物实际强度大大降低的原因有以下几点：其一是高聚物中分子链排列不规则、不紧密；其二是各分子链受力不均匀，破坏往往从某些薄弱的环节、局部应力集中处开始；其三是高聚物组成物分布不均匀并且含有各种结构缺陷，如杂质、填料、气泡、裂缝等，都是发生破坏的策源地。

　　（4）不同的断裂形式。不同的高聚物有着不同的断裂形式，这里仅对线型非晶态高聚物的拉伸行为进行说明。高聚物的应力-应变曲线及破坏时的拉伸试样，以及拉伸性能特点见图 6-9 和表 6-3。

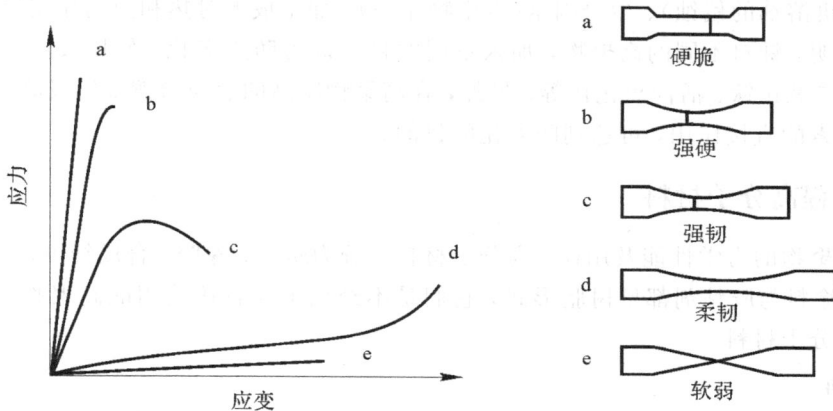

图 6-9　线型非晶态聚合物的应力-应变曲线

表 6-3　线型非晶态聚合物的拉伸性能特点

曲　线	类　别	性　能　特　点	材　料
曲线 a	硬脆类高聚物	弹性模量高，强度较高，伸长率很小（约为 0.2%），发生完全的脆性断裂	聚苯乙烯、酚醛树脂等热固性塑料
曲线 b	强硬类高聚物	弹性模量和强度较高，伸长率很小（约为 2%），基本上发生脆性断裂，但局部断面有流动痕迹	有机玻璃、硬聚氯乙烯
曲线 c	强韧类高聚物	有一定的弹性模量和强度，其伸长率较大（约为 100%），多发生韧性断裂	软聚氯乙烯、韧性聚苯乙烯、橡胶共混塑料
曲线 d	柔韧类高聚物	弹性模量和屈服强度低，伸长率很大（约 1000%），但不一定发生韧性断裂，这是由于拉伸时分子链趋于定向分布，出现结晶化的细颈，导致了脆性断裂	各种合成橡胶
曲线 e	软弱类高聚物	弹性模量和强度都很低，但有一定的伸长率，发生完全的塑性断裂	天然橡胶

　　（5）开裂现象。在一些高聚物制品中（如普通聚苯乙烯塑料、透明的有机玻璃），会看到其表面和内部一些闪闪发光的细丝般的裂纹，又称银纹，即高聚物的开裂。

　　开裂的原因一方面与高聚物的性质及结构不均匀有关，另一方面与所受的应力有关。例如，高聚物中的填料、杂质、气泡及机械损伤等均可导致裂纹的产生；当裂纹方向与拉伸应力垂直时，应力越大，裂纹产生及扩展就越严重。对于大多数高聚物在去除应力或施以压应力时，裂纹可以慢慢消除，并且加热可促进这一过程的进行。为此，常对产生了内应力的聚合物材料加热到 T_g 温度以上保温，施行退火以消除应力，从而达到克服开裂的目的。

（6）老化现象。老化是指随时间的推移，高聚物原有的性能逐渐消失或劣化的现象。有的表现为材料变硬、变脆、龟裂、开裂，有的则变软、变粘、脱色、透明度下降等。这些物理、化学和力学性能的衰退是高聚物的一种通病，几乎没有一种高聚物例外。

老化的主要原因是由于高聚物发生了降解或交联两种不可逆的化学变化。降解是大分子链在各种能量作用下发生裂解，而形成小分子链，导致材料变粘、变软的现象；交联是大分子链间形成化学键，并局部形成网状结构，导致材料变硬变脆的现象。引起老化的外在因素有物理因素（阳光、紫外线或其他辐射）、化学因素（空气中氧和臭氧的作用，水、酸、碱、盐及有机溶剂的侵蚀）、生物因素（微生物作用）、加工成形时热和力的作用等。

研究表明，针对不同的高聚物，加入不同的稳定剂可防止老化。使用较为广泛的稳定剂有炭黑、二氧化钛、活性氧化锌等。另外，在高聚物制品的表面涂镀金属或涂料，以隔离外界各种因素的直接作用，可达到防老化的目的。

6.1.4 工程高分子材料

按照高聚物的力学性能及用途，高分子材料可分为塑料、橡胶、合成纤维、胶粘剂、涂料等。其中涂料与胶粘剂都呈树脂形式，它们是不经加工而直接使用的高聚物，本节只介绍其他的高分子材料。

1. 塑料

塑料是指以树脂为主要成分的有机高分子固体材料。它在一定的温度和压力下具有可塑性，能塑制成具有一定形状的制品，且在常温下能保持形状不变，因而得名为"塑料"。

塑料是在玻璃态下使用的高分子材料。它以合成树脂为基本成分，再加入各种添加剂，经一定的温度和压力塑制成形，且在常温下能保持形状不变。由于塑料原料丰富、制取方便、加工成形工艺简单，加之它又具有独特的性能，因此塑料在工业上的应用得到迅速发展，若按重量计算，全世界塑料的生产量早已超过金属材料。

合成树脂是塑料的主要组分，在塑料中所占的质量分数一般为 $40\%\sim70\%$，起着粘结作用，并决定着塑料的基本性能。因此绝大多数塑料都是以所用树脂的名称来命名的。有些合成树脂可直接用作塑料，例如，聚乙烯、聚苯乙烯、聚酰胺（即尼龙）等。有些合成树脂必须在其中加入一些添加剂才能制成塑料，如氨基树脂、聚氯乙烯等。

1）添加剂

为改善塑料的某些性能而加入的物质，称为添加剂。大多数添加剂主要起增强作用，例如石墨、二硫化钼、石棉纤维和玻璃纤维等，都可以改善塑料的力学性能。按照添加剂在塑料中所起的作用，它可分为以下几类：

（1）填充剂。加入填充剂可以改善塑料的性能，或弥补树脂某些性能的不足。如在酚醛树脂中加入木屑可明显提高塑料强度；而在塑料中加入铝粉，可提高塑料对光的反射能力并防老化，加入石棉粉可提高塑料耐热性，等等。

（2）增塑剂。加入增塑剂可提高塑料的可塑性和柔软性，以满足塑料成形和使用要求。常用的增塑剂是液态有机化合物或低熔点固态有机化合物。如在聚氯乙烯树脂中加入邻苯二甲酸二丁酯，可使其变为橡胶一样的软塑料。

（3）稳定剂。加入稳定剂可以提高树脂在受热和光照作用时的稳定性，以防止塑料过早老化。例如，能抗氧的物质有酚类及胺类等有机物；炭黑则可用作紫外线吸收剂。

（4）固化剂。固化剂的作用是通过交联使树脂具有体型网状链结构，成为较坚硬和稳定的塑料制品。如在环氧树脂中加入乙二胺可使其成为坚硬的固态，在酚醛树脂中加入六亚甲基四胺，在环氧树脂中加入二胺、顺丁烯二酸酐等。

（5）着色剂。着色剂是为了改变塑料的颜色，满足使用要求而加入的染料。着色剂应着色力强，色泽鲜艳，耐温和耐光性好，否则颜色质量会受影响。

（6）阻燃剂。阻燃剂的作用是阻止燃烧或造成自熄。比较成熟的阻燃剂有氧化锑等无机物或碳酸酯类或含溴化合物等有机物。

此外，塑料中还有其他一些添加剂，如润滑剂、抗静电剂、发泡剂、溶剂和稀释剂等。还有，加入银、铜等粉末可制成导电塑料，加入磁粉可制成导磁塑料等。

综上所述，塑料其实是一种复杂的人工合成材料，塑料的性质取决于其组分的结构形式及添加剂的种类和用量。

2）塑料的分类

塑料的种类繁多，按塑料受热后的性质分类可分为热塑性塑料和热固性塑料两种。

（1）热塑性塑料。热塑性塑料的特点是受热时软化并熔融，成为可流动的黏稠液体，冷却后便固化成形。这一过程可以反复进行，而塑料的化学结构基本不变。热塑性塑料的典型品种有聚乙烯、聚丙烯、聚氯烯、聚苯烯、聚酰胺、ABS 塑料、聚甲醛、聚碳酸酯、聚苯醚、聚砜、有机玻璃等。热塑性塑料的优点是易加工成形，力学性能较好；缺点是耐热性差和刚性差。

（2）热固性塑料。热固性塑料的特点是在一定的温度下能软化或熔融，冷却后便固化（或加入固化剂）成形，一旦成形后便不能被溶剂溶解；再度加热，也不会再度熔融，温度过高时只能分解而不能软化，所以热固性塑料只能塑制一次。这是因为热固性塑料的加热变化，不只是物理变化（塑化），而且还有化学变化（交联固化）。树脂在加热变化前后的性质完全不同，这种变化是不可逆的。热固性塑料有酚醛塑料、氨基塑料、环氧树脂塑料、有机硅树脂塑料、不饱和聚酯塑料等。它们具有耐热性高、受热受压不易变形等优点，但是一般强度不高。

3）塑料的性能特点

塑料具有高分子材料的基本性能特点：① 质量轻、比强度高。用塑料制造要求减轻自重的机械零件，在车辆、船舶、飞机等上有广泛的应用。② 良好的耐腐蚀性能。被广泛应用在化工设备上。③ 优异的绝缘性能。作为绝缘材料用于电机电器、无线电和电子工业中。此外，塑料还具有以下性能特点：

（1）突出的减摩和自润滑性能。大部分塑料的摩擦系数低，可以作为轴承、齿轮、活塞环和密封圈等零件，在各种液体介质中（如油、水、腐蚀性介质）或者在少油、无油润滑的条件下有效地工作。

（2）优良的消音吸振性。用塑料作为传动摩擦零件，可以减少噪声、降低振动、提高运转速度。

（3）易成形加工。塑料有多种成形工艺，而且工艺成熟，能够高效率地生产。

（4）其他特殊性能。如：有机玻璃的透光性超过了普通玻璃，而且质轻、耐冲击、不易碎；离子交换树脂可以使矿泉水净化、海水淡化、提取非铁合金、稀有金属和放射性元素等；感光树脂可以代替一般卤化银做感光材料；泡沫塑料可用来做隔音、隔热或保温材料等。

虽然塑料有以上优点，但在某些方面目前还有不足之处。例如强度、硬度和刚度远不及金属材料，使用温度大多在100℃左右，仅有少数品种可在250～300℃间使用；同时，导热性极差、热膨胀系数较大、易老化、易燃烧、易变形。这些缺点使它的使用受到一定的限制。目前全世界塑料的年产量排在钢铁之后，位居第二位，远远超过了其他非铁金属材料，塑料的发展前景非常广阔。

4）常用塑料

根据塑料的应用范围，可将其分为通用塑料及工程塑料两大类。常用工程塑料的性能特点及应用如表6-4和表6-5所示。

表6-4 常用热塑性塑料的性能特点和用途

名称（代号）	主要性能特点	用途举例
聚氯乙烯（PVC）	聚氯乙烯是由乙炔气体与氯化氢合成氯乙烯单体，再聚合成聚氯乙烯。在聚氯乙烯树脂中加入不同的增塑剂及稳定剂，可制成各种形式的硬质或软质的塑料制品。 硬质聚氯乙烯强度较高，绝缘性优良；化学稳定性好，对酸、碱的抵抗力强。可在－15～60℃使用，有良好的热成型性能，且密度小。 软质聚氯乙烯强度不如硬质聚氯乙烯，但伸长率较大，有良好的电绝缘性，可在－15～60℃使用。易老化，具有密度小、隔热、隔音、防震等特点。 泡沫聚氯乙烯质轻、隔热、隔音、防震。	硬质聚氯乙烯常作为耐腐蚀的结构材料，用于制造输送酸、碱、纸浆等的管道及化工耐腐蚀管道、通风管、气体管、输油管、离心泵、阀门管件等，也用来制造灯座、插头、开关及其他电气、电信方面的用具。 软质聚氯乙烯多用于电线、电缆绝缘包皮，密封件，衬垫，农用薄膜，工业包装等。但因其有毒，故不适于食品包装。 泡沫聚氯乙烯用于衬垫、包装材料。
聚乙烯（PE）	聚乙烯是由乙烯单体聚合而成的，采用不同的聚合条件可得到不同性质的聚合物。 低密度聚乙烯的大分子链上有许多长的支链，分子之间排列不紧密，结晶度较小（55％～65％），密度较低（0.92 g/cm³左右）。其化学稳定性高，具有良好的高频绝缘性、柔软性，耐冲击性和透明性。 高密度聚乙烯的结晶度一般为85％～95％，密度为0.95 g/cm³左右。其强度、弹性、耐热性、耐磨性以及防潮、隔油性能均比低密度聚乙烯好，但其耐热性差，在沸水中会变软。	低密度聚乙烯最适宜吹塑成薄膜、软管、塑料瓶等用于食品和药品包装的制品。 高密度聚乙烯用于制造塑料板、塑料绳，承受小载荷的齿轮、轴承等，更适合作为液体、化肥以及大重量物体的包装材料。 超高分子量聚乙烯可作减摩、耐磨件及传动件，还可制作电线及电缆包皮等。
聚苯乙烯（PS）	它具有很好的加工性能与电绝缘性。其发泡材料的密度小（0.33 g/cm³），有良好的隔音、隔热及减振性能。聚苯乙烯加入染料后易于着色，广泛用做仪器的包装与隔热材料。	可用来制作各种仪表外壳、骨架，仪表指示灯，灯罩，化工贮酸槽、化学仪器零件。还可制造光学仪器零件及透镜，鲜艳的日用品及玩具。

名称（代号）	主要性能特点	用途举例
聚丙烯 （PP）	聚丙烯是由丙烯烃聚合而成。其密度小，是常用塑料中较轻的一种。其强度、硬度、刚性和耐热性均优于高密度聚乙烯，可在 100～120℃ 长期使用；几乎不吸水，并有较好的化学稳定性，优良的高频绝缘性，且不受温度影响。但低温脆性大，不耐磨，易老化。	可用来制造机器上的某些零部件，如法兰、齿轮、风扇叶轮、泵叶轮、接头、汽车方向盘调节盖等。它还可制作各种化工容器，管道，阀门配件，泵壳以及收音机、录音机的外壳。因为它无毒，还可用于药品及食品的包装。
聚酰胺 （通称尼龙） （PA）	尼龙是由氨基酸脱水制成己内酰胺后再聚合制得的。根据大分子链的链节中所含的碳原子数目不同，尼龙可分为尼龙 6、尼龙 66、尼龙 610、尼龙 1010 等。 尼龙不仅具有着较高的抗拉强度（达 200 MPa）、冲击韧度、耐磨性和自润滑性，并且还能耐水、耐油、抗霉菌。其无味、无毒；具有良好的消声性和耐油性；成型性好。但蠕变较大，导热性较差，吸水性高，成型收缩率较大。	常用的有尼龙 6、尼龙 66、尼龙 610、尼龙 1010 等。尼龙广泛地用于制造在 100℃ 以下工作的要求耐磨和耐腐蚀的零件。如轴承、齿轮、凸轮、滚子、辊轴、泵叶轮、风扇叶轮、涡轮、螺栓、螺母、垫圈、高压密封圈、阀座、输油管、储油容器以及绝缘材料，金属表面的防腐耐磨涂层。
聚甲基丙烯酸甲酯 （俗称有机玻璃） （PMMA）	有机玻璃是由甲基丙烯酸甲酯聚合而成。 它透光性好，其透光率达 92%，且其相对密度仅为玻璃的一半；它还有很好的力学性能，抗拉强度为 60～70MPa，比普通玻璃高 7～18 倍；着色性好；它的成形加工性好，成形后还可进行切削加工、粘结等。耐紫外线及大气老化，非常耐腐蚀，优良的电绝缘性能；可在 -60～100℃ 使用；但质较脆，硬度不如普通玻璃高，易擦伤，溶于有机溶剂中。	常用来制作航空、仪器仪表、汽车和无线电工业中的透明件。如用它可制作飞机的座舱、弦窗、电视和雷达的屏幕、汽车挡风板、仪器和设备的防护罩、仪表外壳、油标、油杯、光学镜片、设备标牌、仪表零件等。它的最大缺点是耐磨性差，也不耐某些有机溶剂（如卤代烃、酯等）的浸蚀。
苯乙烯-丁二烯-丙烯腈共聚体 （ABS）	ABS 塑料具有高的冲击韧性；优良的耐油、耐水性；高的电绝缘性和耐寒性；较高的强度和一定的耐磨性；耐热性、耐腐蚀性以及尺寸稳定性较好；表面可以镀饰金属，易于加工成型，但长期使用时易起层。性能可通过改变三种单体的含量来调整。	可用来制造电机、仪表、电话、电视机、收录机的外壳及有关元件，还可用来制作汽车的方向盘、仪表盘、轿车车身、手柄、齿轮、泵叶轮、轴承以及化工管道与容器等。
聚甲醛 （POM）	聚甲醛是以三聚甲醛为原料，以三氟化硼乙醚络合物为催化剂，在石油醚中聚合制得。 它具有优良的综合力学性能，抗拉强度达 75MPa，弹性模量和硬度较高，抗冲击、抗疲劳、减摩性能好，尺寸稳定性高，着色性好，可在 -40～104℃ 下长期使用。但加热易分解，遇火会燃烧，在大气中暴晒会老化，成型收缩率大。	聚甲醛可代替有色金属及其合金，用来制作汽车、机床、农业机械上受摩擦的轴承、齿轮、滚轮、凸轮、辊子、阀杆等减摩、耐磨传动件，电气绝缘件，耐腐蚀件及化工容器等。

名称（代号）	主要性能特点	用途举例
聚四氟乙烯（也称塑料王）（F-4）	聚四氟乙烯是一种含氟塑料。它用氟石、三氯甲烷等为原料聚合而成。 其化学性质十分稳定，几乎能耐包括王水在内的所有化学药品的腐蚀，具有优良的耐腐蚀、耐老化性能，有"塑料王"的俗称。良好的电绝缘性，不吸水；优异的耐高、低温性，在-195～250℃可长期使用；摩擦系数很小，有自润滑性。强度比其他工程塑料高。	常用作强腐蚀介质中的过滤器、减摩密封件及绝缘材料。制作耐腐蚀件、减摩耐磨件、密封件、绝缘件，如高频电缆、电容线圈架以及化工反应器、管道等。 聚四氟乙烯不能热塑成型，只能烧结成型，高温时分解出有害气体，价格较高。
聚砜（PSF）	聚砜的化学组成复杂、性能优异。其抗拉强度可达75.4 MPa，弹性模量为2.54 GPa，冲击韧度、抗弯抗压强度均较高，高温下力学性能下降不多。此外，它的电绝缘性及化学稳定性也较好。 双酚A型：有优良的耐热、耐寒、耐候性，抗蠕变，尺寸稳定性高，强度高，可在-100～150℃长期使用。但耐紫外线较差，成型温度高。 非双酚A型：耐热、耐寒，可在-240～260℃长期工作，硬度高、能自熄、耐老化、耐辐射、力学性能好。但不耐极性溶剂。	聚砜可用于高强度、耐热、抗蠕变的构件和电绝缘件，如精密齿轮、凸轮、真空泵叶片、仪表壳体和罩，耐热或绝缘的仪表零件，汽车护板、仪表盘、配电盘、真空泵叶片、衬垫和垫圈、计算机零件、电镀金属制成集成电子印刷电路板。
氯化聚醚（或称聚氯醚）	氯化聚醚具有极高的耐化学腐蚀性，易于加工，可在120℃下长期使用，良好的力学性能和电绝缘性，吸水性很低，尺寸稳定，但耐低温性较差。	用于制作在腐蚀介质中的减摩、耐磨传动件，精密机械零件，化工设备的衬里和涂层等。
聚碳酸酯（PC）	聚碳酸酯的化学组成复杂，聚合度可在25 000～100 000，甚至更大。具有优良的综合力学性能，冲击韧度尤为突出；透明度高达86%～92%，可染成各种颜色，被誉为"透明金属"；耐热性比一般尼龙、聚甲醛高，且耐寒，可在-100～130℃范围内使用。韧性好、耐冲击、硬度高、抗蠕变、耐热、耐寒、耐疲劳、吸水性好，有应力开裂倾向。	它多用来制造工业中受载不大，但冲击韧度和尺寸稳定性要求较高的零件，如轻载齿轮、心轴、凸轮、蜗轮、蜗杆等。由于透明度高，在航空航天工业中也用于制造信号灯、挡风玻璃、座舱罩、飞机座舱罩，防护面盔，防弹玻璃等。有资料表明，在波音747飞机上有2500个零件用此类材料制造。

表 6-5　常用热固性塑料的性能特点和用途

名称(代号)	主要性能特点	用途举例
聚氨酯塑料 (PUR)	耐磨性优越,韧性好,承载能力高,低温时硬而不脆裂,耐氧、耐臭氧、耐候,耐多数化学药品和油,抗辐射,易燃。软质泡沫塑料吸音和减振优良,吸水性大;硬质泡沫塑料高低温隔热性能优良。	用于制作密封件,传动带,隔热、隔音及防震材料,齿轮,电气绝缘件,实心轮胎,电线电缆护套,汽车零件。
酚醛塑料 (俗称电木) (PF)	酚醛塑料是由酚和醛缩聚合成的,具有耐热、绝缘、刚性大、化学稳定性好的特点。由它制成的粉状塑料,俗称电木粉,只有黑色或棕色。 酚醛塑料具有高的强度、硬度及耐热性,工作温度一般在 100℃ 以上,在水润滑条件下具有极小的摩擦系数,优异的电绝缘性,耐腐蚀性好(除强碱外),耐霉菌,尺寸稳定性好。但质较脆、耐光性差、色泽深暗,成型加工性差,只能模压。	制作一般机械零件,水润滑轴承,电绝缘件,耐化学腐蚀的结构材料和衬里材料等。如开关、插头、插座、绝缘板、电话机外壳等电器制品;仪表壳体、绝缘齿轮、整流罩、耐酸泵、刹车片等。
环氧塑料 (EP)	环氧塑料由环氧树脂加入固化剂后形成。它强度较高,韧性较好,电绝缘性优良,防水、防潮、防霉、耐热、耐寒。可在 $-80 \sim 200℃$ 范围内长期使用,化学稳定性较好,并能耐 $-80 \sim 155℃$ 的冷热以及酸、碱、有机溶剂的浸蚀。固化成型后收缩率小,对多数材料粘结力强,成型工艺简便,成本较低。但它的成本高于酚醛塑料。	用于制造电气、电子元件及线圈的灌注、涂覆和包封以及修复机件等。也可用来配制各种复合材料。此外,它还可用作金属、陶瓷及塑料的胶粘剂等。
有机硅塑料	耐热性高,可以在 $180 \sim 200℃$ 下长期使用。电绝缘性优良,对高压电弧、高频绝缘性好,防潮性好,有一定的耐化学腐蚀性,耐辐射、耐臭氧,也耐低温。但价格较贵。	用于高频绝缘件,湿热带地区电机、电器绝缘件,电气、电子元件及线圈的灌注与固定,耐热件等。
聚对羟基 苯甲酸酯塑料	是一种新型的耐热性热固性塑料。可在 315℃ 下长期使用,短期使用温度范围为 $371 \sim 427℃$,导热系数比一般塑料高出 $3 \sim 5$ 倍,有很好的耐磨性和自润滑性,优良的电绝缘性、耐溶剂性和自熄性。	耐磨、耐腐蚀及尺寸稳定的自润滑轴承,高压密封圈,汽车发动机零件,电子和电气元件以及特殊用途的纤维和薄膜等。

3) 塑料成形工艺简介

塑料制品的生产主要由成形、加工、修饰和装配四个过程组成,其中成形是按技术要求制成坯件的过程。热塑性塑料的典型成形方法有挤压法、注模法等;热固性塑料的典型成形方法是压模法。

(1) 挤压法。挤压法又称挤塑,它是使呈塑性流态甚至液态的塑料颗粒在挤压力作用下,强行通过出口模而成为具有所需截面的连续型材的成形方法。挤塑方法生产效率高、用途广、适应性强,主要用于生产塑料板材、片材、棒材、异型材等型材。

图 6-10 为单螺杆挤出机挤塑生产示意图,加热器 4 使塑料呈塑性流态,螺旋推杆 2 施加挤压力,使呈塑性流态的塑料穿过模孔,便可制出截面为模孔形状的型材。

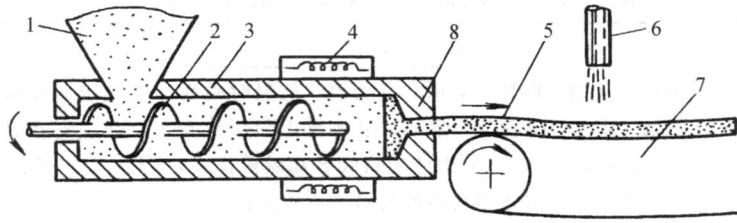

1—料斗；2—螺杆；3—料筒；4—加热装置；5—成形塑料；6—冷却装置；7—传送装置；8—出口模

图 6-10　单螺杆挤出机挤塑生产示意图

（2）注模法。注模法又称为注塑，是将热塑性塑料加热到熔点以上，用柱塞或螺杆将熔体注射入模具型腔中成形，从而生产具有所需形状尺寸零件的方法，见图 6-11。注塑是生产各种塑料零件的重要方法，它具有生产周期短、生产率高、易于实现自动化生产和适应性强的特点。

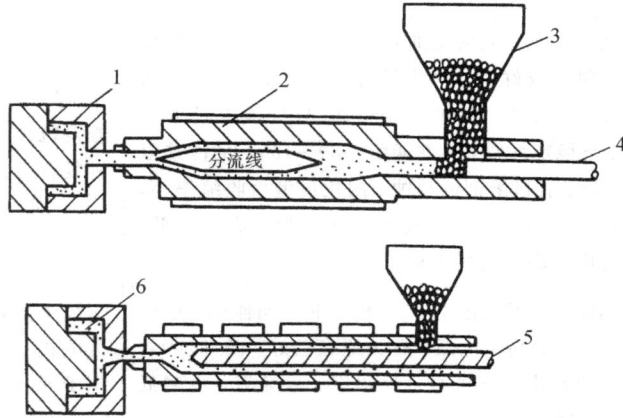

1—模具；2—料筒；3—料斗；4—柱塞；5—螺杆；6—零件

图 6-11　热塑性塑料的注模法

（3）压模法。压模法又称为压塑，是将称量好的原料置于已加热的模具模腔内，通过模压机对模具加压，塑料在模腔内受热塑化（熔化）流动，并在压力下充满模腔，同时发生化学反应而固化得到塑料制品的过程。压模法生产零件过程如图 6-12 所示。压模成型主要用于热固性塑料，如用于酚醛、环氧、有机硅等热固性树脂的成形。

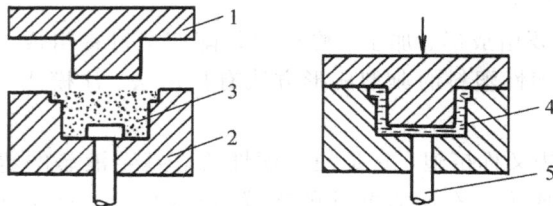

1—上模；2—下模；3—原料；4—零件；5—顶杆

图 6-12　热固性塑料的压模法

4）塑料构件的材料选择

综上所述，塑料在机械工业、汽车工业、化学工业及电气工业中使用极为普遍。工程上通常的做法是将塑料制件分为几个类型，即一般构件、摩擦传动件以及耐腐蚀、耐热零件。依照各类制件多次试验及长期使用的经验可作出以下大体的选择。

对于一般结构件，如装置的外壳、支架、盖板、罩子、仪器仪表的底座等，因其使用载荷较小，故可用聚苯乙烯、聚丙烯等；若要求透明的零件则可选用有机玻璃；而那些表面需要装饰的壳体则可采用 ABS 塑料，因为 ABS 塑料容易电镀和涂漆。

对于摩擦传动件，如大型的齿轮、凸轮、涡轮等，因其受力复杂，要求有较高的综合力学性能及尺寸稳定性，故多用尼龙系列的塑料。对于疲劳强度要求严格的可选用聚甲醛；若工作在腐蚀环境中，则可选用聚四氟乙烯填充的聚甲醛；那些要求有较低的摩擦系数的减摩零件，如无油润滑的活塞环、密封圈、导轨等，多用聚四氟乙烯系列的塑料。

对于一些耐腐蚀的零件（主要集中在化工设备方面），如要求既耐腐蚀又具有较高强度的全塑结构设备，要选用聚丙烯、硬聚氯乙烯等；在强腐蚀条件下工作的反应锅、贮槽、搅拌器、叶轮、阀座等，可选用聚四氟乙烯类的塑料。由于塑料零件的热承受能力远比金属零件低得多，故一般工程塑料只能在 80～120℃下工作，受力较大的工程塑料只能在 60～80℃下工作。

5）典型塑料零件的优、缺点分析

（1）塑料齿轮。齿轮是机械传动的主要零件。塑料齿轮早已用于机械、汽车、仪器仪表等设备及装置中。塑料齿轮表现出的优点有：摩擦系数小、耐磨性好，可在无润滑或少润滑条件下运转；重量轻，可减轻机构重量，降低惯性力和启动功率；不生锈，能在腐蚀介质中运转；减振，防冲击作用好，可降低运转时的噪声，运转平稳；弹性好，补偿了加工和装配误差；注射、压模等方法一次成形，可提高生产率，降低成本。塑料齿轮的缺点有：强度低，传递载荷不能太大；导热系数远低于金属，热胀系数大，使用温度不高；吸水吸油发胀，尺寸稳定性差；成形时有收缩，注射成形制件的精度不高。

（2）塑料轴承。当轴承用在干摩擦条件下或在以清水、污水、海水、酸碱盐的水溶液以及其他一些化学药品溶液等作为润滑或冷却剂的情况下，因塑料的摩擦系数小、自润滑性好，且耐腐蚀、减振，在强度满足要求的前提下，塑料轴承则比金属轴承更显优越性。但塑料轴承也同样存在着类似塑料齿轮的缺点，常因摩擦、热量的积聚，导致膨胀抱轴而咬死；或因塑料的常温蠕变，造成轴承变形而失效。

对于塑料零件的这些不足之处，只能通过合理选择塑料类型、改进成形工艺及零件的设计结构来予以弥补。

2. 橡胶

橡胶是在室温下仍保持高弹态的高分子材料，其分子量一般都在几十万以上，有的达百万。正因为其分子链很长，侧基少而小，使橡胶分子柔性有余而刚性不足，温度稍低时就硬而脆，温度稍高时便发粘。为了赋予橡胶在工程中的实用性，必须添加硫化剂使高分子某些部位产生交联，易于成形，另需加入其他添加剂，提高其物理及力学性能。

橙胶在相当宽的温度范围内具有高弹性，有良好的耐磨性、绝缘性、隔音性及储能的能力，广泛用来制作轮胎、传送带、电缆、电线、密封垫圈以及减振件。

1）橡胶分类

根据来源橡胶可分为天然橡胶和合成橡胶两大类。天然橡胶由橡胶树上流出的乳胶加工而成。合成橡胶原料主要来源于石油、天然气和煤等。合成橡胶的种类很多，分为通用合成橡胶和特种合成橡胶，主要品种有：丁苯橡胶、顺丁橡胶、氯丁橡胶、乙丙橡胶和丁腈橡胶、硅橡胶、聚硫橡胶，其分类及表示符号见图6-13。

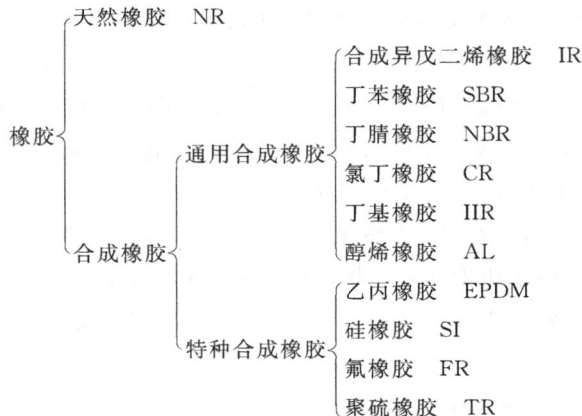

图6-13 橡胶的分类及代号

2）工业橡胶的性能

（1）高弹性。高弹性是橡胶性能的主要特征，橡胶作为结构材料不同于金属和其他非金属材料，弹性模量低，约1 MPa(而塑料可高至20000 MPa)，回弹性能特别好，承受外力后，立即产生很大的变形，变形量可为100%～1000%，外力除去后又立即恢复原状，而其他高聚物的可恢复变形量仅为0.1%～0.01%。

（2）强度。工业生产中常以拉伸强度及定伸强度来表示橡胶的强度。拉伸强度为材料产生均匀塑性变形的最大应力值，与橡胶分子结构有关，一般线型结构的橡胶拉伸强度高，分子量大的橡胶拉伸强度高。定伸强度是指使橡胶产生一定伸长率时所需的应力大小，分子量越大，交联越多，定伸强度越高。

（3）耐磨性。耐磨性即抵抗磨损的能力。橡胶制品因受热或机械力的作用，产生摩擦，进而引起表面磨损，即橡胶大分子链开始断裂，使小块橡胶从损坏的表面上被撕裂下来。当橡胶强度一定时，其制品所受外力愈大，磨损量愈大；而当所受外力一定时，橡胶强度愈高，磨损量愈小，耐磨性也愈好。

3）工业橡胶的应用

橡胶具有良好的弹性和耐磨性、绝缘性，因而成为常用的弹性材料、密封材料、减振材料和传动材料。常用橡胶性能及用途见表6-6。

表 6-6　常用橡胶性能及用途

名称	天然橡胶	丁苯橡胶	顺丁橡胶	氯丁橡胶	丁腈橡胶	乙丙橡胶	聚氨酯胶	硅橡胶	氟橡胶	聚硫橡胶
代号	NR	SBR	BR	CR	NBR	EPDM	VR	SI	FPM	TR
拉伸强度 /MPa	25～30	15～20	18～25	25～27	15～30	10～25	20～35	4～10	20～22	9～15
伸长率 /%	650～900	500～800	450～800	800～1000	300～800	400～800	300～800	50～500	100～500	10～700
使用温度 /℃	-50～120	-50～140	-70～120	-35～130	-35～175	-50～150	-30～80	-70～275	-50～300	-80～130
特性	高强绝缘防震	耐磨	耐磨耐寒	耐酸碱阻燃	耐油、水、气密	耐水绝缘	高强耐磨	耐热绝缘	耐油、碱、真空	耐油、耐碱
用途举例	通用制品、轮胎	通用制品、胶板、胶布、轮胎	轮胎、运输带	管道、胶带、电缆外皮、粘合剂、轮胎	耐油垫圈、油管	汽车零件绝缘体	胶辊耐磨件	耐高低温零件	衬里，密封件，高真空件，尖端技术用	丁腈改性用，管子水龙头，衬垫

3. 合成纤维

凡是保持本身长度比直径大 100 倍以上的均匀条状或丝状的高分子材料均称为纤维，包括天然纤维和合成纤维。合成纤维是指以石油、天然气、煤以及农副产品等作为原料，经过化学合成方法而制得的化学纤维。其通常采用喷丝法成形，即熔融的高聚物通过一个多孔模具挤压成纤维，如图 6-14 所示。

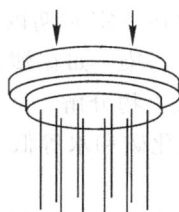

图 6-14　合成纤维的喷丝成形

按用途不同合成纤维分为普通合成纤维和特种合成纤维两大类。普通合成纤维以六大纶为主，占到合成纤维总产量的 90% 以上，分别是：锦纶（尼龙）、涤纶（的确良）、腈纶（人造毛）、维纶、氯纶和丙纶，其特性及用途见表 6-7。特种合成纤维的品种较多，而且还在不断发展，目前应用较多的有：耐高温纤维、高强力纤维、高模量纤维（如有机碳纤维、有机石墨纤维）、耐辐射纤维（如聚酰亚胺纤维）、防火纤维、离子交换纤维、导电性纤维、导光性纤维等。

表 6-7　主要合成纤维的性能及用途

商品名称	锦纶	涤纶	腈纶	维纶	氯纶	丙纶	芳纶
化学名称	聚酰胺	聚酯	聚丙烯腈	聚丙烯醇缩醛	含氯纤维	聚烯烃	聚芳香酰胺
密度/(kg/m³)	1140	1380	1170	130	1390	910	1450
吸湿率/%	3.5～5	0.4～0.5	1.2～2.0	4.5～5	0	0	3.5
软化温度/℃	170	240	190～230	220～230	60～90	140～150	160
特性	耐磨、强度高、模量低	强度高、弹性好、吸水低、耐冲击、粘着力差	柔软、蓬松、耐晒、强度低	价格低、比棉纤维优异	化学稳定性好、不燃、耐磨	轻、坚固、吸水低、耐磨	强度高、模量大、耐热、化学稳定性好
用途举例	轮胎帘子布、渔网、缆绳、帆布	电绝缘材料、运输带、帐蓬、帘子线	窗布、帐篷、船帆、碳纤维的原料	包装材料、帆布、过滤布、渔网	化工滤布、工作服、安全帐篷	军用被服、水龙带、合成纸、地毯	用于复合材料，飞机驾驶员安全椅，绳索

　　合成纤维一般都具有强度高、密度小、耐磨、耐腐蚀等特点，除广泛用于布料等生活用品外，在工农业、交通、国防等部门应用广泛。例如，用锦纶丝帘子增强的汽车轮胎，其寿命比一般天然纤维增强的高出 1～2 倍，并可节约橡胶用量 20%。

　　值得指出的是，高分子材料的废弃物容易引起污染。例如，大家熟知的塑料包装袋、地膜、饮料瓶等均难以处理和回收，对环境的污染日趋严重。研究与开发自降解高聚物对于减少污染有积极的意义。自降解高聚物在一定时期内，大分子能自动降解为小分子，成为环境能够吸纳和分解的物质，从而减少污染。如在塑料中添加改性淀粉和脂肪族聚酯，使塑料在一定条件下能被细菌和真菌等微生物分解。又如，在塑料中添加光敏剂和光分解促进剂，使塑料在阳光作用下分解成二氧化碳和水等低分子物质。

6.2　陶　瓷　材　料

　　陶瓷材料属于无机非金属材料。陶瓷材料和有机高分子材料、金属材料一起，构成了现代固体材料的三大支柱。

　　陶瓷材料具有耐高温、耐腐蚀、耐磨损和绝缘性好等优点，在工业中得到愈来愈广泛的应用。例如内燃机的火花塞，在引爆时瞬时温度达到 2500℃，并要求绝缘和耐化学腐蚀，只有陶瓷材料才能满足使用要求。在高温、耐磨、绝缘等工况下，陶瓷材料体现出明显的性能优势，陶瓷也是功能材料的重要一员。

6.2.1　陶瓷的分类和制备

1. 陶瓷材料的分类

陶瓷是指以天然或人工合成的无机非金属物质为原料，经过成形和高温烧结而制成的固体材料。目前，人们习惯于把无机非金属材料泛称为陶瓷材料。

陶瓷可分为普通陶瓷和特种陶瓷。

1）普通陶瓷

普通陶瓷是以粘土、硅石、长石等天然硅酸盐矿物为原料，经粉碎烧结而制成的，又称为传统陶瓷。普通陶瓷按用途可分为日用陶瓷、建筑陶瓷、绝缘陶瓷、过滤陶瓷等。很久以前我国的陶瓷技术就达到了非常高的水平。

2）特种陶瓷

特种陶瓷是以人工合成的无机非金属材料为原料，经烧结而制成的材料。特种陶瓷具有独特的力学、物理或化学性能，又称为现代陶瓷。根据用途特种陶瓷分为结构陶瓷和功能陶瓷两大类；按化学组成，陶瓷分为氧化物陶瓷（氧化铝瓷、氧化镁瓷）、氮化物陶瓷（氮化硅瓷、氮化铝瓷、氮化硼瓷）、碳化物陶瓷（碳化硅瓷、碳化硼瓷）以及金属陶瓷等。

2. 陶瓷材料的结合键

陶瓷材料中原子的结合键主要为离子键与共价键，通常多为两者的混合键。研究表明，对于一价、二价金属氧化物，离子键是主要的结合键，例如 MgO 主要为离子键结合；对于三价、四价结合的氧化物、氮化物、碳化物，如 SiO_2、SiC、Si_3N_4、Al_2O_3 等，原子间结合键以共价键为主，或者共价键与离子键相当。

离子键与共价键的键能很高，使陶瓷表现出硬度高、熔点高、耐腐蚀、塑性极差、弹性模量极高等性能特点。

3. 陶瓷材料的制备

陶瓷材料熔点高难于铸造成形，塑性几乎为零，不能压力加工，硬度高难于切削加工，陶瓷零件的制备均采取烧结成形，其工艺过程如下：先制备粉状或粒状陶瓷坯料，再将坯料压制成形、然后进行烧结使之固化。陶瓷材料的生产工艺流程如图 6 - 15 所示。

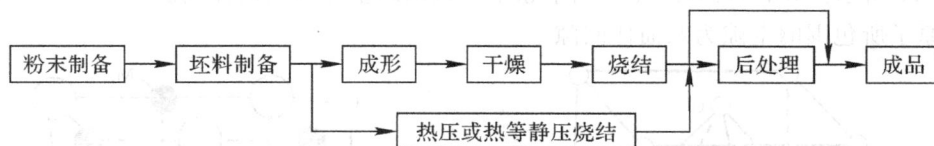

图 6 - 15　陶瓷材料的生产工艺流程

烧结是坯体在高温和压力下致密化的过程。随着温度升高，陶瓷坯体中粉粒由于比表面积大，表面能较高，力图向降低表面能的方向变化，不断进行物质迁移，晶界随之移动，气孔逐步排除，产生收缩，使坯料成为具有一定强度和致密度的固态零件。烧结可分为有液相参加的烧结和纯固相烧结两类。为降低烧结温度，通常在陶瓷坯料中加入一些添加物作助熔剂，形成少量液相，促进烧结。如添加少量二氧化硅促进钛酸钡陶瓷烧结；又如添加少量氧化镁、氧化钙、二氧化硅促进氧化铝陶瓷烧结。烧结温度与组成原料的熔点有关，普通陶瓷烧结温度一般为 1250～1450℃，特种陶瓷烧结温度一般为其组分熔点的 2/3～4/5。陶瓷一旦烧成后，很难进行机械加工。

在陶瓷的生产过程中，原料的颗粒尺寸、混合的均匀程度、烧结温度、炉内气氛、升降温速度等因素，都会影响制品质量，生产时必须对上述各种因素予以控制。

6.2.2 陶瓷材料的组织

研究表明，陶瓷的典型组织由晶体相、玻璃相和气相三部分组成。如图 6-16 所示。

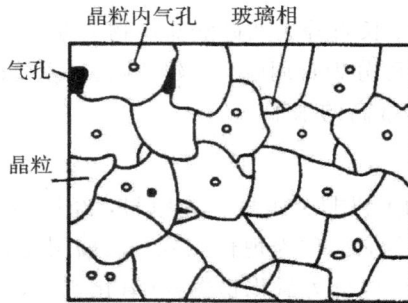

图 6-16 陶瓷材料组织示意图

1. 晶体相

陶瓷材料的主要组成相是晶体相，它是一些化合物晶体或以化合物晶体为基的固溶体。当陶瓷中存在多种晶体相时，晶体相进一步分为主晶相、次晶相及第三晶相等。陶瓷的力学、物理、化学性能主要取决于主晶相的结构、数量、形态和分布。

陶瓷中的晶体相一般有这样几类：一类是氧化物（如氧化铝、氧化钛等），另一类是非氧化物（如碳化物、氮化物等），还有一类是含氧酸盐（如硅酸盐、钛酸盐、锆酸盐等）。

1）氧化物晶体相

氧化物是很多陶瓷的主要组成部分。在金属氧化物结构中，氧为负离子，金属为正离子，直径较大的氧离子组成密排晶格，占据正常晶格结点位置，而直径较小的金属离子存在于晶格间隙中。对面心立方晶格，金属离子可填充的间隙有八面体间隙和四面体间隙，如图 6-17 所示。图中 A、B、C、D 四个原子所包围的空隙为四面体间隙，A、B、C、E、F、G 六个原子所包围的空隙为八面体间隙。

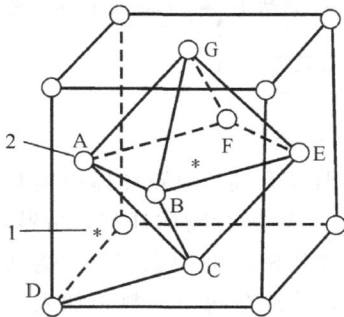

1—金属正离子(间隙位置)；2—氧负离子

图 6-17 金属氧化物面心立方晶格中的间隙位置

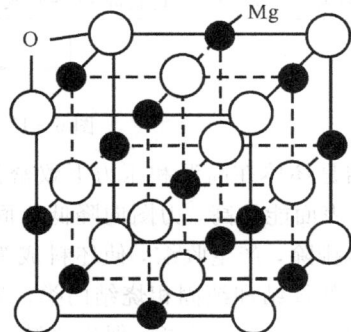

图 6-18 MgO 的正、负离子排列

如果直径较小的金属离子全部占据八面体间隙位置，则氧离子与金属离子的比例为 1 : 1，形成 MO(M 表示金属离子)形式的氧化物，如图 6-18 所示的氧化镁。如果金属离子全部占据四面体间隙，则氧离子与金属离子的比例为 1 : 2，即形成 M_2O 形式的氧化物。氧化物还具有其它更为复杂的晶体结构。

2) 非氧化物晶体相

非氧化物晶体相是指金属碳化物、氮化物、硼化物和硅化物等不含氧的晶体相，其原子间主要以共价键结合。

金属碳化物大多数具有共价键和金属键之间的过渡键，以共价键为主。其结构主要有两类：一类是间隙相，碳原子固溶到晶格间隙之中，属于这类结构的有 TiC、ZrC、NbC、TaC 等；另一类是复杂碳化物，它们有的为斜方结构(如 Mn_3C、Co_3C、Ni_3C 等)，有的为六方结构(如 WC、MoC 等)，还有更复杂的晶体结构。

氮化硅(Si_3N_4)，氮化铝(AlN)等氮化物的晶体结构为六方晶系。金属硅化物的硅原子之间是较强的共价键结合，能连接成链、网和骨架而构成独立的单元，金属原子位于单元之间，形成复杂的晶体结构。金属硼化物的结构与硅化物比较相近，亦能连接成链、网和骨架。

3) 硅酸盐晶体相

硅酸盐是普通陶瓷组织中的主要晶体相，其结合键为离子键与共价键的混合键。构成硅酸盐结构的基本单元为 $[SiO_4]$ 四面体，即硅总是在四个氧离子所形成的四面体的中心，如图 6-19 所示。四面体之间又都以共有顶点的氧离子相互连接起来，由于连接方式不同，会形成"岛状"、"链状"、"层状"、"骨架状"等结构。不同的结构，可得到不同类型的硅酸盐，如四面体连成岛状的硅酸盐有硅钙石($Ca_3[Si_2O_7]$)，连成骨架状的硅酸盐有石英(SiO_2)。

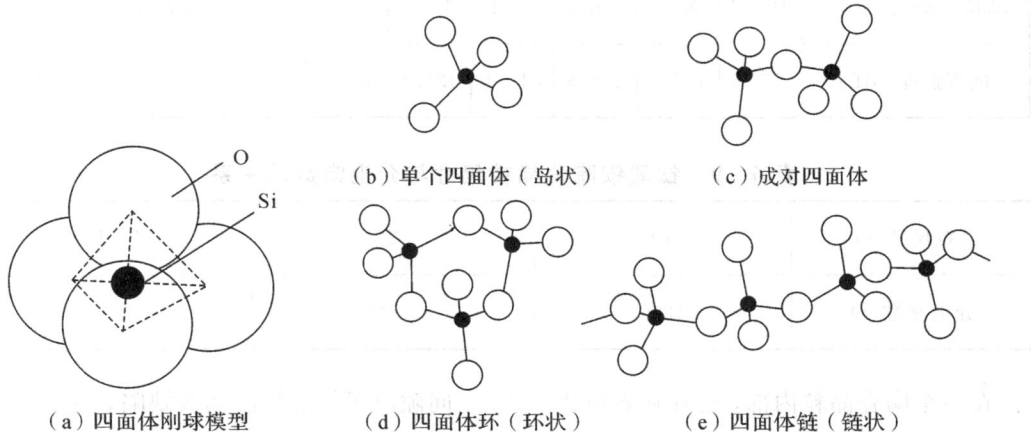

(a) 四面体刚球模型　　(b) 单个四面体（岛状）　　(c) 成对四面体
(d) 四面体环（环状）　　(e) 四面体链（链状）

图 6-19　硅氧四面体及其连接形式

4) 陶瓷的相转变

陶瓷的相转变可从相图上反映出来，图 6-20 为 SiO_2-Al_2O_3 二元相图。同金属的相图类似，陶瓷的相图也反映了组元、温度、组织之间的对应关系，在陶瓷研究和生产中发挥着极大的作用。如果知道了相图中组元 Al_2O_3 的含量和温度，能从相图中查出陶瓷的组织。陶瓷二元相图中也存在着共晶、包晶等反应。使用相图可以选定陶瓷的配方，确定烧结温度。当陶瓷的组元是多个时其组织十分复杂，目前没有研究清楚的陶瓷相转变过程非常多。

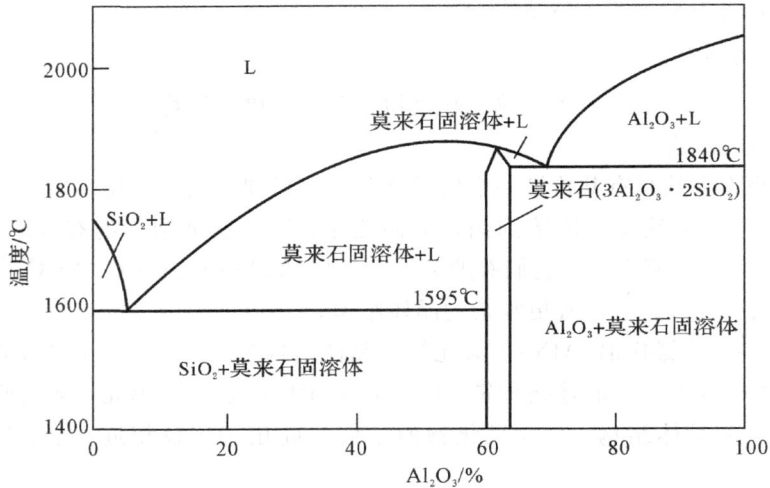

图 6-20 SiO_2-Al_2O_3 二元相图

5）晶体相的晶格缺陷

大多数陶瓷材料是多晶体，陶瓷材料中存在晶界、亚晶界等面缺陷。与金属晶体类似，晶粒的几何形状、尺寸大小和晶格取向对陶瓷的性能都有重要影响。晶粒越小，则陶瓷抗弯强度增大，介电常数增大，如表 6-8 和表 6-9 所示。

表 6-8 **Al_2O_3 陶瓷晶粒尺寸与抗弯强度的关系**

晶粒平均尺寸/μm	193.7	90.5	54.3	25.1	11.5	9.7	6.7	3.2	2.1	1.8
抗弯强度/MPa	75.2	140.3	208.8	311.1	431.1	483.6	484.8	552.0	579.0	581.0

表 6-9 **钛酸钡陶瓷晶粒尺寸与介电常数的关系**

晶粒尺寸/μm	10	2	<1
介电常数(ε)	1200	3000	4000

在一个陶瓷晶粒内部，也存在着位错、空位、间隙原子等点缺陷和线缺陷。由于结合键的原因，陶瓷晶体中的位错运动极为困难，新的位错亦难以产生，位错对变形和强化方面起不了多大作用。陶瓷晶体中的点缺陷在烧结、扩散等工艺过程发挥重要作用，并对电性能等一些性能具有较大的影响。

2. 玻璃相

玻璃相指陶瓷中原子无序排列的非晶体相。普通陶瓷在烧结过程中有液相参加，但在烧结后冷却过程中，由于熔融态的 SiO_2 等液相黏度非常大，原子迁移非常困难，难以形成原子长程有序排列的晶体，冷却后形成非晶态的玻璃相。

在陶瓷中玻璃相的作用如下：① 填充晶体相之间的空隙，将晶体相粘连起来，并使陶瓷的致密度提高；② 降低烧结温度，加快烧结过程；③ 抑制晶体长大；④ 使陶瓷获得一些方面的玻璃特性，如透光性等。

但是玻璃相的熔点低、热稳定性差，使陶瓷在高温下产生蠕变，从而降低高温强度。玻璃相对陶瓷的介电性能也是不利的。因此玻璃相的数量必须控制在一定范围内，一般要求其体积分数小于 30%。

3. 气相

气相是指陶瓷组织内部残留下来的气孔。气孔的产生与陶瓷原材料和陶瓷生产的各个环节有关，影响因素很多，如烧结温度的高低、升温速度的快慢、炉内气氛、原料中的水分等都会影响气孔的多少。

陶瓷中的气孔可分为两类：一类为开放型气孔，能从陶瓷的内部通向其表面，危害较大；另一类为存在于陶瓷内部的封闭型气孔，其分布在玻璃相中，在晶界上或者晶粒内。

气孔给陶瓷带来不利的影响。气孔周围容易产生应力集中，成为裂纹的发源处。此外气孔使陶瓷的介电损耗增大，抗电击穿强度下降，热导率下降，还降低陶瓷的透明度。因此，要求尽量降低气孔的含量，普通陶瓷的气孔率一般为 5%～10%，特种陶瓷小于 5%。

6.2.3　陶瓷材料的性能特点

陶瓷材料的组织结构与金属材料及高分子材料差异较大，其性能具有自己的特点。

1. 力学性能

1）弹性模量

图 6-21 是陶瓷、钢、橡胶的应力-应变曲线示意图。可以看出，陶瓷只能产生一定的弹性变形，不会产生塑性变形。陶瓷的弹性变形量比钢和橡胶小得多，但其弹性模量在各种材料中最高，为金属的若干倍，为高聚物的 400～10000 倍，见表 6-10。陶瓷材料由牢固的离子键与共价键结合，其弹性模量高，在外力作用下只产生少量的弹性变形，尺寸稳定性好。氧化铝、氮化硅、碳化硅等特种陶瓷，在高温下的蠕变量非常小，难能可贵。

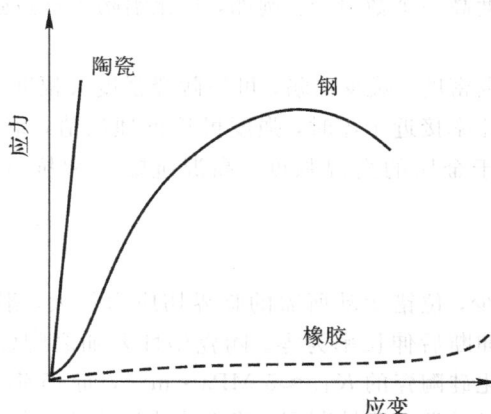

图 6-21　不同材料的应力-应变曲线示意图

表 6 - 10 各种常见材料的弹性模量和硬度

材 料	E/GPa	硬度/HV
橡胶	～0.001(高弹态)	很低
塑料	1.38	～17
镁合金	41.3	30～40
铝合金	72.3	～170
钢	207	300～800
氧化铝	400	～2400
碳化硅	390	～3300
金刚石	1140	6000～10000

陶瓷的弹性模量 E 与结合键有关，还与晶体相及玻璃相的种类、分布、比例，以及气孔率有关。在气孔率 P 较小时，弹性模量 E 随气孔率 P 的增加而线性降低，即：

$$\frac{E}{E_0} = 1 - KP$$

其中，E 为陶瓷的弹性模量；E_0 为无气孔时的弹性模量；K 为常数；P 为气孔率。

此外，陶瓷材料受压状态下的弹性模量一般大于拉伸状态下的弹性模量。

2）强度

陶瓷中晶体相的结合键强，弹性模量高，其理论强度很高。然而陶瓷的组织中还有玻璃相和气相，晶体内部存在大量晶格缺陷，使其抗拉强度比理论强度低 2 个数量级。例如，氧化铝的理论抗拉强度为 4×10^5 MPa，氧化铝陶瓷的抗拉强度只有 2000～2700 MPa，仅为理论值的 1/200。而金属材料的实际抗拉强度与理论抗拉强度的比值在 1/3～1/50。

在拉应力作用下，陶瓷中的气孔引起应力集中，使裂纹迅速扩展，使其抗拉强度低；但在压应力作用下，裂纹趋于弥合状态不易扩展，使抗压强度提高。陶瓷材料的抗弯强度和抗压强度，一般比抗拉强度高一个数量级。例如，氧化铝陶瓷抗拉强度为 255 MPa，而抗压强度为 2100～3000 MPa。

研究表明，增大陶瓷致密度、减少缺陷，可使陶瓷强度大幅度地提高。例如，热压氮化硅陶瓷在致密度增大、气孔率接近于零时，强度可接近理论值，室温抗弯强度可达到 1500 MPa。陶瓷一般还具有优于金属的高温强度，高温抗蠕变和抗氧化能力强，适宜作高温材料。

3）塑性和韧性

陶瓷晶体的滑移系很少，位错运动所需的临界切应力很大，滑移难以进行，使其室温塑性极差，陶瓷的室温拉伸断后伸长率为零。陶瓷塑性差加之陶瓷内部存在气孔，使陶瓷的韧性同样相当差。如氮化硅陶瓷的 $K_{IC} \approx 5$ MPa·$m^{1/2}$，而 45 钢的 $K_{IC} \approx 90$ MPa·$m^{1/2}$。陶瓷材料属于脆性材料，极易发生脆性断裂。脆性成为陶瓷用作结构材料的主要障碍。

研究表明，对氧化物及非氧化物陶瓷可采用氧化锆来增韧。经增韧的氧化物陶瓷含有一定数量弥散分布的亚稳态氧化物，当受到外力作用时，这些氧化物发生相变而吸收能量，使裂纹的扩展减慢或终止，从而提高陶瓷的韧性。

4）硬度

绝大多数陶瓷的硬度在 $1000\sim5000$ HV，远高于金属材料和高分子材料，如表 6 - 10 所示。特种陶瓷的强度高、硬度大、耐磨性好，是制造耐磨零件的重要材料。例如用碳化硅陶瓷制造泵类的机械密封环，寿命相当长，可以用到整台机器报废；用氮化硅陶瓷制造的滚动轴承，和钢制轴承相比，不仅可承受更大的负荷和更高的转速，而且使用寿命可增加几倍。

2．物理和化学性能

1）耐热性能

陶瓷材料熔点高，抗蠕变能力强，热硬性高，高温下不氧化不软化，是 $1000℃$ 以上使用的材料。例如氧化铝陶瓷在空气中的使用温度达 $1350℃$ 以上。陶瓷的线膨胀系数一般为 $10^{-2}\sim10^{-6}/℃$，比高聚物和金属低很多，零件尺寸受温度影响不大。但陶瓷在急冷或急热时，内部形成很大的热应力，容易产生裂纹。现代开发出某些能耐急冷或急热的陶瓷，例如碳化硅陶瓷，在尖端领域上得到了应用。

陶瓷的导热率一般为 $10^{-2}\sim10^{-5}$ W/(m·K)，具有更良好的保温性能。这一方面是因为没有自由电子的传热作用，另一方面是因为陶瓷中的气孔对传热不利，陶瓷多为较好的绝热材料。

2）绝缘性和耐腐蚀性

陶瓷材料中的电子都受到强结合键的约束几乎没有活动能力，因而陶瓷具有良好的绝缘性能，是电力工业上最重要的绝缘材料。

陶瓷对酸、碱、盐等介质的腐蚀有较强的抵抗能力，也能抵抗熔融的铝和铜等非铁金属的浸蚀。除氢氟酸和熔融氢氧化钠外，氮化硅、碳化硅等特种陶瓷可抵抗其他无机酸和碱溶液的腐蚀，适于制造化工管道、化工泵和阀门等。

陶瓷材料还是重要的功能材料，用作功能材料的特种陶瓷在多方面的性能都得到了开发和应用。例如压电陶瓷、半导体陶瓷、超导陶瓷、透明陶瓷、光学陶瓷等。

6.2.4　工程陶瓷简介

普通陶瓷是指粘土类陶瓷，由粘土、长石、石英按一定配比，并经烧制而成，其性能取决于三种原料的纯度、粒度与比例。普通陶瓷质地坚硬、耐腐蚀、不氧化、不导电，能耐一定的高温，成形性好。普通陶瓷除用作生活器皿外，还用来制作建筑用瓷、化工用瓷、电气绝缘瓷等。

特种陶瓷主要用于绝缘用的电瓷、耐腐蚀用的化学瓷、高温下使用的高温陶瓷，耐磨损用的工具陶瓷等。常用工程陶瓷的力学性能及应用见表 6 - 11。

表 6-11　常用工程陶瓷的力学性能及应用

名称		密度 /(g/cm³)	抗弯强度 /MPa	抗拉强度 /MPa	抗压强度 /MPa	线胀系数 /(10⁻⁶ K⁻¹)	应用举例
普通陶瓷	普通工业陶瓷	2.3～2.4	65～85	26～36	460～680	3～6	绝缘子,绝缘支撑件
	化工陶瓷	2.1～2.3	30～60	7～12	80～140	4.5～6	酸碱、反应塔、管道
特种陶瓷	氧化铝瓷	3.2～3.9	250～450	140～250	1200～2500	5～6.7	火花塞、轴承、密封环、热电偶套管、拉丝模
	氮化硅瓷 反应烧结	2.4～2.6	166～206	141	1200	2.99	耐磨耐高温耐腐蚀零件。石油化工行业用的阀门、密封环、管道
	热压烧结	3.1～3.13	490～590	150～270	—	3.28	
	氮化硼瓷	2.15～2.2	53～109	—	233～315	1.5～3	坩埚、玻璃模
	氧化镁瓷	3.0～3.6	160～280	60～80	780	13.5	特种坩埚
	氧化铍瓷	2.9	150～200	97～130	800～1620	9.5	高温绝缘件,高频坩埚
	氧化锆瓷	5.5～6.0	1000～1500	140～500	1440～2100	4.5～11	熔炼铂铑钯的坩埚

陶瓷硬度高、熔点高,用作高速切削的刀具,其软化温度大大高于高速钢。例如含钴的高速钢刀具软化至 55HRC 时,使用温度在 600℃ 左右;而氧化铝陶瓷刀具使用温度可达 1200℃。用来制作工模具的特种陶瓷见表 6-12。

表 6-12　工模具用陶瓷

材料	性能特点	应用举例
金刚石	硬度高、耐磨、抗压强度高、弹性模量高、导热性好	作切削刀具,加工非铁金属、陶瓷、碳纤维、塑料和复合材料;作钻探工具,地质钻头、石油钻头,磨轮、修整工具、拉丝模、石材加工锯片
立方氮化硼	硬度高、化学惰性好、热稳定性好、导热性好	作切削刀具、磨轮,加工高硬度的淬火钢、铸铁、热喷涂层和黏性大的纯镍、镍基高温合金等难加工材料
氮化硅	硬度高、韧性较好、耐热性好	作刀具材料、拉拔钢管的芯棒、拉丝模、焊接定位销
碳化硼	硬度高、耐磨、耐腐蚀、耐热	作磨料、喷砂嘴
氧化铝	硬度高、耐磨、抗氧化性好、化学惰性好	作刀具、内燃机火花塞、高温炉零件
氧化锆	强度高、韧性较好	作拉丝模、热挤模、喷嘴、铜粉和铝粉的冷挤模

陶瓷的高温强度高、抗蠕变性能高、热稳定性好、并耐磨耐腐蚀,广泛应用于高温环境下。例如,氮化硅陶瓷(Si_3N_4)抗氧化温度可达 1500℃,高温强度高、抗热震性好,是优良的高温结构陶瓷。部分高温工程陶瓷的应用见表 6-13。

表 6 - 13　高温工程陶瓷的应用

应用范围	使用环境和要求	陶瓷材料
柴油机活塞、汽缸、燃气轮机叶片、喷嘴、热交换器、燃烧器	1200～1400℃ 不冷却，高温高强度、抗热冲击、抗氧化、耐腐蚀	氮化硅、氧化锆、碳化硅
火箭发动机燃烧室内壁、喷嘴、鼻锥	高于 1500℃，耐高温、耐冲刷、抗冲击、耐腐蚀	氧化铍、氧化铝、氧化锆、碳化硅、氮化硅
原子能反应堆材料： 核燃料元件 吸收热中子控制棒 减速材料	 高于 1000℃，耐高温、耐腐蚀 高于 1000℃，吸收热中子截面大 高于 1000℃，吸收热中子截面小	 UO_2、UC、ThO_2 碳化硼、氧化钐 氧化铍、碳化铍
冶金材料： 熔炼铀坩埚 制备半导体砷化镓坩埚 第Ⅲ、Ⅴ族元素晶体生产用坩埚 高炉内衬、浇口 连续铸锭分流环	 高于 1100℃，化学稳定性好 高于 1200℃，化学稳定性好，高纯度 耐化学侵蚀 高温高强度、抗氧化、抗热冲击、耐腐蚀 抗热冲击、耐腐蚀	 氧化铍、氧化钍 六方氮化硼、氮化铝 氮化铝 碳化硅 六方氮化硼、氮化硅
磁流体发电电离气流通道	3000℃，耐高温气流冲刷和腐蚀	氧化铝、六方氮化硼、氧化镁、氧化铍
电极材料	2000～3000℃，高温导电性好	氧化锆、硼化锆

6.3　复　合　材　料

　　复合材料是由两种或两种以上不同的材料组合而成的多相固体材料。自然界存在很多天然复合材料，例如木材由纤维素和木质素组成，动物骨骼由硬而脆的无机磷酸盐和韧而软的蛋白质骨胶原组成，二者都是复合材料。人造复合材料的应用由来已久，古时用草和泥土制成的土坯建造房子，当今用钢筋混凝土建造大楼，土坯和钢筋混凝土亦是复合材料。

　　在航天、航空、军工等领域尖端技术发展的带动下，对零件材料性能提出了多方面的高要求，例如要求材料同时具有高强度、高模量、耐高温、低密度、耐腐蚀等多种性能。在单一材料难以满足多方面性能要求时，可以利用材料复合的思想，同时应用多种材料的优点，通过扬长避短，设计和生产复合材料来满足使用要求。

6.3.1　复合材料的结构

　　复合材料是多相材料，它是由基体相和增强相组成，也可以说复合材料是由增强材料与基体材料复合而成的新材料。

　　基体相在复合材料中起基础作用，给予材料基础的力学、物理和化学性能。在复合关系中基体相起固定、支撑、保护增强相的作用，在承载时基体相承受应力不大，它把外加载荷传递到增强相上去。基体相可以由金属、高分子材料、陶瓷等构成，根据基体相的不同，复合材料分为：金属基复合材料、高分子基复合材料、陶瓷基复合材料等。

增强相在复合材料中起增强某一方面性能的作用。对于结构材料，增强相是主要承载相，起承受载荷或减小变形的作用；对于功能材料，增强相起赋予或增强材料在声、光、电、磁等某方面性能的作用。本书仅介绍结构复合材料。

复合材料中的增强相具有各种各样的形态，有连续纤维状、颗粒状、短纤维状、片状等形态，如图 6-22 所示。根据增强相形态不同，复合材料分为：连续纤维增强复合材料、颗粒增强复合材料、短纤维增强复合材料、片状材料增强复合材料等。

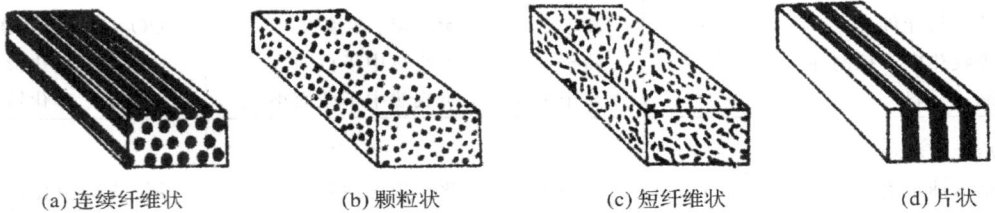

| (a) 连续纤维状 | (b) 颗粒状 | (c) 短纤维状 | (d) 片状 |

图 6-22 复合材料中增强相的形态

比如玻璃钢是由环氧树脂和玻璃纤维组成的复合材料，其中环氧树脂是基体相，起固定、支撑、保护增强相的作用；玻璃纤维是增强相，主要用来承受载荷。

6.3.2 增强相及增强原理

复合的目的是为了得到"最佳"的性能组合。复合材料的性能，主要取决于四个方面的因素：① 基体的类型与性质；② 增强相的类型与性质；③ 增强相的形状、大小、含量及其在基体相中的分布；④ 基体同增强相之间的结合性能。高性能的增强材料是使复合材料具有优良性能的关键因素。

1. 纤维增强

1）纤维增强原理

纤维的增强作用取决于纤维与基体的性质、结合强度、纤维的体积分数以及纤维在基体中的排列方式。因此纤维增强的效果决定于以下因素：

（1）纤维是增强相，要求纤维强度高。为了使纤维确实起到承受载荷的作用，还要求纤维的弹性模量大于基体相。复合材料在变形时，增强相和基体相往往产生相等的应变，由于在弹性变形范围内，应力 $\sigma = E\varepsilon$，弹性模量大的材料所承担的应力较大。只有增强纤维的弹性模量大于基体，才能起到增强作用。

（2）连续纤维增强复合材料是各向异性材料，沿纤维方向的强度大于垂直纤维方向的强度，故纤维方向要和零件受力方向一致才能很好地发挥增强作用。因此在零件生产时，纤维的排列方向要和零件受力情况匹配。

（3）增强纤维所占的体积百分数、纤维长度 L 和直径 d 及长径比 L/d 等，必须满足一定的要求，才具有最好的增强效果，并能满足制备要求。一般是增强纤维所占的百分数越高，纤维越长、越细，增强效果越好，但制备时越困难。

（4）增强纤维和基体的结合强度过低，纤维容易从基体中拔出，不能保证基体所受的力通过界面传递给纤维，纤维对基体起不到强化作用；若二者结合强度过高，在材料受力破坏时失去纤维的拔出过程，则缺少了拔出过程中的能量消耗，材料韧性降低。一般情况下通过对纤维进行表面处理，来调整增强纤维和基体的结合强度。

此外，纤维和基体的热膨胀系数不能相差过大，否则在材料制备或使用过程中会由于热胀冷缩而产生应力。

2）增强纤维

常用的增强纤维如表 6-14 所示。

表 6-14　常用增强纤维及其性能

纤维种类	密度/(g/cm³)	抗拉强度/MPa	弹性模量/GPa	断后伸长率/%	稳定性温度界限/℃
铝硼硅酸盐玻璃纤维	2.5～2.6	1370～2160	58.9	2～3	700（熔点）
高模量玻璃纤维	2.5～2.6	3830～4610	93～108	4.4～5	<870
高模量碳纤维	1.75～1.95	2260～2850	275～304	0.7～1	2200
石墨纤维	2.25	20000	1000	—	—
硼纤维	2.5	2750～3410	383～392	0.72～0.8	980
氧化铝	3.97	2060	167	—	1000～1500
碳化硅	3.18	3430	412	—	1200～1700
钨丝	19.3	2160～4220	343～412	—	—
钼丝	10.3	2110	353	—	—
钛丝	4.72	1860～1960	118	—	—

（1）玻璃纤维。将玻璃熔化成液体，然后从液体中抽出细丝（其直径大多在 3～20 μm 之间），即成为玻璃纤维。其主要成分是 SiO_2 和 Al_2O_3。玻璃纤维强度较高、耐腐蚀性好、绝缘性好，成本低。但其弹性模量比较低，大大限制了其应用，只能用于增强高分子材料。

（2）碳纤维。碳纤维的成分是碳元素。工业上广泛采用的碳纤维是用聚丙烯腈纤维、胶粘纤维或沥青纤维在隔绝空气和水分的情况下加热到 1300℃ 左右使之分解碳化而制得，若继续加热到 2600℃，还可生成石墨纤维。一般把 $w_C = 92\% \sim 95\%$，弹性模量在 344 GPa 以上，并在 1900℃ 以上发生热解的此类纤维划归为石墨纤维。

碳纤维的主要性能特点是：密度小、弹性模量高、强度高，在比强度方面碳纤维的性能高于其他纤维；高温低温力学性能好，在高达 2000℃ 下强度和弹性模量不降低，在 -180℃ 下也不变脆；具有高的化学稳定性、导电性和低的摩擦系数；脆性较大、表面光滑，与树脂的结合力差，通常需要表面氧化处理以改善与基体的结合力。碳纤维可用来增强塑料、金属或陶瓷。

（3）硼纤维。硼纤维是无机高强度、高模量纤维之一。它是用沉积的方法将非晶态的硼涂覆到钨丝或碳丝上而制得。硼纤维熔点为 2300℃，具有高弹性模量，其强度为 2750～3410 MPa，与玻璃纤维相当，弹性模量为玻璃纤维的 5 倍，而与碳纤维相当，可达 383～392 GPa。硼纤维具有良好的抗氧化性和耐腐蚀性，在潮湿的环境中存放一年，其强度不发生明显变化，缺点是直径较粗，一般为 100 μm。硼纤维硬而脆、加工困难、生产工艺复杂、成本高、价格昂贵，它的密度大，比强度、比刚度都低于碳纤维。

2. 颗粒增强

将增强颗粒高度弥散地分布在基体中，基体主要承受载荷，而增强颗粒阻碍导致塑性变形的位错运动或分子链运动。增强颗粒的大小、数量、形状和分布等因素对强化效果有直接影响。实践证明，增强颗粒直径过大（$>0.1\ \mu m$），容易引起应力集中，而使强度降低；直径过小（$<0.01\ \mu m$），则近于固溶体结构，颗粒强化作用不大。增强颗粒直径一般在 $0.01\sim0.1\ \mu m$ 范围内增强效果最好。增强颗粒含量大于 20% 时称为颗粒增强复合材料，增强颗粒含量少时称为弥散强化材料。

增强颗粒的种类很多，如在塑料中加入的木粉、石棉粉、云母粉，在橡胶中加入的炭黑、二氧化硅等都有显著的增强作用。

陶瓷颗粒具有强度高、弹性模量高、熔点高、化学性能稳定等特点，是工业上应用较多增强颗粒。如 Al_2O_3 颗粒（熔点 2050℃，硬度 2370HV）、ZrO_2 颗粒（熔点 2690℃，硬度 1410HV）、WC 颗粒（熔点 2785℃，硬度 1730HV）、TiC 颗粒（熔点 3140℃，硬度 2850HV）、SiC 颗粒（熔点 2827℃，硬度 3300HV）等。

此外，还有铝、铜、镍、锌等金属粉末也是现代复合材料常用的增强颗粒。

6.3.3 复合材料的性能特点

1. 比强度、比模量高

比强度是指材料的强度与相对密度之比，用来表示单位质量材料的承力能力，比模量是指弹性模量与相对密度之比，表示单位质量材料的抵抗弹性变形的能力。表 6-15 为常用工程材料的比强度和比模量。表中碳纤维Ⅱ/环氧树脂复合材料的比强度比钢高 7 倍，比模量比钢高 3 倍。复合材料在比强度和比刚度方面优势明显，这对希望尽量减轻自重，而仍需要保持高强度和高刚度的结构件来说，无疑是非常重要的。用等强度的树脂基复合材料制造零件时，可以比钢制零件质量减轻 70% 以上。

表 6-15 常用材料与复合材料性能比较

材料名称	密度 /(kg/m³)	拉伸强度 /MPa	弹性模量 /GPa	比强度 /[MPa/(kg·m⁻³)]	比模量 /[MPa/(kg·m⁻³)]
钢	7800	1030	210	0.13	27
铝	2800	470	75	0.17	25
钛	4500	960	114	0.21	25
玻璃钢	2000	1060	40	0.53	20
碳纤维Ⅱ/环氧	1450	1500	140	1.03	97
碳纤维Ⅰ/环氧	1600	1070	240	0.67	150
有机玻璃 PRD/环氧	1400	1400	80	1.0	57
硼纤维/环氧	2100	1380	210	0.66	100
硼纤维/铝	2650	1000	200	0.38	75

2. 抗疲劳性能好

纤维复合材料，特别是树脂基复合材料对缺口、应力集中敏感性小，而且纤维和基体的界面可以使裂纹尖端变钝或改变方向，即阻止了裂纹的迅速扩展，所以复合材料具有较高的疲劳强度，如图 6-23 和图 6-24 所示。碳纤维聚酯树脂复合材料的疲劳极限可达其抗拉强度的 70%～80%，而金属材料的疲劳极限只有抗拉强度的 40%～50%。

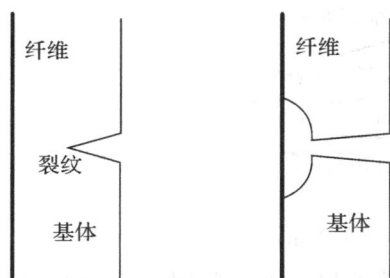

图 6-23 纤维增强复合材料裂纹变钝示意图

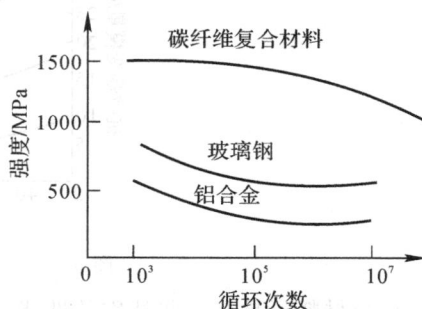

图 6-24 碳纤维复合材料疲劳强度

3. 破损安全性好

纤维增强复合材料中合成有大量分散的纤维，一般每平方毫米截面上有几十到几百根。由于超载或其他原因，当少数纤维断裂时，载荷迅速重新分布，而由未断裂的纤维来承担，因而零件不至于突然破坏；当部分纤维受力断裂时，断口不可能都出现在一个平面上；在零件断裂前，大量纤维从基体中被拔出，使零件断裂需要的能量大大增多。因此纤维增强复合材料断裂安全性能较好。

4. 减振性能好

飞机、汽车、机床等许多机械和设备的振动问题非常突出，它不但产生噪音，也使零件发生疲劳破坏，尤其是外载荷频率与结构固有频率相同时，将产生共振，危害最大。纤维增强复合材料具有很好的减振性能。一是复合材料比模量高，其自振频率高，可避免与其他零件产生共振；二是复合材料中的大量界面对振动有反射吸收作用，从而使振动波在复合材料中衰减快，而表现出好的减振性能。复合材料的阻尼特性如图 6-25 所示。

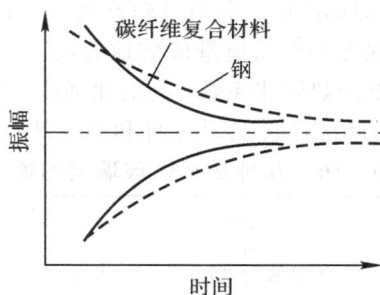

图 6-25 两类材料阻尼特性示意

5. 高温性能好，抗蠕变能力强

由于增强纤维在高温下仍能保持较高的强度，所以纤维增强金属基复合材料具有较好的耐高温性能。例如铝合金的强度随温度的增加下降速度很快，而用石英玻璃增强的铝基复合材料，在 500℃ 下能保持室温强度的 40%；用硼纤维增强的铝合金（Al＋1%Mg＋0.5%Si，即 6061 合金），可以满意地在 316℃ 使用。此外，复合材料的蠕变量比基体材料小，如图 6-26 所示。碳纤维增强尼龙 66 的蠕变量是玻璃纤维增强尼龙 66 的一半，是纯尼龙 66 的 1/10。

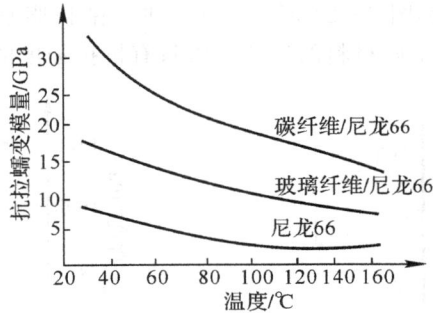

图 6-26　抗拉蠕变模量与温度的关系

　　复合材料还具有一些特殊的性能，例如耐摩擦、耐磨损、自润滑性好、隔热性好、化学稳定性好等。复合材料具有成本较高、制备困难、性能具有方向性等方面的不足，这些方面限制了复合材料的使用和推广。随着这些问题的解决，复合材料将得到更大的发展。

6.3.4　常用复合材料

　　复合材料种类很多，其分类和命名方法尚未统一。通常把增强材料名称放在前面，基体材料放在后面，再加上复合材料而构成，也经常在增强材料与基体材料之间加上"增强"两字。例如，"碳纤维-环氧树脂复合材料"，也可称为"碳纤维增强环氧树脂复合材料"。复合材料发展迅速，品种不断增加，应用越来越广泛。

1. 纤维-树脂复合材料

1）玻璃纤维-树脂复合材料

　　它是以玻璃纤维为增强相、以合成树脂为基体相的复合材料，又称为玻璃钢。根据树脂基体的种类，玻璃钢分为热塑性玻璃钢和热固性玻璃钢。

　　（1）热塑性玻璃钢。其基体相为尼龙、聚碳酸酯、ABS、聚苯乙烯等热塑性树脂，增强相为含量在 20%～40% 之间的玻璃纤维。常用热塑性玻璃钢的性能见表 6-16。用玻璃纤维增强后，热塑性树脂的拉伸强度和弯曲模量成倍地提高。此外热塑性玻璃钢还具有高的冲击韧性、良好的低温性能和低的热膨胀系数，高的比强度，优良的工艺性能等优点。热塑性玻璃钢用于制造高强度的受力结构件、传动零件和绝缘件等。

表 6-16　几种热塑性玻璃钢的性能

材料种类 性能项目	尼龙 66		ABS		聚苯乙烯		聚碳酸酯	
	未增强	增强后	未增强	增强后	未增强	增强后	未增强	增强后
密度/(g/cm³)	1.14	1.37	1.05	1.28	1.07	1.28	1.20	1.43
拉伸强度/MPa	81.2	182	42	101	49	94.5	63	129.5
弯曲模量/(10^2 MPa)	28.7	91	22.4	77	31.5	91	23.1	84

（2）热固性玻璃钢。其基体相为环氧树脂、聚酯、酚醛和有机硅等热固性树脂，增强相为 60%～70%的玻璃纤维。常用热固性玻璃钢的性能见表 6－17。热固性玻璃钢的比强度超过一般高强度钢、铝合金和钛合金。它的优点为绝缘、绝热、耐腐蚀、隔音、吸水性低、防磁、微波穿透性好、易着色、易加工成形等。它的缺点为弹性模量低，只有结构钢的 1/10～1/5，刚度差，耐热性比热塑性玻璃钢好，但只能在 300℃以下工作，容易老化，容易蠕变。它具有明显的方向性，是一种各向异性材料。

表 6－17　几种热固性玻璃钢的性能

性能项目 材料种类	密度 /(g/cm³)	抗拉强度 /MPa	抗压强度 /MPa	抗弯强度 /MPa	性 能 特 点
环氧（101）	1.73	341	311	520	机械强度高，工艺性好，可在常温或加温、常压或加压下固化，收缩率小，制品的尺寸稳定性好，成本高。
聚酯（3193）	1.75	290	93	237	工艺性好，常温常压下可成形固化，可制成大型异形构件。但耐热性差，一般在 90℃以下使用。强度不及环氧玻璃钢，收缩率大，成形时气味毒性大。
酚醛（3230）	1.8	100	—	110	有一定耐热性，可在 150～200℃下长期工作。价格便宜，但制造工艺性差，需高温高压成形，收缩率和吸水性大，而且脆性大，强度不够高。
有机硅	—	210	61	140	耐热性好，可长期在 20～250℃使用。介电性好，吸水性小，故防潮绝缘性好，但强度不太高。

玻璃钢具有很大的实用价值，应用较为广泛，主要用于制造要求自重轻的受力构件和要求无磁性、绝缘和耐腐蚀的零件。在航空航天工业中，玻璃钢用于制造雷达罩、螺旋桨叶片、直升机机身、火箭导弹发动机壳体、液体火箭燃料箱；在交通设备制造工业中，用于制造车身、发动机机罩、轻型船、舰、艇等；在电机电器工业中，用于制造重型发电机环、大型变压器线圈绝缘箱以及各种绝缘零件等；在石油化工工业中，用于制造耐酸、耐碱和耐油的容器、管道、储槽等各种化工设备和机械结构零部件；玻璃钢还用于制造各种生活用品。

2）碳纤维-树脂复合材料

碳纤维-树脂复合材料常用基体相为酚醛树脂、环氧树脂、聚酯树脂、聚四氟乙烯等合成树脂；增强相为碳纤维。碳纤维-树脂复合材料的性能优于玻璃钢，具有更高的强度和更高的弹性模量。这类材料的密度比铝小，强度比钢高，弹性模量比铝合金和钢大，疲劳强度高，冲击韧度高；化学稳定性高，摩擦系数小，导热性好，受 X 射线辐照时强度和模量不变化等。

在汽车工业中，碳纤维-树脂复合材料用于制造汽车外壳、发动机壳体；在航空航天工业中，它用于制造飞机机身、螺旋桨、尾翼、发动机风扇叶片、卫星壳体、宇宙飞行器表面防热层；在电机工业中，它用于制造大功率发电机护环；在化学工业中它用于制造管道、容器等；在机械工业中，用于制作轴承、齿轮、活塞、密封圈和连杆等。

3）硼纤维-树脂复合材料

硼纤维-树脂复合材料常用基体为环氧树脂、聚酰亚胺和聚苯并咪唑等树脂，增强相为硼纤维。它具有高比强度、高比模量、良好的耐热性，主要用在航空航天和军事工业上要求高刚度的结构件，如飞机机身、机翼、轨道飞行器隔离装置接合器等。但其各向异性明显、加工困难、成本高、抗冲击能力差，其应用不如其他纤维增强塑料普遍。

4）芳纶纤维-树脂复合材料

芳纶纤维是一种芳香族聚酰胺纤维，是目前强度最高的纤维，抗拉强度达 2800～3 700MPa，比玻璃纤维高 45%，其密度只有 1.45 g/cm³。芳纶纤维价格便宜，还具有优良的抗疲劳性、耐腐蚀性、绝缘性和良好的加工性能。

芳纶纤维-树脂复合材料是由芳纶纤维和树脂基体组成，基体相主要有环氧树脂、聚乙烯、聚碳酸酯和聚酯等树脂。它的抗拉强度与碳纤维-环氧树脂复合材料相近，但塑性和韧性更好，与金属相近。它的冲击韧性和抗疲劳性能高于玻璃钢和铝合金，抗震能力是钢的 8 倍，是玻璃钢的 4～5 倍。芳纶纤维-树脂复合材料原料易得、成本低、制造简单，而用途广泛，主要用于宇宙飞行器和高压容器、雷达天线罩、火箭发动机燃烧室外壳、轻型舰船和快艇等。

5）碳化硅纤维-树脂复合材料

碳化硅纤维抗拉强度为 3430 MPa，弹性模量为 412 GPa，其突出的优点是具有优良的高温强度，在 1100℃时抗拉强度仍高达 2100 MPa。

碳化硅纤维-树脂复合材料常用环氧树脂作为基体，这种复合材料的比强度、比模量高，抗拉强度接近于碳纤维-环氧树脂复合材料，但其抗压强度为碳纤维-环氧树脂复合材料的两倍，是一种有发展前途的新型材料。碳化硅纤维-树脂复合材料主要用于制造宇航器上减重的结构件，还用于制造飞机的门、降落传动装置箱和机翼等。

2. 纤维-金属复合材料

纤维增强金属复合材料一般由高强度、高模量、韧性差的纤维与低强度、低模量、韧性好的金属基体组成。

常用增强纤维为硼纤维、碳纤维、碳化硅纤维与氧化铝纤维；常用基体相为铝合金、镁合金、钛合金、高温合金。一般根据零件的使用温度选择基体相，低于 350～400℃时，使用铝、镁及其合金；低于 650℃时，使用钛及钛合金；高于 1000℃时，使用高温合金。

金属基复合材料发挥了金属与增强相的优点，具有高的比强度、比模量、疲劳强度以及良好的耐磨、耐腐蚀性能。与树脂基复合材料相比，它的耐热性能突出，导热、导电性能好、对热冲击及表面缺陷不敏感。其缺点是生产工艺复杂，价格昂贵。

1）硼纤维-铝合金复合材料

它是金属基复合材料中研究最成功、应用最广的一种复合材料。硼纤维-铝合金复合材料的性能优于硼纤维-环氧树脂复合材料，也优于铝合金和钴合金。它具有拉伸模量高，抗压强度高、剪切强度高和疲劳强度高的优点，用于制造飞机和航天器蒙皮、大型壁板、长梁加强筋、航空发动机叶片等。

2）石墨纤维-铝合金复合材料

石墨纤维-铝合金复合材料具有高比强度和高温强度，在 500℃时它的比强度比钛合金高 1.5 倍。用于制造航天飞机外壳、接合器、油箱、飞机蒙皮、螺旋桨、涡轮发动机的压气机叶片和重返大气层运载工具的防护罩等。

3）石墨纤维-铜（或铜合金）复合材料

其基体为铜、铜合金、铜镍合金。为了增强石墨纤维和基体的结合强度，常在石墨纤维表面上镀铜。石墨纤维增强铜或铜镍合金复合材料具有强度高、导电性好、摩擦系数低、耐磨性好、尺寸稳定性高等优点，用于制造高负荷的滑动轴承、集成电路的电刷和滑块等。

4）硼纤维-钛合金复合材料

最常用的基体材料为 Ti – 6Al – 4V 钛合金，增强相通常为硼纤维或碳化硅纤维。这类复合材料具有密度低、强度高、弹性模量高、耐热性好和膨胀系数低的特点，是理想的航空航天用结构材料。例如，碳化硅改性硼纤维和 Ti – 6Al – 4V 组成的复合材料，密度为 $3.6 \, \text{g/cm}^3$，比钛还轻，抗拉强度可达 1210 MPa，弹性模量可达 234 GPa，热膨胀系数 $1.39 \times 10^{-6} \sim 1.75 \times 10^{-6} \, \text{K}^{-1}$。

3. 颗粒增强复合材料

颗粒增强金属基复合材料是这类复合材料的代表，其研究发展较成熟。

颗粒增强金属基复合材料的组成范围宽广，可根据要求选择基体合金和增强颗粒。氧化物、碳化物、氮化物以及石墨均可作增强颗粒；铝、镁、钛、铜、铁、钴等及其合金也都可作基体材料。增强颗粒的尺寸一般在 $3.5 \sim 10 \, \mu\text{m}$，含量一般为 15%～20% 或 65% 左右，视需要而定。典型的复合材料有 SiC/Al，Al_2O_3/Al，SiC/Mg，TiC/Ti，WC/Ni 等。

颗粒增强金属基复合材料的制造方法多样，不仅可用粉末冶金法、真空压力浸渍法、共喷射沉积法等制造零件，还可以利用常规的铸造、挤压、锻造、轧制等金属制备工艺来制造零件，生产成本较低。

4. 多层复合材料

多层复合材料是由两层或两层以上不同材料组成。各个分层采用不同的材料，能有效地发挥各层不同方面的性能优势，可使复合材料获得强度、刚度、耐磨、耐腐蚀、绝热、隔音和减重等多种性能组合。常用的多层复合材料有双层金属、塑料-金属多层材料、夹层结构复合材料等。

1）双金属复合材料

双金属片是将膨胀系数不一样的两层金属片叠在一起制成的复合材料。如果温度升高，膨胀系数大的金属层膨胀量大，另一层膨胀量小，双金属片向膨胀量小的一侧弯曲。弯曲程度显然与金属片的尺寸和金属片的材料有关。目前应用上较成熟的金属片材料有镍、锰镍铜合金、镍铬铁合金、镍铁合金。双金属片广泛应用于继电器、开关、控制器、日光灯的起辉器，温度计等。

常用的锡基、铅基、铜基轴承合金强度较低，承力能力差，为提高零件寿命，常在轴承合金的非工作侧加上一层强度高的合金钢材，制成双金属轴承，这样既能满足滑动轴承零件工作面的使用要求，又增加滑动轴承的强度，还可节省有色金属。

2）塑料-金属多层复合材料

塑料-金属多层复合材料，能够发挥塑料的耐腐蚀、减摩、自润滑优势，也能发挥金属材料的强度高、韧性好的优点。例如，SF 型三层复合材料是以钢材为基体，烧结多孔青铜作为中间层，聚四氟乙烯或聚甲醛塑料为表面层的三层复合材料。它利用了钢材高强度的优势、利用了塑料在减摩、自润滑性能上的优势，中间层是为了增加钢材和塑料的粘结力。这种材料可用于制造无油润滑轴承、机床导轨和活塞环等，承载能力和使用寿命明显提高，在矿山、化工、农业机械、汽车等行业中得到广泛应用。

3）夹层结构复合材料

夹层结构复合材料是由两层薄而强的面板，中间夹着一层轻而弱的芯子组成。在夹层结构中面板是承受负荷者，夹层结构的芯子起支撑面板和传递剪力的作用，为了增加面板的连接强度，有时面板间设有蜂窝格子连接。面板和芯子，一般采用胶粘剂或焊接方法连接。常用金属、玻璃钢、高强塑料等强度高的材料制造面板；常用泡沫塑料、木屑等作芯子。夹层结构的特点是相对密度小、比强度高、刚度和抗压稳定性好，还能获得所需要的绝热、隔音、绝缘等性能。这种材料已用于飞机上的天线罩、隔板、火车车厢和运输容器等。

在高技术领域，单一材料很难满足对材料性能的多种要求，将现有的金属材料、高分子材料、陶瓷材料组成复合材料，能够产生多种新的性能组合，从而满足工业需求。

目前，在各行各业中已有四万多种复合材料得到应用。在发达国家，复合材料的应用正在以每年超过 20% 的速度增长。复合材料的研究及应用大大促进了其他技术领域的发展，可以预见复合材料必将起到越来越重要的作用。

复习思考题

1. 解释下列术语：① 高分子化合物；② 单体；③ 大分子链；④ 链节；⑤ 聚合度；⑥ 加聚反应；⑦ 缩聚反应；⑧ 热塑性；⑨ 热固性；⑩ 大分子链构象。

2. 高聚物的加聚反应和缩聚反应有何区别？

3. 有一聚丙烯绳（0.38 kg/m），如果该高聚物的平均聚合度为 5000。计算 3 m 长的绳子所含聚丙烯的链节数。

4. 什么是均聚合？写出聚氯乙烯的聚合反应表达式。

5. 简述高分子链的构象和柔顺性的关系。

6. 线型非晶态高聚物在不同温度下存在几种物理状态？画出其变形-温度曲线，并标出各状态区间，指出 T_g 和 T_f 各为什么温度。

7. 玻璃化温度对塑料和橡胶有什么意义？

8. 试述大分子链的形态对高聚物性能的影响。

9. 何谓高聚物的结晶度？它们对高聚物的性能有何影响？

10. 简述高分子化合物的性能特点。热塑性塑料和热固性塑料的性能有何不同？

11. 塑料的主要成分是什么？它起什么作用？常用的添加剂有哪几类？

12. 为什么橡胶的弹性特别好？

13. 常用的工程塑料有哪些？

14. 简述橡胶的主要特性和用途。

15. 为什么聚四氟乙烯具有突出的耐化学腐蚀性能？

16. 对下列四种用途的制件选择一种最合适的高分子材料（提供的高聚物是：酚醛树脂、

聚氯乙烯、聚甲基丙烯酸甲酯和尼龙)：① 电源插座；② 飞机窗玻璃；⑧ 化工管道；④ 齿轮。

17. 何谓陶瓷材料？普通陶瓷与特种陶瓷有什么不同？

18. 普通陶瓷材料的显微组织中通常有哪三种相？它们对材料的性能有何影响？

19. 陶瓷材料的生产工艺包括哪几个阶段？为什么外界温度的急剧变化会导致一些陶瓷零件开裂？

20. 陶瓷材料的力学性能特点有哪些？它主要应用于哪些领域？

21. 什么是复合材料？

22. 常用复合材料的基体与增强相有哪些？它们在材料中各起什么作用？

23. 复合材料有哪些复合状态？不同的复合状态对材料性能造成什么影响？

24. 什么是玻璃钢？说明此类复合材料的主要特点。

25. 举出几个复合材料在工程上应用的实例。

26. 比较树脂基与金属基纤维增强复合材料的性能及其应用特点。

第7章 机械零件用材的选择

【引例】 某人要设计一台减速器(见图7-1),那么减速器上的零件如壳体、输入轴(高速轴)、中间轴、齿轮、输出轴、轴承等都要选择什么材料呢? 怎样才能正确合理地选材呢?

图7-1 减速器示意图

在进行产品设计时,会遇到零件材料选择的问题;在零部件生产过程中,会遇到怎样使材料成形的问题。材料好与坏,不仅关系到机械零件的使用性能,也关系到零部件制造的难易程度,同时还关系到零件的成本。在实际工程中,由于选材用材不当会给用户带来一些直接或间接的损失。因此,合理地选择材料以及采取合适的成形工艺,是保证生产高质量产品的关键。另一方面,材料成本占零件成本的一半以上,合理地选材能够降低生产成本,提高经济效益。本章针对机械零件的选材问题进行讨论。

在进行材料选择时,必须考虑材料需要具有哪些性能,材料能够使用多长时间,材料是如何失效的。因此,选材与零件失效的关系十分密切。

7.1 材料失效形式及失效分析

7.1.1 材料的失效

材料在使用过程中,发生了一系列的变化,使材料性能和零件的形状尺寸发生改变,在材料性能达不到使用要求时,或者零件完成不了预定功能时,材料就失效了。人有生老病死,零件也有失效的时候,我们通常把达到正常使用寿命的零件,不作为失效对待,而仅把没有达到使用寿命而损坏的零件才称为失效。

材料的失效都是通过零件的失效来体现的。机械零件一旦报废，就意味着材料的失效。因此在失效分析时，不能单一地分析材料失效，而是要与零件的失效结合起来分析。

材料的使用性能包括如下一系列性能：力学性能、物理性能、化学性能等。在使用过程中，材料的任何一方面性能达不到使用要求，也就意味着材料的失效。如钢材在高温下使用时强度不断降低，在强度不能达到所要求的强度指标时，材料就失效了。再如，在使用过程中橡胶发生硬化失去弹力。这些都是材料本身性能发生变化而失效的。

在更多的时候，由于零件的形状尺寸在载荷或介质的作用下改变，使零件达不到所要求的功能而失效。在使用过程中如果发生了以下三种情况中的任何一种，即认为该零件已失效：① 完全破坏不能使用；② 虽然能工作但不能满意地起到预定的作用；③ 损伤不严重，虽能工作但继续工作安全系数不高。

材料的使用条件是材料具有的性能大于使用时需要的性能，材料的失效实际上就是从损坏程度上来考虑问题的，即当材料的损坏程度大于用户能承受的损坏程度时，就判定为材料失效。

如果以 f 表示材料或零件在使用过程中的损坏程度，而以$[f]$表示材料或零件的许用损坏程度，那么失效发生的判据为 $f>[f]$，相应地零件不失效的判据为 $f<[f]$。

f 可能代表广义的变形量，如应变量、磨损量、腐蚀量、氧化失重量等；也可能代表力学性能或物理化学性能的降低量。$[f]$可能代表各种许用变形量、许用磨损量、许用腐蚀量、许用氧化失重量等；也可能代表各种力学、物理、化学性能的允许降低程度。

对于某一零件是否发生失效，通过实际测量相应性能指标或测量变形量后，利用以上式子来判定。

7.1.2　材料的失效形式

结合零件的失效形式，材料的失效形式主要有材料性能降低、过量变形、断裂和表面损伤四种，见图 7-2。

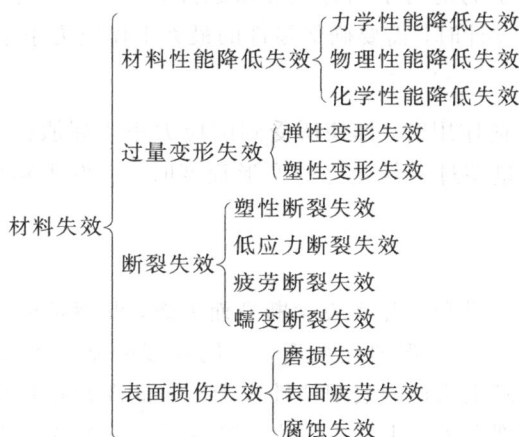

图 7-2　材料失效形式

1. 材料性能降低

在使用过程中，材料本身的力学性能、物理性能、化学性能等不是一成不变的，随着使用时间的延长，材料性能发生变化，当任何一方面性能达不到使用要求时，材料就失效了。

在使用过程中，材料的主要使用性能降低是难以避免的。我们进行各种分析的目的不是阻止材料性能降低，而是延缓其降低的速度，延长零件使用寿命，提高性能价格比。这是材料研制工作者的任务。

2. 过量变形失效

材料在各种力的作用下会发生变形，当其变形程度超过允许范围，即过量变形时，材料就失效了。材料的过量变形失效包括弹性变形失效、塑性变形失效和蠕变失效等。

1）弹性变形失效

在一定载荷作用下，零件由于发生过大的弹性变形而失效，称为弹性变形失效。如镗床的镗杆，弹性变形大就不能保证零件加工精度。如电机转子安装轴刚度不足时，发生弹性挠曲，会造成转子与定子相撞而破坏。当细长杆或薄板零件受纵向压力时，在弹性失稳后，发生较大侧向弯曲，进而产生塑性弯曲或断裂而失效。

弹性变形失效的零件没有明显的外部特征，一般只能通过对零件的几何形状及尺寸、外力的形式及大小等进行仔细的分析后才能判定。过量弹性变形失效最终往往伴随着塑性变形或断裂等其他破坏形式。

表征材料弹性变形能力的力学指标是刚度，即弹性模量 E 和剪切弹性模量 G。弹性模量 E 和密度 ρ 的比值称为比模量，是近代工程材料的重要参数。例如，铝的弹性模量 E 是 72 GPa，而钢为 214 GPa，但铝的比模量大于钢，因此铝被大量用作飞机材料。

2）塑性变形失效

塑性变形失效是指零件发生过大的塑性变形而失效。例如在载荷作用下键扭曲、螺栓伸长等，又如齿轮的塑性变形会使轮齿啮合不良，甚至卡死、断齿。过量的塑性变形是机械零件失效的重要形式。塑性变形是一种永久变形，可在零件的形状和尺寸上表现出来，比较容易判断和测量。

表征材料塑性变形能力的力学指标是屈服强度，断后伸长率、断面收缩率等。为防止塑性变形失效，在机械设计时，需要确保零件的最大工作应力小于材料的屈服强度。

3）蠕变失效

零件受高温恒定载荷作用时，即使所受到的应力小于屈服强度，零件也会缓慢地产生塑性变形。当蠕变变形量超过零件允许的变形程度时，会发生蠕变失效。蠕变失效与蠕变速度和蠕变时间有关。

3. 断裂失效

断裂失效是指零件在载荷作用下发生断裂而失效，断裂是材料最严重的失效形式。

按金属断裂处是否发生宏观塑性变形，金属断裂的基本类型分为韧性断裂和脆性断裂。韧性断裂在断裂前发生明显的宏观塑性变形，如低碳钢在拉应力作用下产生显著塑性变形后断裂，故这类断裂在工程上危害不大。脆性断裂在断裂前几乎不发生宏观的塑性变形，如灰铸铁在拉应力作用下不产生塑性变形而断裂。

在低速静载拉伸情况下，抗拉强度是表征材料抗断裂能力的力学指标。

工程中低应力脆性断裂危害较大，引起材料低应力脆断的因素主要有两个：一是低中强度钢的韧脆转变温度，尽量避免材料在韧脆转变温度以下使用；二是对高强度钢或大型中、低强度钢，由于内部常有裂纹，必须考虑材料的断裂韧度。

在交变循环应力作用下发生的断裂，称为疲劳断裂。疲劳断裂失效是机器零件中最常见的失效形式，各种机器中疲劳断裂失效占零件失效总数的 $60\% \sim 70\%$。疲劳破坏的交变应力远低于材料的抗拉强度，有时低于屈服强度，因而静载荷下安全工作的零件，在交变载荷下不安全。材料疲劳抗力对零件的形状尺寸、表面状态、材料内部缺陷非常敏感，而且疲劳断裂均表现为脆性断裂，具有突发性。

为防止产生疲劳断裂，如零件设计为无限寿命，交变工作应力应低于 R_{-1}；而设计为有限寿命，工作应力低于规定次数下的 R_N，同时尽可能使构件获得高的疲劳极限。

4. 表面损伤失效

零件在工作过程中，由于机械的和化学的作用，使工作表面受到严重损伤，不能继续正常工作，这种失效称为表面损伤失效。表面损伤失效大致分为磨损失效、表面疲劳失效和腐蚀失效三类。

1) 磨损失效

在机械力的作用下，相对运动的零件表面之间发生摩擦，材料以细屑的形式逐渐消耗，使零件实体尺寸逐渐变小而失效，称为磨损失效。磨损后零件表面变得粗糙，出现许多擦伤痕迹。

磨损种类很多，最常见的有磨粒磨损和黏着磨损两种。

(1) 磨粒磨损。磨粒磨损是指在两物体相互摩擦时，硬颗粒嵌入金属表面并产生切削作用，致使零件表面逐渐耗损的一种磨损。它是机械中普遍存在的一种磨损形式，磨损速度较大。例如，田间泥沙对农业机械的磨损，尘埃或润滑油污物对汽车或拖拉机汽缸套的磨损。

(2) 黏着磨损。在相互摩擦的两零件表面上，在摩擦热的作用下零件表面上的微凸体发生焊合或黏着，在继续运动时将其中一侧的黏着表面撕去，造成表面严重损伤，这样的磨损称为黏着磨损。

在滑动摩擦条件下黏着磨损具有严重的破坏性。由于摩擦副表面凹凸不平，当相互接触时，局部接触面积很小，接触压力很大，超过材料的屈服强度而发生塑性变形，使润滑油膜和氧化油膜被挤破，摩擦副金属表面直接接触发生黏着。接触面局部发生金属黏着后，局部黏着表面在随后相对运动中被拉拽下来，造成严重的表面磨损。

为了减轻磨粒磨损，要求材料具有高的硬度；为减轻黏着磨损，要求材料摩擦系数尽量小，最好是材料具有自润滑能力或利于保存润滑剂。对表面进行强化处理（渗碳、氮化）来提高材料的耐磨性；对表面进行硫化处理和磷化处理，可起减摩作用。

2) 表面疲劳失效

长期受交变接触压应力作用的零件表面上，材料疲劳引起表面剥落破坏，从而使零件表面耗损的现象，称为表面疲劳失效。这种失效兼有疲劳破坏和磨损的特点。

表面疲劳失效的表现：① 在接触表面上出现许多细小的浅凹坑，称为麻点。麻点使齿轮啮合情况恶化，振动加剧，噪音增加，并产生较大的附加冲击力。② 疲劳裂纹产生在浅层表皮下，应力使裂纹向垂直或平行于表面方向发展，形成比较平直的凹坑，发生浅层剥落。这种失效方式，常发生在夹杂物较多的地方。③ 发生硬化层剥落（深层剥落）。形成大块剥落，剥块厚度大致为硬化层的深度。例如，在经过表面淬火、化学热处理的零件上，由于表面硬化层深度不够或心部强度不够，在硬化层和心部交界处产生裂纹，导致大块状剥落。

为了提高零件抵抗表面接触疲劳能力，需要提高零件表面硬度和强度，采用表面淬火、化学热处理等方法，使零件表面形成一层硬化层。

3）腐蚀失效

零件表面和介质发生化学或电化学反应，引起表面损伤而造成的失效，称为腐蚀失效。腐蚀失效与介质的性质有关，也与材料的成分和组织有关。常见的腐蚀失效有点腐蚀、裂缝腐蚀和应力腐蚀等。

（1）点腐蚀。它是在金属表面微小区域，因氧化膜破损、析出相或夹杂物的剥落，引起该处电极电位降低，而出现小孔，并向深处发展的腐蚀。例如，埋在土壤中输送油、水、气的钢管，常因管壁小孔腐蚀而穿孔造成渗漏等。

（2）缝隙腐蚀。它是指电解质进入零件的缝隙中出现缝内金属加速腐蚀的现象，例如法兰连接面或铆钉、螺钉的压紧面，易产生缝隙腐蚀。

（3）应力腐蚀。它是指零件在拉应力和化学介质共同作用下所产生的腐蚀。经常在较小的拉应力和腐蚀性较弱的介质中发生。例如，大桥因钢梁在含有 H_2S 的大气中产生应力腐蚀断裂而塌陷；输油气钢管因在 H_2S 的介质中应力腐蚀而爆裂。

应当指出，同一个零件可能有几种失效形式，但往往由一种失效形式起主导作用。

7.1.3 失效分析方法

1. 失效分析的目的及作用

材料失效分析是预防不正常失效的基础，也是材料研究的基础。失效分析的目的是找出材料失效的原因，并研究材料的失效规律、失效速度、失效周期及失效界定等，从而找出引起材料失效的关键因素，找出提高零件寿命的措施，以便从选材和工艺选择的角度来预防零件的早期失效。

在分析实际问题时，材料的失效往往指材料的早期不正常失效。造成零件早期失效的原因有：零件设计因素、零件安装使用因素、选材因素、材料加工工艺因素、材料内部缺陷因素等。

一般来说，在失效零件的残骸上留下了零件失效的各种信息，通过分析零件残骸，能够获得零件成分、组织、力学性能、零件缺陷等具体信息，还可检测零件的局部损坏程度，结合零件的使用工况，可获得零件的受力情况、使用温度、使用介质等信息，这些都成为失效分析的基本信息。在此基础上，通过分析判断，找出引起材料失效的主要原因，提出防止失效的措施，从而防止早期失效再度发生，提高产品使用寿命。

2. 失效分析的检验方法

1）化学分析

检验材料成分与设计成分是否相符。有时需要采用剥层法，查明化学热处理零件截面上的化学成分变化情况，必要时还应采用电子探针等方法，了解局部区域的化学成分。

2）宏观检查

检查零件的材料及其在加工过程中产生的缺陷，如与冶金质量有关的疏松、缩孔、气泡、白点、夹杂物等，与锻造有关的流线、锻造裂纹等，与热处理有关的氧化、脱碳、淬火裂纹等。为此，应对失效部位的表面和纵、横截面做低倍检验，有时还要用无损探伤法检测内部缺陷及其分布。对于表面强化零件，还应检查强化层厚度。

3）断口分析

对断口做宏观及微观观察，确定是脆性断口还是韧性断口，确定裂纹的发源地、扩展区和最终断裂区。

4）显微分析

判明显微组织，观察组织组成物的形状、大小、数量、分布及均匀性，鉴别各种组织缺陷，判断组织是否正常，特别注意观察失效部位与周围组织的变化，这对查清裂纹的性质，找出失效的原因非常重要。

5）力学性能测试

对失效的部位进行力学性能测试，判断其是否能达到使用要求，并结合金相分析、断口分析、成分分析等来确定材料的力学性能是在使用中降低的还是在生产时力学性能就不符合要求。

6）应力分析

通过测量或模拟检查失效零件的应力分布，确定损害部位是否为主应力最大的地方，找出产生裂纹的平面与最大主应力之间的关系，以便判定零件几何形状、零件结构以及零件受力位置的安排是否合理。

7）断裂力学分析

对于某些零件，要进行断裂韧性的测定，同时用无损检测方法探测出失效部位的最大裂纹尺寸，按照最大工作应力，计算出断裂韧性值，由此判断材料是否发生了低应力脆断。

7.2　选材的原则、方法和依据

7.2.1　选材的原则

在进行材料及成形工艺的选择时，首先要考虑到在该工况下材料性能是否达到要求，还要考虑到用该材料制造零件时，其成形加工过程是否容易，同时还要考虑零件的生产及使用是否经济等因素。

1. 适用性原则

适用性原则是指所选材料的性能满足使用要求，既能适应工况要求，又能达到令人满意的使用寿命。材料性能是否能满足使用要求，是选材时必须考虑的首要问题。材料的使用性能决定于其化学成分、组织结构等内部因素。

在机械设计工作中，根据零件的使用条件，结合零件的预期寿命，才能确定要求的材料性能。不可更换零件的使用寿命需要大于整台机器的寿命，但出于成本考虑也不是越长越好；可更换的易损耗零件也需要较长的使用寿命，以减少更换次数。

大多数零件的失效都是由于力学因素造成的。在对零件进行选材时，需要充分考虑零件力学性能方面的强韧性配合，为了保证零件的使用安全，要求零件既具有高强度又具有较高的韧性。对于受较小静载荷的零件，可选择韧性低的脆性材料；对于受力复杂受力大的静载荷，或是动载荷，或是零件上存在应力集中的结构，对零件材料就需要有塑性和韧性两方面的要求。为满足材料的使用要求，在进行材料选择时，还应考虑零件的使用温度以及使用介质对材料性能的要求。

2. 工艺性原则

工艺性原则是指选材时要考虑到材料的加工工艺性，优先选择加工工艺性好的材料，降低零件的制造难度和制造成本。

一般地，材料一经选择，由于材料的加工工艺性能是确定的，因此就限制了材料的加工方法。零件的形状结构、生产批量、生产条件也会对材料加工工艺产生重大的影响。

每种成形工艺各有其优缺点，同一材料的零件，当使用不同成形工艺制造时，其难度和成本是不一样的，所要求的材料工艺性能也是不同的。例如，当零件形状比较复杂、尺寸较大时，用锻造成形往往难以实现，若采用铸造或焊接，则其材料必须具有良好的铸造性能或焊接性能，在结构上也要适应铸造或焊接的要求。再如，用冷拔工艺制造键、销时，应考虑材料的塑性，并考虑形变强化对材料力学性能的影响。

3. 经济性原则

经济性原则是指在选用材料时应选择性能价格比高的材料。材料的性能就是指其使用性能，材料价格主要由成本决定。材料的使用性能一般可以用使用时间和安全程度来表示。材料的成本包括生产成本和使用成本，一般地，材料成本由下列因素决定：原材料成本、原材料利用率、材料成形成本，加工费、安装调试费、维修费、管理费等。常用材料相对价格见表 7-1，表中以用量最大的普钢材质的圆钢或方钢为相对价格参照基准，仅供参考。

表 7-1 常用材料相对价格

材料名称	牌号/规格	价格比	材料名称	牌号/规格	价格比
铸造生铁	Z30/块状	0.4	冷模具钢	Cr12Mo/圆、方钢	6.3
碳素结构钢	Z(镇)/热轧薄板	1.8	纯铜	T1/块	12.8
碳素结构钢	Q195～Q275/圆、方钢	1.0	纯铝	L1/块	6.3
低合金结构钢	09Mn～19Mn/圆、方钢	1.3	纯铅	一号铅/块	4.9
优质碳素结构钢	08～70/圆、方钢	1.3	纯锌	一号锌/块	4.5
碳素工具钢	T7～T13/圆、方钢	1.5	纯锡	一号锡/块	22.9
碳素工具钢（高级）	T7A～T13A/圆、方钢	1.6	防锈铝合金	LF11/板	16.0
合金弹簧钢	65Mn/圆、方钢	1.7	硬铝合金	LY11/板	11.8
合金结构钢	40Cr/圆、方钢	2.2	黄铜	H80/棒	15.5
轴承钢	GCr15/圆、方钢	2.7	黄铜	H68/棒	13.1
易切削钢	Y12/圆、方钢	1.7	黄铜	HSn62—1/棒	13.0
合金刃具钢	9SiCr/圆、方钢	3.1	铝青铜	QAl5/棒	19.0
热模具钢	5CrMnMo/圆、方钢	3.4	锡青铜	QSn6.5—0.1/棒	21.3
不锈钢	Cr13/圆、方钢	5.0	铍青铜	QBe2/棒	80.2
不锈钢	1Cr18Ni9/圆、方钢	14.3	锡青铜	QSn6—6—3/棒	20.2
高速钢	W18Cr4V/圆、方钢	18.7	轴承合金	ChPbSb16—16—1.8/棒	9.8
硬质合金	YG8/成型块	115.8	轴承合金	ChPbSb11—6/棒	22.4
硬质合金	YT15/成型块	185.2	碳素结构钢	Z(镇)/冷轧薄板	2.0

7.2.2　选材的方法和依据

材料及成形工艺的选择步骤如下：首先根据使用工况及使用要求进行材料选择，然后根据所选材料，同时结合材料的成本、材料的成形工艺性、零件的生产批量等，选择合适的成形工艺。

1. 材料选择的步骤

机械零件选材的一般程序如图 7-3 所示。

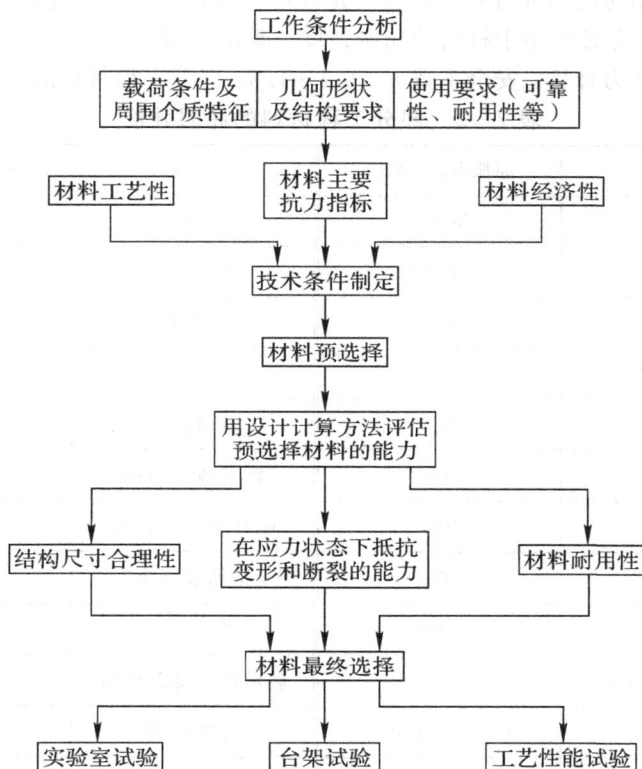

图 7-3　机械零件选材的一般程序

从零件的工作条件分析开始，来确定所需材料的主要性能指标。在参考材料工艺性及经济性的基础上，进行材料预选择。根据预选择材料的性能，进行零件结构尺寸的核算、负荷能力的核算、材料耐用性的核算，所有要求均能满足的材料才是最终所选择的材料。

上述是选材的一般过程，对于重要零件用材或新材料，在材料最终选定前，有必要进行实验室材料性能试验、材料工艺性能试验等基础试验；对大批量生产的零件，需要进行小批量试生产，进行整机试用等过程，以保证材料的使用安全性和生产便利性。

对不太重要的、批量小的零件，通常参照相同工况下同类材料的使用经验来选择材料，确定材料的牌号和规格，安排成形工艺。

2. 选材的依据

一般依据使用工况及使用要求进行选材，可以从以下四方面考虑。

1）负荷情况

机械零件在工作中承受各种各样的载荷，不同种类和不同大小的载荷，对零件的承力要求是不同的，零件的失效形式也不同。因此针对不同的载荷选用不同性能的材料。

只有满足了强度、刚度和稳定性的要求，零件才能安全可靠地工作。例如，要保证机床主轴正常工作，主轴必须满足强度、刚度要求。又如在千斤顶顶起重物时，其螺杆必须保持平衡，而不允许突然弯曲。在材料力学中对材料的这三方面都有具体的要求。分析零件的受力情况，计算零件危险点处的应力状态，再利用材料力学中的强度理论进行选材。

多数零件在使用时既不允许折断，也不允许产生过度变形。因此在简单拉伸受力条件下，要求零件工作应力必须小于材料的屈服强度，即 $\sigma_{max} \leqslant R_{el}/n = [\sigma]$。零件受到的最大工作应力根据其所受外力计算，安全系数 $n = 1.4 \sim 1.8$。部分工程材料的屈服强度见表7-2。

表7-2　部分工程材料的屈服强度

材　料	屈服强度/MPa	材　料	屈服强度/MPa
金刚石	50000	铜	60
SiC	10000	铜合金	60～960
Si_3N_4	8000	黄铜及青铜	70～640
石英玻璃	7200	铝	40
WC	6000	铝合金	120～627
Al_2O_3	5000	铁素体不锈钢	240～400
TiC	4000	碳纤维复合材料	640～670
钠玻璃	3600	钢筋混凝土	410
MgO	3000	低碳钢	220
低合金钢（淬火回火）	500～1980	玻璃纤维复合材料	100～300
压力容器钢	1500～1900	有机玻璃	60～110
奥氏体不锈钢	286～500	尼龙	52～90
镍合金	200～1600	聚苯乙烯	34～70
W	1000	木材（纵向）	35～55
钼及其合金	560～1450	聚碳酸酯	55
钛及其合金	180～1320	聚乙烯（高密度）	6～20
碳钢（淬火回火）	260～1300	天然橡胶	3
铸铁	220～1030	泡沫塑料	0.2～10

刚度反映了材料抵抗弹性变形的能力。在同样外力作用下，刚度大的材料变形量小，刚度小的材料变形量大。对于加工机床零件、精密仪表零件、精密量具等零件，即使在弹性范围内工作，也可能出现过大的弹性变形而无法工作。部分工程材料的弹性模量见表7-3。

表 7-3　部分工程材料的弹性模量

材　料	弹性模量 E/GPa	材　料	弹性模量 E/GPa
金钢石	1000	Cu	124
WC	450～650	铜合金	120～150
硬质合金	400～530	钛合金	80～130
Ti、Zr、Hf 的硼化物	500	黄铜及青铜	103～124
SiC	450	石英玻璃	94
W	406	Al	69
Al_2O_3	390	铝合金	69～79
TiC	380	钠玻璃	69
钼及其合金	320～365	混凝土	45～50
Si_3N_4	289	玻璃纤维复合材料	7～45
MgO	250	木材(纵向)	9～16
镍合金	130～234	聚酯塑料	1～5
碳纤维复合材料	70～200	尼龙	2～4
铁及低碳钢	196	有机玻璃	3.4
铸铁	170～190	聚乙烯	0.2～0.7
低合金钢	200～207	橡胶	0.001～0.1
奥氏体不锈钢	190～200	聚氯乙烯	0.003～0.01

　　在零件受拉伸时，考虑使用韧性较好的塑性材料；在零件受压缩时，考虑使用压缩强度高的脆性材料，如铸铁、陶瓷、石墨等。

　　在进行零件选材时，还需要考虑强韧性配合的问题。为了保证零件的安全，除强度要求外，还要求零件具有足够的塑性和韧性。塑性和韧性很差的脆性材料，只能应用于承受小载荷和静载荷的零件。对于承受动载荷的零件，承受复杂载荷的零件、承受很大的静载荷的零件，或是结构上易产生应力集中的零件，均适合用韧性和塑性高的材料来制造。冲击韧性反映了材料在冲击载荷作用下断裂前吸收能量的大小。部分工程材料的冲击韧性见表 7-4。

表 7-4　部分工程材料的冲击功或冲击韧性

材　料	冲击功 /J	冲击韧性 /(J/cm²)	试　样
退火态工业纯铝	30		
退火态黑心可锻铸铁	15		
灰口铸铁	3		Charp V 试样
退火态奥氏体不锈钢	217		
热轧 20# 钢	50		
高密度聚乙烯		3	
聚氯乙烯		0.3	
尼龙 66		0.5	缺口尖端半径 0.25 mm，
聚苯乙烯		0.2	缺口深度 2.75 mm
ABS 塑料		2.5	

金属材料具有最高的韧性，高分子材料次之，而陶瓷材料韧性最低。对金属材料而言，细化晶粒能够提高材料强度和韧性；在复合材料中，可以通过改变纤维的体积分数与排列来提高韧性。

脆性断裂是零件最危险的失效方式。为防止脆性断裂必须根据断裂力学的原则来选材，$\sigma_{max} \leqslant K_{IC}/(Y\sqrt{a})$。常用工程材料的断裂韧度 K_{IC} 值如表 7-5 所示。

表 7-5　常用工程材料的断裂韧性 K_{IC} 值

材　料	$K_{IC}/(MN \cdot m^{-3/2})$	材　料	$K_{IC}/(MN \cdot m^{-3/2})$
塑性纯金属(Cu、Ni、Al、Ag)	100～350	聚苯乙烯	2
转子钢(A533 等)	204～214	木材(裂纹和纤维平行)	0.5～1
压力容器钢(HY130)	170	聚碳酸酯	1.0～2.6
高强度钢	50～154	Co/WC 金属陶瓷	14～16
低碳钢	140	环氧树脂	0.3～0.5
钛合金(Ti6Al4V)	55～115	聚酯类	0.5
玻璃纤维(环氧树脂基)	42～60	Si_3N_4	4～5
铝合金	23～45	SiC	3
碳纤维增强聚合物	32～45	铍	4
普通木材(裂纹和纤维垂直)	11～13	MgO	3
硼纤维增强环氧树脂	46	水泥、混凝土(未强化的)	0.2
中碳钢	51	方解石	0.9
聚丙烯	3	Al_2O_3	3～5
聚乙烯(低密度)	1	油页岩	0.6
聚乙烯(高密度)	2	苏打玻璃	0.7～0.8
尼龙	3	电瓷瓶	1
钢筋水泥	10～15	冰	0.2
铸铁	6～20		

在交变应力作用下工作的零件，如机床主轴、发动机曲轴、汽缸盖紧固螺钉、汽轮机叶片、齿轮、连杆、弹簧等容易发生疲劳破坏。为防止疲劳断裂，要求零件所承受的交变应力小于材料的疲劳强度，即 $\sigma_{交变} \leqslant R_{-1}/n$。部分工程材料的疲劳强度见表 7-6。

表 7-6　部分工程材料的疲劳强度

材　料	R_{-1}/MPa	材　料	R_{-1}/MPa
25 钢(正火)	176	Ti6Al4V	627
45 钢(正火)	274	LY12(时效)	137
30CrNi3(调质)	480	LC4(时效)	157
40CrNiMo(调质)	529	ZL102	137
35CrMo(调质)	470	ZL301	49

续表

材　料	R_{-1}/MPa	材　料	R_{-1}/MPa
超高强度钢（淬火回火）	$784\sim882$	电解铜	118
60 弹簧钢	559	H68	147
GCr15	549	ZQSn10—1	274
18—8 不锈钢	196	聚乙烯	12
1Cr13 不锈钢	216	聚苯乙烯	10
HT450	49	聚碳酸酯	$10\sim12$
HT400	118	聚酯	16
QT400—17	196	尼龙 66	14
QT500—5	176	缩醛树脂	26
QT700—2	196	玻璃纤维复合材料	$88\sim147$

以力学性能为主选材时，主要考虑材料的强度、塑性、韧性、弹性模量等力学性能能否满足需要。本书中只列出了部分工程材料的力学性能，各种材料的性能可参考相关手册。

2）材料的使用温度

大多数材料都在常温下使用，当然也有在高温或低温下使用的材料。由于使用温度不同，要求材料的性能也有很大差异。

在低温下使用的材料，应选用韧脆转折温度 DBTT 低于工况温度的材料。各种低温用钢的合金化目的都在于降低碳含量，提高材料的低温韧性。

随着温度的升高，材料的性能会发生一系列变化，主要是强度、硬度降低，塑性、韧性先升高而后又降低，材料受到高温氧化或高温腐蚀等。这都对材料的性能产生影响，甚至使材料失效。例如，一般碳钢和铸铁的使用温度不宜超过 480℃，而耐热钢的使用温度不宜超过 1150℃。

一般地，陶瓷材料的耐热性最高，钢铁材料次之，常用有色合金耐热性较差，高分子材料的耐热性能最差。常用材料的熔点如表 7-7 所示。

表 7-7　常用材料的熔点或软化温度

材　料	T_m/K	材　料	T_m/K
金刚石	4000	Cu	1356
W	3680	Au	1336
Ta	3250	石英玻璃	1100
SiC	3110	Al	933
MgO	3073	钠玻璃	$700\sim900$
Mo	2880	Pb	600
Nb	2740	聚酯	$450\sim480$ *
BeO	2700	聚碳酸酯	400 *
Al_2O_3	2323	聚乙烯（高密度）	300 *

材　料	T_m/K	材　料	T_m/K
Si_3N_4	2173	聚乙烯（低密度）	360 *
Cr	2148	聚苯乙烯	370～380 *
Pt	2042	尼龙	340～380 *
Ti	1943	玻璃纤维复合材料	340 *
Fe	1809	碳纤维复合材料	340 *
Ni	1726	聚丙烯	330 *

注：标 * 为软化温度。

3）受腐蚀情况

在工业上，一般用腐蚀速度表示材料的耐腐蚀性。腐蚀速度用单位时间内单位面积上金属材料的损失量来表示；也可用单位时间内金属材料的腐蚀深度来表示。工业上常用 6 类 10 级的耐腐蚀性评级标准，从 Ⅰ 类完全耐蚀到 Ⅵ 类不耐蚀，见表 7 - 8。

表 7 - 8　金属材料耐腐蚀性的分类评级标准

耐 腐 蚀 性 分 类		耐腐蚀性分级	腐蚀速度/（mm/年）
Ⅰ	完全耐蚀	1	＜0.001
Ⅱ	相当耐蚀	2	0.001～0.005
		3	0.005～0.01
Ⅲ	耐蚀	4	0.01～0.05
		5	0.05～0.1
Ⅳ	尚耐蚀	6	0.1～0.5
		7	0.5～1.0
Ⅴ	耐腐蚀性差	8	1.0～5.0
		9	5.0～10.0
Ⅵ	不耐蚀	10	＞10.0

绝大多数工程材料都是在大气环境中工作的。在常用合金中，碳钢在工业大气中的腐蚀速度为 $10～60\ \mu m$/年，在需要时常涂敷油漆等保护层后使用。含有铜、磷、镍、铬等合金组分的低合金钢，其耐大气腐蚀性有较大提高，一般可不涂油漆直接使用。铝、铜、铅、锌等合金耐大气腐蚀性很好。

钢铁在含有矿物质的水中腐蚀速度较慢，还可以添加缓蚀剂来进一步降低腐蚀速度。在海水中，钢铁的腐蚀速度为 0.13 mm/年，铝、铜、铅、锌的腐蚀速度均在 0.02 mm/年以下。在各种土壤中，碳钢、低合金钢和铸铁的腐蚀速度没有明显差别，均为 0.2～0.4 mm/年。

各种材料在 20℃ 水溶液中的耐腐蚀性能如表 7 - 9 所示，常用陶瓷耐腐蚀性见表 7 - 10。在使用时应根据具体情况，从相关手册中查阅材料的耐腐蚀性。

表 7 - 9　各种金属材料在 20℃水溶液中的的耐腐蚀级别

材　料	20% 的溶液				海　水
	HNO_3	H_2SO_4	HCl	KOH	
铅	8～9	3～5	10	8～9	5～6
铝(99.5%)	7～8	6	9～10	10	5
锌(99.99%)	10	10	10	10	6～8
铁(99.9%)	10	8～9	9～10	1～2	6
碳钢(0.3%C)	10	8～9	9～10	1～2	6～7
铸铁(3.5%C)	10	8～9	10	1～2	6～7
3Cr13 不锈钢	6	8～9	10	1～2	6～7
2Cr17 不锈钢	4	8～9	10	1～2	5～6
Cr27 不锈钢	3	8～9	10	1～2	4～5
1Cr18Ni8 不锈钢	3	8～9	10	1～2	4～5
1Cr18Ni8Mo3 不锈钢	3	7	6～7	1～2	1～3
铜	10	4～5	9～10	2～3	5～6
10%Al 黄铜	8～9	3～4	7～8	—	4～6
锡	10	—	6～7	6	—
镍	9～10	7～8	6～7	1～2	3～4
蒙乃尔合金 (Ni—27Cu—2Fe—1.5Mn)	4～5	5～6	6～7	1～2	3～4
钛	1～2	1～2	—		1～2
银	10	3～4	1～3	1～2	1～2
金	1～2	1～2	1～2	1～2	1
铂	1～2	1～2	1～2	1～2	1

表 7 - 10　各种陶瓷耐腐蚀性

种类	酸液及酸性气体	碱液及碱性气体	熔融金属	种类	酸液及酸性气体	碱液及碱性气体	熔融金属
Al_2O_3	良好	尚可	良好	SiO_2	良好	差	可
MgO	差	良好	良好	SiC	良好	可	可
BeO	可	差	良好	Si_3N_4	良好	可	良好
ZrO_2	尚可	良好	良好	BN	可	良好	良好
ThO_2	差	良好	良好	B_4C	良好	可	—
TiO_2	良好	差	可	TiC	差	差	—
Cr_2O_3	差	差	差	TiN	良好	差	可
SnO_2	可	差	差				

4）耐磨损情况

磨损是一种材料表面不断被剥离的过程，影响材料耐磨性的因素有：① 材料本身的性能，包括硬度、韧性、加工硬化的能力、导热性、化学稳定性、表面状态等；② 摩擦条件，包括相磨物质的特性、摩擦时的压力、温度、速度、润滑剂的特性、腐蚀条件等。

一般地，硬度高的材料不易被相磨的物体刺入或犁入，而且疲劳极限一般也较高，故耐磨性较高；如同时具备较高的韧性，即使被刺入或犁入，也不致被成块撕掉，可以提高耐磨性。图 7-4 示出了各类材料耐磨性与硬度之间的关系。与金属相比陶瓷材料虽然较硬，但比较脆，在相同硬度时耐磨性较低。高分子材料的硬度低，而导热率和表面能均低，耐磨性较差。

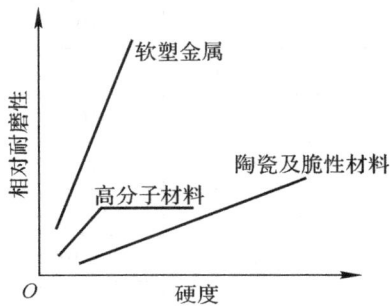

图 7-4　材料的耐磨性与硬度的关系示意图

钢铁的耐磨性与硬度的关系如表 7-11 所示。表中磨损系数为在一定磨损条件下磨损后，各种材料的质量损失与标准样品（硬度为 105～110HB 的 0.2％碳钢）的质量损失的比值。磨损系数越低，耐磨性越高。从表中可知，材料越硬，耐磨性越高。高碳高锰奥氏体钢在没有使用时其硬度比较低，但其在工作过程中产生强烈的加工硬化，硬度大幅度升高，因而具有较低的磨损系数，耐磨性优良。

表 7-11　钢铁的磨损系数

材料或组织	布氏硬度	磨损系数
工业纯铁	90	1.40
灰口铁	～200	1.00～1.50
0.2％碳钢	105～110	1.00
白口铁	～400	0.90～1.00
珠光体	220～350	0.75～0.85
奥氏体（高碳高锰钢）	200	0.75～0.85
贝氏体	512	0.75
马氏体	715	0.60
马氏体铸铁	550～750	0.25～0.60

3．材料成形工艺的选择

不同材料的成形工艺性能有很大差异，当零件材料确定后，零件成形工艺的类型就受到了很大的限制。例如，对铸铁零件，只能铸造成形而不能锻造成形，因为铸铁没有塑性变形能力；对薄板类低碳钢零件，则应选板料冲压成形；对 ABS 塑料零件，则应选注塑成形；对陶瓷零件，只能用粉末冶金等。然而，成形工艺对材料的性能有一定的影响，在选择成形工艺时还须考虑材料的最终性能。

1）使用性能要求对零件生产工艺的限制作用

例如，材料为钢的齿轮零件，当其力学性能要求不高时，可采用铸造成形；而力学性能要求高时，则应选用压力加工成形。又如，选用钢材模锻成形制造小轿车、汽车发动机中的飞轮零件，由于轿车转速高，要求行驶平稳，在使用中不允许飞轮锻件有纤维外露，以免产生腐蚀，影响其使用性能，故不宜采用产品带有飞边的开式模锻成形，而应采用锻件没有飞边的闭式模锻成形。又如，非铁金属材料焊接时易氧化和吸气，焊接时就宜采用氩弧焊接工艺，不宜采用普通的手弧焊接工艺。又如，聚四氟乙烯材料流动性差，故不宜采用注塑成形工艺，适宜采用压制烧结的成形工艺。

2）零件的生产批量

对于成批大量生产的零件，可选用精度和生产率都比较高的成形工艺。虽然工艺装备费用较高，但这部分投资可由每个零件材料消耗的降低来补偿。如大量生产锻件，应选用模锻、冷轧、冷拔和冷挤压等成形工艺；大量生产非铁合金铸件，应选用金属型铸造、压力铸造、及低压铸造等成形工艺；大量生产 MC 尼龙制件，宜选用注塑成形工艺。而单件小批生产这些产品时，可选用精度和生产率均较低的成形工艺，如手工造型、自由锻造、手工焊等成形工艺。

3）零件的形状复杂程度及精度要求

形状复杂的金属制件，特别是内腔形状复杂的零件，可选用铸造成形工艺，如箱体、泵体、缸体、阀体、壳体、床身等；形状复杂的工程塑料制件，多选用注塑成形工艺；形状复杂的陶瓷制件，多选用注浆成形或注射成形工艺；而形状简单的金属制件，可选用压力加工或焊接成形工艺；形状简单的工程塑料制件，可选用吹塑、挤出成形或模压成形工艺；形状简单的陶瓷制件，多选用模压成形工艺。若产品为铸件，尺寸要求不高的可选用普通砂型铸造；而尺寸精度要求高的，则依铸造材料和批量不同，可分别选用熔模铸造、消失模铸造、压力铸造及低压铸造等成形工艺。若产品为锻件，尺寸精度要求低的，多采用自由锻造成形；而精度要求高的，则选用模锻成形、挤压成形等。若产品为塑料制件，精度要求低的，多选用中空吹塑；而精度要求高的，则选用注塑成形。

4）现有生产条件

现有生产条件是指生产企业现有的设备能力、人员技术水平及外协可能性等。例如，生产重型机械产品时，在现场没有大容量的炼钢炉和大吨位的起重运输设备条件下，常常选用铸造和焊接联合成形的工艺，即首先将大件分成几小块来铸造后，再焊接拼成大件。

又如，车床上的油盘零件，通常是用薄钢板在压力机下冲压成形，但如果现场条件不具备，则应采用其它工艺方法。例如：现场没有薄板，也没有大型压力机，就不得不采用铸造成形工艺生产；当现场有薄板，但没有大型压力机时，就需要选用经济可行的旋压成形工艺来代替冲压成形。

5）充分考虑利用新工艺、新技术、新材料的可能性

随着工业市场需求日益增大，用户对产品品种和品质更新的要求越来越强烈，使生产性质由成批大量生产变成多品种、小批量生产，因而扩大了新工艺、新技术、新材料的应用范围。因此，为了缩短生产周期，更新产品类型及质量，在可能的条件下就大量采用精密铸造、精密锻造、精密冲裁、冷挤压、液态模锻、超塑成形、注塑成形、粉末冶金、陶瓷等静压成形、复合材料成形、快速成形等新工艺、新技术和新材料，采用无余量成形，从而显著提高产品品质和经济效益。

为了合理选用成形工艺，必须对各类成形工艺的特点、适用范围以及成形工艺对材料性能的影响有比较清楚的了解。金属材料的各种毛坯成形工艺的特点见表7-12。

表 7-12 各种毛坯成形工艺的特点

	铸 件	锻 件	冲 压 件	焊 接 件	轧 材
成形特点	液态下成形	固态塑性变形	固态塑性变形	结晶或固态下连接	固态塑性变形
对材料工艺性能的要求	流动性好，收缩率低	塑性好，变形抗力小	塑性好，变形抗力小	强度高，塑性好，液态下化学稳定性好	塑性好，变形抗力小
常用材料	钢铁材料，铜合金，铝合金	中碳钢，合金结构钢	低碳钢，有色金属薄板	低碳钢，低合金钢，不锈钢，铝合金	低中碳钢，合金钢，铝合金，铜合金
金属组织特征	晶粒粗大，组织疏松	晶粒细小，致密，晶粒呈方向性排列	沿拉伸方向形成新的流线组织	焊缝区为铸造组织，熔合区和过热区晶粒粗大	晶粒细小，致密，晶粒呈方向性排列
力学性能	稍低于锻件	比相同成分的铸件好	变形部分的强度硬度高，结构刚度好	接头的力学性能能达到或接近母材	比相同成分的铸件好
结构特点	形状不受限制，可生产结构相当复杂的零件	形状较简单	结构轻巧，形状可稍复杂	尺寸结构一般不受限制	形状简单，横向尺寸变化较少
材料利用率	高	低	较高	较高	较低
生产周期	长	自由锻短，模锻较长	长	较短	短
生产成本	较低	较高	批量越大，成本越低	较高	较低
主要适用范围	各种结构零件和机械零件	传动零件，工具，模具等各种零件	以薄板成形的各种零件	各种金属结构件，部分用于零件毛坯	结构上的毛坯料
应用举例	机架、床身、底座、工作台、导轨、变速箱、泵体、曲轴、轴承座等	机床主轴、传动轴、曲轴、连杆、螺栓、弹簧、冲模等	汽车车身、水箱、油箱仪表外壳	锅炉、压力容器、化工容器管道，厂房构架、桥梁、车身、船体等	光轴、丝杠、螺栓、螺母、销子等

7.3　典型零件材料的选择

金属材料、高分子材料、陶瓷材料及复合材料是目前的主要工程材料，它们各有自己的特性，所以各有其合适的用途。随着科技进步，新材料和高性能材料不断得到研究和应用，相应地对材料的使用性能要求和工艺性能要求也在提高。

高分子材料强度和刚度低，尺寸稳定性较差，易老化，耐热性差，因此在工程上，目前还不能用来制造承受载荷较大的结构零件，常制造轻载传动齿轮、轴承、紧固件及各种密封件等。

陶瓷材料在外力作用下不产生塑性变形，易发生脆性断裂，一般不能用来制造重要的受力零件。但陶瓷材料化学稳定性很好，具有高的硬度和红硬性，故用于制造在高温下工作的零件、切削刀具和耐磨零件。陶瓷材料制造工艺较复杂、成本高，在一般机械工程中应用还不普遍，可用于切削刀具、燃烧器喷嘴和石油化工容器等，也用于国防尖端产品和航空工业中。

复合材料综合了多种不同材料的优良性能，如强度、弹性模量高；抗疲劳、减磨、减振性能好，且化学稳定性优异，是一种很有发展前途的工程材料。复合材料价格较贵，目前多用于重要零件，但应看到复合材料必将有很大的发展前景。

金属材料具有优良的综合力学性能，被广泛地用于制造各种重要的机械零件和工程结构，是最重要的工程材料。从应用情况来看，金属材料是机械工程中最重要的结构材料，尤其是钢铁材料更为普遍。下面介绍几种典型钢铁材料零件的选材实例。

1. 轴杆类零件

轴杆零件的结构特点是其轴向尺寸远比径向尺寸大。这类零件包括各种传动轴、机床主轴、丝杠、光杠、曲轴、偏心轴、凸轮轴、连杆、拨叉等。

1) 轴的工作条件

轴是机械工业中重要的基础零件之一。大多数轴都在常温大气中使用，其受力情况如下：

(1) 传递扭矩，同时还承受一定的交变弯曲应力；

(2) 轴颈承受较大的摩擦；

(3) 有时承受一定的冲击载荷或过量载荷。

2) 选材

多数情况下，轴杆类零件是各种机械中重要的受力和传动零件，要求材料具有较高的强度、疲劳极限、塑性与韧性，即要求具有良好的综合力学性能。

作为轴的材料，如选用高分子材料，弹性模量小，极易变形，所以不合适；如用陶瓷材料，韧性太差，容易脆断，亦不合适。因此重要的轴几乎都选用金属材料，常用中碳钢和合金钢，包括 45、40Cr、40CrNi、20CrMnTi、18Cr2Ni4W 等。并且轴类零件大多都采用锻造成形，之后经调质处理，使其具有较好的综合力学性能。

轴的生产工艺流程为：棒料锻造→正火或退火→粗加工→调质处理→精加工。

在满足使用要求的前提下，某些具有异形截面的轴，如凸轮轴、曲轴等，也常采用QT450—10、QT500—7、QT600—2等球墨铸铁毛坯，以降低制造成本。与锻造成形的钢轴相比，球墨铸铁有良好的减振性、切削加工性及低的缺口敏感性；此外，它还有较高的力学性能，疲劳强度与中碳钢相近，耐磨性优于表面淬火钢，经过热处理后，还可使其强度、硬度、韧性有所提高。因此，对于主要考虑刚度的轴以及主要承受静载荷的轴，采用铸造成形的球墨铸铁是安全可靠的。目前部分负载较重但冲击不大的锻造成形轴已被铸造成形轴所代替，既满足了使用性能的要求，又降低了零件的生产成本，取得了良好的经济效益。

对于在高温或腐蚀介质中使用的轴，可考虑使用具有相应耐热、耐磨、耐腐蚀的材料。

3）以 C6132 车床主轴为例进行选材分析

C6132 车床主轴简图如图 7-5 所示。

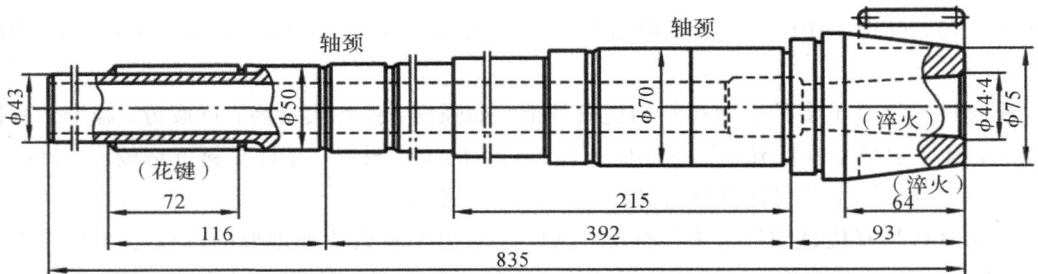

图 7-5　C6132 车床主轴简图

该机床主轴受交变弯曲和扭转的复合应力，但载荷不大、转速不高、冲击作用力不大。

由于在滚动轴承中工作，摩擦已转移给滚动体和套圈，其轴颈部位不需要特别高的硬度，工作条件较好，故具有一般的综合力学性能即可满足要求。但大端的内锥孔和外锥体在与顶尖和卡盘装卸过程中产生相对摩擦，花键部位与齿轮有相对滑动，为防止这些部位表面划伤和磨损而影响配合精度，故要求这些部位有较高的硬度和耐磨性。

根据上述分析，该主轴选用 45 钢即可满足要求。热处理工艺为整体调质处理，硬度要求为 220～250HB。内锥孔和外锥体局部淬火，硬度为 46～54HRC。具体加工工艺路线如下：

下料→锻造→正火→粗加工→调质→半精加工（除花键外）→局部淬火＋回火（内锥孔和外锥体）→粗磨（外圆、外锥体和内锥孔）→铣花键→花键高频淬火＋回火→精磨（外圆、外锥体和内锥孔）。

正火可消除锻造应力，并得到合适的硬度，便于切削加工；同时改善锻造组织，为调质处理做准备。调质处理使主轴具有回火索氏体组织，得到较好的综合力学性能，提高疲劳强度和抗冲击能力。对内锥孔、外锥体进行局部淬火加低温回火，获得回火马氏体组织，能够提高局部硬度，保证耐磨性和装配精度。在花键部位采用高频淬火加回火，可提高花键表面硬度。

2. 齿轮类零件

1) 齿轮的工作条件

齿轮主要是用来传递扭矩，有时也用来换挡或改变传动方向，有的齿轮仅起分度定位作用。齿轮的转速可以相差很大，齿轮的直径可以从几毫米到几米，工作环境也有很大的差别，因此齿轮的工作条件是复杂的。

大多数重要齿轮的受力特点是：由于传递扭矩，齿轮根部承受较大的交变弯曲应力；齿面在相互滚动和滑动过程中承受较大的接触应力，并受到强烈的摩擦和磨损；由于换挡启动或啮合不良，轮齿会受到冲击。因此作为齿轮的材料应具有以下主要性能：高的弯曲疲劳强度和高的接触疲劳强度；齿面有高的硬度和耐磨性；轮齿心部有足够的强度和韧性。

2) 选材

作为齿轮用材料，陶瓷因为其脆性大不能承受冲击而不合适，绝大多数情况下有机高分子材料因为其强度、硬度太低也是不合适的。

对于传递功率大、接触应力大、运转速度高而又受较大冲击载荷的齿轮，通常选择低碳钢或低碳合金钢，如 20Cr、20CrMnTi 等制造，并经渗碳及渗碳后热处理，最终表面硬度要求为 56～62HRC。属于这类齿轮的，有精密机床的主轴传动齿轮、走刀齿轮、变速箱的高速齿轮等。

齿轮的生产工艺流程如下：

棒料镦粗→正火或退火→机械加工成形→渗碳或碳氮共渗→淬火加低温回火。

对于小功率齿轮，通常选择中碳钢，并经表面淬火和低温回火，最终表面硬度要求为 45～50HRC 或 52～58HRC。其中硬度较低的，用于运转速度较低的齿轮；硬度较高的，用于运转速度较高的齿轮。

在一些受力不大或在无润滑条件下工作的齿轮，可选用塑料（如尼龙、聚碳酸酯等）来制造。一些低应力、低冲击载荷条件下工作的齿轮，可用 HT250、HT300、HT350、QT600—3、QT700—2 等材料来制造。较为重要的齿轮，一般都用合金钢制造。

具体选用哪种材料，应按照齿轮的工作条件而定。首先，要考虑所受载荷的性质和大小、传动速度、精度要求等；其次，也应考虑材料的成形及机加工工艺性、生产批量、结构尺寸、齿轮重量、原料供应的难易和经济效果等因素。此外，在选择齿轮材料时还应考虑以下三点：

（1）应根据齿轮的模数、截面尺寸、齿面和心部要求的硬度及强韧性，选择淬透性相适应的钢号。钢的淬透性低了，则齿轮的强度达不到要求；淬透性太高，会使淬火应力和变形增大，材料价格也较高。

（2）某些高速、重载的齿轮，为避免齿面咬合，相啮的齿轮应选用不同材料制造。

（3）在齿轮副中，小齿轮的齿根较薄，而受载次数较多。因此，小齿轮的强度、硬度应比大齿轮高，即材料较好，以利于两者磨损均匀，受损程度及使用寿命较为接近。

3) JN—150 型重型汽车二、三挡齿轮的选材

JN—150 型重型汽车二、三挡齿轮简图如图 7-6 所示。

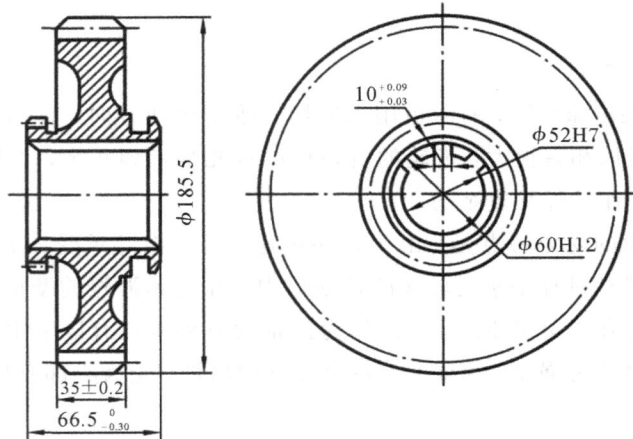

图 7 - 6   JN—150 型重型汽车二、三挡齿轮简图

由于汽车用齿轮生产批量大，选材时除考虑力学性能要求外，还要求考虑材料成形能力的问题。本齿轮选择 20CrMnTi 渗碳钢来制造，经渗碳处理＋淬火＋低温回火后，表面硬度为 58～62HRC，心部硬度为 30～45HRC。汽车用齿轮的生产工艺流程为：

下料→锻造→正火→机械加工→渗碳→淬火＋低温回火→喷丸→磨削加工→成品

渗碳可提高齿轮表面的碳含量，使其达到 0.8%～1.05%；淬火后，零件表面硬度提高，淬硬深度达 0.8～1.3 mm，使齿面耐磨性和疲劳强度大幅度提高；低温回火可消除应力，稳定组织；喷丸使齿面发生加工硬化，利于提高疲劳强度，延长使用寿命。

3. 海水中使用的水泵叶轮和水泵轴的选材

由于海水对材料的腐蚀作用较大，在海水中使用的材料必须考虑材料的耐腐蚀性问题。在淡水中能够使用的 3Cr13 或 4Cr13 马氏体不锈钢，它们在海水中就不耐腐蚀。

对于水泵叶轮，主要考虑材料的耐腐蚀性即可，根据有关手册，可选用含钼奥氏体不锈钢，如 1Cr18Ni12Mo2Ti、0Cr17Ni12Mo2。而对于泵轴，由于其负荷较大，要求轴颈处有高的硬度和耐磨性，奥氏体不锈钢就不宜选用，Cr13 型马氏体不锈钢的强韧性和耐磨性好，但耐腐蚀性较差，也不理想。选用奥氏体不锈钢，并在轴颈部位进行渗氮处理，提高其硬度和耐磨性，即可满足轴的性能要求，但工艺较复杂。选用沉淀硬化型不锈钢，强韧性好，硬度为 40HRC 左右，基本上可满足耐磨性的要求，同时在海水中使用也具有良好的耐腐蚀性，是比较理想的材料。

4. 箱体类零件

箱体是工程中一类重要的零件，如工程中所用的床头箱、变速箱、进给箱、溜板箱、内燃机的缸体等，都是箱体类零件。由于箱体类零件结构复杂，外形和内腔结构较多，难以采用别的成形方法，几乎都是采用铸造方法成形。所用的材料均为铸造材料。

对受力较大、要求高强度、受较大冲击的箱体，一般选用铸钢；对受力不大，或主要是承受静力，不受冲击的箱体可选用灰铸铁，如该零件在服役时与其他部件发生相对运动，其间有摩擦、磨损发生，可选用珠光体基体的灰铸铁；对受力不大、要求重量轻或导热性好的箱体，可选用铝合金制造；对受力很小的箱体，还可考虑选用工程塑料。总之箱体类零件的选材较多，主要是根据负荷情况选材。

对于大多数大箱体类零件，都需要热处理后使用。如选用铸钢材质，为了消除粗晶组织、偏析及铸造应力，应进行完全退火或正火；对铸铁，一般要进行去应力退火；对铝合金，应根据成分不同，选择退火、固溶、时效等热处理。

5. 手用丝锥的选材

手用丝锥是加工零件内螺纹孔的刀具。因是手动攻丝，丝锥受力较小，切削速度很低。它的主要失效形式是扭断和磨损。因此，手用丝锥的主要力学性能要求是：齿刃部应有高的硬度，以增加抗磨损能力；心部及柄部有足够强度和韧性，以提高抗扭断能力。其硬度指标是：齿刃部 59～63HRC；心部及柄部 30～45HRC。

根据上述分析，手用丝锥的含碳量应较高，以使其淬火后硬度达到要求，并形成较多的碳化物以提高耐磨性。由于手用丝锥对热硬性、淬透性要求较低，受力较小，故可选用含碳量为 1%～1.2% 的碳素钢。再考虑到需要提高韧性及减小淬火时开裂的倾向，应选硫、磷杂质很少的高级优质碳素工具钢，常用 T12A 钢。它除能满足上述要求外，过热倾向也较 T8 钢小。

为了使丝锥刃部具有高的硬度，而心部有足够韧性，并使淬火变形尽可能减小，以及考虑到刃部很薄，故可采用等温淬火或分级淬火。

T12A 钢的手用丝锥的加工工艺路线为：

下料→球化退火→机械加工→淬火、低温回火→柄部回火→防锈处理。

淬火冷却时，采用硝盐等温冷却。淬火后，丝锥表层组织为马氏体＋渗碳体＋残余奥氏体，硬度大于 60HRC，具有高的耐磨性；心部组织为托氏体＋马氏体＋渗碳体＋残余奥氏体，硬度为 30～45HRC，具有足够的韧性。

采用碳素工具钢制造手用丝锥，原材料成本低，冷、热加工容易，并可节约较贵重的合金钢，因此使用广泛。目前，有的工厂为提高丝锥寿命与抗扭断能力，采用 GCr9 钢来制造手用丝锥，也取得了较好的经济效益。

复习思考题

1. 材料的失效形式有哪些？
2. 表面损伤失效是在什么条件下发生的？以哪几种形式出现？
3. 在进行失效分析时，常用哪几种检验方法？
4. 试述选材的基本原则。
5. 机械零件选材时主要考虑哪些性能指标？
6. 对下列零件做出材料选择，并说明选材的理由，制定其工艺路线，说明各热处理工序的作用及相关组织：① 汽车齿轮；② 普通机床主轴；③ 受力较大的螺旋弹簧；④ 发动机连杆螺栓；⑤ 机床床身；⑥ 汽车板簧。
7. 车床主轴在轴颈部位的硬度为 56～58HRC，其余地方为 20～24HRC。其加工工艺路线为：锻造→正火→粗加工→调质→精加工→轴颈表面淬火＋低温回火→磨削加工。试说明：① 主轴应采用何种材料？② 指出四种不同热处理工艺的目的和作用。③ 轴颈表面组织和其余地方的组织是什么？

8. 从 T8、9SiCr、W18Cr4V 及 65Mn 钢中选一种钢制作木工用刀具，说明选材的理由，并写出生产工艺流程（即冷、热加工工艺路线）。

9. 轴类零件的工作条件、失效方式和对轴类零件材料性能的要求是什么？

10. 对汽车、拖拉机齿轮选材的要求是什么？

附　录

附录 A　部分钢的临界温度

牌号	临界温度（近似值）/℃					牌号	临界温度（近似值）/℃				
	A_{C1}	A_{C3}	A_{r3}	A_{r1}	M_s		A_{C1}	A_{C3}	A_{r3}	A_{r1}	M_s
08F，08	732	874	854	680		20CrNi	733	804	790	666	
10	724	876	850	682		40CrNi	731	769	702	660	
15	735	863	840	685		12CrNi3	715	830	—	670	
20	735	855	835	680		20Cr2Ni4	720	780	660	575	
25	735	840	824	680		40CrNiMo	732	774	—	—	
30	732	813	796	677	380	20Mn2B	730	853	736	613	
35	724	802	774	680		20MnTiB	720	843	795	625	
40	724	790	760	680		20MnVB	720	840	770	635	
45	724	780	751	682		弹簧钢					
50	725	760	721	690		65	727	752	730	696	
60	727	766	743	690		85	723	737	695	—	220
70	730	743	727	693		65Mn	726	765	741	689	270
低合金结构钢						60Si2Mn	755	810	770	700	305
09Mn2V	736	858	—	—		50CrVA	752	788	746	688	270
15MnTi	734	865	779	615		滚动轴承钢					
15MnV	710	840	780	635		GCr9	730	887	721	690	
18MnMoNb	736	850	756	646		GCr15	745	—		700	
合金结构钢						GCr15SiMn	770	872		708	
20Mn2	725	840	740	610	400	碳素工具钢					
30Mn2	718	804	727	627		T7	730	770		700	
40Mn2	713	766	704	627	340	T8	730			700	
45Mn2	715	770	720	640	320	T10	730	800		700	
25Mn2V	—	840	—	—		T11	730	810		700	
42Mn2V	725	770	—	—	330	T12	730	820		700	
35SiMn	750	830		645	330	合金工具钢					
50SiMn	710	797	703	636	305	9CrSi	770	870	—	730	
20Cr	766	838	799	702		W2	740	820		710	
30Cr	740	815	—	670		W18Cr4V	820	1330	—	—	
40Cr	743	782	730	693	355	W6Mo5Cr4V2	835	885	770	820	177
50Cr	721	771	693	660	250	W9Cr4V2Mo	810	—		760	
20CrV	768	840	704	782		不锈钢、耐热钢					
40CrV	755	790	745	700	218	1Cr13	730	850	820	700	
38CrSi	763	810	755	680		2Cr13	820	950	—	780	
20CrMn	765	838	798	700		3Cr13	820		—	780	
30CrMnSi	760	830	705	670		4Cr13	820	1100			
35CrMo	755	800	750	695	271	9Cr18	830	—	—	810	145
40CrMnMo	735	780		680		Cr17Ni2	810	—		780	357
38CrMnAl	800	940	—	730		Cr6SiMo	850	890	790	765	

附录 B 硬度换算表

(参考 GB/T13313 —1991)

HS	HRC	HRA	HB30D²	HV	HS	HRC	HRA	HB30D²	HV
30	(13.6)	(56.9)	200	—	66	50.0	75.8	488	509
31	(15.3)	(57.8)	206	—	67	50.7	76.2	498	521
32	(16.9)	(58.6)	212	—	68	51.4	76.5	—	532
33	(18.5)	(59.4)	218	218	69	52.1	76.9	—	544
34	20.0	60.2	225	226	70	52.7	77.3	—	556
35	21.5	60.9	232	234	71	53.4	77.6	—	568
36	22.9	61.7	239	242	72	54.0	78.0	—	580
37	24.2	62.3	246	250	73	54.7	78.3	—	593
38	25.5	63.0	254	258	74	55.3	78.6	—	606
39	26.7	63.7	261	266	75	56.0	79.0	—	620
40	27.9	64.3	269	274	76	56.6	79.3	—	633
41	29.1	64.9	277	282	77	57.2	79.7	—	647
42	30.2	65.4	285	290	78	57.9	80.0	—	661
43	31.3	66.0	293	298	79	58.5	80.3	—	676
44	32.3	66.5	301	306	80	59.1	80.7	—	691
45	33.3	67.1	309	315	81	59.7	81.0	—	706
46	34.3	67.6	317	323	82	60.3	81.3	—	721
47	35.3	68.1	325	331	83	60.9	81.6	—	737
48	36.2	68.5	333	339	84	61.5	82.0	—	752
49	37.1	69.0	341	348	85	62.1	82.3	—	768
50	38.0	69.5	350	356	86	62.6	82.6	—	785
51	38.8	69.9	358	365	87	63.2	82.9	—	801
52	39.7	70.4	366	373	88	63.8	83.2	—	818
53	40.5	70.8	375	382	89	64.3	83.5	—	834
54	41.3	71.2	383	391	90	64.8	83.8	—	851
55	42.1	71.6	391	400	91	65.4	84.1	—	868
56	42.8	72.0	400	409	92	65.9	84.3	—	885
57	43.6	72.4	408	418	93	66.4	84.6	—	902
58	44.4	72.8	417	428	94	66.9	84.9	—	919
59	45.1	73.2	426	437	95	(67.3)	85.2	—	936
60	45.8	73.6	434	447	96	(67.8)	85.4	—	952
61	46.6	74.0	443	457	97	(68.2)	85.6	—	969
62	47.3	74.3	452	467	98	(68.7)	85.9	—	985
63	48.0	74.7	461	477	99	(69.1)	86.1	—	1001
64	48.7	75.1	470	488	99.5	(69.3)	86.2	—	1009
65	49.4	75.5	479	498					

注：本表系采用肖氏硬度基准机和洛氏硬度基准机进行硬度比对试验后，将数据数学归纳做出 HS-HRC 硬度换算表，再与 GB1172 联用得到 HS、HRC、HRA、HB、HV 硬度换算表，表中数据有删减。表中括号表示当超过仪器的测量范围时，数值仅供参考。

附录 C　金属材料常用腐蚀剂

腐蚀剂名称	腐蚀剂成分	适用范围
硝酸酒精溶液	硝酸 2～4 ml；酒精 100 ml	各种碳钢、铸铁等
苦味酸酒精溶液	苦味酸 4 g；酒精 100 ml	珠光体、马氏体、贝氏体、渗碳体
盐酸苦味酸	盐酸 5 ml；苦味酸 1 g；水 100 ml	回火后马氏体或奥氏体晶粒
氯化铁盐酸水溶液	氯化铁 5 g；盐酸 50 ml；水 100 ml	奥氏体-铁素体不锈钢 奥氏体不锈钢
混合酸甘油溶液	硝酸 10 ml；盐酸 30 ml；甘油 30 ml	奥氏体不锈钢 高 Cr Ni 耐热钢
王水酒精溶液	盐酸 10 ml；硝酸 3 ml；酒精 100 ml	18—8 型奥氏体钢的 δ 相
三合一浸蚀液	盐酸 10 ml；硝酸 3 ml；甲醇 100 ml	高速钢回火后晶粒
硫酸铜盐酸溶液	盐酸 100 ml；硫酸 5 ml；硫酸铜 5 g	高温合金
氯化铁溶液	氯化铁 30 g；氯化铜 1 g；氯化锡 0.5 g；盐酸 50 g	铸铁磷的偏析与枝晶组织
苦味酸钠溶液	苦味酸 1 g；水 100 ml	区别渗碳体和磷化物
氯化铁盐酸水溶液	氯化铁 5 g；盐酸 15 ml；水 100 ml	纯铜、黄铜及铜合金
氯化铜盐酸溶液	氯化铜 1 g；氯化镁 4 g；盐酸 2 ml；酒精 100 ml	灰铸铁共晶团
硫酸铜-盐酸溶液	硫酸铜 4 g；盐酸 20 ml；水 20 ml	灰铸铁共晶团
硫酸铜-盐酸溶液	硫酸铜 5 g；盐酸 50 ml；水 50 ml	高温合金
盐酸-硫酸-硫酸铜溶液	硫酸铜 5 g；盐酸 100 ml；硫酸 5 ml	高温合金
复合试剂	硝酸 30 ml；盐酸 15 ml；重铬酸钾 5 g；酒精 30 ml；苦味酸 1 g；氯化高铁 3 g	高温合金
硬质合金试剂	A 饱和的三氯化铁盐酸溶液 B 20％氢氧化钾水溶液＋20％铁氰化钾水溶液	硬质合金先在 A 试剂中浸蚀 1 min，然后在 B 试剂中浸蚀 3 min，WC 相(灰白色)，TiC—WC 相(黄色)Co(黑色)
氢氧化钾-铁氰化钾水	10％氢氧化钾水溶液＋10％铁氰化钾水溶液	硬质合金的 n 相
混合酸	硝酸 2.5 ml；氢氟酸 1 ml；盐酸 1.5 ml；水 95 ml	显示硬铝组织
氢氟酸水溶液	氢氟酸 0.5 ml；水 99.5 ml	显示铝合金组织

附录 D　试验指导书（仅供参考）

实验 1　金属材料表面硬度的测定

一、实验目的

（1）初步掌握金属材料表面硬度的测定方法及原理。

（2）熟练掌握洛氏硬度计的使用方法。

（3）掌握 PHR 便携式洛氏硬度计、HRS—150 数显洛氏硬度计的使用方法。

二、实验仪器

1. 主要实验仪器

便携式洛氏硬度计、数显洛氏硬度计。

2. 主要实验仪器介绍

（1）PHR 便携式洛氏硬度计（如图 S1-1 所示），其技术参数如下：

初试验力：10 kgf；

总试验力：60 kgf、100 kgf、150 kgf；

压头：120°金刚石圆锥、ϕ1.588 mm 硬质合金球；

加力方式：螺杆加力；

测试项目：洛氏硬度 HRA、HRB、HRC 等 15 个标尺；

分辨率：0.5HRC。

（2）HRS—150 数显洛氏硬度计（如图 S1-2 所示）其技术参数如下：

初试验力：98N；

总试验力：558N、980N、1471N；

试验力保持时间：1～30s；

压头：120°金刚石圆锥、ϕ1.588 mm 硬质合金球；

硬度读数方式：数字式；

图 S1-1　便携式洛氏硬度计

图 S1-2　数显式洛氏硬度计

电源：AC220 V 50/60 Hz；

加力方式：螺杆加力；

试件最大高度：170 mm；

重量：85 kg。

三、实验原理

洛氏硬度是以顶角为120°的金刚石圆锥体或直径为 ϕ1.588 mm(1/16 英寸)的淬火钢球作压头，以规定的实验力使其压入试样表面。实验时，先加初实验力，然后加主实验力。压入试样表面之后卸除主实验力，在保留初实验力的情况下，根据压痕深度 h，确定被测金属材料的洛氏硬度值。洛氏硬度值由 h 的大小确定，压入深度 h 越大，硬度越低；反之，则硬度越高。一般说来，按照人们习惯上的概念，数值越大，硬度越高。因此采用一个常数 c 减去 h 来表示硬度的高低，并用每 0.002 mm 的压痕深度为一个硬度单位。由此获得的硬度值称为洛氏硬度值，用符号 HR 表示。洛氏硬度值 HR 为一无单位数，实验时一般从实验机指示器上直接读出。洛氏硬度的三种标尺中，以 HRC 应用最多，一般经淬火处理的钢或工具都采用 HRC 测量。硬度值应在有效测量范围内（HRC 为 20～70）为有效。

表 S1-1　洛氏硬度实验压头、实验力和适用范围

符号	压头	实验力/kgf	硬度值有效范围	适用范围
HRA	120°金刚石圆锥	60	70～85	碳化物、硬质合金、表面硬化零件等
HRB	1/16 英寸钢球	100	25～100	软钢、退火钢、铜合金等
HRC	120°金刚石圆锥	150	20～67	淬火钢、调质钢等

四、实验步骤

1) PHR 便携式洛氏硬度计的操作步骤

根据待测试样，初步选定洛氏硬度标尺和实验力。

(1) 旋转实验力外表盘，使表盘上的指针指向零刻度，亦即红点位置，亦即"归零"；

(2) 旋转施力手轮，施加初始实验力，大小为 10 kgf；

(3) 向上转动鼓轮，使鼓轮上的定位指针与放大镜的上边缘对齐；

(4) 施加主实验力，使总实验力等于 100 kgf；

(5) 保持 3～5 秒左右，卸除主实验力，保留初始实验力；

(6) 根据硬度测定类型和标尺，读取洛氏硬度值。

在 45 钢金属试样的光滑截面上分别取 3 点，按上述步骤测量其洛氏硬度值，取平均值作为其平均洛氏硬度值。读取标尺数值时，一定要注意读数方式和视线方向。不然将导致读数偏大或偏小。

2) HRS—150 数显洛氏硬度计的操作步骤

根据待测试样，初步选定洛氏硬度标尺和实验力。

(1) 开机(复位)；

(2) 根据实验要求和测量要求，选择相应的测定类型，同时设定仪器的实验次数(本实

验至少要求测试 3 点)和其他相关参数;

(3)将被测试样放置在实验台上,缓慢旋转手轮施加实验力,直至系统发出"嘀"声,此时实验力大小为 590N 左右;

(4)系统自动计算被测点的硬度值,再次发出"嘀"声,显示数值即为测定硬度值;

(5)卸载实验力,改变被测点,连续重复实验第(3)~(4)步,直至实验完成;

(6)卸除实验力,OVER 灯亮起,表示实验结束;

(7)点击平均值按钮,仪器显示该试样硬度平均值,读取并记录该值。

该仪器进行试样测定时,进行 $n+1$ 次,其中 n 为设定的试验次数。其中第 1 次为初始测定,其值不计入平均值中,作用是告诉操作者该试样大致硬度值。如果最后试样的平均值跟该值差太多的话,操作者就应该考虑一下自己操作有什么错误。最后仪器显示的平均值为最后 n 次值的平均,即从 2 次到 $n+1$ 次值的平均,不包括第 1 次测定值。

五、注意事项

(1)根据需要测定的硬度类型,初步选定洛氏硬度标尺和实验力。

(2)试验时必须保证所施加实验力与试样表面垂直。

(3)试验过程中加载应平稳均匀缓慢,不得受任何冲击或振动。

(4)两压痕间距不能太小,至少大于 3 倍压痕直径以上。

(5)每个试样试验次数不宜少于 3 次。

(6)在施加实验力时,力大小仅允许向上移动,即力只能增大。直至负荷施加好为止,不准中途退回或反向转动鼓轮。

(7)卸载主实验力时应注意鼓轮旋转方向。

六、试验结果形式

测量材料硬度,填写表 S1－2。

表 S1－2　洛氏硬度实验结果

编号	材料牌号	热处理状态	测量条件	硬　度　值	平均值

七、分析及讨论

(1)将 PHR 便携式洛氏硬度计和 HRS—150 数显洛氏硬度计的测试结果加以对比,看看两者的精度如何。

(2)在测定材料硬度时,两压痕之间距离太小,会对测量结果有什么影响?为什么?

（3）在便携式洛氏硬度计操作过程中，由于操作失误，忘记初实验力，而直接将力从 0 kgf 加到 100 kgf，卸载是直接从 100 kgf 卸载到 0 kgf，试问对实验结果有什么影响？

实验 2　铁碳合金试样制备及其平衡组织分析

一、实验目的

（1）通过实验，初步掌握金相样品制备的基本方法。

（2）通过本实验，掌握金相显微镜的使用方法。

（3）结合铁碳合金相图，观察并分析铁碳合金在平衡状态下的显微组织。

二、实验仪器

1. 主要实验仪器

主要实验仪器有金相显微镜、砂纸、腐蚀液。

2. 实验仪器介绍

XJP—3A 金相显微镜如图 S2-1 所示。

主要技术参数如下：

总放大倍率：1250 倍；

目镜：5×、10×、12.5×；

分划目镜：10×；

平场消色差物镜：10×、40×、100×；

电源：220V，6V/15W。

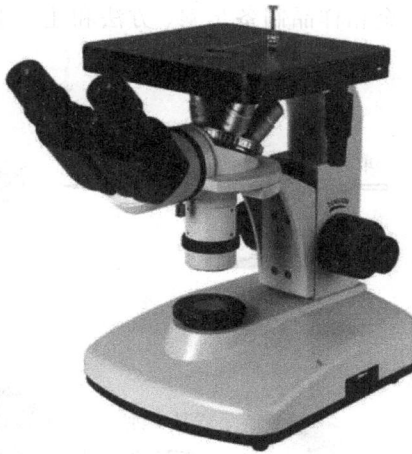

图 S2-1　XJP—3A 金相显微镜

三、实验原理

铁碳合金的平衡组织是指铁碳合金在极其缓慢的冷却条件下所得到的组织，即 Fe-Fe₃C 相图所对应的组织。实际生产中，要想得到完全的平衡组织是不可能的，退火条件下得到的组织比较接近于平衡组织。铁碳合金在室温时的显微组织类型如表 S2 - 1 所示。因此我们可以借助退火组织来观察和分析铁碳合金的平衡组织。

表 S2 - 1　各种铁碳合金在室温时的显微组织

合金分类		碳含量/%	显微组织
工业纯铁		<0.0218	铁素体(F)
碳钢	亚共析钢	0.0218~0.77	铁素体＋珠光体
	共析钢	0.77	珠光体(P)
	过共析钢	0.77~2.11	珠光体＋二次渗碳体(Fe₃C_Ⅱ)
白口铸铁	亚共晶白口铸铁	2.11~4.3	珠光体＋二次渗碳体＋低温莱氏体 L_d'
	共晶白口铸铁	4.3	低温莱氏体 L_d'
	过共晶白口铸铁	4.3~6.69	一次渗碳体(Fe₃C_Ⅰ)＋低温莱氏体 L_d'

碳钢和白口铸铁在室温时，其平衡状态下合金相均为铁素体与渗碳体。但是由于含碳量及热处理不同，它们的数量、分布及形态有很大不同，因此在金相显微镜下观察不同铁碳合金，其显微组织也就有很大差异。

四、实验步骤

1. 金相试样制备

在用金相显微镜来检验和分析材料的显微组织时，需将所分析的材料制备成一定尺寸的试样，并经磨制、抛光与腐蚀工序，才能进行材料的组织观察和研究工作。金相样品制备的基本过程如图 S2 - 2 所示，金相样品制备步骤、方法和注意事项如表 S2 - 2 所示。

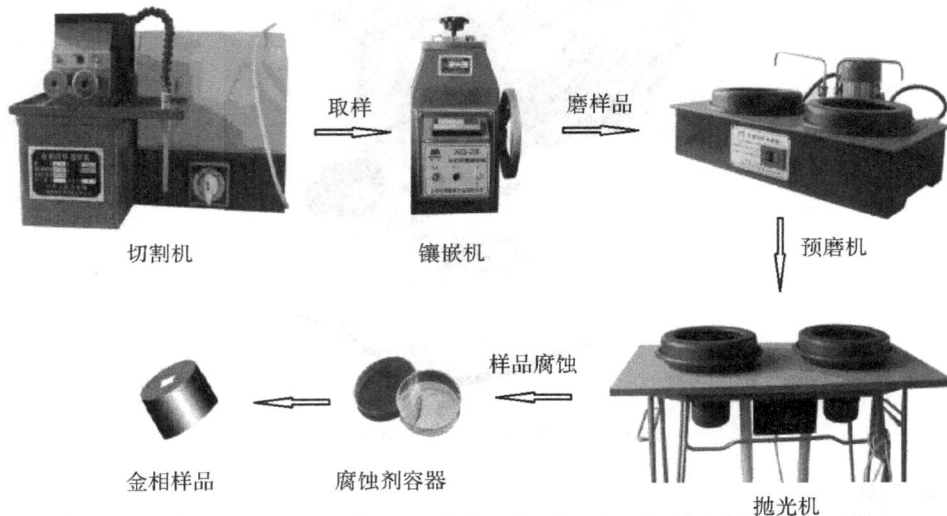

图 S2 - 2　金相样品制备的基本过程

表 S2 - 2　金相样品制备步骤、方法和注意事项

序号	步骤	金相样品制备方法	注 意 事 项
1	取样	在检测材料或零件上截取样品，取样部位和磨面根据分析要求而定，截取方法视材料硬度选择，有车、刨、砂轮切割机，线切割机及锤击法等，尺寸以适宜手握为宜。	无论用哪种方法取样，都要尽量避免和减少因塑性变形和受热所引起的组织变化。截取时可加水冷却。
2	镶嵌	若由于零件尺寸及形状限制，取样后尺寸太小、不规则，或需要检验边缘的样品，应将分析面整平后进行镶嵌。	热镶嵌要在专用设备上进行，只适应于加热对组织不影响的材料。
3	粗磨	用砂轮机或锉刀等磨平检验面，若不需要观察边缘时可将边缘倒角。粗磨的同时去掉了切割时产生的变形层。	若有渗层等表面处理时，不仅要倒角，且要磨掉约 1.5 mm，如渗碳钢试样。
4	细磨	按金相砂纸号顺序：01、02、03、04、05，依次细磨。将砂纸平铺在玻璃板上，一手拿样品，一手按住砂纸磨制。更换砂纸时，磨痕方向应与上道磨痕方向垂直，磨到前道磨痕消失为止。磨制完毕，将手和样品冲洗干净。	每道砂纸磨制时，用力要均匀，一定要磨平检验面。可以通过转动样品表面，观察表面的反光变化来确定。更换砂纸时，勿将砂粒带入下道工序。
5	粗抛光	用绿粉(Cr_2O_3)水溶液作抛光液在帆布上抛光，将抛光液少量多次加到抛光盘上抛光。注意安全，以免样品飞出伤人。	初次制样时，适宜在抛光盘约半径一半处抛光，感到阻力大时，就该加抛光液。
6	细抛光	用红粉(Fe_2O_3)水溶液作为抛光液在绒布上抛光，将抛光液少量多次地加入到抛光盘上抛光。	同上
7	腐蚀	浸蚀时可将试样磨面浸入浸蚀剂中，也可用棉花沾浸蚀剂擦拭表面。浸蚀的深浅根据组织的特点和观察时的放大倍数来确定。高倍观察浸蚀时浸蚀浅一些，低倍略深一些；单相组织浸蚀重些，双相组织浸蚀轻些，浸蚀时试样磨面稍发暗即可。	浸蚀后用水冲洗。必要时再用酒精清洗，最后用吸水纸(或毛巾)吸干，或用吹风机吹干。

2. 试样金相组织观察

(1) 根据观察试样所需的放大倍数，选择物镜和目镜；

(2) 然后将试样放在载物台中心，使载物台中心与物镜中心对正，试样被观察面向下；

(3) 先转动粗调焦距手轮升高物镜，使物镜无限接近试样观测面；

(4) 再慢慢反向转动粗调焦距手轮至目镜中出现模糊的影像；

(5) 最后轻轻转动微调焦距手轮，直至看到清晰的组织；

(6) 使载物台前后左右移动，观察试样的不同部位，找出具有代表性的显微组织，并画出试样的显微组织示意图。

五、注意事项

1. 金相试样制备

（1）细磨金相试样时，用力一定要均匀；

（2）为防止出现很深划痕，使用力时一定要坚持"慢工出细活"的原则；

（3）试样磨制表面只看到本步划痕，看不到其他划痕，并且表面光亮度大致一样时，才能更换金相砂纸；

（4）砂纸分别是从粗到细，所使用的力也一定要从大到小，以免最后一张砂纸造成很深的划痕，影响观察效果。

2. 金相显微镜的操作规程

（1）选择合适的目镜和物镜，以免观察不到金相组织；

（2）把样品放在载物台上，使观察面向下。转动粗调手轮，使物镜上升，避免物镜与实验表面撞击；

（3）在用显微镜进行观察前必须将手洗净擦干，并保持室内环境的清洁，操作时必须特别仔细，严禁任何剧烈的动作；

（4）在移动金相试样时，不得用手指触碰试样表面或将试样重叠起来，以免引起显微组织模糊不清，影响观察效果；

（5）画组织图时，应抓住组织形态的特点，画出典型区域的组织，注意不要将磨痕或杂质画在图上；

（6）认真完成实验报告。

六、试验结果形式

绘制铁碳合金平衡组织，填写表 S2 - 3。

表 S2 - 3 铁碳合金平衡组织

合金分类	牌号	显微组织名称	金相组织示意图（或金相照片粘贴处）
工业纯铁			
亚共析钢			
共析钢			
过共析钢			
亚共晶白口铸铁			
共晶白口铸铁			
过共晶白口铸铁			

七、分析及讨论

分析含碳量对铁碳合金平衡组织的影响规律。

实验 3　碳钢的热处理

一、实验目的

(1) 了解普通热处理(退火、正火、淬火、回火)的方法。

(2) 分析碳钢热处理时的冷却速度及回火温度对其组织与硬度的影响。

(3) 分析碳钢的含碳量对淬火后硬度的影响。

(4) 观察碳钢热处理后的组织,并识别其组织特征。

(5) 加深认识碳钢的成分、热处理工艺与其组织、性能之间的关系。

二、实验概述

钢的热处理是指将钢在固态下施以不同的加热、保温与冷却,以改变其组织和性能的一种工艺。普通热处理有退火、正火、淬火及回火等。

1. 碳钢热处理工艺

1) 加热温度

碳钢普通热处理的加热温度,在生产中应根据零件实际情况作适当调整。

热处理加热温度不能过高,否则会使零件的晶粒粗大,氧化,脱碳严重,变形、开裂倾向增加。但加热温度过低,也达不到要求。

2) 加热时间

热处理的加热时间(包括升温时间与保温时间)与钢的成分、原始组织、零件的尺寸与形状、使用的加热设备、装炉方式、热处理方法等许多因素有关。因此,要确切计算加热时间是比较复杂的。在实验室中,通常按零件的有效厚度,用下列经验公式计算加热时间:

$$t = \alpha \times D$$

式中,t 为加热时间(min);α 为加热系数(min/mm);D 为零件厚度(mm)。当碳钢零件的有效厚度 $D \leqslant 50$ mm,在 $800 \sim 960$ ℃箱式电阻加热炉中加热时,$\alpha = 1 \sim 1.5$(min/mm)。

回火的保温时间,要保证零件热透,并使组织充分转变。组织转变时间一般不大于 0.5 h,但热透时间则随回火温度、零件有效厚度、装炉量及加热方式而异。生产中,一般为 $1 \sim 3$ h。由于实验所用试样较小,故可用 0.5 h。

3) 冷却方法

钢退火一般采用随炉冷却到 600 ℃以下再出炉空冷。正火采用空气中冷却。淬火时,钢在过冷奥氏体最不稳定的范围内($650 \sim 500$ ℃)的冷却速度应大于淬火临界冷却速度,以保证零件不转变为珠光体型组织;而在 M_s 附近的冷却速度应尽可能低,以降低淬火内应力,减少零件变形与开裂。因此,淬火时除了要选用合适的淬火冷却介质外,还应改进淬火方法。对形状简单的单液淬火法,碳钢用水或盐水溶液作冷却介质,合金钢常用油作冷却介质。回火一般在空气中冷却。

2. 碳钢热处理后的组织与性能

1) 珠光体型组织

它是过冷奥氏体高温(Ar_1 与 C 曲线鼻尖)转变的产物。随奥氏体冷却时过冷度的增加,依次得到珠光体、索氏体、屈氏体。它们都是铁素体与渗碳体层状排列的混合物，但铁素体与渗碳体片层间距离依次变小，使强度和硬度递增。屈氏体是极细珠光体，在光学金相显微镜下不能分辨其层状形态，易浸蚀成黑色团絮状。

2）贝氏体型组织

它是过冷奥氏体中温（C曲线鼻尖至 M_s 处）转变的产物。上贝氏体与下贝氏体均是含碳过饱的铁素体与渗碳体组成的组织。上贝氏体在光学显微镜下呈羽毛状。下贝氏体在光学显微镜下呈黑色针片状。下贝氏体的性能与上贝氏体相比较，它不仅具有较高的硬度、强度与耐磨性，而且下贝氏体的韧性与塑性均高于上贝氏体。

3）马氏体组织

它是过冷奥氏体低温（M_s 以下）转变的产物。马氏体是碳在 α-Fe 中的过饱和固溶体。低碳马氏体组织呈板条状，它不仅具有较高的强度与硬度，同时还具有良好的塑性与韧性。高碳马氏体组织呈针片状，硬而脆。通常共析钢和过共析钢在正常加热淬火后，得到的马氏体组织细小，在光学显微镜下很难分辨出它的形态。

4）回火组织

碳钢的淬火组织为马氏体（带有少量残余奥氏体），在低温回火后获得回火马氏体。它是由含碳过饱和的 α 固溶体和与其共格的 ε-碳化物组成。回火马氏体仍保留着原来马氏体的针片状或板条状形态，但由于在过饱和 α 固溶体上分布着大量高度弥散的 ε-碳化物，使回火马氏体比淬火状态马氏体容易被腐蚀，故在光学显微镜下呈暗黑色。

中温回火获得回火屈氏体。它是由尚未发生再结晶的铁素体与弥散分布的极细粒状渗碳体组成。这些极细的粒状渗碳体在光学显微镜下无法分辨，且因铁素体尚未再结晶，故仍保持原来马氏体形态。回火屈氏体具有高的屈服点、弹性极限和较好的韧性。

高温回火得到回火索氏体，它是由已再结晶的铁素体与细粒状渗碳体所组成。回火索氏体具有优良的综合力学性能。回火温度更高时，形成回火珠光体。

3. 含碳量对碳钢淬火后硬度的影响

在正常淬火条件下，钢的含碳量越高，淬火后的硬度也越高。但碳的质量分数 $w_C >$ 0.8% 的钢，淬火后硬度增加不明显。一般低碳钢淬火后，硬度在 40HRC 左右；中碳钢淬火后，硬度可达 50～60HRC；高碳钢淬火后，硬度高达 62～65HRC。

三、实验设备、用品及试样

1. 实验设备

（1）实验用箱式电阻炉；

（2）布洛维硬度计；

（3）金相显微镜。

2. 实验用品

（1）淬火水槽；

（2）淬火油槽；

（3）夹钳、砂纸、手套等。

3. **实验试样**

20 钢、45 钢、T12 钢的试样若干个，分为硬度试样和金相试样两类。硬度试样尺寸建议直径 20～30 mm，高 15～20 mm；金相试样建议直径 12～30 mm，长 20 mm。根据需要自己取样。

四、实验方法与步骤

（1）学生按实验组领取实验试样，并打上钢号，以免混淆。

（2）决定 20 钢、45 钢的热处理加热温度与保温时间。调整好控温装置，并将三块 20 钢、45 钢试样放入已升到加热温度的电炉中进行加热与保温后，分别进行空冷、油冷与水冷。最后，测定它们的硬度，并作好记录。

（3）首先测定三块淬火状态 45 钢的硬度，然后分别放入 200℃、400℃、600℃ 的电炉中回火 30 min。回火后的冷却，一般可用空冷。测定回火后试样的硬度，并作好记录。

（4）各组将 20 钢、45 钢分别按它们的正常淬火温度加热、保温后取出在盐水中冷却，然后测定淬火后硬度，并作好记录。

（5）观察钢热处理状态的金相试样的显微组织，识别其组织组分及形态特征，并绘出实验报告中指定的几种组织示意图。

五、实验注意事项

（1）往炉中放、取试样时，应先切断电炉的电源。开、关炉门要快，以免炉门打开时间过长而使炉温下降。

（2）往炉中放、取试样时，操作者应戴上手套，并使用夹钳，以防烧伤。夹钳必须擦干，不得沾有水或油。

（3）淬火冷却时，试样要用夹钳夹紧，动作要迅速，并要在冷却介质中不断搅动。夹钳不要夹在测定硬度的表面上，以免影响硬度值。

（4）淬火水槽温度应保持在 20～30℃ 左右，水温过高应及时更换冷却水。

（5）测定硬度前，必须用砂纸将试样表面的氧化皮除去并磨光。每个试样应在不同部位测定三次硬度，计算测得的平均值，并作好记录。

六、试验结果形式（根据实际条件选用）

（1）根据钢奥氏体化后冷却速度对其组织与性能的影响，填写表 S3-1。

表 S3-1　冷却速度对其组织与性能的影响

试样材料		热处理工艺参数			硬度值 HRC				显微组织
钢号	尺寸/mm	加热温度/℃	保温时间/min	冷却方法	第1次	第2次	第3次	平均值	
				炉冷					
				空冷					
				油冷					
				水冷					

分析：根据实验数据，说明钢加热奥氏体化后，冷却速度对钢组织与性能的影响。

（2）根据回火温度对淬火钢组织、性能的影响，填写表 S3-2。

表 S3-2　回火温度对淬火钢组织、性能的影响

试样材料		回火工艺参数			硬度值 HRC				显微组织
钢号	回火前硬度 HRC	加热温度 /℃	保温时间 /min	冷却介质	第1次	第2次	第3次	平均	
		200							
		400							
		600							

分析：绘出回火温度与钢硬度的关系曲线，并结合组织变化分析其性能变化的原因。

（3）根据碳钢的含碳量对淬火后硬度的影响，填写表 S3-3。

表 S3-3　碳钢的含碳量对淬火后硬度的影响

试样材料		碳的质量分数 w_C %	热处理工艺参数			硬度值 HRC			
钢号	尺寸 /mm		加热温度 /℃	保温时间 /min	冷却介质	第1次	第2次	第3次	平均值
20									
45									
T12									

分析：根据实验数据，绘出钢中含碳量与淬火后硬度间的关系曲线，并分析其原因。

（4）根据各种热处理状态的显微组织及其形态特征，填写表 S3-4。

表 S3-4　各种热处理状态的显微组织

试样材料	热处理方法		显微组织示意图（标出各组织组分）	组织组分
	退火（炉冷）			
	正火（空冷）			
	淬火（油冷）			
低碳钢（　）	淬火（水冷）			
高碳钢（　）	淬火（水冷）			
	等温淬火	～400℃		
		～250℃		

实验报告样本

学院：　　　　　　　专业：　　　　　　　班级：

姓名		学号		实验组	
指导教师		实验时间		成绩	
实验项目名称					

实验目的	
实验要求	
实验原理	
实验仪器	

实验步骤	
实验内容	
实验结果	
分析总结	
指导教师意见	签名：　　　　　　年　月　日

参 考 文 献

［1］卢志文. 工程材料及成形工艺. 北京：机械工业出版社，2007.

［2］庄哲峰，张庐陵. 工程材料及其应用. 武汉：华中科技大学出版社，2013.

［3］周凤云. 工程材料及应用. 武汉：华中科技大学出版社，2002.

［4］郑明新. 工程材料. 北京：清华大学出版社，1991.

［5］潘复生. 高性能变形镁合金及加工技术. 北京：科学出版社，2007.

［6］朱兴元，刘忆. 金属学与热处理. 北京：北京大学出版社，2010.

［7］王忠. 机械工程材料. 北京：机械工业出版社，2005.

［8］马壮，赵越超，孟繁繁. 机械工程材料. 长沙：湖南科学技术出版社，2000.

［9］肖纪美. 材料的应用与发展. 北京：宇航出版社，1988.

［10］崔忠圻. 金属学及热处理. 北京：机械工业出版社，2008.

［11］杨慧智. 工程材料及成形工艺基础. 北京：机械工业出版社，1999.

［12］史美堂. 金属材料及热处理. 上海：上海科学技术出版社，1980.

［13］王健安. 金属学及热处理. 北京：机械工业出版社，1980

［14］齐乐华. 工程材料及成形工艺基础. 西安：西北工业大学出版社，2001.

［15］王爱珍. 工程材料及成形技术. 北京：机械工业出版社，2002.

［16］王纪安. 工程材料与成形工艺. 北京：高等教育出版社，2001.

［17］周飞达. 材料概论. 北京：化学工业出版社，2001.

［18］陈长江，熊承刚. 工程材料及成型工艺. 北京：中国人民大学出版社，2000.

［19］余永宁. 金属学原理. 北京：冶金工业出版社，2000.

［20］柴惠芬，石德珂. 工程材料的性能、设计与选材. 北京：机械工业出版社，1991.

［21］张力重. 图说金工实训. 武汉：华中科技大学出版社，2011.

［22］王运炎. 金属材料及热处理. 北京：机械工业出版社，1984.

［23］徐滨士，朱绍华，等. 表面工程的理论与技术. 北京：国防工业出版社，1999.

［24］侯增寿，卢光熙. 金属学原理. 上海：上海科学技术出版社，1993.